中国科协学科发展预测与技术路线图系列报告

中国科学技术协会　主编

中国浮空器发展路线图

中国航空学会◎编著

中国科学技术出版社

·北　京·

图书在版编目（CIP）数据

中国浮空器发展路线图 / 中国科学技术协会主编；中国航空学会编著. -- 北京：中国科学技术出版社，2021.11

（中国科协学科发展预测与技术路线图系列报告）

ISBN 978-7-5046-8661-9

Ⅰ. ①中… Ⅱ. ①中… ②中… Ⅲ. ①航空器－技术发展－研究报告－中国 Ⅳ. ① V27

中国版本图书馆 CIP 数据核字（2020）第 086255 号

策划编辑	秦德继　许　慧
责任编辑	何红哲
装帧设计	中文天地
责任校对	焦　宁
责任印制	李晓霖

出　　版	中国科学技术出版社
发　　行	中国科学技术出版社有限公司发行部
地　　址	北京市海淀区中关村南大街 16 号
邮　　编	100081
发行电话	010-62173865
传　　真	010-62173081
网　　址	http://www.cspbooks.com.cn

开　　本	787mm × 1092mm　1/16
字　　数	480 千字
印　　张	24
版　　次	2021 年 11 月第 1 版
印　　次	2021 年 11 月第 1 次印刷
印　　刷	河北鑫兆源印刷有限公司
书　　号	ISBN 978-7-5046-8661-9 / V · 82
定　　价	110.00 元

（凡购买本社图书，如有缺页、倒页、脱页者，本社发行部负责调换）

本书编委会

首席科学家： 顾逸东　甘晓华

编　写　组：（按姓氏笔画排序）

万志强　王　生　王　俊　王海峰　龙　飞
丛力田　冯　慧　江　梦　安向阳　孙　娜
杜　超　李　畅　李小建　李源源　杨　超
杨宇明　杨燕初　郑军喜　余　策　宋笔锋
张　斌　张桂夫　陈　利　陈　琦　周　峰
周　强　单亚玲　胡　杨　洪　涛　祝　明
祝榕辰　耿　军　贾军帅　顾海涛　倪　勇
高国柱　陶国权　黄　诚　敬　东　彭　疆
缪敏昌

学术秘书组： 耿　军　杨　超　万志强　李源源　李　畅
张啸迟　肖　涵　陈友清

前 言

浮空器是人类最早开发、使用的航空器，最先帮助人类实现了飞行梦想。浮空器区别于其他航空飞行器的飞行原理和其在一些特定需求场合体现出的优势，使得浮空器自诞生以来一直受到关注并得到持续研究和应用。如今，浮空器已广泛应用于预警探测、侦察监视、通信中继、电子对抗、对地观（探）测、应急救援、社会治理、特种运输和科学实验等军民用领域，使用地域和空间也正在拓展。浮空器技术的发展无疑是人类航空科技领域的重大成就之一。

航空及其他浮空器相关技术的进步和应用需求的变迁，浮空器的性能、设计特点、使命任务、应用环境等都在发生深刻的变化，同时也面临一些新的技术难题。在世界发达国家，随着现代浮空器军民用领域需求的明晰和凸显，未来浮空器将向多领域应用、多平台种类和高性能方向发展，会越来越受到关注和重视。在中国，随着创新驱动战略的推进和社会经济转型及国防建设的需要，浮空器向新的应用领域拓展、基于创新的新型浮空器平台的研究和实践正呈现一个蓬勃发展的态势。

值此国内外浮空器发展的关键时期，我国浮空器领域的工作者们在中国航空学会的领导下，汇聚行业内的研究力量，编辑出版了《中国浮空器发展路线图》。书中梳理了浮空器典型种类及特点、应用需求、发展现状和趋势、典型应用场景、重点和难点技术等，对技术发展进行了预测，对我国的浮空器发展进行了分析规划并提出建议；还以专题论述的形式对使用模式、典型平台发展趋势、材料能源动力等基础技术、关键系统技术、试飞与保障技术等进行了研究和呈现。本书既有行业顶层的视野和指向，又有专业具体的阐述和分析，希望能为我国未来的浮空器发展提供全方位的参考和借鉴。

全书共分十二篇。第一篇第一章对浮空器的总体概述、分类、特点进行了介绍，由北京航空航天大学编写；第一篇第二章对浮空器主要应用方向、技术优势和劣势进行了阐述，主要由中国特种飞行器研究所负责编写；第一篇第三章对典型构型的平台国内外发展现状和趋势进行了分析研究，由中国科学院空天信息创新研究院编写；第一篇第四章对浮空器总体及相关技术进行了研究和分析，预测未来发展走向，主要由湖南航天有限责任公司负责编写；第一篇第五章对行业发展总体思路、分阶段发展目标和对应产品进行了阐述，主要由中国电子科技集团公司第三十八研究所负责编写；第一篇第六章指出了我国发展浮空器产业面临的重难点问题和应对建议，主要由西北工业大学负责编写。另外，第二篇到第十二篇对与浮空器相关的 11 个重要方面进行了专题研究和阐述，其中，第二篇和第五篇由中国特种飞行器研究所编写；第三篇、第六篇和第十二篇由中国科学院空天信息创新研究院编写；第四篇由中国电子科技集团公司第三十八研究所编写；第七篇和第九篇由湖南航天有限责任公司编写；第八篇由中国科学院长春应用化学研究所编写；第十篇由上海空间电源研究所编写；第十一篇由西北工业大学编写。全书统稿工作由北京航空航天大学和空军研究院完成。

在本书编写过程中，引用和参考了大量研究报告和文献资料，选配了许多图片，特向这些文献资料和图片的作者表示深深的谢意。同时，由于涉及资料众多，本书中未能全部列出被引用文献的名称和作用，对此表示歉意。对于领域的未来发展，必然见仁见智，即便行业内也难以完全趋同，因此书中的观点建议也仅代表编者的认识。由于时间、水平和视野所限，本书难免有不足和疏漏，敬请读者批评指正。

中国航空学会

2020 年 7 月

目　录

第一篇　综合报告

第一章　引言

第一节　概述

浮空器是指主要通过内部充入轻于空气的气体产生浮力，克服全部或大部分自身重力的飞行器。由于浮空器具有能源消耗少、留空时间长、效费比高等特点，近年来越来越多地被应用于军事和民用等诸多领域。纵观浮空器的发展历史，根据浮空器的结构形式和技术应用可以将其分成四个发展阶段。

第一阶段为1782年至19世纪末，该阶段主要的浮空器为热气球和人力软式飞艇，属于浮空器早期探索阶段。人类历史上最早的浮空器是热气球，早在1782年，蒙特哥菲尔兄弟便完成了第一个热气球试验，并通过技术改进创造了热气球首次载人升空的历史[1]。为了能主动飞行并操纵控制气球，法国罗伯特兄弟于1784年制造了第一艘人力软式飞艇，随后飞艇的结构形式、操纵特性及动力单元等多项技术得到了空前发展[2]。然而对早期的软式飞艇而言，其飞行高度低、速度慢，只有当飞艇的囊体内超压才能保持外形，这极大限制了飞艇的尺寸和载运能力。

第二阶段从19世纪末到20世纪40年代末，两次世界大战战场应用需求的驱动，使浮空器技术有了较大的发展。为了解决软式飞艇的局限性，德国退役将军费迪南德·格拉夫·齐柏林发明了硬式飞艇，并于1900年制造了世界上第一架硬式飞艇，开启了飞艇发展的新篇章。在20世纪20—30年代，各国竞相开展硬式飞艇研制工作，并进行了大量的飞艇制造，被后人称作飞艇的“黄金时代”。但随着1937年德国飞艇“兴登堡号”在着陆时因静电火花引起氢气爆炸以及英、美等国多艘大型飞艇相继失事情况的发生，此后飞艇的发展处于停滞状态。

第三阶段是从20世纪50年代至20世纪末，由于高分子材料的出现和自动控制技术的完善、氦气的使用以及20世纪六七十年代出现的石油危机，现代浮空器迎来了新的发展和应用[3]。在此期间，研制的浮空器大多为半硬式或软式结构，其中美国和日本的自由气球、美国TCOM公司的系留气球以及德国的“齐柏林NT”（Zeppelin NT）对流层飞艇较为著名。这一时期所采用多种新技术的新型浮空器被广泛用于空中广告、摄影摄像、巡逻、载人、货运及科学试验等多个领域。

第四阶段为21世纪初至今，随着浮空器总体设计技术、高性能囊体材料、超轻结构和能源循环等技术的进步以及应用需求的增多，自由气球、系留气球、对流层飞艇的相关技术得到了快速发展，并逐步形成系列化产品。起步较晚的平流层飞艇在技术、试验验证等方面均取得了一定的成就。

新的时代对浮空器提出了新的要求，未来超长航时、可控轨迹和组网使用的自由气球将成为重要的发展方向；系留气球将逐步向留空时间更长、升空更高、载荷能力更强、环境适应性强、高机动、系列化、自动化、组网使用等方向发展；对流层飞艇将向长航时、大载重、多功能一体化和安全性好等方向发展；平流层飞艇将向长航时大载重、快速响应低成本等方向发展。

本路线图从浮空器的分类入手，针对自由气球、系留气球、对流层飞艇、平流层飞艇的特点，从浮空器平台的应用需求、发展现状与趋势、核心技术等方面进行了较详细的论述，对浮空器产品和技术的发展进行了预测，对我国浮空器未来发展进行了规划并提出了建议，同时就浮空器应用场景典型任务描述等11个专题进行深入的探讨，全面阐述了浮空器系统发展路线。

第二节　主要分类

按照有无动力，浮空器分为气球和飞艇；按照升空后有无缆绳约束，气球分为自由气球和系留气球；按照飞行高度，飞艇分为对流层飞艇和平流层飞艇；按升力来源，飞艇分为纯浮力型和升浮一体型。

一、自由气球

自由气球是本身无动力，升空后无缆绳约束，在浮力和风力作用下飞行的浮空器。自由气球系统一般由球体、拉索、吊舱、降落伞等部分组成，如图1-1所示。球体内充有浮升气体为整个系统提供浮力，并通过缆绳与吊舱相连，吊舱内装有科学试验载荷，降落伞为自由气球载荷舱的回收降落提供伞降保障。

根据气球本身是否密闭及球体内部压力不同，可将自由气球分为零压气球和超压气球，两者特点如表1-1所示。零压气球有与外部大气相连的管道，内压增加，往外排出浮升气体，保证球体内气体压力与大气压力差几乎为零；热气球在主要原理上属于零压气球。超压气球球体封闭，构形上采用南瓜形或其他构形，依靠球体结构设计和材料承受较大内压，飞行过程中一般不排气或仅少量排气。按照有无副气囊可将超压气球分为单气囊超压气球和多气囊超压气球。多气囊超压气球包含主气囊和副气囊，副气囊一般充空气，通过调节副气囊空气的质量实现高度调节。

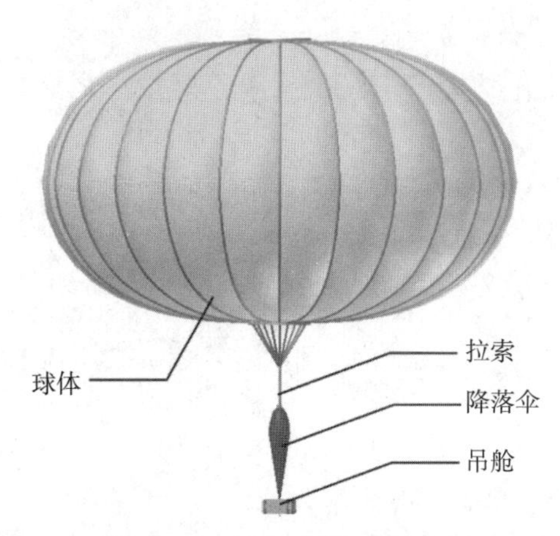

图 1-1　自由气球系统组成

表 1-1　零压气球和超压气球特点对比

项目	滞空时间	昼夜高度波动	材料要求	工艺	加工难度	一般飞行高度
零压气球	短	大	低	简单	小	20 ~ 50km
超压气球	超长	小	高	复杂	大	20 ~ 35km

二、系留气球

系留气球是一种依靠球体内部充入轻于空气的气体，产生浮力克服自重，并带有系留缆绳约束的浮空器。系留气球系统一般包括气球球体、系留缆绳、有效载荷、锚泊设施、地面控制系统五部分［图 1-2（a）］。气球球体主要用于提供盈余浮力、挂载有效载荷和保持系统稳定性；系留缆绳除承担将飞艇拴系在地面锚泊设施上的任务外，还是球上与地面信号传输以及球上供电的主要通道；所搭载的有效载荷可以包括雷达、光电、电子侦察、通信、广播等设备；锚泊设施主要用来操纵球体升降、控制和维护系留气球系统；地面控制系统主要用于遥测遥控、监控球体通信设备、监测气球各项工作数据和环境参数等，还可作为中心站完成载荷信息的存储或转发。

系留气球有多种分类方法，按球体外形可以分为常规系留气球和非常规系留气球［图 1-2（b）］，常规系留气球多为球形和流线型；按体积大小可以分为小型、中型、大型系留气球；按照机动方式可分为机动式系留气球和固定式系留气球。

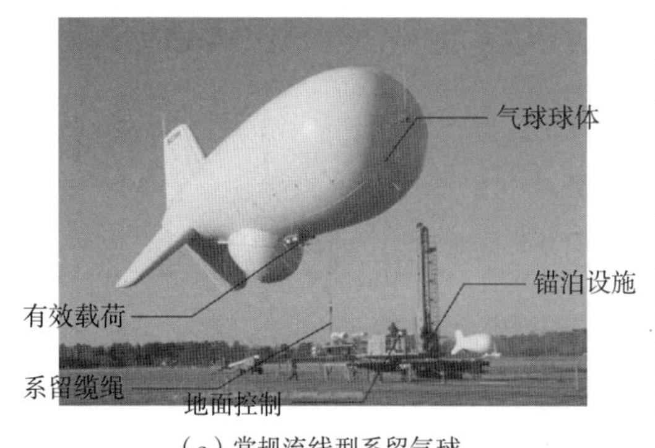

（a）常规流线型系留气球

（b）非常规系留气球

图 1–2　系留气球

三、对流层飞艇

对流层飞艇是一种在对流层工作，依靠动力推进实现飞行的浮空器。对流层飞艇系统一般包括艇体、推进系统、尾翼、吊舱和起落装置，如图 1–3 所示。艇体装有浮升气体为飞艇系统提供升力；推进系统包括发动机、减速器和螺旋桨，为飞艇提供前进和偏航动力；尾翼则保证飞艇具有较好的稳定性；吊舱位于艇体腹部，是飞艇载荷的主要承力结构，内部可容纳驾驶室、客舱、货舱、动力装置、起落装置等飞艇的各个系统；起落架是具有独特结构的一类着陆装置，在飞艇与地面接触时对产生的撞击提供必要的缓冲。对流层飞艇按照结构形式分为硬式飞艇、半硬式飞艇和软式飞艇；按照是否载人分为载人飞艇和无人飞艇。

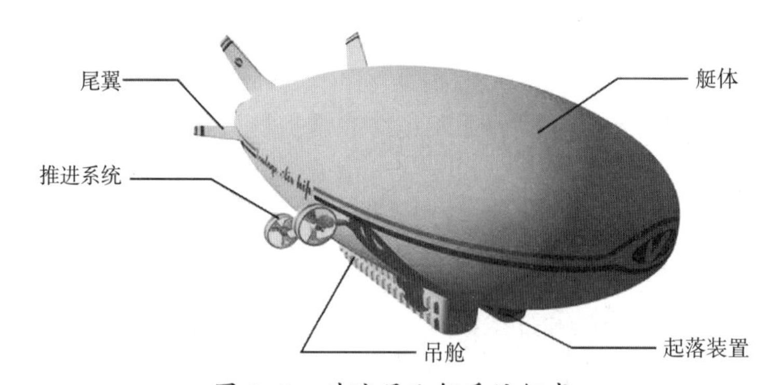

图 1–3　对流层飞艇系统组成

四、平流层飞艇

平流层飞艇是一种在平流层工作，依靠动力推进实现飞行的浮空器。由于在工作高度上与邻近空间高度（海拔 20 ~ 100km）有所重叠，有时也称为临近空间飞艇。平流层飞艇系统一般包括艇体、能源、推进等分系统，如图 1–4 所示。艇体分系统包括囊体、吊舱、尾翼等，艇体大多为流线型，艇身内充有浮升气体为飞艇提供升力，吊舱用于装载货物（包括仪器、载荷等设备），尾翼主要起稳定作用；推进分系统主要为飞艇移动和转动提供动力。对于长航时平流层飞艇，能源分系统一般包括太阳电池和储能电池。由于平流层飞艇的研制起步较晚（20世纪90年代），在研产品种类少，目前还未形成明确的分类方法。

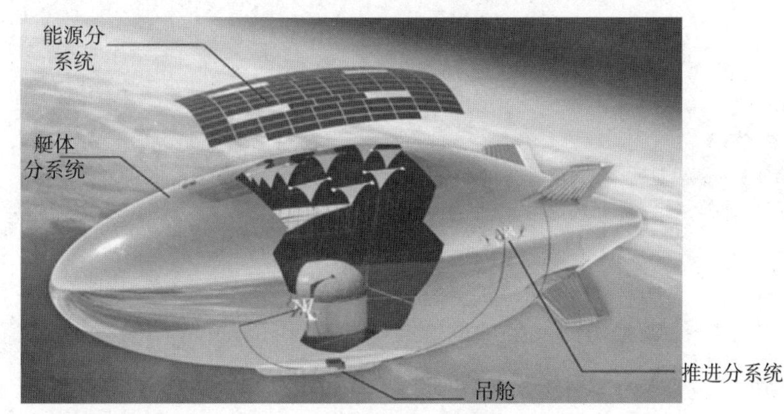

图 1-4　平流层飞艇系统组成

第三节　主要特点

一、自由气球

1. 零压气球

零压气球的主要特点大致可以概括为球体为开放式结构，内外压差小，飞行时间短，多用于空间科学实验和探测。

开放式结构，内外压差小。零压气球（图 1-5）多采用很薄的耐低温聚乙烯薄膜制成，有纵向加强带，底部有排气管。气球在地面充气和刚升空时，球内充有很小一部分浮升气体，随着气球上升和大气压力的降低，球内的气体逐渐膨胀，到达升限时，气球胀满，多余的气体从底部的排气管排出，气球系统重力和浮力达到平衡，气球进入平飞状态。开放式结构减小了球体发生破坏的可能性，并使气球内外始终维持很小的压差，球体底部和外部的压差基本为零[4]。

飞行时间较短。由于工作原理的特殊性，零压气球常规飞行时间控制在 1d 以内，长时间飞行能达到数周[5]。其工作原理主要为：气球白天受到光照的影响会产生超热现象，浮升气体的温度升高膨胀并通过排气管排出。傍晚太阳辐射消失，球内浮升气体温度降低，加上白天排放的浮升气体，导致气球体积收缩，浮力下降以及高度降

图 1-5 美国国家航空航天局的 Big60 零压气球

低，这时需通过释放压舱物降低系统重量来维持高度。浮升气体的损失和压舱物的重量极大地限制了气球的留空时间，同时使气球在昼夜更替中产生较大的高度变化。

广泛用于空间科学实验和探测。目前，零压气球能在海拔 4 万米高度飞行，是平流层飞行器中技术较为成熟的浮空器产品，被广泛应用于临近空间科学实验和探测。零压气球飞行模式包括常规飞行和长时间飞行，飞行高度一般为海拔 20 ~ 60km、体积大多为 5 万 ~ 150 万 m^3，适合大载荷、高海拔的任务，例如宇宙线观测、光谱分析、航天试验等。

2. 超压气球

超压气球的主要特点大致可以概括为球体封闭内部超压，结构形式独特，飞行时间长，应用范围广。

球体封闭内部超压。超压气球是一种新型的高空气球，不同于传统零压气球的开放式结构，它采用高强度的薄膜材料和全新的结构设计，球体全封闭。气球在到达升限高度时球体被浮升气体胀满，继续上升时球内压力增大，球内浮升气体密度加大，从而达到重力与浮力平衡。

结构形式独特。由于球体结构承受较大的压差，早期的超压气球采用表面积比最大的正球形，如 1985 年苏联与法国合作的维加计划（Vega Program）中，进行金星大气探测使用的行星气球[6][图 1-6（a）]。但是这种形式的超压气球有一定的局限性，其强度和承压能力极大地依赖于材料的性能，限制了气球的尺寸。为了克服这一缺陷，现在的超压气球一般采用南瓜形的结构，通过连接球顶和球底的高强度低延伸率的加强筋使球膜在受到较大的内外压差时形成圆弧状突起，外形类似南瓜的形状[图 1-6（b）]。这种结构可以明显减小球膜曲率半径，增加可承受的压差。

（a）正球形超压气球

（b）南瓜形超压气球

图 1-6　正球形超压气球和南瓜形超压气球[5]

飞行时间长。超压气球是从根本上解决长时间飞行的一条途径，目前超压气球最长飞行时间已超过 200d。超压气球在白天太阳辐射增加、球内气体温度上升膨胀时不排出气体，增加的压力由球体结构承受；同时球体内外较大的压差能够避免日落时气球内浮升气体温度下降导致的浮力损失，仅仅是内部压力发生变化而外形基本不变，并且不需要抛压舱物补偿，从而实现长时间留空，并且飞行高度变化很小。两类气球稳定飞行的高度轨迹如图 1-7 所示。

应用范围广。超压气球具有飞行时间长、载重大、高度稳定、安全可靠的优点，对新的任务需求响应快速，载荷可回收、改进并再次飞行，可作为轨道任务的低成本科学研究实验平台和稳定的观测平台。除了高空气球本身的应用，长时间飞行的

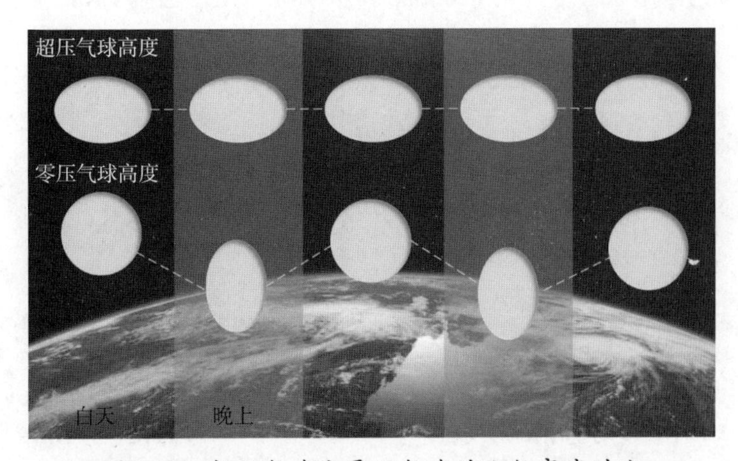

图 1-7　超压气球和零压气球的飞行高度对比

超压气球在科学实验、通信、对地观测、天体观测、宇宙线研究等方面都有很大的优势。

二、系留气球

系留气球的主要特点大致可以概括为留空持续性好，平台尺寸跨度大，应用范围广。

留空持续性好。留空持续性好是对系留气球产品在工作时间维度上的一种性能界定。由于系留气球依靠浮升气体克服全部或大部分自身重力，因而能量消耗远低于其他种类的航空飞行器。同时系留缆绳内部包含导线与光纤，导线为气球所搭载的各种载荷提供电力，光纤可将传感器获得的信息传送至地面接收站。正因为系留气球大多采用地面设施供电，其续航时间才不受能源的限制，与其他种类的航空飞行器相比，具有较长的留空时间。每个留空周期结束后，只需经过简单的浮升气体补充和系统检查，就可重新进入下一个留空周期。

平台尺寸跨度大。平台尺寸跨度大是对系留气球产品在气球尺寸上的一种界定。按体积大小系留气球一般分为小型、中型、大型三种，其气球体积可达数万立方米，载荷能力也可达数千千克。由于其平台尺寸跨度大，系留气球可适应不同的载荷需求，满足不同的使用环境，现已基本形成系列化的系留气球平台，同时逐步发展了高原型［图 1–8（a）］、舰载型［图 1–8（b）］等多种适用于各种特殊环境使用的系留气球，形成了尺寸跨度大、类型齐全的系留气球产品。

应用范围广。系留气球结构尺寸的差异导致其载荷能力、机动性能等均存在一定的差别，这就使得不同类型的系留气球在各个领域发挥着不同的用途。大型系留气球升空高度大、留空时间长、带载量大，经常用于战略部署，得到各国军方重视，典型的应用系统有美国的联合对地攻击巡航导弹防御网络化传感器系统（The Joint Land-

（a）“极目一号”高原系留气球

（b）TIF-25K 舰载系留气球

图 1–8　系留气球系统

Attack Cruise Missile Defense Elevated Netted Sensor System，JLENS）（图 1-9）和俄罗斯的“美洲狮”系统（puma）[7]。中型常规系留气球相对小型系留气球留空时间长、可靠性高、带载量大又可灵活布置载荷，因此可广泛用于预警探测、信息对抗、电子侦察、大气环境监测、通信广播等领域，典型的应用系统有美国快速初始部署浮空器系统（Rapid Aerostat Initial Deployment，RAID）、持久地面监视系统（Persistent Ground Surveillance System，PGSS）和持续威胁探测系统（Persistent Threat Detection System，PTDS）[8]等。近年来，随着任务载荷的小型化以及对机动性要求的提高，小型系留气球以其轻巧紧凑的结构和快速部署能力迎合了市场需求，因而得以广泛应用于反恐冲突中的单兵侦察、战术部署和快速应急通信等任务。

图 1-9　JLENS74m 系留气球

三、对流层飞艇

由于对流层飞艇的研制起步较早，发展时间长，现已形成门类齐全的飞艇系列，同时也产生了不同的分类方法。下面结合不同分类方法，对其特点和应用场景进行介绍。

按照结构分类，对流层飞艇一般可分为硬式飞艇、半硬式飞艇和软式飞艇。软式飞艇的气囊完全没有刚性骨架，全靠内部气体与外部空气的压差来维持飞艇气囊的形状，典型的软式飞艇是固特异公司的飞艇。硬式飞艇是由其内部骨架（最初为木材，后来为铝合金等轻质金属材料，现在则普遍使用高强度低密度的碳纤维等复合材料）保持形状和刚性的飞艇，外表覆盖着蒙皮，骨架内部则装有许多为飞艇提供升力的充满气体的独立气囊。硬式飞艇最外部的蒙皮不需要具有气密性，而内部的各个小氦气囊的蒙皮则必须具有良好的气密性。老式的齐柏林飞艇就是典型的硬式飞艇。半硬式飞艇要保持其形状主要是通过气囊中的气体压力，另外部分也要依靠刚性骨架，骨架中最主要的是龙骨。

按照是否载人可分为载人飞艇和无人飞艇。载人飞艇包括观光飞艇、客运飞艇、货运飞艇、特种训练用途飞艇等，无人飞艇常见的有遥控广告飞艇、高空侦察飞艇。按照用途分，则有民用（包括科研与公共事务）、军用两大类飞艇。民用方面，有观光飞艇、客运飞艇（以完成客运而非观光为主要目的）、货运飞艇、建筑铺设飞艇等。科研与公共事务方面，有气象飞艇、地形测绘飞艇、灾害监测飞艇、生态监测飞艇、安保或反恐飞艇、特殊救援飞艇等。例如，国内有许多使用小型遥控飞艇代替人力进行危险的架桥、架线等“高空作业”。军用方面，有侦察飞艇、轰炸飞艇等。

作为一种特殊的对流层飞艇，大型货运飞艇是指载重量在数吨，甚至百吨以上的飞艇。现代货运飞艇可利用高气动升力外形和矢量推进器等多种升力源提供动升力，以静升力为主、动升力为辅，具备可控飞行能力和升力控制能力[9]（图 1–10）。飞艇飞行速度比飞机低，但高于一般车辆和船舶，而且可随处起降和空中悬停，具有其他运载工具无法比拟的独特优点。因其载重量大、续航时间长、飞行平稳、研制成本低、部署灵活、无须专用机场等独特优势，能在执行海洋（特别是南海）维权巡查、环境保护监察、人员与货物运输、特种货物转运等方面发挥较大的作用，同时具备持续有力的支援保障能力和复杂多样的非战争任务能力，是我国未来重点发展的战略产品。

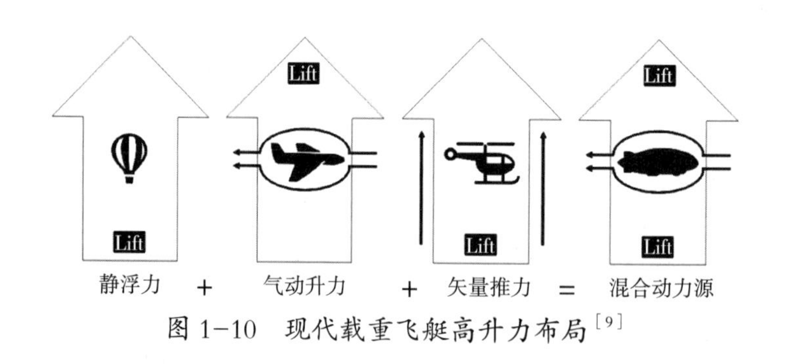

图 1–10　现代载重飞艇高升力布局[9]

相比平流层飞艇而言，对流层飞艇的飞行高度较低，同等载重情况下艇体的体积偏小。由于具有续航时间长、使用成本低、起降场地要求低、可实现“凝视”功能等独特优势，对流层飞艇在预警、侦察、监视、应急救援、旅游观光等军事民用领域具有广阔应用前景[10]。目前，国内外典型的对流层飞艇产品有美国洛克希德·马丁公司的 P–791 混合型低空飞艇、俄亥俄飞艇公司研制的 Dynaliffter 重型混合式运输飞艇 PSC–1、德国的“齐柏林 NT”飞艇（图 1–11）等。

图 1-11　“齐柏林 NT”飞艇

四、平流层飞艇

经过多年的发展，平流层飞艇在技术、试验验证等方面均取得了一定的成就，作为一种较新的浮空器产品，其主要特点大致可以概括为工作环境复杂、技术难度大、应用范围广。

工作环境复杂。平流层飞艇（图 1-12）是一种在平流层工作的飞行器，平流层位于对流层[①]上方，该层温度上热下冷，气流平稳，空气以水平流动为主，基本没有上下对流。平流层飞艇飞行过程中，长期受到风、热、温度、大气压、臭氧、紫外、

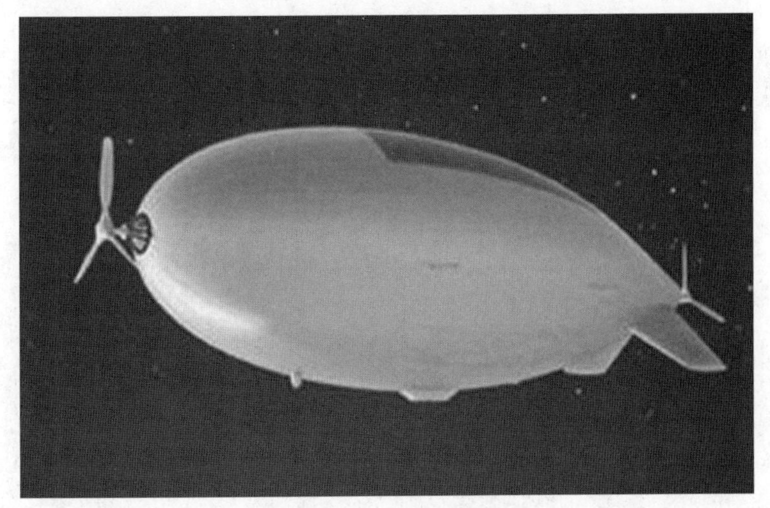

图 1-12　平流层飞艇

① 对流层是指最靠近地面的大气层，其下界与地面相接，上界高度随地理纬度和季节而变化，在低纬度地区平均高度为 16 ~ 18km，在中纬度地区平均为 9 ~ 12km，高纬度地区平均为 7 ~ 8km，并且夏季高于冬季。该层的显著特点是气温随高度增加而降低，空气对流运动极为明显，众多天气现象频发。

高真空、微重力、高能粒子撞击等环境因素的影响。极其恶劣的平流层环境严重限制临近空间高空飞艇的使用寿命[11]。然而，由于平流层特殊的空间位置和环境，目前高空风场环境探测及预报方法有限，多采用探空气球和气象卫星进行探测，无法准确建立平流层各个高度剖面的风场数据和空间环境参数。

技术难度大。平流层飞艇研制是一项极为庞大的系统工程，涉及的各方面技术均无太多的成功经验可借鉴，各国正处于关键技术攻关阶段。目前，平流层飞艇关键技术主要包括浮空器总体设计技术、轻质阻氦囊体材料技术、高效太阳电池及储能技术、高空高效螺旋桨及电机技术、动力浮空器飞行控制技术、大型浮空器地面保障技术等，一旦技术成熟，进入工程实用阶段，必将在军事及民用领域显示其巨大价值。

平流层飞艇用途广阔。飞艇具有可定点飞行、留空时间长、探测范围广、载荷能力强和效费比高等优点，拥有极高的战略价值[12]。其在军事上可用于预警探测、侦察监视、信息对抗、通信中继、气象保障等；平流层飞艇也可用于增强陆、海、空、天、武器装备的无缝连接，扩展信息优势，提高联合作战能力，具有十分重要的应用潜力，并有可能进一步发展成为空基作战武器。民用方面主要可用于环境变化和气象数据探测，交通及环境污染监控，洪水、火灾或地震等灾害监视和指挥救援，局域通信，数据传输中继，移动通信等，以及发展成为未来空中交通运输平台。

参考文献

[1] 李嘉骞，沈海军. 热气球，人类最早的航空器［J］. 百科知识，2013（7）：16-18.

[2] 李荣. 飞艇的前世今生（中）［J］. 百科探秘（航空航天），2015（11）：11-14.

[3] 杨秋萍，席德科. 飞艇技术发展现状与趋势［J］. 航空制造技术，2010（19）：70-73.

[4] 祝榕辰，王生. 超压气球研究与发展现状［C］// 第二十四届全国空间探测学术交流会论文摘要集. 2011.

[5] 陈旭. 长时高空气球的研制发展［J］. 航天器工程，2007，16（4）：83-88.

[6] Cutts J A，Kerzhanovich V，Jones J A. Balloons for planetary exploration［C］. COSPAR 2000：Lunar and Planetary Science and Exploration. Warsaw，Poland，2000：1523-1532.

[7] Mr.Michael Lee，Mr. Steve Smith，Dr. Stavros Androulakakis.，The high altitude lighter than air airship efforts at the US Army Space and Missile Defense Command/Army Forces Strategic Command［C］//18th AIAA Lighter-Than-Air Systems Technology Conference. Seattle，Washington，2009：1-26.

[8] The office of the Assistant Secretary of Defense for Research and Engineering，Rapid Reaction Technology Office. Summary report of DoD funded lighter-than-air-vehicles［R］. America：The office of the Assistant Secretary of Defense for Research and Engineering，Rapid Reaction Technology Office. 2014.

[9] 闫峰，黄宛宁，杨燕初，等. 现代重载飞艇发展现状及趋势［J］. 科技导报，2017（9）：70-82.
［10］许金凤，孙娜. 对流层飞艇设计试验数据管理系统建设研究［J］. 软件工程，2018，21（8）：40-42.
［11］邓黎. 平流层飞艇的环境控制［J］. 航天返回与遥感，2006，27（3）：51-56.
［12］李利良，郭伟民，何家芳，等. 国外近空间飞艇的现状和发展［J］. 兵工自动化，2008，27（2）：32-34.

第二章　发展需求分析

第一节　主要应用方向

一、军用领域

1. 预警探测

随着目标隐身技术、综合电子干扰技术、超低空突防和反辐射导弹技术这“四大威胁”的迅猛发展，一个国家的预警能力将面临重要的挑战。其中，对临近空间高超声速目标进行拦截的首要条件是早期预警探测。高超声速飞行器隐身效果好、飞行速度快、机动性好，当目标从约 30km 高空进入拦截空域时，要求地面雷达的探测距离为 930km，受地球曲率的限制，单部地基雷达在该距离很难探测、发现和跟踪目标。此外，临近空间稀薄的大气环境也会给预警探测带来一定的困难。因此，有必要将天基预警平台、临近空间平台、空基预警平台和地基（海基）预警平台多种探测手段相结合，综合光学、红外、雷达和定向能等多模式的探测技术，形成强有力的一体化预警体系，实现全空域、全天候和全过程的预警探测。在地基预警平台的基础上，天基预警平台能够克服地球曲率的影响，探测范围广、预警时间长，适用于对临近空间目标的早期预警、跟踪高速目标和临空战场态势感知。预警机及其他具有预警功能的空基预警平台主要停留在 8 ~ 10km 的高度，具有机动性好和可重复使用的优点。以飞艇为代表的临近空间预警平台停留在 20 ~ 30km 高空，探测范围介于天基、空基预警平台之间，探测精度高，可以在特定区域长时间停留，适用于对重要目标和重要区域全天候和高精度的监控。[1]

和平时期，在边境和各类阵地、机场、基地、指挥所、一线城市、舰船 / 舰队等重点防护目标区域，可使用浮空器对来自海上、陆地边界国家、地区的各类型民航飞机、军用飞机、无人机、不明飞行物进行常态化预警探测，对各类型地面、海基等预警探测装备的低空探测进行补盲，构成大区域日常预警探测体系，为日常防空装备体系提供早期预警、概略引导等支持。此外，针对特种作战部队实施的低空渗透侵袭（如美军“海豹突击队”乘直升机低空长途奔袭击毙本・拉登的战例）的情况，可使用系留气球载雷达 / 红外等综合探测系统，远距离发现直升机、倾转旋翼机等低空目标的逼近，提供早期预警，为“反斩首”作战提供支持。

战争时期，采用系留气球和平流层飞艇，在作战方向上，与预警机、地面/海上雷达系统等进行“动静结合”“超高空－高空－中低空－地面”相互协同，构成远程多维度多传感器组网综合预警探测体系，对战区内敌、我和其他各类空中目标，特别是逼近的隐身飞机、巡航导弹和发射段的弹道导弹进行更远距离的预警探测，为战区指挥所提供早期预警、概略引导。

2. 侦察监视

浮空器具有定点凝视功能，搭载光电探测设备、数传及图传设备配置在重要基地附近、海岸边防和重点海区等位置，能探测、识别、跟踪低空、超低空突防的飞机、巡航导弹等空中目标，可作为侦察机和侦察卫星的补充侦察手段。浮空器由于飞行速度慢、悬停稳定性高等特点，其上搭载的侦察设备能更容易探测到目标。美国美军快速初始部署浮空器计划（RAID）系留气球可飞行在300m高度，覆盖数千米的地面区域，主要用于支援伊拉克“持久自由”行动，还在阿富汗用于执行地区监视和部队保护任务。美国海军装备的STI反恐飞艇搭载了红外传感器和高分辨率相机，能进行昼夜监视并拍摄清晰照片，其上的“机载近海探测超光谱成像系统”（LASH System），能拍摄到隐藏在水面以下的目标[2]，可以在海港上空执行巡逻任务，搜索恐怖组织的潜水员、可疑的船只以及其他异常活动等，同时也可以为军事基地提供侦察监视任务，协助边境巡逻等。

平流层飞艇与空基和天基平台相比，探测覆盖范围大，分辨率高，可在特定区域上空驻留。浮空器可作为临近空间平台，加装侦察传感器可对战场情况及时监测、侦听，通过搜集地面、海洋或空中的目标信息来获取军事情报，能够与预警飞机和侦察卫星构成全维一体的侦察系统。

3. 通信中继

浮空器可用作战场高空通信中继平台，通过搭载通信中继设备扩展通信距离，作为卫星通信之外的一种备用通信手段。在浮空器平台搭载通信中继设备后，可以是固定式使用，也可以机动式使用。其通信性能可在更大的区域内不受地形的限制，可为地面、海面、低空对象提供宽带高速抗干扰及超视距通信能力，扩大有效作战空间，对于稀路由、大容量、大范围的军事通信具有特别重要的意义[3]。

在越南战争期间，美军为适合越南南方丛林地带的特点，在系留气球上搭载了无线电调频装置，作为指挥所与前沿部队的无线电转发台，当时使用了一种体积为150m^{3}的三尾翼气球和一种体积170m^{3}的十字尾翼的气球，升空300m，在35km范围内传输无线电信号，还用于监测对方军队的行动和通信信号。

美国MARTS是一种系留气球通信中继系统，主要用于保持美国海军陆战队与指挥中心之间的通信联系，为海军陆战队的超高频 / 甚高频无线电、单信道地面 / 机载无线电系统（SINCGARS）、增强型定位和报告系统（EPLRS）以及普通的模拟无线电提供中继。海军空中中继系统飘浮高度约 1km，在风速达 80km/h 的状态下仍能保持漂浮，能够承受小型火力打击，通过一条光纤与指挥中心保持连通状态，并通过其配备的发射机将指挥人员的指令高速地传输出去。

近年来，美军也常利用气球建立通信联络。一家名叫“空间数据”公司已经向美军提供可重复利用的气球信号中继平台。空间数据公司的军用 FM 信号中继气球，设计基础就是气象探测气球，让信号在 20 ~ 30km 的平流层传送，只需 3W 的电力供应和 225 ~ 375MHz 的通信频道，该项技术就能在 644km 范围内为地面提供音频和数据服务，气球由一个地面站控制，可以通过 GPS 全球定位，并用气阀控制高度。

4. 信息对抗

信息对抗是指围绕信息利用（包括信息的获取、传输、处理、分发和使用的意图、方法、过程、系统和人员等）而展开的攻防斗争，其目的是取得信息优势，即通过能力竞争和攻防斗争，使自己在信息利用方面比竞争对手处于优势地位，从而为取得竞争的最终胜利奠定基础[4]。

浮空器可根据需要携带相应的电子设备升至指定的高度进行电磁信号的传输、转接与干扰，很好地适应战时需求。电子与信息对抗可分为雷达对抗、通信对抗和光电对抗三方面[5]。

浮空器作为雷达干扰平台可以很好弥补地面雷达干扰和机载雷达干扰的缺陷，有效降低地面雷达干扰设备盲区，解决机载雷达干扰设备功率小的问题，加之升空后可以有效减少电波衰减，提高干扰压制效果，而且浮空器可以部署在空间的各个层次，这样可以对敌方雷达进行多层次立体化干扰。

浮空器平台装备电子干扰设备后能有效对敌实施 GPS 干扰，并能对战区实施全天候、大范围、长时间电磁压制和反电子战。早在 20 世纪 70 年代，苏联空军“第聂伯河”军事演习期间，苏联第 13 浮空器科学研究试验中心就向空中释放了 60 部电子战自由气球系统，构成了长 170km、宽 20km 和高 12km 的电子干扰屏障，充分证明了自由气球用于电子战的优势。根据浮空器体积大、成本低的特点，可用于仿造大型武器装备、制造烟幕、发射红外诱饵弹等光学对抗，欺骗迷惑敌方，使敌方难辨真伪，无法准确掌握我方情况；浮空器也可用于雷达无源对抗，把箔条附着在浮空器表面，当敌方雷达照射浮空器所在的位置时便会形成许多混杂的目标，可以有效掩护浮空器周围的目标，影响敌雷达对我军保护目标的探测，形成安全的空中走廊。

此外，可利用平流层飞艇、系留气球等浮空器装备，对指定地、海、空域的各种电磁频谱信息（如通信、导航、雷达、电子对抗、测控等军用用频装备，以及广播、电视、移动通信等民用用频设备）进行不间断持久监测，获取区域内的电磁频谱变化以及对方的动向变化，提供快速、广域的频谱监测和干扰查证手段，为我军用用频装备的战场电磁频谱管控和对抗作战提供有力支持。

5. 军事运载

重型运载飞艇有效载重可达几十吨到上百吨，其超大的容积空间、超长的续航能力、超远的飞行距离、类似直升机的起降及悬停飞行模式、使用安全、成本低廉（每吨每千米成本只有传统货运飞机的1/10）等特点，使其在兵力及物资运输（尤其是大尺寸不易拆卸重型装备的运输及“点对点”运输方面）、空中武器打击与支援等方面具有广阔的用途。“海象”项目是美国国防部高级研究计划局（DARPA）负责的一项巨型军事运输飞艇项目，旨在验证大型混合飞艇将陆军作战单位及其装备从驻防区运送至战区的可行性。美国国防部高级研究计划局的意图是研制一种新型飞艇，能够在3 ~ 4d内携载1800名士兵或500t以上武器装备，横跨大陆进行洲际飞行，行程超过11000km，并能够在未制备的场地以及水上着陆。该项目一旦研制成功，1艘“海象”重载飞艇可在2d内从美国本土向欧洲运送两个摩托化步兵营（包括全部人员和作战装备），而10艘“海象”军事运输飞艇即可在2d内将美军第82空降师全员运送至欧洲；能够向全球任何可能“威胁”美国国家安全利益、需要动用武力制止“人道主义灾难”的地方，在3 ~ 4d内运输部队和装备，发动战争，将成为轻而易举的事情。“海象”项目的研制将令美国具备更加无与伦比的空中战略投送能力和震慑能力。

针对未来空中作战长时间留空、快速攻击与信息攻防等作战需求，也可基于大型浮空器建立空中飞行基地，并在飞行中释放出无人机，同时为无人机通信指挥、自主起降、充能、武器装载和维修等提供运行和作业保障。

6. 战场环境保障

打击效果评估是火力打击所需的重要情报信息，浮空器装载光电任务载荷及图传设备后，可对目标进行不间断侦察监视，实时获取目标被打击前后的图像，综合分析图像的变化情况，及时有效地进行打击效果评估，为指挥机构的及时决策提供保障。

战争的快节奏必然要求军事气象保障能对战区气象条件的变化迅速做出判断，提出相应的保障对策。实时高精度的高空探测是军事气象保障的重要基础，它对炮兵、航空兵、空降兵、火箭和导弹发射、天气的分析和预报等具有极为重要的意义。目前常用的高空气象探测手段主要有高空气象探测雷达系统、GPS探空测风系统、导航探空测风系统、无线电经纬仪探空测风系统。同时，为满足一些特殊业务和科研的需求，有时还采用火箭探测技术、下投式探空探测系统、飘浮和系留气球探测、激光雷达和微型无人驾驶飞机气象探空系统等。2016年6月，俄国防部决定将重新组建空天军浮空器局，计划用第四代军用气球系统全部替换20世纪50年代研制装备的军用气球系统，其中“猎豹”系留气球系统除担负防空预警任务，该型系留气球系统还可以担负军事气象侦察任务，可实时将风速、湿度和气压传递给战机飞行员。

另外，浮空器还能为军事指挥自动化系统、各军兵种的数字化战场建设提供区域军事地理测绘信息和空间基础数据，为信息化条件下作战提供及时、快速、准确、可靠的空间信息。实景三维测绘技术可通过平台搭载全画幅成像系统获取地面影像，智能提取场景的地理信息，快速生成目标区域的虚拟三维场景，其中地形形态和贴图由系统自动完成，无须人工干预，省时高效，方便易用，不但能快速把战场形态“搬进”指挥大厅，而且精准度达到厘米级，系统能够为指挥员决策提供辅助支持，在军事模拟演习、作战路径规划、打击毁伤评估等方面应用广泛[6]。

7. 导航与授时

在现代化战场上，统一的时间信息几乎是所有作战行动的前提。精确的时间同步，是各类武器装备、平台、各级作战指挥系统兼容、信息融合的基础。在整个指挥作战回路中，要形成陆、海、空、天、电跨域、实时、可靠的态势信息，实现各级指挥所之间的数据信息交换，实现计算机数据通信网与武器系统平台之间的互联、互通、互操作，均需要各类武器装备、侦察监视平台、数据链、指挥网络之间实现精确的时间同步。唯有精确授时，才能够使“发现即摧毁”的快速协同作战成为可能。因而，在现代作战中，一旦敌方授时系统被干扰，将会造成整个作战回路的时间不统一，指挥部无法对部队实现准确的指挥、控制，作战人员对武器系统之间也无法做到时间上的精确控制，武器系统则无法实现有效、准确、可靠的打击。因此，攻击敌方的授时系统可快速扰乱敌方的指挥作战秩序，为实现其他攻击提供优势，达到事半功倍的效果。同时，在战时环境下，由于敌方对GPS、北斗等全球导航定位系统实施的强有力电子干扰，将可能使己方陆、海、空等作战平台无法实现精确定位。此时，可由平流层飞艇搭载导航载荷，为己方提供包括导航引导服务；为作战任务平台编队协同探测提供相对位置和时间等应急导航定位服务。对于某一特定区域来讲，由于平流层飞艇本身的特点，不仅能提供比卫星更多、更精确的信息，大大节约研制、发射、使用、维护的费用，还能减小遭到地面攻击的可能性。从20世纪90年代开始，平流层飞艇被认为是继地面通信站和卫星之后的第三代导航通信平台，美国、韩国等国家积极开展相关研究。平流层飞艇在距地面上空约20km的高度，不会受到云、雨等天气现象的干扰。作为一种新的导航平台，相对于卫星，它具有成本低、驻空时间长、缩短耗时、分辨率和灵敏度高等优点。因此，平流层飞艇导航系统可成为目前卫星导航定位系统的一个有效的补充系统[7]。

8. 其他

浮空器除以上任务需求外，目前在火箭发射平台以及重要目标遮挡领域也有所研究。现有的火箭发射模式，发射成本很大，在经济性方面不如人意。因此，很多国家已经尝试其他方式，如利用运输机货舱空投发射、轰炸机吊挂空中发射、一级火箭可回收发射等。考虑到高空气球的载重能力可达几十吨，升空高度可达 30km 以上的临近空间等技术优势以及低成本特性，具备作为火箭发射平台的潜力。高空气球可用作火箭发射平台，以此来发射小卫星，或者其他基于火箭动力的武器系统。国外已有相关研究和探索，如西班牙Zero 2 Infinity公司于2017年3月完成了“气球星”（Bloostar）火箭的首次飞行试验。高空气球将火箭提升至大气层高度以上，随后火箭发射运载火箭推进级点火，将卫星运送至既定轨道。目前还有利用气球运载发射平流层无人滑翔机飞行的测试案例。

在重要目标上空，通过拼接的方式排列布置几十艘乃至几百艘大型飞艇，对太空中的卫星侦察形成大范围遮挡，使其不能锁定目标，也不能探知目标的活动情况。可保护动态目标，如航母，还可分组多方向游离，增加行动的迷惑性。

此外，浮空器由于成本较低，安装红外源或其他特征设备后，可作为空中标靶，为射击人员或导弹的红外跟踪装置指示攻击目标。韩国近年还使用飞艇训练士兵跳伞。

二、民用领域

1. 对地观测

浮空器对地观测可以进行区域地质调查、矿产资源勘察、能源勘探、地质灾害监测、土地利用类型调查、水利资源调查等，快速更新国土资源和地理信息库，为经济建设规划、资源管理与开发等提供数据支持。国务院发布的《国家中长期科学和技术发展规划纲要（2006—2020 年）》中明确发展包含平流层飞艇等的高分辨率对地观测系统，这充分体现了浮空器作为高分辨率对地观测的发展需求。在高分辨率对地观测领域，浮空器主要可承担资源探测、遥感测绘、环境监测等任务。

（1）资源探测。

随着地表矿、浅部矿、易识别矿的逐渐减少，我国提出了深部资源勘探计划，这要求航空物探技术向更高分辨率、更大探测深度方向发展，全国陆地面积约 960 万 km^2、内海和边海的水域面积约 470 多万 km^2，需要开展大量的航磁测量工作[8]。飞艇可搭载大比例尺、高分辨率的航空放射性测量系统、航空电磁测量系统、航磁测量系统等多种类型的专用物探仪器，在低慢速、超低空飞行过程中研究和寻找地下地质构造和矿产，大幅提升现有地质勘探效率和水平，且不受地面条件（如海、河、湖、沙漠等）的限制，特别适合在地形条件困难的地区开展工作。2005 年，戴比尔斯（De Beers）公司在卡拉哈里沙漠使用了一艘搭载有高科技钻石探测仪器的“齐柏林 NT”飞艇，对地质环境进行了勘察扫描以探查金伯利岩矿，并完成了钻石矿勘探任务。2011 年，江苏省地质勘查技术院成功研制了无人飞艇式航磁测量系统。2012 年，吉林大学成功研制无人飞艇长导线源时域地空电磁勘探系统，并在内蒙古巴彦宝力格地区进行了电磁探测实验。

（2）遥感测绘。

在测绘方面，需要不断完善全国的电子地图、航空影像和卫星影像等基本空间数据。为了检测地表形变、城市地面下沉，检测土壤环境、水环境和大气环境的变化，需要对地形数据进行测量。在灾害发生以后，要第一时间调动遥感测绘系统到灾区，获取灾后信息并利用最新的影像数据与库存数据对比，从而快速有效地估计财产损失和人员伤亡等，及时进行救援和灾后重建工作。2013 年，利用飞艇完成了山西运城市 10 个县和晋城市 3 个地区共 500 余 km^2 作业服务，满足城市大比例尺（1∶500）测图及国家数字城市、智慧城市建设的需要。

（3）环境监测。

近年来，伴随着一系列环境灾害与环境事故的频发，人们对环境保护的认识已逐步提高，环境监测作为环境监督管理的重要手段，其重要性日益显现。如何方便、快速、低成本地获取精确、可靠、及时的环境基础数据资料，已成为环境监测技术研究的重点和难点。浮空器可搭载高分辨率数码相机、光谱类环境监测传感器和空气监测设备等，在城市上空、海洋上空、突发环境事故周围以及科学试验环境上空等定点悬停或低速飞行，获取诸如海洋赤潮、海上溢油、大气颗粒污染物、大气含量比值、污染源及流动方向等多种信息，广泛用于水、大气、土地及城市环境监测，构建“天空地一体化大气环境监测体系”，为环境治理、大气治理的有效性、高效性和科学性提供重要的技术支持。

2009 年，美国国家航空航天局（NASA）通过在“齐柏林 NT”飞艇上装设大像幅摄像机和超光谱成像仪，成功执行了南海岸盐湖生态环境监测、蒙特里海岸有害藻类分布及密度监测和地下天然气管道泄露监测等遥感监测任务。德国也使用“齐柏林 NT”飞艇开展了欧洲气候监测研究，测量了荷兰、意大利、亚得里亚海，并在 2013 年飞越芬兰测量有关空域数据。2010 年 7 月，美海军用 MZ-3A 飞艇为墨西哥湾“Deepwater Horizon”号钻井平台灾难后石油漏油清理工作提供了后勤支持，协助美国海岸警卫队监测海域漏油情况、指引清油船并寻找被漏油影响的野生动物等。2013 年 12 月，上海民防车载系留气球系统搭载了大气质量监测设备和数据传输系统等，对上海城市上空 1km 以内不同高度的空气质量状况进行实时监控采集，为城市雾霾治理提供了更为全面的数据依据。

2. 气象探测

目前，我国大陆地区基本以地基空中气象探测为主。高山、荒漠和海洋地区建立气象站十分困难，以地基气象探测方式获取空中气象探测信息难度很大，天基探测又无法直接获取空中常规气象资料，因此以空中平台携带不同的任务载荷是获取高山、荒漠和海洋地区的气象资料，精准掌握我国天气情况，特别是灾害性天气监测，为天气预报、大气科学研究、人工影响天气提供空中气象信息的基本途径。浮空器续航时间长，载荷大，升限高，可携带不同功能的气象探测设备实施气象探测，获取多种类、多要素、高时空分辨率、高精度的气象信息，是空中气象探测发展的重要方向。[9]

3. 应急救援

（1）感知监控。

在多云的气候环境下，由于云层的遮蔽，飞机和卫星无法及时得到灾区的清晰遥感图像，而浮空器则可在云层高度以下克服云层遮蔽的障碍，对灾区进行持续实时监测。一方面，浮空器（如系留气球）可携带高分辨率的探测遥感设备，升空至云层以下高度，采用定点悬停或低速航行的方式，对目标区域进行全天候监测，并将灾区的状况实时共享给地面指挥系统用于灾情分析，为应急救援决策提供参考。另一方面，浮空器（如飞艇）还可直接搭载救援人员和遥感通信设备，在环境复杂的灾区现场进行空中指挥调度，大大提高灾区“72h 黄金救援”效率。

（2）救援运输。

重大自然灾害和公共事件等突发事件会造成巨大人员伤亡和财产损失，这必然需求大量的应急物资供应，以解决伤者救助、卫生防疫、灾后重建、恢复生产和秩序等问题，避免事件恶化为灾难。为了实现损失最小化，相应地就要求时间效率最大化，但现有应急救援体系中，主要依靠公路、铁路和大型固定翼飞机、直升机运输救灾物资，且只能运输至灾区附近，难以直接抵达灾区，而以飞艇为代表运输工具的浮空运输在特定条件下可以克服上述困难，与传统运输相比有一定的相对优势。

浮空运输可以在交通事故、火险灾害、化学品泄漏、重大设备故障、核泄漏、海上救援等方面发挥巨大作用。在重大自然灾害中，飞艇可低速、安全飞行抵达灾区上空，并能够悬停在离地面很近的地方，向灾区运送救援人员、淡水、医疗药品等，并根据实际情况，撤出部分受灾群众，减少伤亡和损失。同时，飞艇还可以长时间留空作业，全天 24h 搜索受灾群众，而不用担心发生余震和泥石流。[10]

（3）应急通信。

在地震、泥石流等大型自然灾害和交通事故、火险灾害、化学品泄漏、重大设备故障、核泄漏、海上救援等方面，通常会出现大面积通信中断或缺乏通信指挥支持的情况，车、船载机动通信台站难以到达或需要长时间到达，难以快速恢复和建立通信。此时可利用浮空器部署快速、滞空时间长的特点，搭载通信设备提供应急通信。系留气球、飞艇都可能满足该需求。例如已应用的气象气球应急通信系统，该系统集气象探测和通信功能于一体，充分利用气球快速升空的特点，将所携带的通信设备的天线升至相对高的高度，快速建立相对于地面通信距离更远、范围更大的通信覆盖，可为演习和训练以及抗震救灾提供快捷、可靠的应急通信和中继通信保障。该系统就是一个典型的浮空器应急通信系统。

高空超压气球在应急通信领域应用的典范就是谷歌公司的 Google Loon 计划，该计划的目标是将高空超压气球发放至海拔 20km 平流层组成空中无线网络，向农村和偏远地区提供互联网接入服务。气球通过调整其高度到达不同的风层，顺着风力向其期望的方向运动。预测使用的风力数据来自美国国家海洋和大气管理局。地面用户与上空的 Loon 气球建立连接后，通过空中气球的网络多跳回传至地面网关，从而接入互联网。从 2013 年谷歌第一次对外公布该计划至今，该计划取得了长足进展，2017 年在秘鲁和波多黎各投入灾后应急通信应用，取得了良好效果。

系留气球因其滞空时间长，飞行高度比地面基站高，可在应急通信中发挥重要作用，有多个国家开展了相关研究，其中日本和英国均有成熟产品投入应用。日本电信运营商软银集团（SoftBank）从 2013 年就开始研发基于浮空器的空中基站项目，在灾害应急通信中得到了良好应用。2016 年，日本熊本县曾发生两次大地震，通信设施被严重摧毁。为了恢复通信，电信运营商便将空中基站升上天空，解决了方圆 10km 的受灾民众手机通信服务。英国 EE 公司也推出了用于应急通信及偏远地区通信覆盖的“空中桅杆”项目，采用的正是小型系留气球升空平台。

4. 社会治理

（1）交通监视。

轨道交通是国民经济大动脉、大众化交通工具和现代城市运行的骨架，是国家关键基础设施和重要基础产业，对我国经济社会发展、民生改善和国家安全起着不可替代的全局性支撑作用。近年来，研究面向先进轨道交通信息服务的专用临近空间静态滞空浮空器平台已成为重要发展趋势。空天车地信息一体化的静态滞空浮空器平台应能满足超长航时、超大载荷、定区域定航线飞行及精确位置驻留。因此，系留气球和飞艇有望在将来成为空天车地信息一体化的静态滞空浮空器平台。

平流层飞艇可搭载光电传感器和通信设备进行监视和信息传输，与卫星相比，监视分辨率高、传输延迟小、衰减少、容量大，且不存在基站切换问题，对空链路受地面干扰小，同时还省去了大量地面建设，也比光纤通信成本低。因此，平流层飞艇平台在轨道交通系统大数据传输链路保障、大量轨道无线传感信息数据实时获取、空天车地信息融合保障、高铁乘客移动宽带互联服务等轨道交通系统安全专用通信保障领域将发挥重大作用。

另外，目前各城市交通监控指挥大都采用地面监控中心，但地面监控中心只能对路面交通进行局部监控，监控范围也只是部分主要干道和路口，无法实现全局性的调度，而采用多艘飞艇或系留气球对市区交通进行监控指挥便可实现全局的监控与调度。2003 年，俄罗斯交通运输部就曾将两艘 Au-12 飞艇用于莫斯科的交通监测试验。

（2）安保指挥。

随着我国经济发展和国际地位的提高，各类国际、国内重大会议及大型活动越来越多，交通安保工作已成为重大会议及大型活动安保工作的重要组成部分。由于交通安保工作往往具有时间紧、任务多、线路长、涉面广、强度高、变化快、影响大等特点，传统信息化手段难以很好地支撑交通安保工作，往往通过投入大量人力并采用大范围交通管控方式来完成。因此，高效利用城市丰富的交通数据资源，构建一套体系化的交通安保指挥平台，对保障城市交通的安全、顺畅、高效具有重要现实意义。

浮空器可搭载红外光电传感设备对活动场地安保情况进行监测和信息收集。2010 年上海世界博览会期间成功应用了车载系留气球监测系统进行安保监视和信息收集，该系统的成功应用表明了系留气球搭载摄像机升空进行视频监控，可有效提高突发公共安全事件的预警能力。2014 年世界杯期间，巴西采用以色列 RT 公司的“Skystar180”小型系留气球系统对里约热内卢的科帕卡巴纳海滩的球迷区域进行安全监控。2018 年世界杯足球赛期间，俄罗斯也将系留气球作为重要的安保手段之一。

（3）反恐维稳。

当前，随着反恐形势的严峻和任务的多样化，反恐维稳装备的需求呈现出装备体系化、战技实用化的特点。边境山区峡谷是恐怖分子藏身及境内外恐怖分子联系的重要通道，可以在这些区域布置浮空器监视系统，对这些重点区域进行监视管控。根据任务需求，可采用系留气球平台搭载雷达和光电监视设备，利用系留气球系统对一定范围内区域进行搜索和跟踪，全系统具备边扫描、边跟踪的能力，通过扫描的方式达到要求范围内的全覆盖。在扫描过程中，若发现可疑目标，可对该区域实行定点监视或追踪。

1989 年，法国 200 年国庆和国际首脑会议期间，法国政府就曾使用 Skyship600 飞艇进行空中反恐巡逻侦察。2004 年 8 月雅典奥运会期间，雅典政府应用了一艘装载了化学嗅探器、可在夜间工作的超高分辨率摄像机及智能探测器的 Skyship600 载人飞艇，成功执行了奥运安保任务。2011 年 9 月，美国犹他州奥格登市警察局购买了一艘长度为 16.5m 的系留气球，球体上装有广角摄像机，主要用于城市的安全监控、打击犯罪等任务，使用维护费用仅为每周 100 美元，远低于警员配备警车进行城市巡查的费用。2013 年 4 月，美国波士顿马拉松赛场发生两起恐怖爆炸事件，依靠空中飞艇的监控对爆炸案的两名嫌疑人实施了锁定。

国内早在20世纪90年代，武警部队就曾在北京和上海等城市上空使用美国的A60充氦载人飞艇执行巡逻和监视任务。2006年第三届中国－东盟商务与投资峰会期间，广西公安厅采用了警用无人飞艇执行会场上空警备任务，与地面警力实施立体巡防监控。国内某系留气球系统也参与了2008年北京奥运安保执勤任务和2009年国庆60周年安保任务。

5. 通信中继

中国是一个灾害发生频率高、灾害面积广、灾害损失严重的国家，在特大自然灾害来临的关键时刻，如何保持国家、政府、企业、组织和个人之间的通信畅通，是否具有高效的应急指挥体系和完善的应急通信保障，越来越受到各级管理部门和公众的关注。然而，在自然灾害和突发性公共事件中，往往出现受灾面积较大、通信中断、道路损毁严重、地面手段难以及时获取灾害现场信息等情况。其中，高空超压气球和低空系留气球已经成为通信中继领域一种新的发展方向。

浮空平台在平流层高度下以准静止状态长时间留空，并在浮空平台上配置通信中继设备后，通信机动覆盖面积大、持续工作时间长，可在灾害发生后第一时间到达灾区上空，立即恢复灾区通信，确保应急救援的顺利实施。与卫星通信系统相比，平流层通信系统的高度是地球同步卫星的1/1800，是中轨卫星的1/400，是低轨卫星的1/40，因此自由空间衰减比同步卫星减少65dB，比中轨卫星减少52dB，比低轨卫星减少32dB。平流层通信系统的延迟时间只有0.5ms，有利于通信终端的小型化、宽带化和双工数据流的对称传输和互操作，实现对称双工的无线接入。近年来，谷歌公司开启的Google Loon项目，其目的就是为全球偏远地区2/3人口提供速度较快、价格可承受的互联网接入服务，同时为自然灾害发生地区提供通信服务。[11]

6. 科学实验

浮空器还可用于某些特定情况下的科学实验，甚至具有难以替代性。目前除了高空气球，没有其他飞行器可以长时间滞留临近空间开展科学探测和研究。高空气球可以在临近空间飞行和开展科学与技术研究活动，为科学家带来了丰富的一手资料，极大地推动了大气物理、空间天文、宇宙射线等学科的观测研究。同时，高空气球还可以作为遥感试验、空间载荷试验、微重力科学实验、生命科学与遗传学实验的搭载平台。目前，国内外的一些科学卫星搭载的探测仪器都是先在高空气球上进行了试验验证。

2010年12月，美国国家航空航天局在南极施放了一个科学探测气球，以探测宇宙射线对地球的影响。由美国马里兰大学设计的宇宙射线能量学与质量实验（CE-RAM Ⅵ），是为研究来自银河系遥远超新星爆炸引发并到达地球的高能宇宙射线粒子。目前，该种粒子悬浮在南极126000英尺（约39km）上空。

另外，美国国家航空航天局的超压气球测试飞行也正在南极进行。美国国家航空航天局用轻型聚乙烯膜制造的、飞行高度接近 40km、有效载荷高达 2700kg 的科学探测气球，体积达到约 40 万 m^3，是目前升空飞行的最大单体、全密封和具有超压结构的气球。

天文探测方面，美国国家航空航天局在 2009 年从瑞典将一架 2t 的望远镜及科学仪器用绳索悬挂在 100 万 m^3 的巨型气球（Sunrise）上发射升空至 37km 用于观测太阳表面，其间，穿越了北极圈，历时一周左右，最后在加拿大安全降落[12]。

7. 旅游娱乐

根据航空工业《2018 中国通用航空蓝皮书》统计，近三年我国低空旅游年均飞行量约 5000h，即使加上飞行体验与旅游包机（不含公务机），目前我国每年低空旅游飞行量合计只有 1 万 h 左右，不足美国 2016 年 54.18 万 h 旅游观光作业时间的 2%，在国内通航总飞行时间的比重也只有 1%。自 2014 年 6 月以来，国内已陆续开通低空旅游航线 89 条，开展该项业务的企业仅有数十家，在低空低碳旅游方面有着巨大的经济增长空间。飞艇的空中旅游以其自然资源需用度小、运营成本低、使用维护方便、安全性高等优势，可迎合旅游与生态和谐发展的需求，对建设可持续发展的旅游产业能够起到积极作用。据不完全统计，目前美国用于旅游观光的各种浮空器超过 500 艘。其中，德国“齐柏林 NT”载人飞艇是目前世界上载人飞艇中开展旅游观光运营最好的一款产品，仅 02 号飞艇在 2001—2003 年就运输了 23000 人次。目前，德国齐柏林飞艇公司的飞艇观光服务提供了 11 种不同路线，飞行时间从 30min 到 2h 不等。美国旧金山飞艇冒险公司利用“齐柏林 NT”载人飞艇等开展了一系列载人飞艇空中综合体验业务和旅游观光营运服务。载人观光系留气球也作为当前一种新颖的高空体验游乐项目，既能给游客带来惊险刺激的感受，又能使游客在空中无任何拘束地鸟瞰周边景色，还可以作为低空跳伞的平台。

8. 交通运输

历史上，飞艇曾作为交通工具来往于欧洲、美洲和亚洲之间，舒适地运送着大量旅客，创造了许多飞行和制造方面的记录。1909 年，费迪南德·格拉夫·齐柏林首创德国航空运输有限公司，开辟了一条飞艇定期航线，载客 3.4 万多人次，未发生一次事故。[13]

我国地域非常广阔，许多地区交通至今很不方便，一般交通工具很难到达。飞艇相对其他飞行器飞行速度慢，受天气影响严重，但其载重量大，费效比高，仅需要简易起降点，可在特定区域实现其商业价值。例如飞艇可以改善偏远地区人员和物资的快速运输问题，还可降低大型非标件的远程运输费用。

9. 空中广告

随着广告媒介的激增、受众的成熟、生活方式的改变、市场的细分等，注意力资源已成为众多广告商竞相争夺的稀缺资源。在“眼球经济”和“视觉文化”时代已经来临的今天，大众对视觉快感的期待已经被大大提高，因此，广告不再停留在平均水平的审美趣味上，而是必须提供超常的视觉刺激。浮空器广告的出现带来了一个充满活力的全新概念，它不受日益拥挤的地理位置限制，以无可比拟的独有形式让广告形象由静到动、由平面到立体、由室内到室外、由地面到天空、由让人嫌到受人追捧，迅速有效地成为公众瞩目的焦点，深得各大企业的青睐。

三、军用和民用浮空器类型优选评价

1. 军用浮空器类型优选评价

根据国内外相关材料和浮空器发展现状，将各类浮空器对军用任务的适用性分为5个等级，等级1、2、3、4、5分别表示：不适合、性能较差、一般、比较适合、最适合。由此对各类浮空器承担不同领域的任务综合优先级进行了初步评价，具体评价见表1–2。

表1–2　军用任务综合优先级评价

序号	军用任务	自由气球	系留气球	对流层飞艇	平流层飞艇
1	预警探测	3	5	3	5
2	侦察监视	3	5	4	5
3	通信中继	3	5	3	5
4	信息对抗	3	4	3	4
5	战场环境保障	2	4	3	4
6	导航与授时	1	3	2	4
7	军事运载	1	1	4	1

2. 民用浮空器类型优选评价

同样，根据民用需求对浮空器适用民用任务的情况进行评价，具体评价见表1–3。

表1–3　民用任务综合优先级评价

序号	民用任务	自由气球	系留气球	对流层飞艇	平流层飞艇
1	对地观测	3	5	3	5
2	气象探测	4	3	3	5
3	应急救援	1	3	4	2

续表

序号	民用任务	自由气球	系留气球	对流层飞艇	平流层飞艇
4	社会治理	1	4	4	3
5	通信中继	3	5	3	5
6	科学实验	4	4	3	5
7	旅游观光	1	3	5	1
8	交通运输	1	1	4	1
9	空中广告	1	5	4	1
10	互联网	4	3	2	5

第二节　技术优势分析

航空飞行器要在空中飞行，必须产生向上的对抗重力的升力和克服气流阻力的动力。我们知道，对重于空气的飞行器，这两者同时产生、相互依存且需要消耗能量。而对轻于空气的浮空器，源于浮升气体密度低于空气密度，在对抗重力方面不需要消耗能量。这一最本质的特点，造就并在工程上衍生出浮空器相对其他飞行器的比较优势。实际上，人类最早期的飞行之所以是通过浮空器来实现，也是与其技术优势内在相关的。归纳起来，浮空器有以下几个方面的技术优势。

一、留空持续性好

留空持续性好是对浮空类飞行器产品在工作时间维度上的一种性能界定。由于浮空器类产品无论是在空中停留还是飞行都不取决于气动升力，因而能量消耗远低于其他种类的航空飞行器，这给其持续留空提供了先决物理条件。尽管对具体的某一类浮空器产品其持续工作时间有一个倾向性的、较为优化的设定，但只要有应用需求，其工作时间能力设计都可长可短，并且总体上留空持续性能力都优于其他航空飞行器。

例如对流层飞艇，其飞行仍然主要使用化石燃料动力驱动，随着工作时间的持续，燃料不断消耗并终将消耗殆尽，但由于其克服重力的作用并不消耗能量（燃料），相比完成同等任务的非浮空类飞行器，其可以工作更长的时间。早在 1957 年 3 月，美国 ZPG-2 型海军飞艇就实现了长达 264.2h（约 11d）的持续飞行[14]。正在研制的英国 AIR LANDER 10 飞艇，其早期公布的巡航时间指标高达 3 周。而其他非浮空类航空飞行器，不进行空中加油一次飞行时间最长的目前也仅有 40h 左右。

再如系留气球，现在已经很容易就实现留空时间超过 3 周的性能指标，并且在一个长时间的留空周期结束以后，经过简单的浮升气体补充和系统检查，就可以重新进入下一个留空周期。而对未来实现能源循环的平流层飞艇，其持续工作时间更是可以以年计。

留空持续性好的优势，极大地提高了浮空器执行任务的时间分辨率。而高的时间分辨率对预警、侦察、监视以及通信中继等任务具有特别重要的意义。

如表 1–4 所示，为各种类型飞行器中航程航时较大者的相关数据比较。可见，浮空器续航时间远远大于其他种类的飞行器。

表 1–4 各种类型飞行器续航时间对比[15]

序号	类别	型号	最大航程（km）	续航或滞空时间	备注
1	直升机	（俄罗斯）卡–32A	1135	6.4h	最大燃油量
2	直升机	（俄罗斯）米–26	1900（转场）	约 7.5h（换算值）	4 个辅助油箱
3	直升机	（美）AH–64“阿帕奇”	1899	8h	带外挂油箱
4	直升机	（美）UH–60M“黑鹰”	2222（转场）	约 8h（换算值）	带外挂油箱
5	直升机	（欧直）AS332 Mk Ⅱ	828	4.9h	标准燃油
6	固定翼	RC–135S 侦察警戒机	9100（转场）	12h	不空中加油
7	固定翼	P–3C 巡逻机	8950（转场）	17.2h	两发工作
8	固定翼	E–3 预警机	9260	10h	不空中加油
9	固定翼	Boeing787–9	16297	约 18h（换算值）	
10	固定翼	空客 A400M	8798（转场）	约 15h（换算值）	
11	固定翼	空客 A380–800	14816	约 18h（换算值）	
12	固定翼	运–8	3440	10.5h	
13	无人机	（欧洲）Harfang 中空长航时信息无人机	1000	24 ~ 30h	战位巡航 12h
14	无人机	（以色列）Heron“苍鹭”	250	大于 40h	战位执勤 35h
15	无人机	（美）RQ–4B“全球鹰”	22780	36h	
16	浮空器	（美）ZPG–2 飞艇	1520	264.2h	
17	浮空器	（美）Google 超压气球	—	223d	
18	浮空器	（美）TCOM74M 系留气球	—	30d	
19	浮空器	（中）某系留气球	—	21d	

二、地域可达性广

地域可达性广是对浮空器在工作空间维度上的一种性能界定，其有两个方面的含义。

在高度方面，平流层气球已实现了在52km高度的飞行，远高于其他航空飞行器；平流层飞艇也将稳定地长期工作在20km的高度，而只有为数极少的重于空气的航空飞行器能在此高度短时飞行。

在地面可达性方面，浮空器起降不需要机场跑道等条件支持，并且不存在显著的“停机”重量，理论上在任何未经硬化的地面、沼泽甚至水面都可以起降。

这一特性极大地拓展了浮空器可以使用的地域，使得在其他种类的飞行器不能到达的空间完成特定的工作任务成为可能或提供了另一种选择。各类飞行器典型工作高度和起降场地要求见表1–5。

表1–5 各类飞行器典型工作高度和起降场地要求

序号	飞行器类型		典型工作高度（km）	起降场地基本要求	备注
1	直升机		小于6	无特别要求；硬化停机坪	高原型升限还可适当提高
2	固定翼	涡扇运输类	约13	硬化跑道；有长度、宽度、承载能力要求并分级；建设成本高	
3	固定翼	涡桨运输类	约10	硬化跑道；有长度、宽度、承载能力要求并分级；建设成本高	
4	固定翼	战斗/歼击机	约15	硬化跑道；有长度、宽度、承载能力要求并分级；建设成本高	
5	浮空器	系留气球	小于5	简单平整场地，无硬化要求	阵地式除外
6	浮空器	高空气球	大于20	简单平整场地，无硬化要求	
7	浮空器	对流层飞艇	小于8	简单平整场地，无硬化要求	需动升力起飞的除外
8	浮空器	平流层飞艇	约20	大型飞艇需专门起降场地；建设成本远低于机场跑道	
9	航天器		约200	专用设施、转运轨道，建设成本高	

三、载荷适应性强

飞艇不需要依靠公路、铁路、机场、码头等大型基础设施而运行，它可以在山区、沙漠、海洋等各种原始地理环境的条件下，实现点对点的运输，比其他交通工具具有更大的自由度，长航时，长航程，载重量大。对于卫星、巨型火箭、桥墩、电梯、电站设备、船闸、大型水力发电机组、反应堆等整体类设备，可以不经包装就可直接吊运到目的地，还可进行能源、木材等的长途运输。飞艇能够实现超大载荷 / 超大尺寸货物运输、特殊地区运输等，可以有效解决“跨地长途运输”和“最后一千米运输”等问题，具有较强的载荷适应能力。

目前大型运输机的商载能力在 200t 左右。仅俄罗斯研制了一架最大载重可达 250t 的运输巨无霸 AN-225 飞机，是现今载重量最大的飞机。飞机载重量的进一步提高不仅存在较大的技术难度，还存在与现有的航空运输体系难以兼容的问题。典型浮空器载重量见表 1-6。

表 1-6　典型浮空器载重量表

序号	类型	产品	典型载重量（t）
1	系留气球	美国 JLENS 71m	2.3
2	系留气球	美国 JLENS 74m	3.2
3	系留气球	俄罗斯 PUMA 系留气球	2.3
4	飞艇	美国 LMH-1 飞艇	21
5	飞艇	美国 AeroscraftML866	66
6	飞艇	美国 AeroscraftML868	250*
7	飞艇	美国 AeroscraftML86X	500*
8	飞艇	美国 Dynalifter	250*
9	飞艇	英国 Skyship600	2.3
10	飞艇	英国 Airlander 10	10
11	飞艇	英国 Skycat 20	20
12	飞艇	英国 Skycat 200	200
13	飞艇	德国 Zeppelin NT	1.9
14	飞艇	加拿大 JHL-40	40*
15	飞艇	法国 LCA-60T	60*
16	飞艇	俄罗斯 Locomoskyner 碟形飞艇	1500*
17	飞艇	澳大利亚 Skylifter SL150	150*

注：表中标“*”的数据为正在研制中的产品或来自项目计划。

此外，载重量大还包含另一方面的含义，即大重量通常还意味着大尺寸，尤其是对不易或不可分割的对象，如大型天线、超高压输电塔、大型水电轮机、绿色能源装备等。浮空器本身的大尺寸、大载重以及可低速飞行易于外吊挂的特点，使其在一些特殊的需要大重量、大尺寸的载运应用中发挥独特的优势。

利用浮空器载重量大的特点，目前有关方面正在探索其特殊的军事用途。

需要说明的是，载重量大主要是针对低空运行的浮空器而言。

四、安全性能良好

浮空器一般具有较大的柔性囊体，主要依靠浮力克服自身重量，构成相对简单，因此在使用过程中故障率低。即使囊体出现局部破坏，整个飞行器浮力的损失也较为缓慢，能够以一个较为安全的速度逐渐降落到地面，基本不会发生像其他航空器那样的机毁人亡事故。另外，浮空器平台的部署高度若高于25km，则可超出一般作战飞机的最大升限，也超出了一般地面防空火力的最大攻击高度，再加上其多采用多舱室式充气结构，故而战时被毁伤的概率较低，使用安全性远高于现有的航空器平台。此外，浮空器的外部识别信息可以设计得很微弱，因为它质量轻，结构密度小，囊体采用非金属材料，雷达和热反射截面小，低速运行，不需要很大的推进力，雷达、红外、声、磁、重力、化学排放等信号都可以降到很低的水平，传统的跟踪和瞄准办法不易发现，因而增强了对抗中的生存力。

五、效费比高

研究表明，浮空器特别适合以较小的代价持续进行情报、监视、侦察（ISR）任务。

就一般浮空器而言，其覆盖范围虽然不如航天平台大，但是对于战役、战术区域性应用来说，其探测范围可以做到和高空航空平台相当。平流层飞艇任务覆盖范围则远大于一般航空平台。在通视条件下，系留气球升空高度在3km左右时，其覆盖半径可达200km以上；对流层飞艇升空高度在6km以上时，其覆盖半径可达300km以上；平流层飞艇和高空气球升空高度在20km以上时，其覆盖半径可达500km以上。

平流层飞艇与卫星相比，飞艇发射费用低、可重复使用、长期驻空，任务范围适中，不受轨道重访周期和轨道高度的限制，信号衰减和传输延迟较小，更易于实现更高的空间、时间和光谱分辨率。

与其他空天基平台相比，通常浮空器的制造成本要低，且在升空和回收过程中不需要使用机场设备，在留空或巡航飞行过程中燃料消耗较少，使用维护也比较简单和方便，留空执行任务的时间较长。

全寿命周期内的使用维护费用方面，浮空器也有其优势。表1–7以运输为例，对比了几种飞行器的使用维护费用。而运输尚不是浮空器的强项。由于ISR任务的军用属性，具体的数据无从获得，但浮空器在ISR任务领域超高的效费比则得到行业公认。

表 1-7　各种飞行器使用维护费用对比

序号	飞行器	最大载重（t）	每小时使用维护费（美元）	每吨每小时使用维护费（美元）
1	米-8 直升机	2.5	3750	1500
2	Twin Otter	3.0	825	275
3	Shorts 360	4.0	950	238
4	Buffalo	7.5	2350	313
5	C130 运输机	18	3950	219
6	伊尔-76 运输机	43	3900	91
7	波音 747-200	95	7450	78
8	波音 747-400	110	9300	85
9	Antonov 124	120	6750	56
10	SkyCat-20 飞艇	20	2850	142
11	SkyCat-220 飞艇	220	6350	29

六、易于建造

在浮空器家族中，除平流层飞艇外，其他类型的产品都有较长的研制和应用历史。无论哪一类型的浮空器，飞行原理简单明晰，基本总体构型简洁、明确、成熟，飞行操控过程清晰、模型明确且设计约束性相对飞机来说更少和易于满足，因而研制的技术难度相对较低。

浮空器系统构成相对简单易于集成，制造过程中所涉及材料的成本较低，生产工艺较为简单，生产设备较少，加之较低的技术难度可以降低设计成本，使得浮空器的研制成本较其他航空飞行器低。这一点对提高浮空器的综合效费比也是有贡献的。

所以，尽管浮空器的尺寸、体量非常庞大，但从工程技术的角度来衡量，相比其他种类的飞行器，浮空器仍然是比较易于建造的。

此外，浮空器特点决定的能源消耗少的优势，还特别适应当今社会节能环保、绿色发展的先进理念。

第三节　技术劣势分析

浮空器因其特点造就了某些方面的优势，也不可避免地带来某些方面的不足。浮空器最先帮助人类实现了飞行梦想，随着科学技术的发展又一度沉寂，直至 20 世纪末又掀起一股应用热潮，必有其内在的原因。其固有的劣势就是很重要的一面。实际工程应用中人们致力要解决的问题，就是扬长避短，或应用配套技术以及设计合适的使用模式和任务场景减少不利因素的影响，弱化劣势，强化优势。浮空器的技术劣势主要体现在以下三个方面。

一、气象适应能力弱

无论哪种类型的浮空器，在应用时总会有一些环节受气象环境的影响较大，使得应用严重受限，甚至造成事故。最主要的缘由是因为其庞大的体积和表面积，以及充放气过程中外形不固定导致抗风能力进一步下降。

如系留气球，在空中驻留状态时，少量的雨雪沉积、大风的影响、浓雾导致的低能见度、中等强度的雷电都不会对其构成威胁。但在系统布置架设、收放近地面阶段、地面锚泊状态时，受风、雪、结冰的影响则较为强烈。因此，系留气球系统在近地面操作环节都严格规定了气象环境条件限制。

再如对流层飞艇，飞行时处于浮重基本平衡状态，由于其表面积大，飞行在降水层以下时，降雨、降雪导致表面附着物重量增加，将严重影响飞艇的浮重平衡，从而加大飞行操纵的难度甚至造成事故。飞艇是低速飞行器，不仅降低了气流对表面雨雪的气流吹除效应，在环境风速较大尤其是侧风飞行时，航线保持难以实现，逆风飞行时地速大为降低。飞艇的地面牵引、起飞、降落，同样也要规避风的影响。飞艇的飞行规划也因此比其他飞行器更为复杂。

平流层飞艇体积巨大，在出库和放飞前地面牵引和系留时，对环境风的要求更为严格。

二、起降（收放）过程复杂

固定翼飞机、直升机在飞行前地勤准备完成后，就可以由飞行机组独立执行起降、飞行操作。浮空器则不同。无论是系留气球的收放、飞艇的起降操作，还是高空气球的发放，都需要较多的地面辅助人员、车辆、设备，完成牵引、系留、充气、辅助降落等工作，人员、设备资源的多少，与浮空器系统的规模直接相关。规模越大，也就是浮空器的体积越大，需要的辅助资源越多。浮空器列装后使用中所需的辅助资源、人员的专业性要求，在一定程度上阻碍了浮空器的推广应用。所以，现代系留气球系统收放过程的自动化程度、飞艇起降阶段低空低速可操纵性，一直是致力提高的方向。

对于飞艇，由于上述方面的原因，加之飞行速度慢，难免导致出动准备周期长、任务区域到达时间长的衍生劣势。随着领域技术的进步和应用的推广，该劣势将会逐渐得到改善。

三、非任务消耗

非任务状态是指完好飞行器不飞行但保持飞行和执行任务能力时的状态。对固定翼飞机、直升机类航空飞行器，或许不需要刻意强调该状态。因为它们在地面停机状态，基本不需要消耗资源、产生费用。浮空器则不然，在地面停放、系留时的非任务状态同样产生消耗。这主要有两个方面的原因。一方面，浮升气体氦气一旦充入浮空器的气囊，就不可避免地产生泄漏，而氦气是非常昂贵的。氦气泄漏以及纯度降低到一定的程度，就需要补充或者重新提纯。另一方面，浮空器在地面停放时，依然受到环境大气温度、压力变化的影响。大气温度、压力的变化会影响浮空器囊体内的气体状态，导致囊体内外压力差的变化，进而影响外形和刚度，这种变化发展到一定的程度，就必须进行干预。干预的过程不可避免地带来人员和设备的需求、能源的消耗。

非任务状态消耗不产生价值，可以说是一种无谓的消耗，但对浮空器而言又不可避免。因此，合理界定浮空器的应用领域和设计使用场景及模式、通过技术手段减少非任务消耗就具有特别的意义。

此外，浮空器主要基于薄膜囊体材料构成基本结构，而对此类结构的力学特性和制造工艺目前研究仍不充分，尚未形成明确的规范，导致长期工作的可靠性不高。另外，浮空器比其他飞行器有更大的外形尺寸和体量，研制和使用过程中也会带来较大的厂房资源需求。

浮空器固有的上述不利技术因素，在一定程度上导致目前国内对浮空器的应用不广、持续研究不充分，配套技术和材料设备产品发展滞后。例如对于基础而重要的囊体材料而言，批量与成本的关系、应用与改进的循环就十分密切。配套技术和材料设备问题也因此成为衍生出来的一项劣势。

任何一项技术的应用，都难以做到十全十美。浮空器的优劣势均十分明显，对这类飞行器而言，扬长避短，设定合适的任务和使用模式，并在此基础上加强推广应用就显得十分必要。

参考文献

[1] 赵敏，岳韶华，贺正洪，等．未来临近空间防御作战研究［J］．飞航导弹，2017（2）：10–14.
[2] 王林强，袁飞，等．美国系留气球球载预警系统的发展现状及趋势分析［J］．舰船电子对抗，2010（5）：32–35.
[3] 郑磊．一种基于平流层平台的通信中继系统［J］．互联网通信，2018（3）：12–14.
[4] 吴晓平，魏国珩，陈泽茂，等．信息对抗理论与方法［M］．武汉：武汉大学出版社，2008.

[5] 伊恩·莫伊尔，等. 军用航空电子系统 [M]. 北京：电子工业出版社，2008.
[6] 黎娟，等. 基于空地融合的精细化实景建模及可视化研究 [D]. 西安：西安科技大学，2018.
[7] 郭建国，周军，黄飞. 基于卫星 / 平流层飞艇的区域导航系统设计 [J]. 计算机仿真，2010(6): 67-69.
[8] 陈伟，陈浩峰，等. 我国航空物探无人飞行平台研究现状与发展趋势 [J]. 科技创新与应用，2018 (6)：191-192.
[9] 甘晓华，等. 2012—2030 中国浮空器系统发展路线图 [R]. 北京：中国航空学会浮空器分会，2013：5.
[10] 徐嘉泓，董振宁，黄穆平，等. 应急物流中浮空运输的应用和相对优势 [J]. 研究与探讨，2015：11-14.
[11] 李春霖，罗蓉媛，等. 平流层通信新思路——谷歌气球计划 [J]. 通信技术，2015：125.
[12] 美国用巨型气球发射太阳观测望远镜 [J]. 飞行器测控学报，2009，28 (6)：22.
[13] 甘晓华，郭颖，等. 飞艇技术概论 [M]. 北京：国防工业出版社，2005：4-10.
[14] 古彪，等. 世界特种飞行器及应用 [M]. 北京：航空工业出版社，2016.
[15] 张洋，等. 世界飞机手册 [M]. 北京：航空工业出版社，2011.

第三章　平台发展现状分析及趋势

第一节　国外发展现状

一、自由气球

1. 零压气球

零压气球通常是由聚乙烯薄膜材料制成，广泛用于在临近空间开展空间科学实验和探测中。据不完全统计，自 1947 年至 2018 年，世界各国开展的气球科学飞行试验超过 13800 多次[1]。

美国国家航空航天局哥伦比亚科学气球设施部（Columbia Scientific Balloon Facility，CSBF）专门服务于高空气球科学试验，服务对象包括美国国内的大学、研究机构和国外的一些科研单位，平均每年大约有 10 ～ 20 项高空气球实验，其中包括每年 1 ～ 2 个在南极进行的长时间飞行项目。法国空间研究中心（CNES）也拥有完整高空气球飞行服务的机构，是欧洲气球活动的中心，能制造 120 万 m^3 的大型零压气球，在巴西、北欧、南极都有气球飞行实验基地。日本也是较早建立高空气球系统的国家之一[2]，每年气球实验数量为 10 ～ 15 次，包括本土三陆气球站实验 3 ～ 6 次，其余为与美国或法国合作进行的在本土以外的飞行实验。日本于 2013 年实现了 53.7km 的气球飞行，创造了高空气球飞行高度纪录。

美国、日本和法国相继在 20 世纪 90 年代各自实现了高空气球长时间飞行，取得大量科研成果。其中，美国和法国利用阿拉斯加的气球站和瑞典欧洲航天发射场（Esrange）进行北半球高纬度长时间飞行；低纬度赤道附近，法国在巴西利用轻便的红外热气球进行环球飞行取得成功；在南极，平流层环流较稳定，有较长的极昼时间，而且没有国境限制，因此十分适合长时间飞行。美国和日本都成功地实现了环绕南极的长时间飞行，尤以美国的长航时气球（Long Duration Balloon，LDB）技术更为成熟可靠，2012 年的 Super-TIGER 任务中，在南极完成了 55 天 1 小时 34 分钟的长航时飞行。

2. 超压气球

国外著名的超压气球研究机构是美国国家航空航天局、法国空间研究中心和日本宇宙科学研究所等，其中美国国家航空航天局研制成果最为显著。1997 年美国国家航空航天局提出了先进指标要求的气球设计任务，即超长航时气球（Ultra Long Duration Balloon，ULDB）任务[3]。任务目标是气球飞行高度 33500m、有效载荷 1600kg、连续飞行时间大于 100d。气球设计采用新型材料、耐高超压的结构，气球不需要压舱物来保持高度，而是使用超压来有效地降低飞行期间由于气体温度变化引起的高度改变，从而达到更高的飞行性能。

初期进行了 10 次缩比气球测试，用于验证气球设计和充气展开。设计制造的由不同膜片数量构成的缩比气球，充气测试都在几乎没有压差的情况下完全展开，并在加压后保持稳定。加压破坏试验，破坏压力达到 1300Pa 以上，高于设计压差 40%。两个直径 14.3m、具有 200 幅膜片的原型验证气球用于测试飞行，并最终完成两次 176000m^3 气球的测试飞行[3]。2009 年在南极的超压气球任务中创造了新的重载飞行时间纪录，持续时间为 54 天 1 小时 29 分钟。2016 年 5 月 17 日，美国国家航空航天局于新西兰再次成功发放 53 万 m^3 超压气球，并完成了 46d 的长航时环球飞行[3]。

谷歌公司的 Project Loon 项目（潜鸟计划），目的用于提供互联网接入服务，需要长期留在空中。气球直径 15m，飞行高度到 20km，依靠太阳能供给电力，单个气球能覆盖直径 80km 的区域。2013 年 6 月新西兰南岛放飞了 30 个高空气球，从最开始 5d 的飞行时间，到后来的飞行超过 100d，最长时间 187d。谷歌公司试图在南半球上空发放数百颗气球，建立一个环球的、连续的、宽约 50 英里（1 英里≈ 1609.34 米）的互联网服务带，为非洲、南美洲等农村、人口稀疏地区带来 4G 互联网接入。据报道，2019 年 7 月，谷歌公司的 P-496 气球已在平流层高度飞行了 223d。

超压气球采用线性低密度聚乙烯（LLDPE）薄膜材料和聚对苯撑苯并二噁唑纤维（Poly-p-phenylene benzobisoxazole，PBO）加强带焊接而成。南瓜形超压气球的结构虽然大大减小了球膜上的应力，但对加强带的强度要求则提高了，因此在新的高强度薄膜材料出现前，球体强度主要取决于加强带材料的性能[4]。

近年来，美国国家航空航天局沃勒普斯飞行设施部（Wallops Flight Facility，WFF）的研究人员对气球材料进行了一系列试验，包括单轴拉伸加载试验、双轴拉伸加载试验、低应力应变下材料的蠕变和硬化性能试验。其中单轴拉伸试验方法简单而且易于得到较为可靠的试验数据，但是拉伸时与拉伸方向平行的强度随着拉伸比的增加而增加，垂直于拉伸方向的强度则随之下降。双轴拉伸可用来防止单轴拉伸时在薄膜平面内垂直于拉伸方向上强度变差的缺点，是改进高聚物薄膜或薄片性能的一种重要方法。

以上试验的目的是研究聚乙烯薄膜的破坏极限并最终提出了应变极限假说。该假说假设超压气球是基于屈服应变标准设计的。屈服应变标准是根据聚乙烯薄膜的连接分子在拉伸矫直等有限变形范围内的形态行为建立的。假设规定超压气球在正常的工作压力下如果总的应变维持在有限变形范围内薄膜就不会出现破裂现象。

二、系留气球

纵观系留气球发展历史，从技术角度可以将其分成四个发展阶段[5]。

第一阶段从18世纪末到19世纪末，此时的系留气球外形为球形，“球形”的外形限制了系留气球的抗风能力和留空时间，通常在风速小于10m/s时使用，可留空几天时间。

第二阶段从19世纪末到20世纪40年代末，系留气球技术有了较大的发展，从1893年德国提出的“龙形气球（Drachen balloon）”，筒状体两端是半球并在一端带有一个“舵”，后来又增加了帆布做的“帆”作为水平尾翼，提高系留气球性能，抗风能力大约13.5m/s。1914年法国人提出了“卡柯形气球（Caquot balloon）”，初始设计没有水平尾翼，在比“龙形气球”小的攻角飞行时，气动力和系缆张力低些，升阻比占优。之后，修改为倒“Y”形尾翼的系留气球成功用于军队。第一次世界大战期间系留气球飞行高度1500m，采用了两种技术途径，一种是设计了副气囊，以调节压力，另一种是通过利用气囊橡胶材料的伸长，来维持气球上升下降过程中的内压。20世纪20年代，Bateman主导了一个以提供更有效系留气球的研究计划，开展了各种外形、尾翼组合的风洞试验研究，提出了实用的气球外形。第二次世界大战期间，作为防空阻塞气球，要求系留气球能够在各种天气下留空飞行，同时，防雷开始引起人们重视并开展研究。

第三阶段是从20世纪50年代至20世纪末，由于采用了新技术和新材料，其抗风能力和外形刚度的保持能力都较之前的系留气球有较大提高；系留缆绳的抗拉强度也有很大提高，同时实现了集承力、输送电力和光纤传输信号多功能一体的复合缆；系留气球系统复杂程度和规模不断增大，气球体积可达万立方米以上，升空高度、持续驻空时间、载荷能力进一步提升，系留气球在预警、侦察监视、军事通信等军用领域和电视、通信、大范围信息收集等民用领域具有广泛用途。

美国是系留气球系统技术研发和应用最多的国家[4]。20世纪80年代以来，美国根据不同部署的需要，研制了多种型号的系留气球系统。TCOM公司、Lockheed Martin公司、Raytheon公司、Bosch Aerospace公司等都承担过美国军方的系留气球任务，发展了多种型号产品。1996年，美国陆军开始研制“杰伦斯”（JLENS）系留气球系统，具备巡航导弹防御、进攻作战探测和通信中继等方面的功能，满足国土安全防卫需求，系留气球体积16700m^3、长度71m、飞行高度3000多米、滞空时间30d、载荷能力3t、载荷供电功率80kVA。2002年年初，美国空军研制了“塔斯”（TARS）高空系留气球载L-88（V）3雷达，其气球长度为64m，直径为21m，部署在美国南部上空，用于监视南部海岸和波多黎各州与加州之间内陆边界。

除美国外，俄罗斯、欧洲、以色列等国家也在开展系留气球方面的研究和应用。俄罗斯发展的型号主要有“GePard”车载移动式系留气球、“PUMA”和“JAGUAR”大型系留气球，其生产的系留缆绳质量好，具有较长的寿命。

第四阶段是从21世纪初至今，随着现代电子技术、高分子纤维囊体材料、球体设计、风洞试验、系缆、压力控制等技术的进步以及应用需求的增加，特别是911事件之后，为了满足国土防卫和阿富汗、伊拉克战场的应用，美国加大投入开展系留气球的研发和应用，主要提高系留气球系统的实用性、可靠性，气球外形以流线型飞艇状为主，一些小型便携式系留气球也有采用圆球形状，一大批固定、车载、船载等不同种类的系留气球系统投入使用。大型、特大型和超大型系留气球升空高度大、带载量大、滞空时间长，经常用于战略部署，得到各国军方重视，典型的应用系统有美国的联合地面攻击空中组网传感器系统和俄罗斯的PUMA系统，但大型系留气球系统构成复杂、造价昂贵，对锚泊设施和发放场地的要求较高，进而限制了大规模应用。中型常规系留气球相对小型系留气球滞空时间长、可靠性高、带载量大又可灵活布置载荷，相对于大型系留气球机动性强、容易部署、成本低，因此无论在军事活动还是在民用中都得到广泛应用，典型的应用系统有美国美军快速初始部署浮空器计划系统、持续地面监视系统和PTDS系统等。近年来，随着任务载荷的小型化以及对机动性要求的提高，微、小型系留气球以其轻巧紧凑的结构和快速部署能力迎合了应用需求，因而得以广泛应用于反恐处突、单兵侦察、战术部署和快速应急通信等任务。

三、对流层飞艇

飞艇是人类最早发明的动力飞行器。1784年，法国罗伯特兄弟制造了一艘人力飞艇，飞艇靠人力划桨飞行；1852年，法国亨利·吉法尔创造了一艘雪茄形飞艇，长44m，最大直径13m，总升力2t多，飞艇上安装了螺旋桨，并以蒸汽机为动力；1872年，法国特·罗姆制成了一艘螺旋桨代替划桨的人力飞艇；1900年，德国的退役将军费迪南德·格拉夫·齐柏林制造了第一架硬式飞艇。第一次世界大战前后是飞艇发展较快的时期，齐柏林飞艇是一系列硬式飞船的总称，从1900年至1936年，共建造了129艘。1938年建造的“齐柏林2号”飞艇是至今为止世界上最大的飞艇，艇长250m、直径41m、重约230t，体积43000m^3。英国同样是早期飞艇研制的先驱，R100飞艇流线型艇形和16边形腰身比齐柏林飞艇更符合空气动力学原理。当时的飞艇大都使用氢气作为浮升气体，易燃易爆，不安全，1937年，“兴登堡”号在着陆时因静电火花引起氢气爆炸，这一期间，英美也有多艘大型飞艇相继失事，此后飞艇的发展陷于停滞状态。

20 世纪 70 年代以来，高强轻质囊体材料、碳纤维材料、飞行控制和计算机技术的应用，以及惰性气体氦气的使用，促进了飞艇技术的发展，研制的飞艇大多属于半硬式或软式飞艇。德国在传统的齐柏林飞艇基础上发展的“齐柏林 NT”飞艇，是一种半硬式飞艇，其刚性骨架可对吊舱、尾翼、推进装置等硬结构提供更高的承载能力，矢量动力推进器使飞艇具有更好的安全起降和飞行控制性能，“齐柏林 NT”飞艇是当前世界上商业运营最成功的飞艇。德国浮空货运飞艇制造公司（Gargolifter）计划研制 CL-160 巨型飞艇，用于运输重量 160t、体积可达 3200m^3 的巨型载荷，但由于资金和计划等问题，于 2002 年停止研制。德国的 WDL 飞艇公司研发的软式飞艇，主要是有人驾驶飞艇，广泛用于广告、旅游观光等商业运营。

美国有多家公司从事飞艇研发和应用，Goodyear 公司有多款软式飞艇产品，供用户选用。洛克希德·马丁公司的 P-791 混合型低空飞艇、诺斯罗普·格鲁曼公司的长航时“长航时多情报飞行器（LEMV）”、波音公司与加拿大 Skyhook 联合研制的 JHL-40 混合飞艇、俄亥俄飞艇公司研制的 Dynaliffter 重型混合式运输飞艇 PSC-1 也都采用了具有硬式骨架的半硬式飞艇设计。美国海军的 ZPG-3W 型飞艇是目前世界上最大的软式飞艇，飞艇长度 123m、直径 26m、体积 43000m^3，载重量达 12.7t。

英国混合航空器公司（HAV）研制的 Airlander 10 飞艇，全长约 92m，最大直径处宽 44m，高 26m，载重量达 10t。飞艇设计汲取了飞艇、飞机和直升机三者在气动方面的优点：艇囊填充的氦气产生浮力、流线型艇体产生气动升力和可倾转的推进器产生类似直升机的升力，使飞艇起飞降落时不需要跑道，也不用像老式飞艇一样，需要靠人力才能完成。Airlander 10 原本是应美国陆军要求而设计，后因经费原因，项目在 2013 年搁浅。2015 年 2 月英国政府决定拨款资助，英国混合航空器公司通过政府支持和众筹资金，军用转民用，继续研制，2016 年 8 月成功首飞，2017 年 11 月 18 日进行第二次试飞，但在快要结束的时候头部着地发生了坠毁。2018 年 7 月在英国范堡罗航展上 Airlander 10 的改进型正式亮相，据报道，该飞行器将开始在此原型基础上研究生产研制方案，并已获得英国民航局的批准。

俄罗斯在对流层飞艇方面，AeroScan JSC 公司的监测飞艇和阿夫古里公司的 AU 系列载人观光运输飞艇均已有成熟应用。

四、平流层飞艇

20 世纪 90 年代，平流层通信、对地观测、预警探测、科学实验等军民应用需求驱动，世界上许多国家陆续开展研究平流层飞艇[6, 7]。

美国在 2000 年之后启动了高空飞艇（High Altitude Airship，HAA）计划、高空哨兵飞艇计划（HiSentinel）、传感器 / 结构一体化飞艇计划（Integrated Sensor Is

Structure，ISIS）等多个有关平流层飞艇的研究计划[4, 7, 8]。高空飞艇计划研制 131m 长、45.74m 直径的原型飞艇，可飞行到 18km 的高度，驻空时间 1 个月，可承载 227kg 的任务载荷，原计划在 2010 年进行原型艇的试飞。但由于技术复杂，最终其高空长航时飞艇验证艇（High Altitude Long Endurance-Demonstrator，HALE-D）推迟于 2011 年 7 月 27 日清晨 5 点 47 分在俄亥俄州的阿克伦城升空，在飞抵大约 9754m 高度后出现了技术异常，未能达到既定的试验目标。高空哨兵计划，2005 年 11 月 8 日在新墨西哥州罗斯韦尔成功地进行了 HiSentinel 20 的升空和飞行测试，飞行高度达到 22.6km，驻空 5h，带动力飞行小于 1h，HiSentinel 20 体积 $2650m^3$，长度 44.5m，直径 10.06m，载重 9.1kg，飞行速度 10.3m/s；2008 年 6 月 4 日，在 HiSentinel 20 的基础上，又开展了 HiSentinel 50 的飞行试验，其携带通信设备和高分辨率相机进行相关试验，HiSentinel 50 长度 45.5m，载重 22.7kg，设备供应电力 50W，飞行高度达到 20.11km，但是由于艇身出现泄漏现象，所以飞行时间较短；2010 年 11 月 10 日，进一步开展了 HiSentinel 80 飞行，HiSentinel 80 体积 $6025m^3$，长度 63.1m，直径 13.72m，载重 36.3kg，能源 50W，飞行高度 20.21km，飞行时间 8h，是当时平流层飞行时间最长的飞艇；之后，该项目又进行了多次地面试验，后续原计划开展载荷 90.7kg 的 HiSentinel 200 飞行试验。HiSentinel 系列飞艇放飞均采用了类似高空气球的方法，起飞时为氦气部分充满状态，随着上升逐步使飞艇膨胀成形[6, 8]。

欧盟在 2004 年启动了一个为期 3 年的 CAPANINA 计划[7]，内容是研制基于平流层飞艇的宽带移动通信载荷技术。2005 年 4 月，欧盟启动了另一个平流层平台研究计划 HAPCOS，欧洲有 17 个国家参与此项研究计划。原目的是通过为平流层平台的研制、使用和调控机构研究和发展新方法、分析技术和战略，增加对平流层平台用于通信和其他业务的知识和了解。除欧盟支持的研究计划外，欧洲一些国家，如英国、德国、瑞士等国的企业和大学从商业的角度开展了平流层飞艇技术的研究。

俄罗斯、日本、韩国、以色列等国也开展了平流层飞艇技术的研发[7]。俄罗斯从 2008 年开始进行平流层飞艇技术的研究试验工作，计划同时推出针对极地和亚热带地区不同应用条件的 3 款“金雕”（Беркут）系列平流层飞艇；日本在 1998 年，韩国在 2000 年也都启动了平流层飞艇研究项目，旨在发展平流层通信、对地观测应用系统。以色列飞机工业公司（IAI）2004 年提出了一种平流层飞艇概念，用于执行侦察和通信等任务。飞艇长 190m，可携带 1800kg 的任务载荷，能容纳巨型望远镜、合成孔径雷达和其他情报搜集系统，工作时间约 3 年。

随着研究计划的开展，各国的项目虽然已经开展数次飞行试验，但试验过程多不顺利，多数项目的试验结果不如预期，目前尚无显著的突破。各国均认识到平流层飞艇的技术难度所在，要最终实现平流层飞行，不仅涉及平流层飞艇总体设计、建造和工程实现的难题，还涉及材料、能源、动力、控制、环境等诸多专题技术的提升和突破。但可以看出，美国的平流层飞艇相关技术不断发展，在高性能囊体材料、薄膜太阳能电池、储能电池等方面技术基础深厚，平流层技术持续受到重视和支持。日本、韩国的平流层飞艇研制情况，最近几年未见研究报道。

第二节　国内发展现状

一、自由气球

1. 零压气球

我国从 20 世纪六七十年代至今，先后研制生产了各种大小的零压气球，主要用于气象探测、科学实验和新技术验证等，气球体积从几 m^3 至几十万 m^3，最大升空高度 43km，最大载重达 2t。1984 年建成了我国唯一的万立方米级高空科学气球系统，并开始应用于科学观测和研究。发展到今天，我国高空气球系统技术及其在科学研究中的应用已经比较成熟，在主要总体技术指标上仅次于美、法两国，处于世界先进行列[5, 9]。

2. 超压气球

为了实现更长时间、更稳定高度，同时具有高的效费比的高空科学气球飞行任务，超压气球是非常适用的平台。中国科学院在 20 世纪末就曾开展过超压气球理论研究。2009 年，中国科学院光电研究院系统地开展超压气球技术研究，在球体外形 - 结构一体化设计、耐超压的球体结构设计、加工工艺和飞行控制等方面开展关键技术研究，先后完成了多个样球地面实验。2017 年 9 月 1 日，国内首次开展了超压气球飞行试验，南瓜形的气球最大直径 27m，体积 7200m^3，平飞时间 8h，验证了球体结构设计、飞行控制等关键技术，为进一步发展和应用奠定基础[10]。2019 年 8 月 31 日，中国科学院光电研究院实现了超压气球连续飞行 50 小时 54 分钟的国内纪录，验证了快速发放、球体抗超温超压、能源循环、高度和飞行轨迹控制、长时测控等关键技术。

近几年，北京航空航天大学、湖南航天有限责任公司等单位也开展了超压气球技术的研究，研制的球体为正球形，所用的材料也为强度较高、面密度较大的囊体复合材料。

二、系留气球

我国早在 20 世纪 60 年代开始研制系留气球，1989 年，研制出具有现代系留气球特点的 150m^3 小型系留气球。1996 年，研制成功我国第一个车载式系留气球平台并应用于各种不同的用途，气球体积 400m^3，载荷 50kg，浮空高度 1000m，利用系缆供电和传输信息。2003 年 10 月，成功研制出 BWQ450 型车载机动式系留球，体积 450m^3，工作高度 0.7km，有效载荷 80kg，留空时间 14d，该系统参加了 2005 年 5 月的北京奥运会安防系统演示验证。2004 年 11 月，完成了体积 1250m^3，长 30m，载重 150kg，系留高度 1km 的系留气球的研制和试飞。2007 年，完成了体积 4500m^3，有效载重 300kg，升空高度 3000m 的大型系留气球系统的试验研制。2019 年 5 月，我国自主研制的“极目一号”系留气球在西藏纳木错开展了高空科学观测，气球体积 2300m^3，长 36m，载重可达 200kg，经受了高原复杂气象环境的考验，创造了系留气球科学观测的世界纪录，升空海拔 7003m。

目前，我国系留气球设计技术已接近国外先进水平，研制出的最大系留气球平台，体积 12000m^3，载重 1500kg，系留高度 3km，并开展了一些应用示范。国内从事系留气球技术研究及制造的单位主要有中国科学院空天信息创新研究院、中国特种飞行器研究所、中国电子科技集团公司第三十八研究所、湖南航天有限责任公司等单位，各家都具备根据任务要求，开展系留气球系统设计和产品研制的能力，初步形成系留气球产品系列化。但系统的可靠性、操作性、寿命等还有待提高，系缆、囊体材料等一些国产材料的性能指标还需提升。

三、对流层飞艇

我国在研制对流层飞艇平台方面已有很好的基础，目前从事对流层飞艇研发的单位估计有几十家，1978 年全国科学大会上，飞艇研制成为国家 108 个重点科研项目之一。中国航空工业集团公司 605 所、北京航空航天大学等单位在 20 世纪 80 年代，先后研制出我国的遥控飞艇。根据 1990 年亚运会的需要，中国特种飞行器研究所研制成功我国第一艘 FK4 型载人飞艇，飞艇体积 2011m^3，乘员 4 名，最大升空高度 1.8km，巡航速度 80km/h，并在亚运会期间从湖北荆门长途飞行至北京参加飞行表演。2000 年，华教飞艇公司自行设计制造了 HJ-2000 型载人飞艇，获得了中国民航有关部门颁发的型号设计批准书、单艇适航证以及经营许可证。HJ-2000 飞艇长度 38.5m，体积 1960m^3，乘员 2 人，压力高度 2km，巡航时速 50km，续航时间 8h。2001 年，达天飞艇公司成功研制 CA-80 载人飞艇，飞艇长 42m，体积 2533m^3，乘员 5 人，压力高度 2km，巡航时速 80km，续航时间 11h，最大续航距离 690km。该艇于 2005 年取得中国民航局颁发的《型号设计批准书》和 2 架飞艇的《适航证》。

近些年，国内许多单位开展无人驾驶飞艇的研制，飞艇除起降阶段由遥控操作手完成外，任务飞行阶段完全自主进行。2005—2006 年，中国电子科技集团公司第三十八研究所完成 4300m^3 无人驾驶飞艇的研制，并成功完成多次带载荷飞行试验，验证了自主飞行控制、大型囊体制造等关键技术。中国科学院光电研究院的 KF31 飞艇和 KF47 飞艇分别于 2009 年和 2014 年完成试验飞行，成为国际上最大的电动飞艇，验证了电动飞艇总体设计、囊体材料、能源动力、飞行控制等关键技术，为飞艇应用奠定了基础。北京龙圣联成航空科技公司设计开发了多种型号的对流层无人飞艇，典型产品有 LS-S1200、LS-S2000、LS-S2800、LS-S3300、LS-S4000 型无人驾驶飞艇系统，在多个领域推广应用。

四、平流层飞艇

20 世纪 90 年代中期，我国开展了平流层定点平台可行性研究工作。“十一五”期间，国家就开始支持平流层飞艇关键技术攻关和飞艇平台演示验证项目；“十二五”期间平流层飞艇系统研制开展演示验证。此外，国家还安排专项经费，对新概念平流层飞艇技术进行创新性技术研究，开展了一些飞行试验。

2012 年 8 月，中国科学院光电研究院研制的当时我国体积最大的平流层飞艇 KFG79 试飞成功，成为我国首个进入平流层高度的飞艇，标志着我国在平流层飞艇研究领域取得了突破性进展[11]。2016 年，中国科学院光电研究院研制的 KFG69 飞艇飞行试验取得圆满成功，飞艇成形上升，飞行试验验证了多项关键技术，驻空时间和动力飞行时间刷新了平流层飞艇的世界纪录。北京航空航天大学在“十一五”和“十二五”期间完成了多次高空飞行技术验证，在超压囊体、循环能源、动力推进、飞行控制和发放回收等飞艇关键技术研究上取得了重要突破。“十三五”期间，国家进一步支持开展平流层飞艇技术攻关和试验飞艇的研制，期望突破平台长时间飞行技术，并开展应用示范。2019 年，在国家重大任务支持下，北京航空航天大学、中国科学院光电研究院等单位开展了不同技术路线平流层飞艇的飞行试验，验证关键技术。

通过多年的研制实践，大家已形成共识，即平流层飞艇看起来容易，做起来难度极大。一方面，受限于能源动力、囊体材料等基础工业水平；另一方面，实现巨大复杂的飞艇从地面安全到达平流层高度、并能够可控稳定飞行的风险因素多，甚至有些还没有被认识到。要实现持久驻空、动力可控、安全回收的平流层飞艇大载荷应用还需时日。

第三节　国内外发展比较

近些年在国家重大任务牵引支持下，我国浮空器技术方面的发展已得到许多科研单位、高等院校和一些企业的重视，投入大量人力物力开展浮空器基础理论研究、产品研制、预研探索、基础建设和实际应用等方面工作，积累了大量经验，尤其在具有重大应用价值和广泛应用前景的平流层飞艇技术研究和试验方面，取得了具有世界先进水平的研究成果。但我们也应看到，与具有浮空器悠久发展历史的美国、德国、英国、俄罗斯相比，我国在该学科领域专业研究方面还存在明显差距，主要表现在以下方面。

1. 基础技术研究弱

真正引起我国广泛重视并大力发展浮空器的时间并不长，也就十几年。另外，不像飞机、无人机等，浮空器属于“小众”研究领域，所以我国在该领域缺乏系统深入研究。在基础理论、相关技术基础研究和试验研究积累少，有些技术问题还没搞透，难题瓶颈没有彻底解决，一定程度上减缓了我国浮空器发展的进程。

2. 基础工业薄弱

美国、欧洲有许多世界知名的浮空器制造企业，具有几十年甚至上百年的历史，生产的一些浮空器产品，如“齐柏林 NT”、Airship600 等飞艇在世界范围内都有应用，积累了大量的研制和使用经验。而我国发展浮空器的工业历史较短，关键基础材料、核心基础零部件、元器件等工业基础能力依然薄弱，如制造浮空器用的囊体材料、薄膜太阳能电池、风机等关键材料和器件，与国外先进水平相比还有差距，氦气还主要靠进口，这些都影响和牵制了我国浮空器的正常发展和应用。

3. 规范体系不健全

目前，我国浮空器标准化工作中存在关键标准缺失、缺少统一的标准化组织与协调机构、尚未建立完善的浮空器标准体系等问题。我国对浮空器发展的政策支持不多，近些年，虽然在国家高分专项任务的牵引下，我国多家研究机构和企业开展平流层飞艇研发，但还都处于关键技术攻关的预研和演示验证阶段。

第四节　存在的主要问题

一、自由气球

零压气球，技术相对成熟，未来的方向主要是通过不断改进工艺和材料，努力提高气球体积，使其可以携带更多的载荷，上升到更高的空间，并能更长时间地保持工作状态。超压气球，是未来一个重要的发展方向，需要解决的主要问题包括耐超压球体结构设计和制造、长航时飞行和轨迹控制技术、飞行安全控制技术等。

二、系留气球

系留气球技术比较成熟，但用户真正长时间用起来，往往会暴露出许多问题，影响了产品的应用。如系统的可靠性、环境适应能力、自动化程度、囊体材料的寿命、透氦率、比强度等性能指标有待提高，系缆的长寿命、高性能风机的国产化等问题还有待解决。系留气球系统设计、建造和使用规范标准有待建立和加强。

三、对流层飞艇

目前，对流层飞艇尽管对载重运输飞艇、长航时飞艇是有应用需求的，但没有国家层面的长远计划。分析原因，一方面是对流层飞艇没有在国防建设、国民经济主战场等方面让用户认可的独特优势作用；另一方面，先进的载重运输飞艇或长航时飞艇，其实现还有很大技术难度。因此需要有关部门或专业学会组织力量深入调研，挖掘重大需求，分析弄清楚系统研制的难点，掌握配套技术的发展情况和预期，提出专门针对对流层飞艇的发展应用规划，集中优势力量，开展集平台、载荷、应用于一体的系统研究和应用。

四、平流层飞艇

国内外平流层飞艇的发展，尽管通过各方面的大力投入，取得了很大进步，但也应看到技术发展远低于预期，制约平流层飞艇技术发展的关键因素及问题还存在，如浮重、推阻、能源三大平衡所涉及的高性能囊体材料、高比能的柔性薄膜太阳能电池、高比能储能电池、高效推进、飞艇超热超压、巨型复杂刚柔一体结构的安全性等关键技术。

第五节　当前研究热点前沿

一、大气环境研究与利用

无论在设计阶段，还是在运行阶段，首先遇到的问题就是必须充分考虑其所处大气环境的影响，包括不同地区、季节、高度的温度、气压、风场、辐射等。采集积累各地区、各种高度对流层和平流层环境的详细气象参数，形成历史数据库，研究掌握其特点和变化规律，对浮空器的设计和运行至关重要。

二、高性能囊体材料和制造工艺

囊体材料是制造浮空器非常关键的材料，其性能好坏对浮空器的设计和使用有着非常重要的影响。囊体材料必须具有重量轻、强度高、阻气性好、寿命长、耐老化、耐腐蚀、抗辐射等特性。国产囊体材料经过近些年的研发，已有进步，但与国外的比较，性能指标还有差距，国内研制单位需在高比强织物、耐老化膜材制备、材料复合工艺和产品性能稳定性等方面进行提高。

三、高效薄膜太阳能电池与高能量密度储能电池

平流层无云层遮挡，利用太阳能是最佳的方案，稳定高效的柔性衬底薄膜太阳能电池是平流层飞艇能够长期驻空工作的基础。飞艇在夜间的供电则必须依靠储能电池，目前多采用锂电池或锂硫电池储能，并不断提高电池的性能指标。再生氢氧燃料电池（RFC）也具有很好的应用前景。

目前，国内已开发出符合要求的实验室级柔性衬底薄膜太阳能电池，但尚未商品化。柔性薄膜太阳能电池、薄硅电池与艇体之间的隔热设计、受力分析和可靠结合技术是面向未来大面积太阳能电池铺装应用需要研究的课题。

四、高效动力推进

目前，使用直流永磁无刷电动机带动螺旋桨提供飞行动力的技术比较成熟，但如何提高稀薄大气环境和低速来流条件下螺旋桨的推进效率还是非常值得研究的问题。此外，平流层空气密度低，对于小型飞艇，离子推进器也是可选的推进装置，但适合飞艇使用的离子推进器还有待工程化。

五、发放、回收与地面系泊技术

浮空器尺度巨大，发放与回收过程受环境，特别是风的影响较大，如何安全可靠地发放与回收，尽可能减小升空和回收过程中的风险，目前在世界范围内都是一个需要深入研究的课题。

此外，系留气球和飞艇在地面锚泊状态中，必须在各种可预料的气候条件下确保安全，并使结构所受到的应力载荷最小。选择何种锚泊方案对系留气球和飞艇的地面维护有非常大的影响。

六、导航定位与飞行控制技术

浮空器在空中飞行时，地面站应能随时跟踪浮空器的运动，确定浮空器的位置。无论是作为定位导航基准平台，还是作为其他应用平台，浮空器平台都需要具有一定的定位精度，研究精确和可靠的高精度定位技术手段实现浮空器平台的导航定位功能十分必要。

飞行控制技术是浮空器实现可控飞行的核心技术，有遥控和自动控制两种方式。浮空器飞行速度低，尤其在平流层高度，大气密度低，舵面效率低，通过升降控制技术使浮空器能根据地面指令以较大的幅度上升或下降，寻找合适的风层，可实现飞行轨迹的最优控制。

七、通信与测控技术

保持浮空器的测控和通信畅通，是保证其飞行正常和安全的基础。根据浮空器飞行的距离，通信测控链路可以分为空地、空空地、空天地、组网等方式。异构平台间、浮空器自组网的大数据量信息传输，必须保证测控链路的可靠、抗干扰和保密。

八、平台载荷一体化技术

平台载荷一体化是实现系统减重、提高系统整体技术水平的重要途径。长期工作于高空低温条件下，如何控制重量和能耗，实现稳定的多传感器侦察监视、信息融合和网络分发，减小风阻，传感器与艇体结构共型、载荷艇内布局，都是需要研究解决的问题。

九、平流层飞艇热管理技术

对于平流层飞艇来说，过热可能导致艇囊膨胀破裂，因为不仅在飞艇运行中，强烈的太阳辐照、铺装在艇体上的太阳电池产生的废热，将加热艇囊内的浮升气体，使艇囊压力增加，而晚上无太阳照射，温度降低，气体又会收缩，因此必须保证艇囊内压力在一个可控安全的范围，既保证艇囊不因压力过大而胀破，又不因温度低气囊内压力过低而失去足够的成形强度刚度。热分析和综合热管理技术研究是平流层飞艇的关键技术之一。

第六节　主要发展趋势

一、自由气球

高空气球技术的发展趋势大致可以概括为大型化、小型化、长航时、轨迹控制、组网应用几个方面。

1. 大型化

载重更大、飞行更高、飞行更久的要求，必然需要更大体积的气球。目前，国内加工最大的零压气球是 60 万 m^3，未来几年，因科学探测和临近空间投放等应用需求，将研制出更大体积的气球。

2. 小型化

小型气球自身重量轻，氦气用量少，使用成本低，易于实现自动发放，适合大量使用。例如法国空间研究中心几次大型气象探测项目中多次使用小型超压气球携带轻型载荷完成任务，其间每次都发放了大量的气球。Google Loon 计划，通过发放大量高空气球，保证一定纬度的环球覆盖，实现偏远地区的入网通信。小型化气球的发展和应用是一个发展方向。

3. 长航时

目前传统的零压气球飞行时长一般较短，在小时或天的量级，超压气球则将航时拓展至月甚至年的量级，将来一些任务可能对飞行时长有更高的要求，比如高空天文观测、宇宙线观测或者长时对地观测等。超压气球是未来长航时气球的发展方向，

4. 轨迹控制

目前已经提出了一些轨迹控制方法，并进行了一些试验，比如吊舱下部吊挂控制翼的间接控制方式，或是通过改变球体飞行高度、利用不同风场改变飞行轨迹等方法。Google Loon 所采用的超压气球，通过副气囊大小调节改变气球飞行高度，进而改变飞行轨迹的方式是一种可行的办法。

5. 组网应用

未来使用气球进行组网飞行应用的场合将会越来越多。随着气球控制技术、通信技术的提高，气球网络的覆盖范围将越来越大，同时保持较低的成本和巨大竞争优势。

二、系留气球

系留气球未来的发展方向主要是完善型谱，提高功能性能，拓展应用领域。中小型系留平台需要进一步加强其机动能力，大型系留平台需要进一步提高载荷能力，向多载荷、多领域综合应用方向发展；此外还需要发展适用于各种特殊环境使用的系留气球，比如高原型、舰载型等。

1. 型谱化、系列化

为了满足搭载不同重量载荷执行任务的需求，需要研制不同载重能力、升空高度和留空时间的系留气球，而系留气球的升空高度和留空时间往往与系留气球的体积和形状相关，因此需要实现系留气球的型谱化，以满足多种需求。

2. 升空高度不断增加，系统探测能力不断增强

增加升空高度，可以提升系统探测的距离和覆盖范围，满足预警探测、通信和科学探测等需求。若系留气球达到平流层高度，其用途更加广泛，应用价值和效益更大。

3. 高原型和船载型系留气球系统

系留气球在高原与海洋地区的部署能够满足军民领域的多方面应用需求。各种环境要求系留气球具有在复杂环境下进行工作的能力，因此需要系留气球系统在动力系统、电气系统、机械系统以及囊体缆绳等材料的高原、海洋环境适应性取得突破，而系留气球在海上部署还要求海上气动设计、海上收放技术以及船载系留技术等方面取得突破。

4. 单平台多任务载荷化发展

系留气球作为空中平台，通过搭载不同载荷可以实现预警探测、侦察监视、通信中继、电子对抗、环境监测等功能，实现一个平台多种用途。

5. 高机动、自动化、低保障

随着技术的不断发展以及用户的强烈需求，系留气球系统亟须从能用逐步转为好用和易用。提高快速部署能力和易用性，逐步实现系留气球的自动化是系留气球系统发展的主要趋势之一。

三、对流层飞艇

1. 多功能一体化

发展多功能一体化飞艇，在飞艇上搭载不同任务电子设备，建立集预警探测、侦察监视、电子对抗、通信指挥于一体的综合军用侦察和信息系统，已成为飞艇应用技术开发领域的一个重要方向。

2. 大航程和长航时

由于飞艇空气动力设计的不断改进，太阳能电池与燃料电池组合供电，以及离子推进器动力系统等技术的应用，飞艇航程和续航时间不断增大。

3. 承载能力越来越强

超大型飞艇具有超强的空中运载能力，对起降场地要求低，可以实现点到点特重货物的运输，远距离空投部队、装备及各类保障设备等。

4. 安全性能不断提高

随着现代飞艇技术的发展，飞艇在抗打击、抗天气、抗干扰等方面将有很大的进步。

四、平流层飞艇

1. 长航时大载重平流层飞艇

携带多种有效载荷、长时间在临近空间飞行的平流层飞艇，能够克服现有航空航天飞行器的诸多不足，具有非常重要的应用价值，因此受到世界各国的广泛关注。目前，虽然各国都处于试验艇飞行验证和关键技术攻关阶段，但随着高效轻质材料、能源、动力等技术水平的提高，只要突破跨昼夜，实现能源、推阻、浮重三个平衡，平流层飞艇朝着工程化应用发展指日可待。

2. 快速响应低成本平流层飞艇

制造周期短、成本低、发放难度小、方便，不需要复杂庞大艇库和发放设备等保障条件，能够快速执行特定任务的小型平流层飞艇系统研发，是未来的重要发展方向之一。轻小型平流层飞艇，可根据任务需要，在任何地点、任意时刻发放，快速部署，完成既定的任务后，价值较高和重要的载荷设备可安全回收，重复利用。

参考文献

[1] Luis E. Pacheco, STRATOSPHERIC BALLOONS: Chronological lists of launches worldwide since 1947, 2021-07-19 [2021-08-21], https://stratocat.com.ar/globos/indexe.html

[2] YAJIMA N, IZUTSU N, IMAMURA T, et al. Scientific Ballooning: Technology and Applications of Exploration Balloons Floating in the Stratosphere and the Atmospheres of Other Planets [M]. Springer Science & Business Media, 2009.

[3] Michael S. Smith, Loren G. Seely, Design and Test Results from the Ultra Long Duration Balloon Program: Proceedings of the Twenty-Second international symposium on space technology and science: Twenty-Second international symposium on space technology and science (22nd ISTS), May 28-June 4, 2000 [C]. Morioka.

[4] 黄宛宁. 现代浮空器军事应用 [J]. 科技导报，2017 (15): 20-27.

[5] 中国科学技术协会主编，航空科学技术学科发展报告 (2008-2009) [M]. 中国科学技术出版社，2009.3

[6] NAYLER A. Airship development world-wide-A 2001 review [C]. proceedings of the 1st AIAA, Aircraft, Technology Integration, and Operations Forum, F, 2001.

[7] 李泽霞，郭世杰，董璐，等. 临近空间研究领域情报调研报告 [R]. 中国科学院文献情报中心，2017.5

[8] 李联合，等. 美军临近空间飞艇项目建设情况及启示 [J]. 装备学院学报，2015, 26 (1): 63-67.

[9] 祝榕辰. 超压气球实现临近空间首飞 [J]. 现代物理知识，2018 (1): 2.

[10] 祝榕辰. 超压气球球体设计方法与仿真研究 [D]. 中国科学院大学，2019.

[11] 杨燕初. 临近空间飞艇平台多学科优化设计方法研究 [D]. 中国科学院研究生院，2012.

第四章　浮空器技术发展及预测

浮空器技术主要涵盖浮空器总体设计技术、浮空器飞行控制技术、高性能囊体复合材料制备技术、高空太阳能电池与储能技术、高空高效螺旋桨及电机技术以及浮空器试验保障技术。浮空器总体设计技术因浮空器类别不同，存在共性技术和特有技术。浮空器飞行控制技术因浮空器类别不同，其研究侧重点也不同。高性能囊体复合材料制备技术在很大程度上决定了浮空器的使用性能。高空太阳能电池与储能技术则在一定程度上决定了平流层飞艇的留空时间和应用效能。高空高效螺旋桨及电机技术对于平流层飞艇的长时间留空性能至关重要。浮空器试验保障对气象因素、场地条件、操作要求等有特殊之处。

第一节　浮空器总体设计技术及预测

一、自由气球总体设计技术

自由气球总体设计技术主要包括以下几方面。

1. 外形设计技术

传统的圆锥形与正球形是自由气球外形设计的主流。从长航时、承压能力和经济性考虑，结构封闭的南瓜形外形设计将是自由气球未来的设计主流。需进一步开展南瓜形总体构形设计、超压结构设计、囊体加工工艺等技术研究，通过优化总体布局、结构设计、加工质量，确保自由气球高耐压、囊体材料高发挥率和低成本化。

2. 热控设计技术

自由气球的热设计需充分借鉴现有航天器、飞机等的热分析及热控制研究成果，进一步加强对临近空间大气环境的典型特性参数、囊体材料的细致传热模型与特性、复杂边界条件下的自然对流热动力学特性、气囊外部混合对流与热动力学特性、气囊内外传热过程的复杂辐合作用等研究。

3. 区域驻留控制技术

自由气球主要利用不同高度的东西风带切变来实现区域驻留，需要综合考虑大气环境、能源需求、飞行能力的匹配，构建大气环境条件下的多种飞行控制策略并组合应用，确保留空时间最长和能量最优利用。具体来说，应根据气球平台和任务载荷工作能力、大气环流模型进行飞行轨迹规划设计，耦合运动学、动力学、热力学等多学科特性，实现精确的高度控制和飞行控制，从而达到区域驻留目的。用于区域驻留的高度调节机构，可以是高效率风机、气体加热设备或其他可循环的高度调节装置。

4. 系统发放与回收技术

国内外自由气球发放方式呈现多样化趋势，但均需根据所发放气球的大小、场地条件、气象条件及发放成本进行综合化设计，以充分降低自由气球发放过程中的风险，简化发放流程并提高可靠性。显然，开展全过程的系统自动化发放技术研究将是未来的发展趋势。自由气球大多采用较为成熟的伞降技术以回收气球吊舱，但该技术存在舱内设备完好性、执行机构可靠性等问题，只回收载荷吊舱也不利于自由气球系统的低成本化。回收技术的研究重点在于如何提升伞降系统执行机构可靠性，以及研究设定安全的着陆速度，并开展与压力控制系统的协同控制技术研究，最终实现自由气球系统的整体、可靠、安全回收。

二、系留气球总体设计技术

系留气球总体设计技术主要包括以下几方面。

1. 气动布局与总体参数优化技术

研究系留气球宽工况适应的稳定性设计，以确保不同海拔情况下的质量特性变化不会导致气动稳定性发生较大的变化；研究系留气球空气动力 / 静力学综合优化设计，获得兼顾空气动力和静力特性的囊体最优外形；研究系留气球总体参数优化设计技术以得到相对最优的外形及总体性能；研究基于成本的全寿命周期多目标综合优化设计，以降低系留气球使用成本。

2. 系统雷电防护综合设计技术

研究雷电防护设备轻量化结构设计技术，增加系留气球载荷能力，减小系留气球体积，从而提升系留气球的使用和保障性能；研究重复防护避雷索设计技术，实现多次防护且避免断裂后对艇体的伤害；研究智能型主动防雷技术，通过不靠接地等离子避雷等措施，实现系留气球全天候、机动中防雷；研究针对系留气球更高防护等级、安全性更好的防雷系统。

3. 系统环境适应性设计技术

研究旨在提高系留气球恶劣环境适应性的安全系留设计技术、环境自适应智能决策及操控技术、宽环境适应性的高性能囊体材料技术、高寒低气压环境适应的机电设备技术，以及海洋环境适应的总体设计、气动设计、海上收放、船载系留等关键技术。

4. 高可靠性系留缆绳设计与制造技术

研究旨在提高系留缆绳的可靠性、安全性及使用寿命，降低使用成本的高可靠性系留缆绳设计与制造技术，包括研究大承载轻量化系留缆绳设计技术、复合系留缆绳先进制造工艺技术、系留缆绳寿命周期承载能力实时监测与预测评估技术、系留缆绳高可靠安全泄雷技术等。

5. 系统高机动性及智能操控技术

研究旨在提高系留气球系统机动能力和自动化水平以及战时生存能力的系留气球高机动性及智能操控技术，包括可快速展开的机动式锚泊系统或可搬移式锚泊系统技术、系留气球自动化展开撤收技术、远程控制及无人值守技术、智能化健康管理技术、一体化运维管理技术等。

三、对流层飞艇总体设计技术

对流层飞艇总体设计技术主要包括以下几个方面。

1. 高升阻比气动外形设计技术

研究高升阻比气动外形设计技术，开展升阻特性仿真、气动布局分析，选择合理的飞艇气动外形和布局，以获得较高的飞行速度和相对较大的升阻比，提高飞艇抵抗侧风和垂直突风的能力，实现飞艇飞行性能的提升。

2. 系统集成设计技术

研究多载荷与飞艇平台的系统集成设计，以减少各种载荷对飞艇平台的限制要求。重点开展平台与载荷的一体化设计，实现载荷、能源、电气、结构等与飞艇平台的集成，达到载荷与飞艇全系统的合理布局及优化，减少载荷对飞艇飞行性能的影响，提高系统总体效能。

3. 大载荷质量交换安全控制技术

研究采用地面锚泊方式、水交换和氦气压缩等方法以避免或减缓大载荷质量交换时可能出现的浮重不平衡。开展飞艇安全控制策略研究，进行控制系统仿真分析，避免大载荷质量交换过程中出现应力集中现象，以确保飞艇全过程安全、可靠。

4. 长航时能源系统设计技术

研究旨在提升飞艇长时续航能力的能源系统设计技术，针对高度范围、留空时间、执行任务要求，寻找并优化能量平衡模型，分析确定多能源组合技术方案，提高能源综合利用率。

四、平流层飞艇总体设计技术

平流层飞艇总体设计技术主要包括以下几个方面。

1. 总体布局设计技术

研究流线型艇体结构优化设计技术以增加艇体耐压能力；研究非流线型或近似流线型的模块化组合式布局设计技术，以制造规模巨大的飞艇；采用无尾翼布局以显著降低飞艇阻力，并研究利用主动控制来解决无尾翼飞控；研究包括艇体变形、超压设计等总体设计方法以根本解决副气囊问题。

2. 多学科优化设计技术

根据平流层飞艇不同的初始总体方案，从平流层飞艇尺寸、阻力、自重、强度载荷等优化目标选择最重视的因素，应用合适的优化算法对飞艇进行多目标优化，并采用一定智能的决策方法最终获取稳健的设计方案。研究实时在线智能化决策的平流层飞艇总体设计技术。

3. 能源系统循环设计技术

开展基于太阳阵列 + 储能系统的能源系统能量平衡分析和方案设计工作；研究适应平流飞艇平台和平流层运行环境的高效太阳能电池技术；研究开发适应平流层运行环境的高比能量、高可靠、模块化的平流层飞艇用储能系统；研究开发集成能源控制策略、故障诊断及自主重构机制的高效能源管理系统。

4. 飞行控制技术

研究采用矢量或直接力控制方法以增强平流层飞艇主动控制和抗干扰能力；研究综合考虑全过程囊体安全、保形压控和高度变化的飞艇飞行运动学和动力学建模；研究各类控制机构和控制力在不同飞行状态之间进行转换的详细控制策略；研究采用适用的控制器和非线性控制方法以改善平流层飞艇驻空飞行性能；研究利用包含机器自主学习算法的人工智能方法以开展控制策略和控制器设计。

5. 回收与返场着陆技术

研究探索包括调节浮升气体、调节配重以及辅助矢量推力等的多种净浮力控制方法；研究可变功率输出推进系统和可控外形保持设计技术，实现平流层飞艇回收过程中的低空推阻平衡；研究避免艇体、吊舱、外露设备等直接触地的减缓冲击着陆措施，重点开展气囊布局、构形设计、材料选型、刚度设计等匹配性研究，并与气动、压力调节等分系统进行耦合设计。

6. 平台载荷一体化设计技术

研究满足巨大尺寸载荷安装要求的非传统吊舱式的艇体内置载荷设计方法，通过结构件的功能复用，将载荷与飞艇平台进行一体化设计，提高系统性能。技术研究需重点考虑对总体参数（重量、重心、转动惯量等）以及飞艇性能的影响，还需研究解决艇体内部大尺寸载荷安装形式、内部氦气囊与空气囊布置方式、内置载荷通信接口、全系统兼容和适配性等多个问题。

第二节　浮空器飞行控制技术及预测

一、自由气球飞行控制技术

自由气球飞行控制技术主要包括以下几方面。

1. 飞行轨迹控制技术

研究利用准零风层附近的风向切变的自由气球高度调节技术，实现有限区域内长期驻留；研究利用气球下方几千米甚至十几千米区域风速差的自由气球半主动轨迹控制方法，以极低的能源消耗实现有限区域长期驻留；研究利用气球载抛锚装置入水后产生的水动阻力平衡气动阻力，实现自由气球有限区域长期驻留。

2. 气球集群控制技术

研究包含集群协调控制、集群航迹规划以及异型载荷信息融合等的自由气球集群智能组网控制技术。集群协调控制研究重点在于完善协同态势感知、协同目标分配、毁伤效能评估技术和智能决策技术，实现多节点间的快速、无缝连接；集群航迹规划研究重点在于完善协同控制层、航迹规划层和航迹平滑层的设计，实现以任务为导向的轨迹精准规划；异型载荷信息融合研究重点在于统一异型载荷设备的接口和协议，对多维度态势进行综合优化，实现对多源数据的高效获取与处理。

二、对流层飞艇飞行控制技术

对流层飞艇飞行控制技术主要包括以下几方面。

1. 变参数飞艇飞行控制建模技术

飞艇飞行控制数学模型的建立是非常必要和关键的，但仿真和飞行试验发现采用经典控制方法设计的姿态控制系统在飞艇模型参数以及工作条件变化较大时无法保证良好的控制效果。首先，飞艇自身大尺寸柔性结构导致其气动特性、质量特性及动力学特性与传统飞行器差别较大；其次，由于飞艇自身的低动态特性，受风载影响较大，使得飞艇在飞行过程中会受到大气本身不确定性的扰动影响，增加了飞艇控制系统的建模难度，需要对飞艇的飞行控制模型开展变参数影响研究，通过仿真和飞行试验从各项复杂和相互耦合的影响因子中梳理出主要影响因素，构建更加合理的飞行控制模型。

2. 低空大尺度飞行安全控制技术

研究开发飞艇压力调节系统以保持飞艇外形、控制升力和保证飞艇安全飞行；研究飞艇上升和下降过程中的浮力控制方法以获得良好的浮力控制和纵向配平控制效果；

研究飞艇长航时飞行的舵面操纵精确控制方法以提升任务可靠性；研究大载荷质量交换时浮重平衡控制方法，并利用最优组合控制方法进行仿真分析，避免出现应力集中现象；研究环境参数可变对载人飞艇控制系统位置精度及姿态精度的影响特性以保障载人飞艇测量、控制高精度和高安全性；研究飞艇整体在线故障预测技术，构建基于光纤网络或无线网络的艇体健康管理监测系统。

三、平流层飞艇飞行控制技术

平流层飞艇飞行控制技术主要包括以下几方面。

1. 多物理场耦合建模技术

平流层飞艇运行的平流层高度大气稀薄，长期驻留工作，内部气体由于受到昼夜太阳辐射、红外辐射、外部 / 内部热对流、热传导等因素的影响，内部气体的热力学状态较为复杂，气体的热力学状态决定了其真实的体积和质量，更为复杂的是平流层飞艇在姿态改变时内部气体的不规则流动问题也会对飞艇的控制产生不利影响，所以要根据平流层飞艇的飞行环境和运动特点，考虑复杂环境对平流层飞艇动力学特性影响，研究力、热，光等物理场作用下耦合建模方法，为飞艇飞行力学研究提供可信度模型。

2. 多控制任务的协调控制技术

研究复杂环境对平流层飞艇特性的影响规律，研究模型不确定、参数大幅摄动和强扰动下姿态稳定、航迹跟踪、高度保持以及浮力和压力控制方法；根据姿态控制、航迹控制、浮力和压力控制之间的动态耦合特性，研究各个控制任务之间的协调控制方法；研究在气动舵面控制效率低、推重比小、阀门排气速率受限等条件下的执行机构操纵特性、执行机构优化配置及多执行机构控制动态优化分配；研究系统模型不明确情况下的机器自主学习控制算法，通过“动作和回报”机制，使控制器能够不断根据环境开展自适应学习和优化，从而实现飞艇自主智能飞行。

3. 多飞艇平台组网设计技术

研究开发平流层飞艇平台组网拓扑结构及其通信协议，实现用户接入的组网、退网，不同通信码率的用户数据实时接收与中继；研究考虑组网体系中各飞艇时序及搭载载荷类型差别的多传感器分布式检测、跟踪、管理以及多源信息融合算法和技术，生成完整、准确、及时和有效的综合信息；研究构建基于飞艇 – 飞艇、飞艇 – 卫星、飞艇 – 地 / 海基的信息网络体系，按需提供应急信息需求保障。

第三节　高性能囊体复合材料制备技术及预测

一、建立性能表征与评价标准体系

囊体材料的性能表征与评价体系从初期只关注强度、面密度、透氦率等几个关键性能指标，发展到常规性能、应用性能、环境适应性能和质量均一性能等多方面评价指标体系。明确作用于浮空器的环境因素条件，分别研究臭氧、紫外线、温度交变、应力持续作用等单一环境因素和综合环境因素作用下囊体材料的性能变化；归纳分析囊体材料的老化机理，建立环境适应性评价体系。

二、建立基础功能材料自主保障体系

制备高性能囊体材料需要多种不同高功能原材料，尚需要进一步攻关，突破技术瓶颈，建立自主可控的囊体材料技术保障体系。在基础功能材料自主保障体系中，耐候性材料和高比强度纤维材料是关键，需要重点攻关实现。

三、轻量化设计和制备技术

平流层飞艇囊体材料研究的首要目标是轻量化，需要综合考虑环境、结构和实用性要求，验证不同结构设计囊体材料的实用性，探求和延伸囊体材料的极限性能及技术可行性。在功能膜材料制备方面，轻量化功能膜材料的制备、质量稳定性控制、各功能材料间的匹配性设计和加工工艺技术是关键性技术。

四、多功能化设计和制备技术

为了应对平流层复杂的工作环境，囊体材料设计的目标之一就是能够体现多种功能需求。未来的平流层飞艇囊体材料将能够集中多种实用功能于一身，充分保障平流层飞艇在长期驻空过程中的使用安全性。其中，耐候性、光热控制性能等与飞艇长期使用安全性相关的功能化设计将通过金属 / 金属氧化物镀层技术实现，在保持轻量化的前提下，实现囊体材料的多功能化设计。特殊功能材料以及涂层技术可能使飞艇艇体获得自修复、可感知功能以及可能获取电力等功能。

五、新型复合结构囊体材料

系统结构与材料的一体化设计能够在一定程度上弥补材料性能的不足。沿艇体结构受力方向设计囊体材料中的纤维取向，并且在不同承力方向纤维间采用无编织平铺的形式组合，能够使所得到的囊体材料的强度利用率最大化。类似于南瓜形超压气球

设计，以膜材提供耐候、阻隔和保形等功能特性，以焊接带形式组成承力结构的设计思想能够用于高空超压气球、长时驻空的飞艇等产品。在已有技术基础上，未来平流层飞艇囊体材料将受益于科学和技术的发展，在功能材料、结构设计、制造技术等多方面采用新材料、新技术和创新思想，为平流层飞艇提供有利的技术支撑。

第四节　高空太阳能电池与储能技术及预测

一、高空太阳能电池技术

薄型晶体硅电池技术朝着转换效率提升、质量密度降低和工艺成熟方向发展；非晶硅（a–Si）薄膜电池技术向着增加单体电池结数以提高转换效率方向发展，制备工艺也将随着磁控溅射技术的发展，促进单体效率的提高；砷化镓（GaAs）薄膜电池朝着单体结构更加复杂，转换效率进一步提升方向发展，随着衬底剥离和转移技术进一步成熟，逐步具备批产的可能；铜铟镓硒（GIGS）薄膜电池技术的产品层次进一步提高，电池将呈现多样化，同时尚需深入研究其环境适应性以适应临近空间环境。

二、高效储能电池技术

研究包含蓄电池和再生氢氧燃料电池等电化学体系的匹配设计，提升电化学体系的循环稳定性及热稳定性，构建能量 – 功率融合的蓄电池体系；研究储能电池系统机电热一体化技术，实现“结构”即“热控”的多功能储能系统构建；研究储能系统和平台结构一体化设计，实现“结构”即“电池”；研究开发高比能锂系电池系统，解决电池寿命可靠性，提升其环境适应性；研究高比能再生氢氧燃料电池轻量化设计技术，开展功能结构一体化设计，提高集成度、降低体积和重量，提升其环境适应性。

第五节　高空高效螺旋桨及电机技术及预测

一、螺旋桨可压缩低雷诺数流动特性与效率研究

研究旨在深入分析高亚声速螺旋桨流动特性，改善低雷诺数分析方法以及低雷诺数翼型系列化设计；研究旨在结合桨梢小翼、协同射流、等离子体和主动振动等新型的高空螺旋桨高增效技术，提升高空螺旋桨效率。

二、高效 / 高功率密度 / 高可靠性电机系统技术

研究旨在提升效率、功率密度电机拓扑结构技术、驱动控制技术、高效与高功率

密度设计技术等；研究旨在改善试验精度的地面模拟测试技术、大惯量螺旋桨速度控制及制动技术等；研究旨在改善可靠性的低温低气压润滑技术、高效散热技术、环境适应性测试和可靠性增长技术等。

三、全飞行包线推进系统自适应技术

研究旨在改善全飞行包线性能的新型变桨径 / 桨距螺旋桨机构设计技术、螺旋桨电动力推进系统起飞 / 精确返场阶段推力比控制和升空 / 下降 / 驻空巡航阶段桨径 / 桨距控制技术、矢量推力设计技术等；研究旨在提升推进系统部件性能的新概念无铁心电机结构 / 电磁 / 温升控制设计技术、高效率发电 / 电动一体化变流 / 驱动技术和高鲁棒性控制技术等；研究旨在挖掘新形式推进系统潜力的相变增压推进技术、离子推进技术等。

第六节　浮空器试验保障技术及预测

一、测控保障技术

随着浮空器技术的发展，飞艇、气球飞行距离越来越远，普通视距范围的测控设备将不能满足需求，需要发展超视距测控、多气球组网测控技术、低仰角测控等技术和手段。而为了适应试验场的电磁环境，以及提高测控设备的抗干扰性，需要发展浮空器测控抗干扰技术。

二、气象保障技术

对于重要的固定试验外场，要积累当地的地面经对流层一直到平流层的风场变化规律，包括一年四季每天早中晚不同时点的风场变化规律，为准确预报试验场风场变化和预测预报极端事件奠定基础。建立气象数值预报业务运行系统，支持试验场 3 ~ 5d，甚至 7 ~ 10d 的地面风及高空风场环境的预报及预测；配备探空球发放系统，支持风场环境的实时探测，建立风场探测系统，实时精确探测高至平流层高度的各高度剖面的风场。

三、气体保障技术

研究气态氦的回收循环利用技术。气态氦的回收循环利用一般包括回收、储存、加压、纯化、气体分析等过程，对于用氦量大的浮空器系统可以考虑配备氦气回收循环利用系统研究液氦的回收循环利用技术。液态氦回收循环利用过程与气态氦相类似，但一般还包括液化过程。对于用氦量非常大的浮空器系统可以考虑配备标准的

氦液化器，实现液氦的回收循环利用。研究旨在替代氦气的低成本浮升气体应用技术，包括工程化安全用氢技术、氢气 + 抑制剂的混合气体制备技术、氢气爆炸抑制技术等。

参考文献

[1] 刘鹏，盛怀洁，廖明飞．浮空器优势分析及其军事应用［J］．武器系统，2011，9：84–87.

[2] 毛伟文．系留气球雷电防护设计［J］．科技创新与应用，2016，25：12–13.

[3] 崔尔杰．临近空间飞行器研究发展现状及关键技术问题［J］．力学进展，2009，39（6）：658–672.

[4] 中国科学院光电研究院浮空器中心．浮空器技术与应用［M］．北京：科学出版社，2019.

[5] 谭惠丰，刘羽熙，刘宇艳，等．临近空间飞艇蒙皮材料研究进展和需求分析［J］．复合材料学报，2012，29（6）：1–8.

[6] 王云，吴玲，王平安．系留气球缆绳疲劳载荷谱的编制［J］．科技展望，2017，12：254–256.

[7] Christopher Cho，Steven M Raque. Influence of the infrared radiation on a high altitude scientific balloon［A］．AIAA 2002–1044，2002.

[8] 常晓飞，白云飞，符文星．基于平流层特殊风场的浮空器定点方案研究［J］．西北工业大学学报，2014，32（1）：12–17.

[9] 肖存英，胡雄，龚建村．中国上空平流层准零风层的特性分析［J］．空间科学学报，2008，28（3）：230–235.

[10] 闫峰，黄宛宁，杨燕初，等．现代重载飞艇发展现状及趋势［J］．科技导报，2017，35（9）：68–80.

[11] 周峰，丛力田，耿军，等．对流层预警飞艇应用展望［C］．2018 年中国浮空器大会论文集．北京，2018：18–25.

[12] 徐忠新．平流层预警探测飞艇［M］．北京：国防工业出版社，2018.

[13] 黄宛宁，李智斌，张晓军，等．基于浮空器平台的临近空间骨干网络构想［C］．第四届高分辨率对地观测学术年会．武汉，2017.

[14] 陈永强．系留气球囊体无损质量检测方法研究与应用［J］．黄山学院学报，2015，17（5）：44–47.

[15] 陈竹梅．机载电子设备结构轻型化设计与应用［J］．电子机械工程，2000，88（6）：3–5.

[16] 陈川，陈佳慧，胡宇群．平流层飞艇总体多目标优化设计与决策［J］．航空计算技术，2016，46（5）：77–81.

[17] 方丽娟，屈卫东．平流层飞艇多能源的优化管理系统［J］．控制工程，2008，15：172–185.

[18] 刘大海，阎健，张健勇．平流层飞艇的能源技术和平衡分析［J］．航天返回与遥感，2006，27（2）：6–13.

[19] 张洋，等．世界飞机手册［M］．北京：航空工业出版社，2011.

[20] 王林强，袁飞，等．美国系留气球球载预警系统的发展现状及趋势分析［J］．舰船电子对抗，2010（5）：32–35.

第五章　国内浮空器发展分析与规划

本章提出了中国浮空器发展思路和总目标，指出了需要突破的核心关键技术、形成的能力和达到的水平，对未来浮空器需求和发展路线进行了展望。对自由气球、系留气球、对流层飞艇和平流层飞艇四类平台产品进行了分析预测和发展规划，对浮空器共性关键技术进行了发展路线预测，以期读者能对这个行业未来整体发展有一个全面清楚的认识。

第一节　总体发展思路与目标

以浮空器在国防和国民经济领域的应用需求为牵引，引入网络化、智能化、协同化等新技术，着力突破核心技术，加强国内优势单位紧密协同合作，突破浮空器组网、智能化控制、信息融合以及氦气替代、高性能囊体材料、高效太阳 / 储能电池等关键技术，分步实现典型示范应用与工程化，准确把握技术发展趋势，逐步建立国内浮空器技术标准和产品体系，力争在 2035 年达到国际一流水平，为 2050 年实现浮空器应用国际领先奠定基础。总体发展目标（图 1–13）如下。

2025 年突破气球组网、高原 / 海洋气球系留、飞艇长航时大载重等技术并完成典型示范应用，形成预警探测、侦察监视、环境观测、通信中继、信息对抗、空中运输、娱乐观光的初步能力，达到国际先进水平。

2035 年突破浮空器网络化、智能化、协同化以及氦气替代、高效能囊体材料、高效太阳 / 储能电池等关键技术，完成组网、高原 / 海洋系留气球、对流层客运飞艇、长航时大载重飞艇的工程化应用，形成预警探测、侦察监视、环境观测、资源勘测、

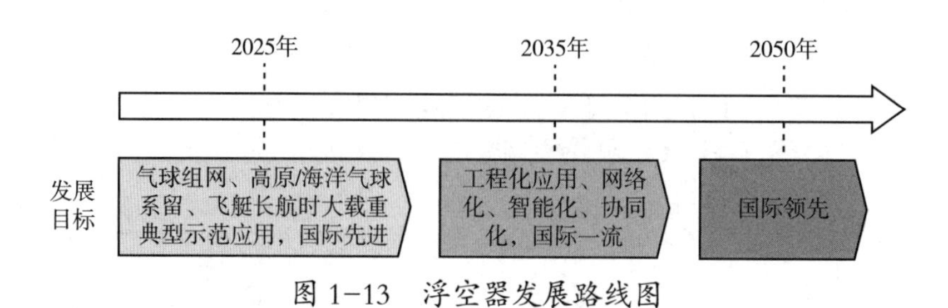

图 1–13　浮空器发展路线图

救援安保、通信中继、信息对抗、空中运输、娱乐观光的应用能力，达到国际一流水平。

第二节　分类发展目标

按照浮空器分类，从自由气球、系留气球、对流层飞艇、平流层飞艇四类产品分别描述发展目标。

一、自由气球

实现分布式搭载遥感、通信、导航等载荷，构成自由气球组网应用系统，通过多平台多传感器协同，实现多种任务功能倍增。

2025年采用北斗导航系统初步构建异型载荷数据融合算法，完成自由气球组网应用系统构建，在典型地区开展应用示范。

2035年突破智能化组网、控制、任务规划以及异型载荷数据融合等关键技术，完成自由气球组网应用系统批产，实现多种任务功能倍增。

二、系留气球

实现固定式系留气球系统、车载机动式系留气球系统和船载机动式系留气球系统多平台共同发展，提升系留气球系统环境适应性，提高系留气球系统的模块化、自动化、智能化程度，拓展系留气球系统的应用范围。

2025年提升材料的高原/海洋环境适应能力以及球与舰船的适配性，提高自动化操控与高机动性部署水平，完成高原/海洋系留气球系统典型应用示范。

2035年突破智能化操作与检测、抗极端环境能力、无人值守等关键技术，完成高原/海洋系留气球系统工程化应用。

三、对流层飞艇

实现对流层客运飞艇、长航时大载重对流层飞艇的研制，满足通信、导航、遥感、旅游、运输等使用要求。

2025年构建对流层无人飞艇的研制规范和设计标准，形成系列化、型谱化对流层飞艇产品，满足通信、导航、遥感等应用需求；突破大质量载荷交换、低空大尺寸飞行安全控制等关键技术，完成对流层飞艇长航时、大载重运输应用示范。

2035年构建对流层客运飞艇适航标准，突破重载飞艇长航时、综合能源利用等关键技术，完成对流层客运飞艇、长航时大载重货运飞艇工程化应用。

四、平流层飞艇

实现大载重长航时平流层飞艇和快速响应平流层飞艇研制，满足预警探测、侦察监视、环境观测、资源勘探、信息对抗、通信中继等使用要求。

2025 年突破超压结构、平台载荷一体化、飞行控制、安全返场等关键技术，完成大载重长航时平流层飞艇的典型地区应用示范，以及快速响应平流层飞艇典型领域工程化应用。

2035 年建成平流层大气全球数据库系统，突破组网、智能化控制、信息融合等关键技术，形成平流层飞艇的技术标准与规范，完成大载重长航时平流层飞艇多功能多领域工程化应用。

第三节　自由气球发展路线图

图 1–14 中规划的自由气球产品主要有两类。一类是零压气球。零压气球在国内有关领域，比如科学实验、气象探测等一直都有应用，技术相对成熟，未来的方向主要是通过不断改进工艺和材料，提高气球容积，使其可以携带更多的载荷，上升到更高的空间，并能更长时间地保持工作状态。目前已开展试验零压气球载重能力最大约 5t；2025 年的发展目标为载重能力大于 10t，体积大于 80 万 m^3；2035 年的发展目标为载重能力大于 15t，体积大于 100 万 m^3。另一类是超压气球，较之零压气球有更好

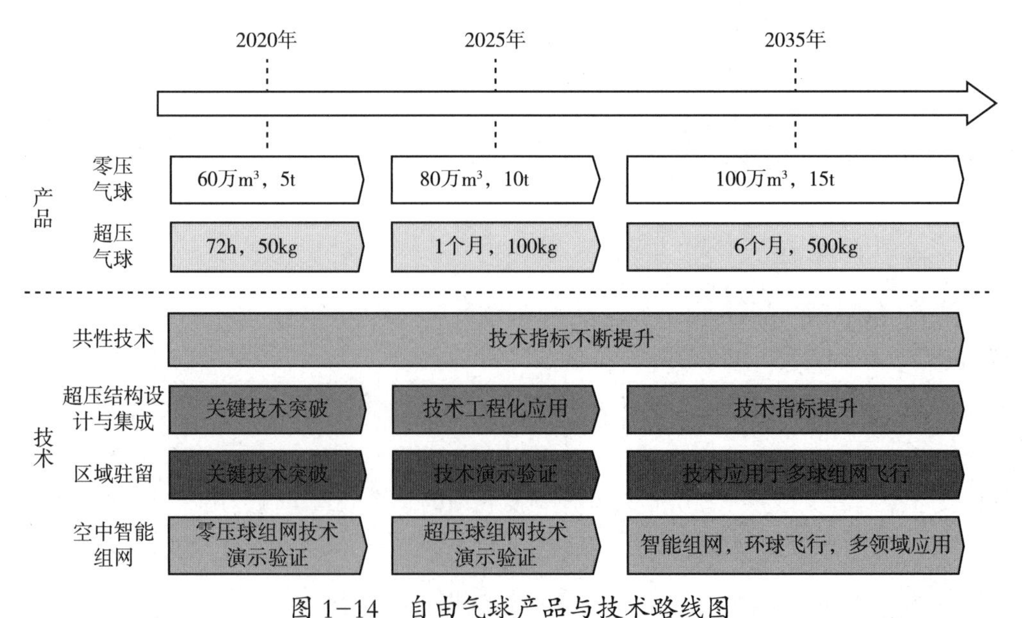

图 1–14　自由气球产品与技术路线图

的高度稳定性和更长的续航时间，经过近几年的发展，已基本突破材料、结构、工艺以及高度调节等关键技术，并开展了大量的地面试验验证，未来的方向将通过飞行试验，不断验证总体设计性能，同时根据试验结果不断改进工艺和材料，不断提高超压气球驻空时间，适时搭载各种类型载荷，开展演示验证和工程应用。超压气球2025年的发展目标为驻空时间大于1个月，载重能力大于100kg；2035年的发展目标为驻空时间大于6个月，载重能力大于500kg。

除了共性技术，还需重点突破的技术有气球超压结构设计及集成技术、区域驻留技术、空中智能组网技术等[1]。

一、气球超压结构设计及集成技术

不同于零压气球，超压气球平台依靠自身结构抵抗气体超热导致的差压，并基本保持外形及体积不变，解决超压气球在昼夜超热/超冷交变条件下引起的工作高度差过大的问题，实现长航时、稳定高度运行。

根据自由气球的发展目标，2025年前，明确气动、强度、热设计、载荷布置等因素对总体结构的影响规律，实现球体外形、结构形式、传力路径以及太阳电池阵和有效载荷等合理布局设计满足1个月的驻空时间要求，并开展裁片方式、材料选型、工艺试验、加工制造、结构集成等方面的深入研究。

2035年前，完成总体布局、结构形式、制造工艺等方面的优化，满足6个月的驻空时间要求，并形成自由气球超压结构设计的标准规范。

二、区域驻留技术[2]

根据发展目标，2025年之前构建单个球体不同大气环境条件下的飞行控制策略，实现单球体精确的高度控制和飞行控制，从而达到单球区域驻留。开展不同大气环境条件下的高精度多球协同飞行控制策略攻关。

2035年之前，提升多球区域驻留技术指标和精度，将多球区域驻留技术应用于空中智能组网。

三、空中智能组网技术

2025年之前，构建精准自由气球运动学模型，结合气球轨迹预测、飞行控制、浮力调节等关键技术，实现少量超压气球组网，初步构建异型载荷数据融合算法，开展智能规划和控制技术攻关。

2035年之前，实现多球轨迹的智能规划和控制，实现多超压球智能组网，以及异型载荷数据融合。

第四节　系留气球发展路线图

图 1–15 中规划的系留气球产品包括常规系留气球、高原系留气球和船载系留气球三类。常规系留气球经过多年发展已比较成熟，目前国内已经实现了体积从几十立方米到 12000m^3 大、中、小型系列系留气球产品的研制。未来产品的发展方向一是完善和提高功能性能，即向大型化发展，到 2025 年实现升空高度 4.5km，载重 1.5t，留空时间 30d，到 2035 年实现升空高度 4.5km，载重 3t，留空时间 30d；二是针对中小型系留气球产品加强其机动能力和易操作性，拓展应用领域，向多领域综合应用方向发展，并逐渐实现系留气球的自动化和智能化。高原系留气球是在常规系留气球的基础上通过改进实现系留气球在高原地区工作，目前正处在起步阶段，2025 年的发展目标为升空海拔 6km，载重 1.5t，留空 25d；2035 年的发展目标为升空海拔 7.5km，载重 1.5t，留空 30d。船载系留气球可以实现系留气球在海上工作，目前正处于技术攻关阶段，2025 年的发展目标为升空 3km，载重 1.5t，留空 25d；2035 年的发展目标为升空 4.5km，载重 1.5t，留空 30d。

为实现系留气球的发展目标，除共性技术不断提升之外，还要在系留气球的高原环境适应性、海洋环境适应性、球与舰船适配性、模块化、自动化技术以及智能化技术等方面有所突破。

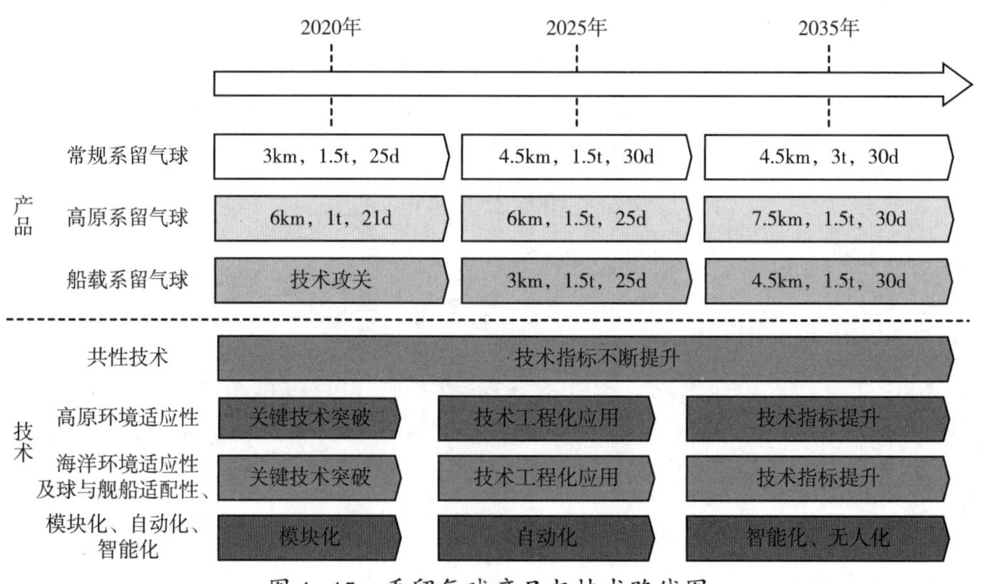

图 1–15　系留气球产品与技术路线图

一、系留气球高原环境适应性[3]

由于严酷的高原环境对系留气球系统的电气系统、机械系统以及材料耐受性等都会产生巨大影响。为了实现系留气球系统在高原地区的部署和正常工作，需要各个技术领域通力合作，共同采取措施。

2025 年之前，明确各系统、元器件以及材料等在高原环境条件下的技术要求；进行高原环境适应性研究方法、测试技术、评价技术等基础理论研究；实现系统、元器件以及材料等耐寒、耐低压、耐辐射等关键技术攻关，满足基本的高原使用要求。

2035 年制定完善的系留气球高原环境设计使用标准体系，提升材料、元器件的环境适应性指标性能，优化系留气球高原应用设计方案，进而提高系统在高原环境使用的稳定性、安全性和整体性能。

二、系留气球海洋环境适应性和球舰适配性

系留气球系统在海上的部署和工作相比于陆地具有更大难度和风险。一方面海上盐雾环境和湿热环境、对装备的耐腐蚀性提出了很高的要求；另一方面海上风浪较大，环境复杂，这对系留气球的整体布局、系留设施设计以及气球与舰船适配性都提出了更高的要求。

2025 年之前，明确各系统、元器件以及材料等在海洋环境条件下的技术要求，如耐腐蚀、耐湿热等；进行海洋环境适应性研究方法、测试技术、评价技术等基础理论研究；完成系留气球系统船载系留设施设计、球与舰船适配性设计以及相关风险评估，完成抗强风切变、雨雪等极端环境的技术方案和技术攻关。

2035 年之前，制定完善的系留气球海洋环境设计使用标准体系，提升材料、元器件的环境适应性指标性能，优化系留气球海上应用设计方案，进而提高系统在海洋环境使用的稳定性、安全性和整体性能。

三、系留气球模块化、自动化、智能化

为实现系留气球系统的发展目标，2025 年之前，实现系留气球系统的模块化、轻量化设计，满足中小型系留气球系统的高机动要求。完成系留设施自动化操作设计以及球体自动充气、展开、折叠等技术攻关。实现故障智能检测、远程数据传输等技术突破。开展远程操控，智能故障排除以及智能避险等技术研究。

到 2035 年，进一步提自动化性能，在此基础上完成自主收放、智能故障排除以及智能环境检测避险等技术攻关。结合远程监控、遥控手段，实现特定区域系留气球的无人化部署。

第五节　对流层飞艇发展路线图

图 1–16 规划的对流层飞艇产品主要有三类：对流层客运飞艇、中小型对流层无人飞艇和大型对流层货运飞艇。对流层飞艇鉴于其有留空时间长、载重量大、污染小、使用维护成本低和起降场地要求低等独特优点，世界上许多国家均将对流层飞艇的研发作为发展项目，并广泛深入地进行了许多相关领域的技术攻关和研究，取得了重大的技术进展。对流层飞艇应用相当活跃，甚至有很多私营企业和公司参与其中。但总体布局相对零散，未来需要通过需求牵引、行业管理、竞争优势等方面，逐步规范和整合现有各类研制生产资源，形成通用化、系列化产品。

对流层客运飞艇有较为明确的市场需求，下一步重点解决其适航性和安全性等问题。目前，载人飞艇巡航高度 2 ~ 3km，载客量大于 20 人，航程大于 1000km；2025 年的发展目标，载客量大于 50 人，航程大于 1000km；2035 年的发展目标，载客量大于 200 人，航程大于 2000km，适用于高空观光旅游以及在特殊场地条件下的人员运输。

对流层中小型无人飞艇在一些特殊场景有着明确需求，搭载多种任务载荷，执行多种军民任务，如在人口稠密地区执行安防、通信、广告宣传等民事任务，也可在重点区域执行侦察监视和预警探测等军事任务。到 2035 年，实现多型号、系列化、多

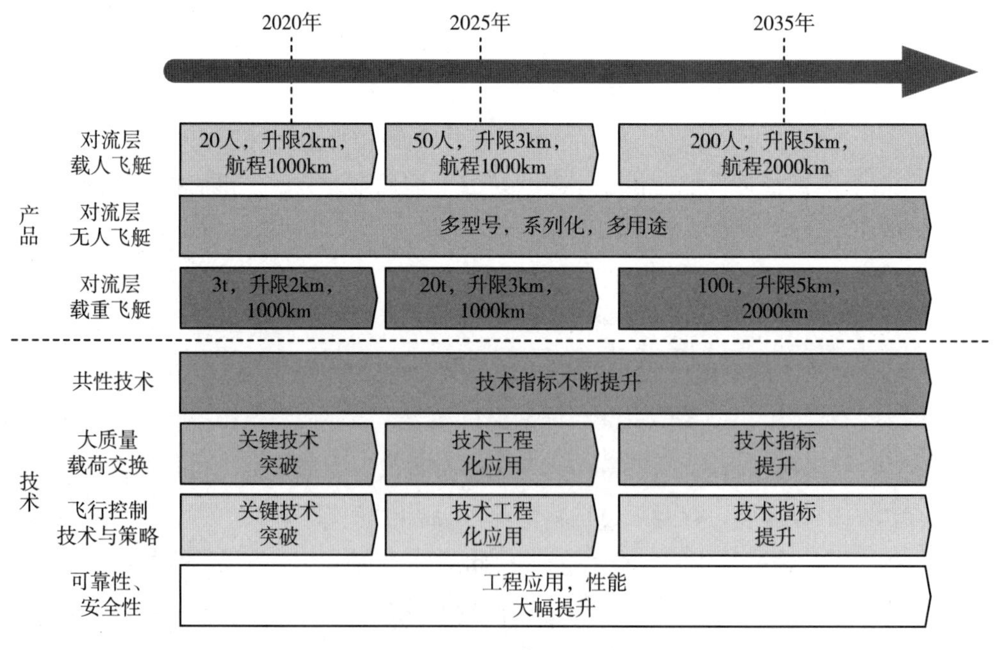

图 1–16　对流层飞艇产品与技术路线图

用途的中小型对流层无人飞艇研制，飞艇的承载能力、留空时间和飞行性能满足城市安防、通信中继和侦察监视等使用要求。

对流层大型货运飞艇在国家紧急求援、大尺寸货物运输等方面有着明确的需求。目前，载重飞艇巡航高度 1 ~ 2km，载重量大于 3t，航程大于 1000km；2025 年的发展目标为载重量大于 20t，航程大于 1000km；2035 年的发展目标为载重量大于 100t，航程大于 2000km。

除了共性技术，对流层飞艇方面还需重点突破的技术有大质量载荷交换技术、低空大尺寸飞行安全控制、长航时、综合能源利用等关键技术[4, 5]。

一、大质量载荷交换技术

货运和客运飞艇在到达目的地后，需要卸除搭载的载荷，飞艇的重浮力平衡将会被破坏，飞艇将处于较大净浮力状态，会给飞艇带来较大的安全隐患。需要开展一系列设计、试验，解决飞艇重浮力平衡问题。

2025 年之前，通过大质量载荷交换技术（目前有地面锚泊方式、水交换和氦气压缩方式等）使得飞艇重浮力重新平衡，并在实际设计中深入研究与验证，实现对流层飞艇示范应用，并构建相关技术应用中的研制规范和设计标准。

2035 年前，进一步完善大质量载荷交换技术，优化设计方案，进而提高技术的可靠性和使用的安全性，达到安全、可靠、高效。

二、低空大尺寸飞行安全控制技术

大型货运飞艇和客运飞艇在执行远距离长航时飞行任务中，巡航阶段占据绝大部分飞行时间。飞艇体积庞大，需要充分考虑惯性力引起的附加质量效应；同时受高空风场和热辐射等环境变化影响大，易发生“流固耦合”和“流热耦合”等现象，是典型的非线性、多时变系统；且飞艇体积庞大、柔性体的结构形式，对舵面操纵等带来困难。为了节约能源成本、增加飞行时长、解决飞行过程燃料消耗带来的重量减轻问题，需要优化飞行控制策略，保证飞艇在全飞行包线范围内具有良好的操纵品质和飞行性能。在性能、安全性、可靠度等多种因素权衡时，安全性必须放在首要位置。

2025 年前，低空大尺寸飞行安全控制技术实现在对流层飞艇中的工程应用，包括导航与控制总体设计、放飞和返回控制技术、定点驻空控制技术、柔性体导航与综合控制仿真技术、飞行控制半实物仿真技术等，构建相关技术应用中的研制规范和设计标准。

2035 年前，进一步完善低空大尺寸飞行安全控制技术，优化设计方案，进而提高技术的可靠性和使用的安全性。

三、长航时、综合能源利用关键技术

长航时、综合能源利用是研制远距离飞行的对流层飞艇关键技术，也是实用化的重要体现。长航时关键技术与综合能源利用效率息息相关，高效太阳电池、储能电池和综合能源管理技术是维持长航时飞行任务的关键所在。

2025 年之前，突破长航时、综合能源利用关键技术，深入理论研究，提高其比能量、降低生产成本，实现薄膜太阳电池、储能电池等综合能源在对流层飞艇上的示范应用。

2035 年之前，达到长航时、综合能源利用关键技术工程应用，满足对流层客运飞艇、长航时大型货运飞艇的应用需求。

第六节　平流层飞艇发展路线图

平流层飞艇属于新兴领域产品，研制实用型平流层飞艇不仅满足高分辨率对地观测的需要，同时兼顾其他领域的应用需求。围绕基础关键技术开展技术攻关，分阶段开展技术验证、演示验证和产品研制。在突破核心关键技术基础上，2025 年完成驻空数周、载重百千克级的平流层飞艇在典型地区的应用示范，完成驻空数周、载重十千克量级的快速响应平流层飞艇研制；2035 年完成驻空数月、载重吨级的平流层飞艇的工程化应用，实现平流层飞艇多功能多领域应用，完成驻空数月、载重百千克量级的快速响应平流层飞艇研制，并在军民多领域广泛应用（图 1–17）。

图 1–17　平流层飞艇产品与技术路线图

除了共性技术，还需重点突破的技术有平流层飞艇超压结构设计及集成技术、平台载荷一体化技术、重复使用技术等[6-8]。

一、平流层飞艇超压结构设计及集成

平流层飞艇驻空阶段的主要难点是恶劣环境温度下的长时驻空任务要求。飞艇囊体内部的浮升气体状态，特别是温度对环境条件的变化反应显著，平流层飞艇要实现长时留空，必须在设计中着重考虑超压结构设计及集成技术。

根据平流层飞艇的发展目标，2025 年前，明确气动、强度、热设计、载荷布置等因素对总体结构的影响，实现艇体外形、结构形式、传力路径以及太阳电池阵和有效载荷等合理布局设计，满足驻空数周的超压要求，开展裁片方式、材料选型、工艺试验、加工制造、结构集成等方面的深入研究。

2035 年前，完成总体布局、加工制造工艺、结构集成等方面的优化，满足驻空数月的超压要求，并形成平流层飞艇超压结构设计的标准规范。

二、平台载荷一体化

2025 年之前，明确艇体内置载荷设计对平流层飞艇的总体参数、飞行高度、空中姿态稳定性、载重定点位置保持能力、载荷效率等方面的影响机理和规律，并完成试验验证，满足演示验证要求。

2035 年，对艇体内部复杂热环境对飞艇性能的影响、内部氦气囊与空气囊布置方式、内置载荷电信接口、全系统兼容和适配性等多个问题进行优化设计，满足工程应用需求。

三、飞行控制技术

根据发展目标，2025 年之前，明确气动布局、构形设计、材料选型、刚度以及气动、压力调节等对飞行控制的影响规律。实现平流层飞艇从上升、巡航、下降到返场整个过程的安全控制。

2035 年之前，形成平流层飞艇控制操作标准，规范化平流层飞艇的控制流程。

四、平流层飞艇组网

面向未来信息化发展趋势，作为一种实用的平流层信息平台，平流层飞艇还需要具备与其他平流层飞艇平台，以及与卫星系统、飞机系统、地面系统的组网和数据交换能力，嵌入到未来覆盖空、天、地、网的信息网络体系中，以网络为中心，实现网络化运行。

2025 年之前，开展平流层飞艇组网技术攻关，初步构建异型载荷数据融合算法。

2035 年之前，实现多艇之间，以及飞艇与其他航空器之间的协调飞行和组网。

第七节　共性技术发展路线图

浮空器产品研发所需的高性能复合材料、高效太阳能薄膜电池和储能电池以及适用于飞艇的动力推进等共性关键技术一直是制约浮空器发展的重要因素，特别是浮空器用氦气一直是制约我国浮空器长期发展的瓶颈之一。因此，共性技术的发展关系到浮空器总体能力的提升，要围绕共性关键技术开展技术攻关，制定共性技术发展路线图（图 1–18）。

一、高性能囊体材料[9, 10]

囊体材料是制造浮空器非常关键的材料，其性能好坏对浮空器的设计和使用有着非常重要的影响。国产囊体材料经过近些年的研发，已有进步，但与国外的比较，性能指标还有差距，国内研制单位需在高比强织物、耐老化膜材制备、材料复合工艺和产品性能稳定性等方面进行提高。未来自主研制囊体材料的面密度、强度和透氦率等性能进一步提升，达到稳定批量生产水平，满足国内需求同时，参与国际竞争。到 2025 年，性能指标达到面密度≤ 135g/m^2，拉伸强度≥ 1000N/cm，透氦率≤ 0.01L/

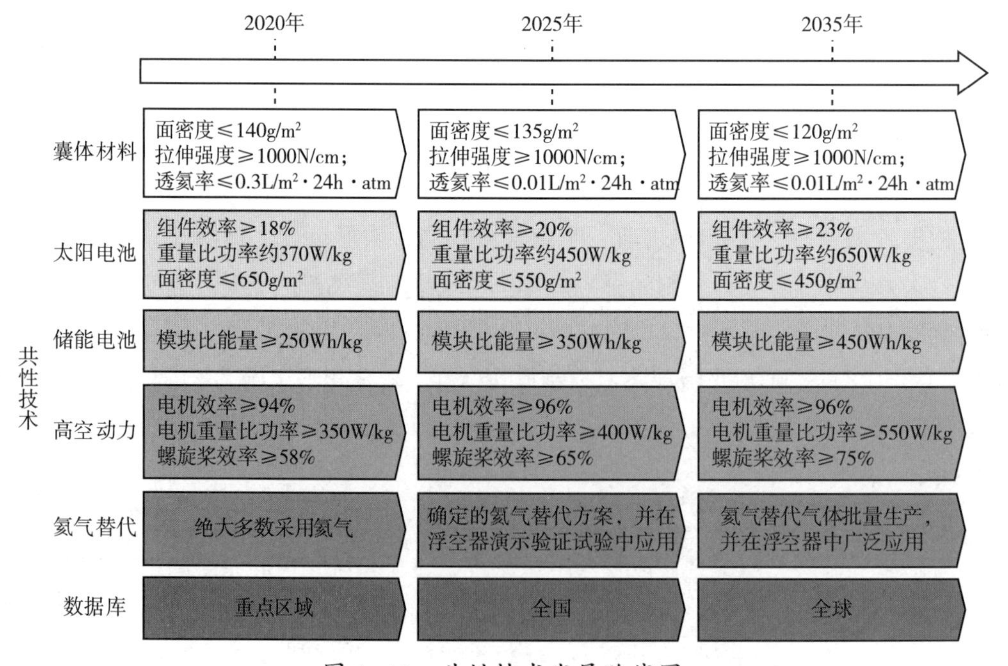

图 1–18　共性技术发展路线图

（m^2·24h·atm）；到 2035 年，性能指标进一步提升，达到面密度≤ 120g/m^2，拉伸强度≥ 1000N/cm，透氦率≤ 0.01L/（m^2·24h·atm）。

二、高效薄膜太阳电池技术[11]

利用半导体的光伏效应，结合先进器件技术制备的具备一定光电转换效率的太阳电池，成为自由气球和平流层飞艇能源发电的最重要方式。利用不同太阳电池发电单元构成具备一定电压和功率输出的太阳电池阵列，是自由气球和平流层飞艇的主要发电单元，其性能决定了能源系统的发电能力。薄膜太阳电池随着技术发展向着效率越来越高，重量比功率越来越大，面密度越来越小方向发展。到 2025 年实现薄膜电池组件效率≥ 20%，重量比功率≥ 450W/kg，面密度≤ 550g/m^2；到 2035 年实现薄膜电池组件效率≥ 23%，重量比功率≥ 650W/kg，面密度≤ 550g/m^2。

三、高能量密度储能电池技术[12]

储能电池面临着低温、低气压，昼夜温差变化加大、放电深度较大等特殊要求，而有别于现有空间用储能电池的典型应用环境和要求。针对自由气球和平流层飞艇用储能电池的特殊要求，需要考虑储能电池的外观、重量、尺寸、电性能、安全性、环境适应性及力学性能等多方面的性能，以满足平流层飞行器的需求。随着技术发展储能电池的比能量越来越大，2025 年电池比能量≥ 350Wh/kg，2035 年电池比能量≥ 450Wh/kg。

四、轻质高效高空推进技术[13]

电驱动螺旋桨推进的技术攻关难度远小于航空发动机和离子推进器，是当前平流层飞艇唯一合适的推进方式。必须注重平台和推进系统的一体化研究，提升螺旋桨效率，提升电机效率和功率密度，改善电机散热、拓宽螺旋桨和电机工况适应性，提高推进系统可靠性，为平流层飞艇等提供高效可靠稳定的动力系统。随着技术发展高空电机和螺旋桨效率越来越高，电机重量比功率越来越大，到 2025 年实现电机效率≥ 96%，电机重量比功率≥ 400W/kg，高空螺旋桨效率≥ 65%；到 2035 年实现电机效率≥ 96%，电机重量比功率≥ 550W/kg，高空螺旋桨效率≥ 75%。

五、氦气替代技术

目前浮空器主要采用氦气作为浮升气体，随着我国浮空器产业的发展，氦气消耗日益增大。而我国属于贫氦国家，国内使用的氦气长期依赖进口且价格昂贵，是制约浮空器可持续发展的瓶颈之一。因此若能突破氢气安全使用技术，替代氦气成为新的浮升气体，将大大加速我国浮空器产业化发展。针对这一目标需持续攻关，力争 2025 年确定氦气替代可行性方案，并在浮空器演示验证试验中部分应用；到 2035 年氦气替代气体预期达到批量生产，并在浮空器中广泛应用。

六、平流层大气全球数据库系统

随着临近空间浮空器行业的发展，发展我国自主的平流层大气全球数据库系统至关重要，2025 年之前，实现国内大部分区域的平流层大气数据库建立，到 2035 年实现全国以及全球重点区域的平流层大气数据库建立。

参考文献

[1] 宁荣，王剑生．聚乙烯超压气球研究进展［C］．2018 年中国浮空器大会论文集，北京，2018：53-61.

[2] 邓小龙，杨希祥，麻震宇，等．新型平流层浮空器区域驻留关键技术［C］．中国浮空器大会论文集．北京，2018.

[3] 王坚，王保贵，张晨，等．高原气候环境对装备影响及适应性措施［J］．环境技术，2013（6）：25-28.

[4] 闫峰，黄宛宁，杨燕初，等．现代重载飞艇发展现状及趋势［J］．科技导报，2017，35（9）：68-80.

[5] 周峰，丛力田，耿军，等．对流层预警飞艇应用展望［C］．2018 年中国浮空器大会论文集．北京，2018：18-25.

[6] 徐忠新．平流层预警探测飞艇［M］．北京：国防工业出版社，2018.

[7] 黄宛宁，李智斌，张晓军，等．基于浮空器平台的临近空间骨干网络构想［C］．第四届高分辨率对地观测学术年会．武汉，2017.

[8] 赵新路．平流层飞艇总体设计优化方法研究［D］．长沙：国防科学技术大学，2016.

[9] 谭惠丰，刘羽熙，刘宇艳，等．临近空间飞艇蒙皮材料研究进展和需求分析［J］．复合材料学报，2012，29（6）：1-7.

[10] 田越，肖尚明．平流层飞艇囊体材料的发展现状及关键技术［J］．合成纤维，2013（42）：11-15.

[11] 武伟，倪勇．平流层飞艇太阳能电池研究现状［J］．科技走廊，2018，12：14-16.

[12] 武伟，倪勇．平流层飞艇储能电池研究现状［J］．浮空器研究，2015，9（3）：1-7.

[13] 宋笔锋，王海峰，杨旭东．平流层飞艇推进系统研究进展与挑战［C］．第三届高分辨率对地观测学术年会优秀论文集，长沙，2014：488-493.

第六章　措施及建议

随着国家产业升级改造政策的鼓励，浮空器产业今后将以“需求牵引，政府监管，社会主营”为主要模式，形成以装备生产企业和通用航空企业为主体的多种经营方式，逐步建成国内浮空器应用产业链。为促进浮空器产业健康发展，提出以下措施及建议。

第一节　加强产业政策扶持力度和相关法规建设

产业政策扶持可从以下三方面入手：其一是集中资源发展优势研究机构和企业；其二是积极培育产业生态环境和构建浮空器产业链；其三是宣传浮空器相对于其他常规飞行器的安全性，推动向人口稠密地区对浮空器空域开放的政策实施。

集中资源发展优势研究机构和企业。鼓励民营企业和民营资本参与，发布符合标准规范的企业名单并适时动态调整，引导社会资源向符合标准规范的企业集中。推动民用浮空器企业生产制造智能化转型。督促企业落实安全生产相关法规政策要求，消除安全生产隐患。鼓励企业专业化发展，深入挖掘细分市场应用需求，精准制造产品。鼓励企业国际化发展，加快海外市场拓展，加强资本、技术和人才引入。在战略上建立扶优扶强的机制，制定引导政策，减少低水平重复、资源浪费，减少恶性市场竞争，构建体系化规范化的市场秩序，实现有序竞争。鼓励优势企业通过开放平台、共享数据、提供试验验证条件和系统解决方案等方式，促进大中小企业集聚创新，推动发展具有中国特色的民用浮空器产业集群，从而提高我国民用浮空器行业研发和制造水平。紧紧抓住我国浮空器产业军民深度融合发展的主要矛盾和关键环节，依托国家高新技术产业开发区、国家自主创新示范区等地区平台，培育一批浮空器产业军民深度融合发展创新示范区、示范企业，打造中国浮空器产业军民融合发展的“国家队”，探索可推广、可持续的创新发展模式，牵引和带动我国浮空器产业全局的军民深度融合发展。

积极培育产业生态环境和构建浮空器产业链。随着浮空器市场的逐渐兴盛，浮空器产业将从设计、研发、制造等技术领域延伸到浮空器租赁、操作员培训等管理、服务、保障领域，进而触及社会生产、生活更广更深的层面，逐步形成一条新的产业链。未来浮空器的市场竞争必将在全产业链层面展开，需要高标准、高起点地规划和建立起我国浮空器产业发展体系，以推动浮空器产业的健康发展。其中，大型浮空器企业利用市场优势与技术积累进军工业级市场，民用小型浮空器企业也可利用专业优势和成本优势生产迎合民用市场需求的中小型浮空器产品。通过浮空器产业链上下游企业共同协作创新，跨界融合发展，创新商业模式，从而形成跨产业、跨领域的产业形态，构建制造业与服务业一体化的新型产业体系，致力打造完整的浮空器产业链[1]。对于从事平流层飞艇武器装备的相关研发、生产取得许可资质的企业，给予政策鼓励。对于从事民用领域研发和应用的企业，只要符合适航法规就给予政策支持。对于从事和参与研发和应用对流层飞艇的企业，只需要取得相关资质的备案许可。

推进空域开放相关政策实施。浮空器发展已进入了一个新的阶段，浮空器对低空空域的需求不断增长，低空空域的利用远远滞后于浮空器的发展。长期以来，我国所有的空域均处于管制状态，这种管制模式在特定时期对保卫领空、保障人民生命财产安全方面起到了重要作用。然而，这样的管制管理方法也造成申请手续繁杂、装备要求过高以及空域管理成本过高、空域使用审批程序复杂等弊端。因此，需要大力推进低空空域管理法规制度体系建设。可以《航空法》为依据、以《空域使用管理法》为基础、以《低空空域使用管理条例》为主体、以相关法规为重要补充的层次分明、相互衔接、内在统一的法律规范体系，重点是制定适合我国现阶段的浮空器低空空域使用条例及细则[2]。对于平流层飞艇等高空飞行器，对其操纵控制人员资格需要有严格的规定，只有经过资格确认才能操控和指挥平流层飞艇，并且要加强演练，增加经验，确保飞行安全。空域管理者要对高空飞艇的飞行活动给出明确规定，包括对飞行申请以及审批权限的规定；要按照相关标准制定飞艇的飞行规则，根据飞艇控制精度，对与其他飞行器之间的飞行间隔和避让原则给出明确规定[3]；飞艇飞行实施者要做好应急预警机制，对于遇到危险情况以及故障给出应急处理预案，关键时刻需要对飞艇进行安控处理时不能手软，造成因小失大。

第二节　加强浮空器研制标准和适航规范制定

浮空器标准规范及相关法规建设可从三方面入手：其一是加快浮空器研发、生产、试验和测试相关标准制定；其二是推进浮空器适航政策制定；其三是建立健全的浮空器产业监管体系。

加快浮空器研发、生产、测试相关标准制定。目前我国浮空器系统还在起步阶段，形成了初步的技术储备和制造能力，但在浮空器的飞行运营、适航管理、安全管理等方面标准规范匮乏；由于浮空器与传统航空器存在较大差别，现有的研发制造、销售使用、售后服务等方面标准难以用于指导浮空器行业发展；浮空器分类复杂、标准需求量大，足以自成体系。因此，需要借鉴和对比国外先进水平的安全及质量管理等体系与标准，建立完整体系策划、文件编制、体系运行、体系内审及管理评审机制；需要积极开展标准编制和标准预先研究，先有针对性地解决某几个专业或系统的标准化需求，为后续标准制定工作有序进行奠定基础；需要加强浮空器标准贯彻实施，推动浮空器标准应用工作，逐步解决行业内标准不统一、不规范的问题，实现“一个市场、一条底线、一个标准”，满足浮空器产业规范化、标准化发展的需求。

推进浮空器适航标准制定。目前国内浮空器标准很少，从现有标准来看，载人飞艇研制有 3 项标准可参照，载人自由气球（也称为热气球）只有 1 项标准可参照。此外，载人系留气球等浮空器由于应用较少，虽然有着广阔的市场，但由于目前尚无有关载人系留气球的标准，项目立项困难，致使无法申请适航许可证。我国已有多家从事浮空器产品研制的单位，并且都有自己的型号产品，积累了一些设计、生产、使用和管理经验。这些经验可为制定浮空器适航标准提供技术支持，对于保证新产品的研制开发有着重要的意义。原有的《飞艇适航标准》颁布实施多年，随着新的设计和制造技术的发展，为了保持标准的先进性，发挥适航标准对产品研制开发和市场开拓的指导作用，需要对该标准进行修订[4]。

建立健全浮空器产业监管体系。为了构建具有中国特色、国际领先的浮空器产业监管体系，我国政府相关部门需要建立统一高效的多部门联动协调监管机制，协同制定浮空器产业发展顶层规划，并通过立法明确浮空器的法律属性、制定浮空器生产标准与适航标准、加强浮空器驾驶员管理培训力度、实施统一规范浮空器的实名登记制度和销售流通备案登记制度、明确和统一浮空器的申报使用流程、建设浮空器监管信息云平台、规范行业市场准入退出制度等举措，从研发、制造、销售、运营等多方面进行系统的全方位管理与全过程监管，明确浮空器违法、违规的行政责任、刑事责任，统一监管、统一追责，防止浮空器失控影响公众安全和飞行安全，确保浮空器的合理、合法、合规地使用，使我国浮空器产业实现持续、安全、创新发展[5]。

第三节　加大浮空器技术研究、保障条件建设和经费投入

加大浮空器技术研究、保障条件建设和经费投入可从三方面入手：其一是加强浮空器基础科学研究；其二是加快浮空器保障条件建设；其三是加大核心关键技术经费

投入。

加强浮空器基础科学研究。我国基础工业比较薄弱，目前也成为制约高新技术发展的主要瓶颈。浮空器产品研发所需的高性能复合囊体材料、适用于飞艇的高效轻质动力推进、太阳能薄膜电池、高性能储能电池等产品目前还难以完全满足项目发展的要求，这些都将制约我国浮空器产业的发展。建议政府部门高度重视上述基础技术研究发展，制定发展规划。通过加大学会的研究基金项目（浮空器），优化项目管理和基金申请流程，鼓励基础科学研究发展，加大核心关键技术攻关力度，尽快研制出满足浮空器需求的产品。

加快浮空器保障条件建设。研发保障条件是研制现代高性能浮空器产品的基础条件，其中包括浮空器研究和设计条件建设、试制生产条件建设、地面试验和升空试飞条件建设等。目前我国军民用市场对浮空器的需求十分迫切，但研发保障条件不足或者较为零散，难以满足平流层飞艇及大型对流层飞艇产品研发需要。建议通过浮空器相关项目及基金的立项，以及与科研院所、高校及有资质的民营企业合作建立国家重点实验室等形式，增加浮空器保障条件投入，购置相关设备，加大对产品研发保障条件支持力度。

加大核心关键技术经费投入。浮空器行业的发展主要依靠技术创新来推动，而产业的创新需要大量的资源投入，其中最重要的资源之一就是创新经费的投入。浮空器产业属于高端装备制造业，其技术密集性与资金密集性的特点比较突出，而浮空器核心关键技术创新需要大量资金作为支撑。增强我国浮空器产业创新经费投入，首先应当做到“量”的提高，要求所有参与的科研院所、高校和民营企业提高科技创新意识，同时国家制定相关政策鼓励产业进行科技创新投入，从而加大我国浮空器产业创新经费投入量，追上或赶超西方工业发达国家的经费投入力度；制定相关政策法规引导资金向浮空器产业流动，实现产业创新经费投入的多元化，首先政府应当加大对浮空器产业的扶持力度，给予产业更多的科技创新专项资金扶持，鼓励和引导金融、风投机构对产业创新投入力度。多元化的资金来源将会降低浮空器产业风险，提高产业技术创新的能力，从而提高产业整体技术水平与市场竞争力[6]。

第四节　加强人才培养与合作交流

加强人才培养与合作交流可从三方面入手：其一是加强人才培养；其二是加强国内外学术交流；其三是加强产学研合作。

加强人才培养。自改革开放以来，我国高等教育实现了跨越式发展，高等院校的数量和人数位居世界前列。浮空器产业对科学知识和优秀人才的需要，比以往任何时候都更为迫切[6]。高校人才培养应在“厚基础、宽口径、强能力、重实践、有特色”的原则指导下，构建创新型、个性化的人才培养体系[7]，特别是加强浮空器相关产业高水平的专门人才培养力度。

加强国内外学术交流。对外开放促进了经济发展，国际合作促进了技术进步。在国内，加大为浮空器学会年会与高分专项相关会议合作，促进军民融合。国际上在“全球化”“市场经济”以及“一带一路”国家开放政策时代，我国浮空器也应积极开展国际合作，加强国内外相关人才交流，“请进来”和“走出去”两手抓，积极引进和消化国际上先进的囊体材料技术、大型囊体结构制造技术、太阳电池和锂电池技术、动力推进技术等，以便快速提升我国浮空器研发的技术水平。

加强产学研合作。政府在制定结构布局、协创活动的方向，协管产学研中发挥着重大作用，同时也会在协同监督创新活动的全部过程以及评估协同创新成果等多个环节提供源源不断的信息服务以及政策支持。政府从宏观层面应当完善知识产权保护的法律法规、提高社会资本水平、扩宽信息传递渠道和构建合理的利益分配机制。微观层面企业要落实企业技术吸收能力、培训制度以及提高员工自主创新能力。高校和科研院所要加强同企业间技术交流，提高技术市场化能力，从而促进产学研协同创新[8]。

参考文献

[1] 黄光灿，王珏，马莉莉．全球价值链视角下中国制造业升级研究——基于全产业链构建[J]．广东社会科学，2019(1)：54-64.

[2] 姜伟波．浅析我国低空开放对空域管制的影响和对策[J]．科技视界，2019(17)：101-103.

[3] 张传民．对无人机飞行空中管制的几点建议[J]．社会科学(全文版)，2015(12)：125-126.

[4] 周家蕤，曾何荣，漆光东．我国浮空器标准化工作现状与建议[J]．中国标准化，2015(7)：103-107.

[5] 谢威．我国民用无人机产业发展对策研究[J]．科技资讯，2016，14(3)：99-100.

[6] 王量，林宇鹏，王俊，等．推进航空产业人才培养，打造专业化教培实训基地[J]．航空维修与工程，2019(6)：27-28.

[7] 许瑛．中美航空类专业人才培养模式比较分析与探索[C]．第四届教育与创新国际会议，2019年，中国陕西西安．

[8] 曾文斌．产学研协同创新外溢效应研究[D]．哈尔滨：哈尔滨工程大学，2017.

第二篇　浮空器应用场景典型任务描述

第一章 引言

浮空器是一种比重轻于空气的、依靠大气浮力升空的飞行器，属于航空器范畴。浮空器是人类社会研发和使用最早的一种飞行器，一般分为气球和飞艇两大类。近年来，随着新任务需求和应用设想的出现，也出现了桁架与气球组合、固定翼与飞艇组合等特种应用的浮空器产品。

自由气球广泛应用于气象探测和科学试验等领域，也正逐渐向组网通信和信息协同等方面拓展，已经构建成非常成熟的应用场景和使用模式。系留气球依靠多功能系留缆绳实现在空中定点停留，可在数千米的高度实现全天候、长时间定点驻留，随着设计应用技术的提升及任务载荷的小型化和集成化，系留气球朝着多功能小型化发展，将广泛应用于侦察监视、预警探测、通信中继和智慧城市等军民用各领域。

对流层飞艇使用成熟的常规航空技术和工业技术设计及建造，是一种工作在对流层高度范围内的飞艇。对流层飞艇具有续航时间长、载重量大、使用成本低、使用维护方便、起降场地要求低、绿色环保等优点。载人飞艇和重载飞艇等凭借其特点将有效提升特殊环境、特定场景、特种载荷的“点对点”运输和“最后一千米运输”能力[1]。

平流层飞艇是利用20km高度附近风速较小等有利条件，携带任务载荷，依靠浮力升空，在特定区域实现稳定长时间驻留、可控飞行的浮空器，可执行长航时对地观测、战略预警、区域监视、通信中继等使命任务。平流层飞艇可弥补目前航空与航天领域的不足，真正实现空天一体、无缝隙集成，是未来航空装备重要的发展方向。随着国际新军事变革以及全球竞争的深入，临近空间将成为各国竞相发展和占领的战略空间。

参考文献

[1] 郭允良. 美/俄国家决策高层认知“现代型运输飞艇”给予我们的思考[C]. 2012年中国浮空器大会论文集. 西安：西北工业大学出版社. 2012：11-17.

第二章 系留气球应用场景与典型任务使用模式

第一节 应用场景描述

系留气球的应用主要取决于其独有的优势与特点：经济性好，综合效费比高；长时间驻空，空中定点凝视能力强；载荷工作环境好，组网建设效能高；通用模块一体化设计，使用维护简捷；安全环保，城市环境适应性好[1]。系留气球根据不同的功能需求灵活搭载不同的任务载荷，可实现的主要任务功能主要有以下几个方面。

一、重点区域持续侦察监视

为维护国家主权和海洋权益，有效应对可能引起的各种冲突和危机，需要能够长时间保持对重点海域的侦察和监视。地面雷达受地球曲率影响，固定翼飞机航时短，卫星受重访限制。通过前沿阵地部署系留气球，利用系留气球升空高度和留空时间优势可大幅提高海域的态势感知能力，以最小的成本和最高的效率实现重点海域持续侦察监视[2]。遂行重点海域持续侦察监视，不仅可用于大面积、大范围、快速搜索救援，还可用于实时跟踪掌握国际航道船只动态，承担非法捕鱼和缉毒缉私等维权执法。

二、大范围无线网络覆盖

随着驻防守卫、资源开采、旅游开发等海洋活动的逐步深入，越来越多的人员进驻岛礁，要留得住人才能更好地开发利用，才能实现常态化控制。系留气球搭载通信设备后，可作为空中转信，通过多套系统接力的方式，构建无线空中骨干网，有效提高广域通信能力，降低通信成本，改善驻岛居民的精神生活。系留气球未来将能够提供移动通信网、广播电视网和互联网“三网通”解决方案，提供无线网络全覆盖服务。

三、低空目标预警探测

地面雷达受视距限制，对低空、超低空和海面目标的发现距离较近。预警机预警探测能力强、机动性好，但受续航时间的限制，作为要地防御持续预警探测使用，需动用较多的兵力，费用昂贵[3]。而以低空、超低空进行突防的空中目标给要地防御作战带来了极大的困难。在前沿重要岛礁部署系留气球，实施长时间对空预警探测，可以弥补现有岸基雷达对低空、超低空目标探测能力的不足[4]；可以为防空兵力兵器实施尽早拦截提供更多预警时间，保持长时间预警，整体提升要地防御作战能力[5]。

四、载人观光

观光系留气球可以承载游客上升至百米高空，俯瞰周围景色，在保障安全性的同时带给游客不同以往的高空刺激体验。自诞生以来，航空观光系留气球就因其良好的滞空性能、悠闲的漂浮节奏、宽广的游览视角而受到游客们的喜爱，目前已广泛应用于世界各地的旅游景点、主题公园、游乐园和集会广场等。

第二节　典型任务使用模式

针对重点区域持续侦察监视、大范围无线网络覆盖和低空目标预警探测等使用需求[6]，有诸如智慧城市建设、港口调度管理、国际航道监视、护航护渔、缉私执法、通信覆盖、环境监测等任务。本节选取几个典型的任务进行使用模式分析。

一、智慧城市建设

系留气球兼具数据采集和传输功能，可实现广域信息感知和数据传输。作为地面通信网络的有效补充，在智慧城市“感–传–智–用”总体架构中，可承担“感”和“传”的角色。

（1）感——信息感知。动态信息主要包括城市的视频监控信息、站网监测信息、数字传感信息以及位置服务信息等。系留气球系统可支持多种数据类型传输，且支持大容量终端接入，非常适用于城市动态信息的采集。

（2）传——数据传输。系留气球通信系统可适用于复杂环境下的通信，在地面网络无法覆盖的区域为智慧城市中的数据传输提供通道。该系统设计具有良好的兼容性，主要体现在设备兼容和体制兼容两方面：设备兼容方面，系留气球系统可支持已有的各种地面数据采集设备；体制兼容方面，系留气球系统可与地面蜂窝网络系统通过空中接口相连接，在地面网络中传输的数据仍可通过系留气球系统进行远距离传输。

二、港口调度管理

随着海洋开发和海岛建设，重要海岛的港口将日益繁华，这需要进行港口调度管理，系留气球可用于完成该任务。通过广泛分布于不同地形和不同环境中的传感器终端进行动态信息采集，对于东部沿海城市和内陆港口城市还可以进行船舶自动识别系统（AIS）数据的采集。主要方式为通过船舶自动识别系统收集船舶动态信息，进行船舶航线规划，指导进出港和装卸作业等，提供港区视频服务，实时监控港口船只动态[7]。其任务使用模式为（图 2-1）：

（1）需求掌握与位置跟踪。通过船舶自动识别系统确定进出港船只国籍、类型、吨位等固定属性，对船只位置进行跟踪，掌握船泊动态信息和实时需求，规划好船舶进出港航线和泊位，为港口调度计划制订提供依据。

（2）引导与调度作业。根据在港口船舶通行情况和卸货转运等状态，对进出港船只进行引导，指挥调度拖轮、转运车等有序开展工作。

（3）港区监视与巡查。通过高清相机，对港口范围内的船舶和地面转运车辆等运行情况进行实时监测和巡查，对泊位和装卸情况进行监控。

（4）船舶信息收集更新。收集存储进出港船只船舶自动识别系统信息，建立动态数据库，通过数据库关联和后台操作，不断更新与完善，为将来基于大数据的综合统计分析等工作奠定基础。

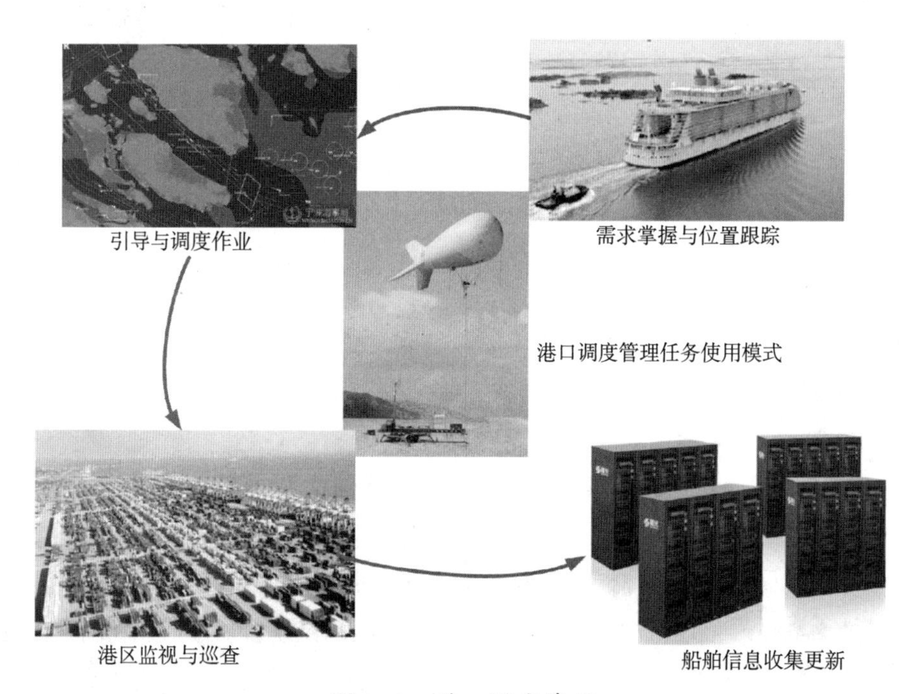

图 2-1　港口调度管理

三、国际航道监视

将系留气球布置靠近重要国际航线的岛礁或船只上，可以执行国际航道监视。其任务使用模式与港口调试管理大致相同，只是减少了引导与调度环节[8]。可以概括为“位置跟踪—视频监视—记录存储”。

（1）通过船舶自动识别系统搜集船泊国籍、类型、吨位等固定属性确定，对船只位置信息进行跟踪动态，掌握船舶动向。

（2）通过高清相机，“高空定点凝视”对附近重点船只进行拍照查看。

（3）收集存储往来船只信息，建立动态数据库。

四、护渔等维权执法

系留气球的海上护渔等维权执法任务是通过布置在岛礁或船只上的多套系留气球组网协同来完成。通过雷达大范围扫描船只，接收船舶自动识别系统反馈信息，检索数据库对比分析，确认船只的身份，识别伪装船只和非法船只，进行定点与跟踪，适时开启高空远程视频取证，为开展维权执法做好准备。该任务使用模式（图 2-2）主要为：

（1）大范围普扫。通过雷达对大范围内的目标进行粗略快速普遍扫描，获得船只位置信息。由于海域广阔，单套系留气球系统覆盖范围有限，可采用多套系留气球系统组网实现相关海域的封锁。

（2）甄别与标记。通过系留气球搭载的船舶自动识别系统基站获取船只的船舶自动识别系统信息，在地面站的数据库中进行检索，查看许可和申请记录。启用高精度成像雷达进行拍照，并与数据库中的图像匹配。标记出合法船只，甄别出可疑目标。

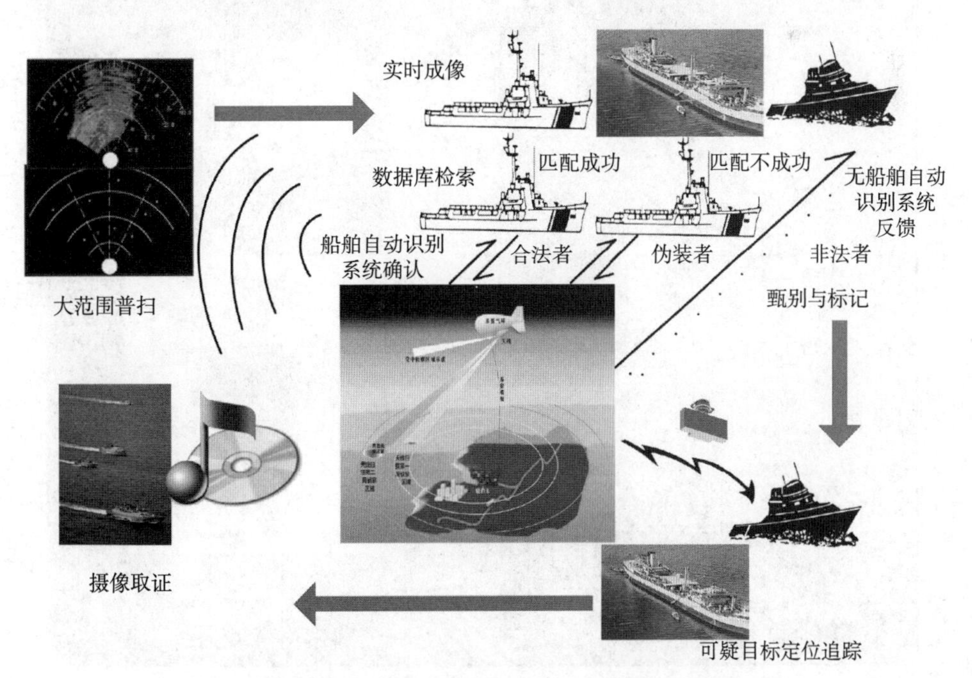

图 2-2　海上维权执法任务使用模式

（3）可疑目标定位追踪。如果船只匹配不成功，或没有获得船舶自动识别系统信息，则扫描到的船只为可疑目标。随即通过雷达跟踪可疑目标，将位置和图像等信息实时共享给附近的执法船只。

（4）摄像取证。对可疑目标的偷鱼、贩毒等非法作业进行拍照或录像。如若附近有执法船，可对整个执法过程进行摄像。存储相关多媒体证据资料，以备后续的维权执法。

五、环境监测

环境观测任务可由布置在油库、钻井平台、入海口等附近的系留气球完成，利用系留气球长时间驻守、定点执守等特点，可执行海上溢油、赤潮、雾霾等污染遥感监测。环境观测系留气球可以根据监测种类适配相关的传感器和测试设备。主要任务使用模式（图 2–3）包括：

图 2–3　环境监测任务使用模式

（1）溢油监测。利用微波或雷达，获取相关海域高分辨率辐射计图像，与溢油波谱特征进行对比，判定溢油范围和溢油种类等。

（2）赤潮监测。通过光学设备成像相关海域的图像进行对比分析。

（3）雾霾监测。通过安装在系留气球上的传感器获取固定微粒污染物含量。

（4）环境监测要求系统灵活多变，搭载的载荷以光电为主，获取的图像要满足分辨率和覆盖范围等要求。

六、载人观光

航空观光系留气球分为白天使用模式与夜间使用模式。白天使用模式下完全依靠蓄电池供电，主要以搭载乘客高空观光为主；夜间使用模式下，球上所有用电设备依靠球载发电机或 UPS 供电，主要用于广告宣传。

参考文献

[1] Christopher Bolkcom. Potential Military Use of Airships and Aerostats [EB/OL]. https://digital.library.unt.edu/ark:/67531/metadc821732/，2006.

[2] Frost & Sullivan. Global Civil and Military Helicopter Market [R/OL]. https://store.frost.com/global-military-and-civil-helicopter-market-assessment.html，2012.

[3] DEFENSE ACQUISITIONS. Future Aerostat and Airship Investment Decisions Drive Oversight and Coordination Needs [R]. Washington D.C.: United States. Government Accountability Office，2012：1.

[4] Michael Lee，Steve Smith，Stavros Androulakakis，The High Attitude Lighter Air Airship Effort at the US Army Space and Missile Defense Command/Army Force Strategic Command [C]. 18th AIAA Lighter-Than-Air Systems Technology Conference，Seattle Washington，4-7 May，2009.

[5] 陈昌胜，赵攀峰. 系留气球载雷达系统分析 [J]. 雷达科学与技术，2007（6）：410-414.

[6] 居先祥. AIS 在船舶调度系统中的运用 [J]. 中国水运，2003（4）：6-8.

[7] 谷溪，李军. 船舶自动识别系统（AIS）的研究和应用 [J]. 南通航运职业技术学院学报，2003（1）：25-30.

[8] SP Androulakakis，R Judy. Status and Plan of High Altitude Airship Program [C]. AIAA Lighter-Than-Air Systems Technology Conference，Daytona Beach，Florida，25-28 March，2013.

第三章　对流层飞艇应用场景与典型任务使用模式

第一节　应用场景描述

一、应急救援

对流层飞艇在应急救援任务应用中，一是持续地获取灾区灾情，包括对灾后的灾区地形测绘；二是通信恢复，包括向地面人员投送卫星通信设备和在空中建立临时手机信号转发基站；三是少量物资运输及重伤员救援，采用定点空投的方式，飞艇在离地 30m 左右长时间悬停，向地面投送紧缺药品、食品等，也可转运重伤员；四是灾区现场指挥引导。对流层飞艇同时具备灾区探测和救援物资投放的任务能力，与无人机和直升机都有部分功能重叠。在与无人机的功能区分上，无人机可快速抵达灾区，利用合成孔径雷达获得大范围的灾区情况，是“普查”，而对流层飞艇可在云层下低速飞行，利用光学照相 / 摄像机获取灾区重点区域详细情况，是“详查”；在与直升机的功能区分上，直升机可在了解灾区基本情况下，搭载大量物资和人员直接到达需要的区域，是“点对点”的直接投送，而飞艇可比直升机更早到达灾区，只能携带少量的药品或其他救生物资，满足“危、重、急”人员的需要。

二、反恐维稳

对流层飞艇在反恐维稳中主要应用场景为情报监视侦察（ISR）、火力打击、兵力投送、空中指挥、心理战等任务。对流层飞艇在反恐维稳航空装备体系中的首要任务是情报监视侦察及兵力投送，其他任务（如火力打击）是次要任务。

三、预警监视

对流层飞艇预警监视可作为天基、空基和地基预警系统的重要补充手段，与其他预警系统共同形成陆、海、空、天一体化预警体系，从而有效提升我军的作战能力。主要执行对国内某些热点地区和重要城市上空执行区域监视、监测和侦察预警任务，边境线及海岸线执行巡逻侦察任务。

四、旅游观光

随着航空旅游业的快速发展和人们旅游观念的不断提高，高端的空中休闲旅游服务开始受到越来越多人的青睐。现代飞艇凭借其无与伦比的舒适性、安全性、经济性等优势，尤其适合开展空中旅游观光以及偏远地区客货运输等业务。飞艇与直升机或飞机相较而言，具有飞行高度低、飞行速度慢、运营成本低、使用维护方便、安全性高等特点，可实现普通人空中旅游的梦想，并为大众所接受。

第二节　典型任务使用模式

一、应急救援

飞艇首先比其他飞机在复杂地形下更适合先期进入，而且可以保持长期进入，尤其是灾后72h的宝贵期，飞艇可将紧急物资先期带入，如电台、空投信标、药品，也可以将急重伤病员运出。

（1）灾情探测。灾情探测是应急救援的首要工作，只有了解灾情的基本情况，才能采取正确的救援措施。对于地震、森林火灾等灾情，主要有灾区测绘和人员搜救两方面任务。飞艇搭载空中生命搜寻设备如搜救雷达，快速发现和标识人员的位置。

（2）应急通信。灾情发生后往往导致大面积通信中断，车载机动通信台站长时间进不了灾区，难以恢复通信。飞艇在配置通信中继设备后，通信机动覆盖面积大（一般达数万平方千米）、时间长（10h左右）、通信频道宽、效能高，它可以在灾害发生的第一时间到达灾区上空，立即打通灾区和外界的通信联络。通信顺畅可对安定民心、稳定秩序、确保抗震救灾的顺利实施发挥非常重要的作用。

（3）物资人员运输。飞艇可在有云雾的复杂气象环境下低速、安全飞行。载人飞艇可携带少量的紧急救援物资（如药品、通信器材）抵达灾区，缓解灾区的燃眉之急。载人飞艇对伤员颠簸影响很小，有利于救治，并可长时间稳定悬停，且在悬停时无下洗气流，不会对艇下人员造成影响，便于救援。

（4）灾区现场指挥所。利用飞艇作为现场指挥所，可不受地面余震等灾后次生灾害的影响安全运行，同时其飞行高度高，可掌握大范围的灾区态势，为合适的救援决策提供全局性的态势支撑。

二、反恐维稳

飞艇在执行反恐维稳任务时，可充分发挥飞艇在长航时、远航程等飞行性能方面的优势。在安全性方面，不会像直升机、飞机急剧下降造成人员伤亡。飞艇的红外特性和噪声都比较小，有利于在反恐维稳中持续进行。

（1）巡逻监视。飞艇可在重点区域，沿边界线、交通线、水河道长时间飞行，发现和识别可疑人员、车辆、建筑设施及地下通道，确定其地理位置，并可将相关信息通过无线电数据链和语音通信系统等通信设备发送到地面指挥中心。

（2）搜索追踪。飞艇可协同地面力量，在平原、沙漠和山区的大范围区域搜索恐怖分子和车辆，发现在丛林中行走，或被树叶植被掩埋的目标，对其进行定位，可悬停或低速飞行，搜索跟踪目标，并可将相关信息通过无线电数据链和语音通信系统等通信设备报告地面指挥中心。

（3）空中指挥。在野外搜索、追踪恐怖分子，或在城市闹区处置群体性事件时，飞艇可利用高度优势及长时悬停优势，获取某确定区域的全面信息，并将此信息及行动指令及时发送到地面作战单元，协调地面各作战单元的作战行动，提升安全事件响应的速度和效率。针对恐怖分子暴乱或挟裹广大群众发动的群体事件，飞艇可携带干扰设备、无线电广播、喊话扩音器及传单等，一方面干扰特定区域内恐怖分子的无线电设备，另一方面利用无线电广播、喊话扩音器及空投的传单安抚群众，同时威慑恐怖分子。

（4）火力打击。在搜索和跟踪恐怖分子时，飞艇的机组人员必要时可携带枪械，射击地面人员和车辆，可以及时阻滞恐怖分子逃逸，甚至将其击毙。另外，飞艇的飞行稳定性和驾驶舱振动水平优于直升机，能够使飞艇上的特战队员对恐怖分子进行精确瞄准狙击。

三、预警监视

根据对流层飞艇的特点和作战使命，其作战使用模式构想如下。

（1）沿预定航线巡航飞行使用模式。在执行边境线及海岸线的巡逻监视任务过程中，可根据作战任务要求设定专门的航线，对流层飞艇可以沿预先设定的航线飞行，执行对周边环境的巡逻监视任务。

（2）在某一区域盘旋飞行使用模式。对流层飞艇可以在预先设定的区域范围内长时间盘旋飞行，用于执行对热点地区、重点城市上空及周边地区的监视、预警任务。

（3）伴随海上舰艇编队或陆上作战集群巡航飞行使用模式。在我国海上舰艇编队或陆上作战集群行动过程中，对流层飞艇可以伴随出行，执行空中监视、预警和打击目标定位任务。

（4）在某一地区上空“长期定点”使用模式。对流层飞艇可以在某一地区上空“定点”，对该地区“凝视”探测低空及超低空飞行的小目标巡航导弹等。

（5）与其他平台组网使用模式。对流层飞艇预警平台可以作为卫星、预警机及地面雷达的重要补充手段，并与其他预警平台共同组成陆、海、空、天一体化的预警系统。

四、空中旅游观光

（1）运输游览型（点对点）。飞艇可代替观光电瓶车或者索道功能运输旅游观光人员。运输游览型使用模式比较适合山区型的风景区，景区较大，景点较多，如张家界等。使用载人飞艇开展旅游业务之后，可实现主要景区一日游和奇山峻峰多自由度游览，能满足国内外缺乏旅游时间的短程游客需求，提高旅游品质，打造旅游品牌，推进旅游业的飞跃发展。

（2）盘旋游览型。飞艇搭载旅游观光人员在景区上方盘旋游览，从空中俯瞰景区美景。在标志性景点，飞艇甚至可在其上方低速盘旋飞行，以便让乘客有充足的时间欣赏留念。盘旋游览型使用模式比较适合地域开阔、无大的山体的景区，如各湿地公园、地质公园等。

第四章 平流层飞艇应用场景与典型任务使用模式

平流层飞艇可长时间在20km以上高度临近空间范围内的特定观测区域上空驻留，具有有效载重大、生存力强、可重复使用、使用维护成本低等优点，搭载任务系统后，可提供地面局部区域的准确观测信息，是高分辨率对地观测系统网络中非常重要的组成部分，在国家的军事需求和经济建设方面都可以发挥巨大作用[1]。

第一节 军事应用场景描述

随着现代武器装备的发展以及作战空间的拓展，临近空间将是21世纪我军武器装备，特别是电子信息装备实现跨越式发展的又一新的战略制高点。临近空间能够把空与天连接起来，通过军事应用开发，可弥补目前航空与航天领域的不足，把空天一体化作战推向更高的层次，真正实现空天一体、无缝隙集成。平流层飞艇为国家安全做出的贡献主要体现在战场实时侦察监视、区域预警探测、打击效果实时评估、军事测绘、海洋战场环境探测、电子对抗、导航定位及通信中继等方面[2]。

一、战场实时侦察监视

目前，我军战场监视重点依靠卫星及无人机等，但卫星的重复侦察周期较长，无法进行实时连续不间断的战场监视；无人侦察机虽可远距离实时侦察监视，但侦察条带宽度有限，突防能力弱。因此，我军亟须发展能够全天候进行高分辨率战场实时监视的新型侦察手段。平流层飞艇飞行高度高、覆盖范围广，可搭载高分辨率光学侦察设备及高光谱分辨率相机等，对重点战区及热点地区实施多手段高分辨率协同侦察监视。

二、区域预警探测

随着目标隐身技术、综合电子干扰技术、超低空突防和反辐射导弹技术这“四大威胁”的迅猛发展，我国的预警能力面临着重要挑战。平流层飞艇装载预警雷达和光学探测设备后，可扩展雷达视距，提高雷达覆盖范围和对低空、超低空目标的探测能力，也可以根据封边、控边范围和边境地形机动部署，实施有效的边海防预警探测、反恐监控等。

三、打击效果实时评估

打击效果评估是火力打击所需的重要情报信息，平流层飞艇装载任务载荷后，在20km的高度可直接覆盖约500km半径的广阔区域，可对目标进行不间断侦察监视，实时获取目标被打击前后的图像，综合分析图像的变化情况，及时有效地进行打击效果评估，为指挥机构的及时决策提供保障。

四、军事测绘

基于平流层飞艇的对地观测系统能为军事指挥自动化系统、各军兵种的数字化战场建设提供区域军事地理测绘信息和空间基础数据，为我军在信息化条件下作战提供及时、快速、准确、可靠的空间信息。

五、海洋战场环境探测

我军战略海域辽阔，海洋大气环境保障对未来高技术条件下信息化局部战争特别重要，海洋大气环境的复杂性（如海洋地理环境的差异性和海洋大气环境的时空易变性等）对国家安全和装备性能的发挥具有重大影响。基于平流层飞艇的对地观测系统是获取高分辨率海洋环境探测资料的有效手段，可有效探测、收集海洋环境数据，为水面舰船和潜艇作战、安全航行提供海洋环境保障。

六、电子对抗

平流层飞艇可扩展为一种高高空、长航时、隐身的电子干扰平台，协同攻击机、轰炸机及无人作战飞机等与特种飞机建立协同探测侦察干扰系统。该系统具有长时间定点或慢速巡航的特点，可在各种地理环境下根据情况选择最佳的位置，对各种通信信号和电子信号进行侦察，对GPS信号敌我识别数据辨识和雷达信号等进行电子干扰。

七、通信中继

平流层飞艇在搭载通信设备后可作为战场高空通信中继平台，其通信不受地形的限制，可为地面、海面、低空对象提供宽带高速抗干扰及超视距通信能力，扩大有效作战空间，对于稀路由、大容量、大范围的军事通信具有特别重要的意义。平流层飞艇军事应用示意图见图2–4。

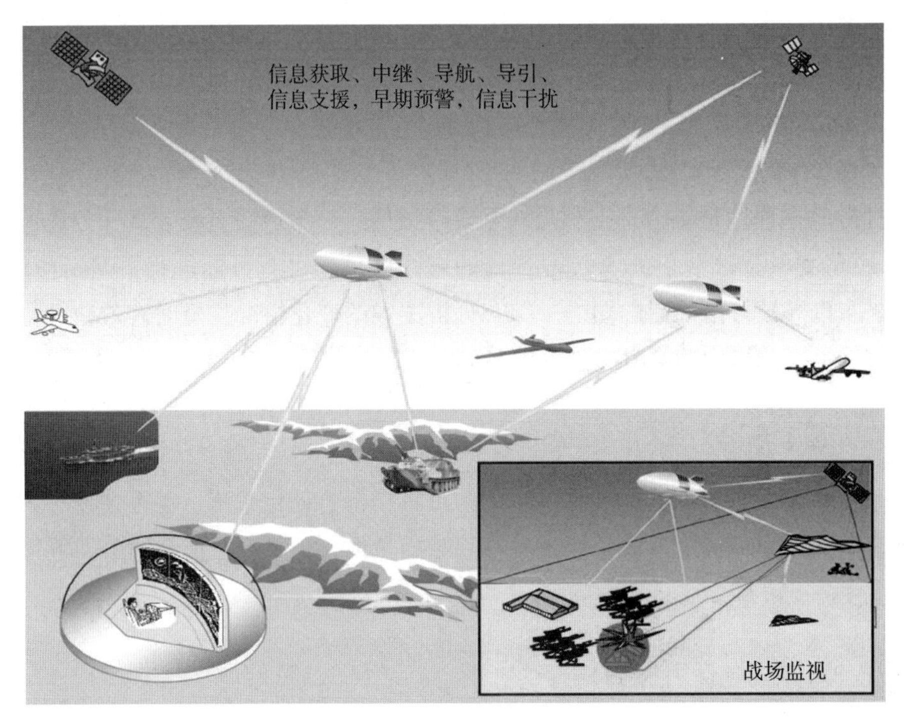

图 2-4 平流层飞艇军事应用示意图

第二节 经济建设应用场景描述

基于平流层飞艇的对地观测系统在提高我军作战能力的同时，也可广泛应用于国土资源观测、地理信息测绘、防灾减灾、气象观测、现代农业、海洋及海洋大气监测、水利监视、环境保护等民用领域，另外，通过基于平流层飞艇的对地观测系统的研制，也会带动相关产业的发展。因此，它对国民经济建设也具有十分重要的意义，平流层飞艇经济建设应用示意图见图 2–5。

第三节 典型任务使用模式

一、平流层飞艇预警探测

平流层飞艇载雷达遂行预警探测，就是把飞艇作为雷达平台，升高到平流层空域，主要有临空目标探测、低空和超低空目标预警、边海防监视、机动部署遂行情报保障等多样化任务。随着平流层飞艇技术的发展，平流层飞艇载雷达系统为探测临近空间目标提供了有效手段。它与预警机、陆基预警雷达相比，能够有效避开地面地形

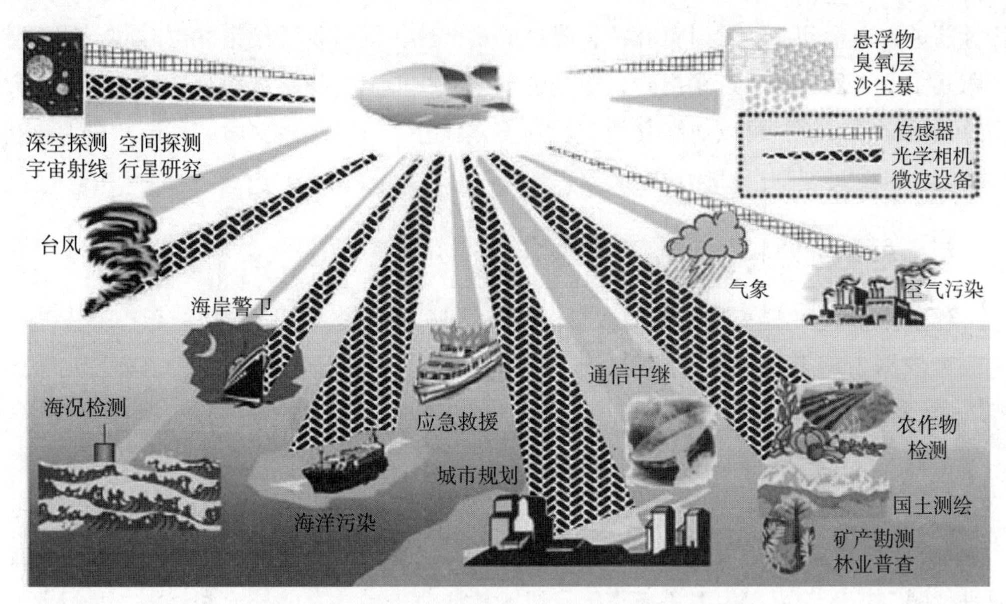

图 2–5　平流层飞艇经济建设应用示意图

起伏和对流层复杂气象环境的影响，极大降低各类电磁波的干扰，不但可以完成对临近空间目标的探测任务，而且具有低空、超低空目标探测能力[12]。

临空目标主要指部署或运行在临近空间的防御和攻击武器以及武器平台。未来临空目标的高度大多集中在 20 ~ 40km，速度在 2 ~ 10Ma。平流层飞艇载雷达能够完成对临空类目标的长时间预警监视。通过相控阵设计可高速改变天线波束的指向和形状，合理分配雷达的信号能量，以适应执行不同任务的需要，实现对临空目标的搜索和跟踪任务。

雷达平时的工作方式类似于地面情报雷达，以自主完成对临近空间的搜索、监视任务为主，低频率、大范围搜索临近空间目标。当有任何情报和迹象表明临空目标将经过领空附近活动时，雷达立即转入对临近空间的搜索，并适当加大特定区域的搜索频率。临空目标运行速度比较快，雷达搜索时间比较短，积累脉冲数目少，因此需要灵活控制雷达工作方式，即灵活控制全空域搜索波束和空域搜索波束的能量与时间分配。根据目标距离，雷达大致分为两种工作方式：①目标在远区时，放弃雷达高俯仰角探测能力，发挥低仰角下作用距离大的优势；②目标在近区时，牺牲作用距离，提高俯仰角，分散波束能量。

跟踪临空目标是雷达系统的另一个重要任务。临空目标运行速度快、机动性强，一旦跟踪不上，就将失去预警意义。在搜索到目标以后，全力以赴跟踪所搜索到的目标。当目标位于雷达作用距离远界时，有多种方法可以继续实现跟踪。①放弃其他任务，集中波束能量进行单波束跟踪，即烧穿方式；②利用飞艇有限的机动性，预先向目标前进方向运动；③发射宽脉冲，降低分辨精度，同时延长波束驻留时间，增加脉冲积累数。当目标位于近距离时，适当舍弃主波束能量，扩大波束扫描范围，既可以跟踪该目标动向，又可以兼顾其他空域的搜索任务。这样通过对时间和能量资源进行合理配置，对实现临空目标预警十分有利。

二、平流层飞艇成像监测

通过平流层飞艇实时获取的数据，可作为各种自然灾害及异物侵袭等突发事件的决策依据。基于平流层飞艇实时监控，可以实现图像显示、无线定位和自动报警等功能。

三、平流层飞艇通信保障

通过多艘飞艇构建平流层“区域骨干网络”，并利用软件定义网络的动态重构能力进行网络扩展，可作为卫星、飞机、车辆等通信平台的有效补充和补强，是构筑空天地信息网络的关键基础设施，构建专网通信。平流层飞艇空中骨干通信中继可以为轨道交通提供高速互联网服务和大容量传输链路保障，用于构建轨道安全通信专网，空天车地信息融合保障。

参考文献

[1] 何立萍，韦萍兰. 利用浮空器提高临近空间的探测预警能力 [J]. 航天电子对抗，2009（2）：26-28.
[2] 洪延姬，金星，李小将，等. 临近空间飞行器技术 [M]. 北京：国防工业出版社，2012.

第五章　总结与展望

全球浮空器系统市场呈快速增长趋势，一方面是源于对精确地理信息逐步增长的需求，另一方面是在空中监视、边境安全、情报收集、空中广告和科学研究等应用领域中浮空器系统的广泛使用。另外，浮空器系统超长期提供持久监视的发展潜能，以及对经济有效监视方案不断增强的关注度也会推动浮空器系统更广泛的应用。

当前，基于卫星构建的信息系统，受搭载能力、轨道重访周期和轨道高度等限制，其全球综合情报、监视与侦察效能（ISR），通信和导航能力被拒止的可能性并不能完全满足现代信息化条件下的体系作战需求；基于飞机的信息系统，时间和空间覆盖有限，效费比低，战损的不确定性较大，体系的完整性同样没有充分的保证；地基系统的效能、覆盖可达性更是受多种条件的制约。将它们组合起来，状态会有所改观，但仍不能完全满足现代军事行动对信息的高度依赖性。对信息获取的全面性、能力可达范围、通信指挥能力、效能等仍是各军事大国、强国不断追求的目标。因此，美国空军将 ISR 确定为其 12 项核心职责之一，明确将持久的临近空间通信中继、具有处理能力的智能 ISR 传感器、高空长航时 ISR 飞艇、分层的 / 分布式空间系统和持续空间态势感知、GPS 拒止条件下的导航与授时等列入潜在能力需求。在现有体系架构下，基于浮空平台组网构建的广域信息系统可有效补充现有信息保障手段的不足，提升时间、空间和频谱等分辨率，在区域持续侦察监视、预警探测、通信中继等任务中发挥重要作用。美国空军也正在此方面进行不遗余力的探索和努力。

撰稿人　缪敏昌　龙　飞　江　梦　刘婷婷　黄启艳

第三篇　自由气球发展分析及预测

第一章　自由气球发展现状

气球是最早的浮空器，也可以说是一切浮空器的原型。早期的气球基本都是热气球，依靠低密度的热空气产生升力，高度越高空气越稀薄，这也就决定了其升限只能到达几百米，即便是现在，完全依靠热力升空的热气球升限一般在1000m以下。后来氢气球的出现使得气球的升限大大扩展，氢气不需要加热就能提供较大的升力，而且随着高度的升高状态趋于稳定，只是随着压力的降低，单位体积氢气所能提供的升力逐渐减小，所以为了实现更高的升空高度，必须不断增加球体体积，而体积的增加又会进一步增加重量，从而需要更多的升力，因此包括气球在内的所有浮空器的设计都是一个反复迭代的过程。高空气球为无动力飞行器，不需要考虑平飞时的气动问题，因此可以采用体面比更大的类球形以及挂载应力情况更均匀的垂直轴对称回转体结构，虽然没有动力，但其他方面的性能得到了大大增强和优化。

自由气球中最重要的是作为科学研究运载工具的高空科学气球。高空科学气球也称平流层科学气球，或简称高空气球。自由气球本身无动力，在风力作用下飞行。根据球体内部压力不同，可分为零压气球和超压气球。零压气球指平飞过程中球体内外压差基本为零的气球。超压气球指平飞过程中球体内外存在较大压差的气球，压差的具体值与飞行高度和气球的热力学特性有关，比如飞行于30km高度，最大压差约200Pa；飞行于20km高度，最大压差则需要达到500Pa以上。零压气球有与外部大气相连的管道，内压增加，向外排出浮升气体（氦气或氢气等），球体不会因压力过大而破坏。超压气球是靠球体结构设计和材料承受较大内压，飞行过程中一般不排气或仅排很少气，因此可以实现长时间稳定的飞行。

美国、法国、日本等国都拥有先进的高空气球技术，建设有专门的发放基地并保持着每年数次到数十次的常规发放，支持各类试验和观测[1]。高空气球飞行高度一般在平流层30 ~ 35km的区域，载重可超过1t，且成本相对较低、发放过载小、准备周期短、运行安全稳定。传统长航时气球方面，美国在极地运行的长航时气球目前已达到50多天的飞行[2,3]，法国的红外热气球（MIR）可实现中低纬度数周的轻载飞行[4]，日本则发展了零压气球与超压气球串联的气球系统[5]。超高空气球方面，日本于2013年实现了53.7km的气球飞行；美国于2002年发放的“Big60”气球携带690kg载荷升至 49.4km 高度，170 万 m^3 的体积使其成为目前最大的高空气球[5]。

高空气球系统主要分为球体、能源、测控、飞控、发放回收、载荷支持等几个子系统（图 3–1）。高空气球的飞行系统（图 3–2）从上到下依次是球体、切割器、降落伞、连接缆绳、吊舱及载荷。其中切割器连接球体和降落伞，用于飞行结束后将球体与吊舱系统分离，降落伞携带吊舱及其中的载荷伞降落回收，球体不回收。能源、测控、飞控等系统集成在吊舱内，包括外伸天线、着陆缓冲装置等一般也安装在吊舱底部，载荷可安装在吊舱内部或吊舱底部，具体根据载荷的工作要求确定。

高空气球可以分为零压气球与超压气球两大类，探空使用的橡胶气球在此不再展开叙述。下面仅针对这两类气球进行介绍。

一、零压气球

虽然有航时短、耐压能力低、无动力等限制，但零压气球相比其他浮空器乃至大部分航空器有其独特的优势。首先，零压气球升限高、载重大，目前在这两方面零压气球始终保持着较大的优势。其次，零压气球的效费比高，在完成各类科学试验或任务时可以用较低的成本达成较高的任务指标，这点是其他类型的浮空器包括飞艇都无法比拟的。再次，零压气球对任务载荷搭载的限制小。零压气球不但载重能力大，而且由于载荷是通过缆绳和降落伞与球体连接，因此对载荷的尺寸和外形要求较低，对

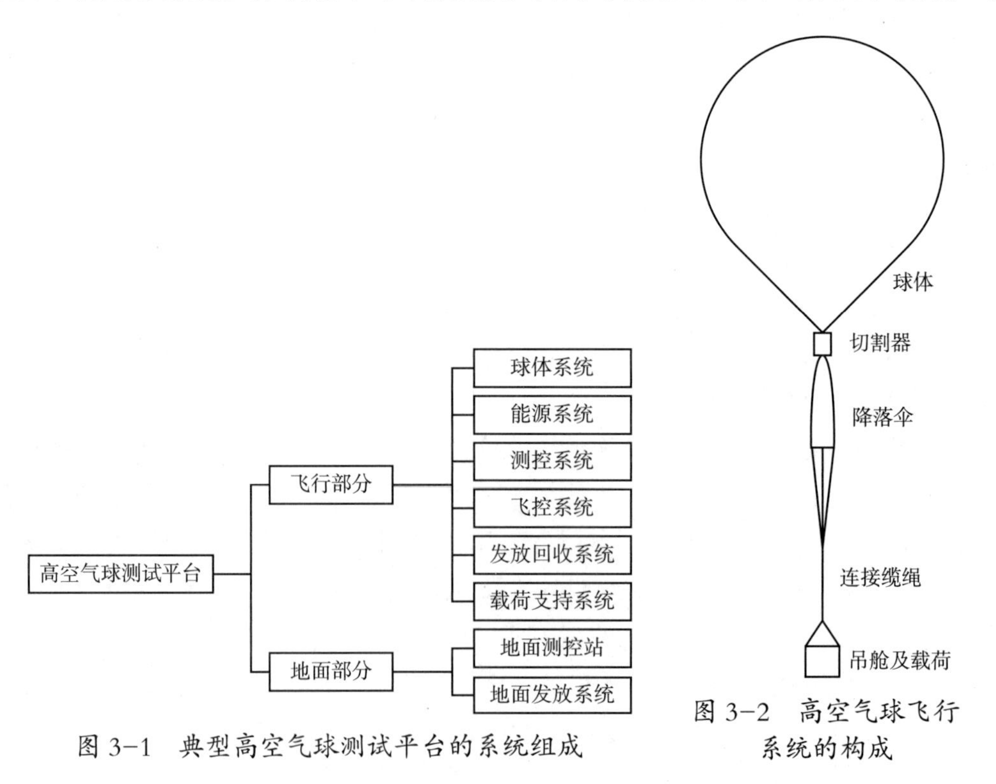

图 3–1 典型高空气球测试平台的系统组成

图 3–2 高空气球飞行系统的构成

载荷安装位置和安装方式的限制也很少，由于球体随风飘飞，因此对气动外形也没有要求，这就使得大型高空望远镜等大型复杂开放式载荷的搭载成为可能，这一优势是其他航空平台都无法比拟的。

正如前面所说，浮空器的设计是一个反复迭代的过程，迭代中一个重要的环节就是为提高升力而增大体积造成的重量增加，所以球膜材料的面密度就成了迭代中一个非常重要的量，材料面密度越小，重量增加就越小，迭代收敛得就越快。对高空气球乃至各类浮空器来说，材料技术是一项非常重要的研究内容。传统零压气球所采用的聚乙烯类材料可以说是目前各类浮空器中面密度最小的球膜材料，尤其是现在普遍采用的线性低密度聚乙烯，在较低密度下还保持了一定的强度，尤其是低温强度性能更佳，这对飞行于平流层高度的高空气球来说是一个大的优势（图 3-3）。美国于 20 世纪 60 年代研制的低密度聚乙烯薄膜材料在全球范围内已经成为制造零压气球的标准材料。目前各类浮空器中，高空气球是飞行高度最高、载重最大的一类。系留气球受限于缆绳重量，升限一般在数千米以下，飞艇受限于各类结构所需的高强度艇囊材料带来的重量增加以及动力要求，全系统的飞艇升限目前最高也在 20km 以下，而高空气球则一直是高升限纪录的保持者，尤其是近年来美国和日本的超高空气球更是达到了 50km 左右的超高升限[5]。

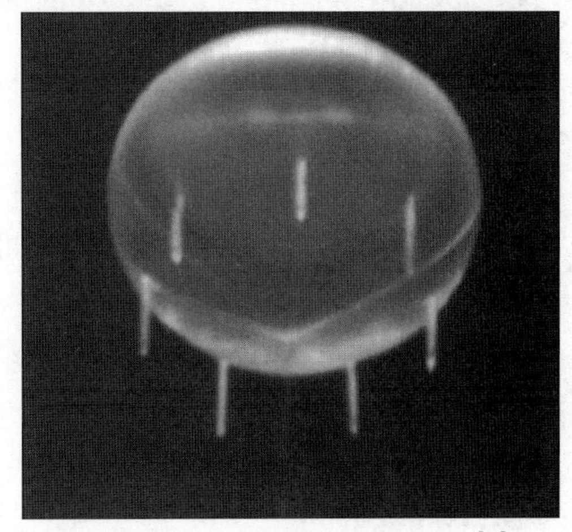

图 3-3　平飞状态的高空气球[2]

但是，球膜重量降低的同时也造成了球体承重能力的下降，所以对于较重的载荷，如果球膜本身无法承受其重量，则需要增加一系列的加强带，加强带为带状，从球顶延伸至球底载荷处，虽然增加了一定的重量，但大大增加了承重能力。另外，由于球膜较薄，所以球体在加工制作、包装转运乃至发放的整个过程中都要注意加以保护，防止被磨损或被尖锐物划破。

高空气球的发放可以分为静态发放和动态发放，分别适用于小型和大型高空气球的发放。前者在发放过程中吊舱放置于地面或发放台，由释放器夹持球体充气气泡底部，球体充气完毕后释放上升并携带吊舱升空；后者由吊舱发放车（图 3-4）夹持吊舱，由滚筒夹持球体充气气泡底部，充气完毕后滚筒释放，球体上升过程中发放车根据风向调整位置，待球体飘至吊舱正上方时释放吊舱，使吊舱与球体同步平移上升，而不会撞到地面（图 3-5）。

在气球上升的过程中，球体未成形，球体顶部在气流的作用下会受到比较大的

图 3-4 高空气球吊舱发放车[2]

压强，对于球顶有阀门等重结构的气球来说还会因结构的上下晃动产生类似呼吸的效应，对球顶施加交变应力，所以高空气球要根据体积和顶部结构等因素增加一层或多层的球头，以增加球顶的强度。球头的长度根据具体情况确定，一般要有一层到达释放器夹持处，以减少球体在发放时受到的损伤。多层球头的外形一般是按照球顶的原始外形确定的。

零压气球之所以可以采用超薄的球膜作为浮升气体的载体进行飞行，一个重要的原因就是其球体可以保持内外接近于零的压差，这也是零压气球名称的由来。零压气球在球体底部设有排气管，可以在产生内外压差时将一部分浮升气体从排气管排出。高空气球早期采用的浮升气体一般为氢气，因为氢气更轻、容易制造、成本低，但本身为易燃易爆的气体，非常危险，所以现在为了安全，基本都使用氦气来替代氢气，氦气虽然密度比氢气稍重且成本高，但其化学性质非常稳定和安全。在发放时为保证一定的自由浮力，球体内要多充一部分浮升气体，在到达升限后球体完全胀满，球体内外压差增加，此时多余的浮升气体会从底部排气管排出，从而使球体内外压差保持在接近为零的状态，具体为球底与排气管齐平处内外压差为零，往上沿球体高度由于外界大气压的变化会有少量逐渐增加的内外压差，也称副压。在平飞过程中，如果日照增加，温度升高，球内气体体积膨胀导致压差增加时，多余的气体会从排气管排出，球体始终保持接近零压的状态。但这也带来一个问题，即球体的浮力会随着飞行时长而不断损失，尤其是夜间温度降低后浮力的损失可能导致球体飞行高度大幅下降，这就需要释放一定质量的压舱物以抵

图 3-5 高空气球发放过程[2]

消浮力的损失，浮力的损失和压舱物的重量一方面降低了球体的载荷能力，另一方面限制了其飞行时长。为了延长零压气球的飞行时间，有一种方法是将排气管收至球底并下延一定距离，这样球体的零压差点实际上下移了，而球体底部压差最低点也将具有一定的正压差，这类气球也称过压气球。过压气球与零压气球总体的结构类似，但强度有所提高，相比零压气球能承受更大的内外压差，飞行时间也可以延长。过压气球一般用于在极地等昼夜温度变化较小的地区执行较长航时的飞行任务。

美国在高空气球的领域一直处于领先地位。隶属于美国国家航空航天局的国家科学气球站（NSBF）成立于 1961 年，每年发放数十个大中型气球，还具有陆上或舰船上发放气球的流动发放能力。除此之外，美国空军、海军、某些研究机构和大学也拥有自己的发放系统和场地。美国平均每年要发放上百个大中型气球，用于科学观测、军事技术以及其他领域的研究。美国的零压式气球已经成为一种科研服务产业。至今已发放了 2000 多只零压式气球，服务对象包括 35 所大学、23 个代理研究机构和 33 个国外组织。近年来平均每年有 10 ~ 20 项高空气球实验，其中包括每年 1 ~ 2 个在南极进行的长时间飞行项目。美国的长航时气球是一种比较成功的长航时气球，主要在北极和南极发放，可实现重载长航时飞行，多用于执行一些对航时有要求的高空观测和试验（图 3-6）。美国在 2012 年的 Super-TIGER 任务中，长航时气球在南极完成了 55 天 1 小时 34 分钟的长航时飞行[1, 3, 5]。

高空气球飞行高度的提升可以增加覆盖面积，且运行空间更接近太空环境，将升限提高到 40km 乃至 50km 以上，一方面可以提高高空气球的能力，另一方面可以拓宽其应用领域，使其具备完成更高要求试验任务的能力。升限和载重是浮空器两个

图 3-6　飞行中的长航时气球过压气球系统[2]

重要的设计参数，浮空器的设计对这两个参数非常敏感，两者的增加都会导致球体体积大幅增加，进而造成设计、制造、发放的困难。目前常规的高空气球一般升限都在20 ~ 35km，升限若要达到40km乃至50km以上，一方面要减小载重，另一方面需要使用更薄的球膜材料。材料是制约浮空器升限的一个重要因素，因为升限的增加将导致体积的增加，而体积的增加又会导致球体重量的增加，并进一步导致体积的增加，体积和重量的增加会导致球体设计、加工、发放的难度大大增加。所以在保证强度的前提下尽量降低材料的面密度可以减小球体自身重量的增加速度，从而使相同载重、升限的球体体积更小，或是以相对较小的体积实现更高的升限，并降低球体设计、加工、发放的难度。目前常规高空气球使用的材料基本是厚度20μm左右的低密度聚乙烯薄膜，而要到达50km以上的高度，可能需要将材料厚度降低至仅有几微米。

图 3-7　美国航天局的“Big 60”超高空气球

美国在超高空气球方面也一直保持着研究，2002年8月25日发放的“Big 60”超高空气球（图3-7）体积170万m^3，是目前成功飞行过的体积最大的气球，携带690kg重的宇宙射线装置，最终达到了49.4km的飞行高度。由于气球在迭代设计中球膜密度是一个非常重要的量，因此为了实现超高空飞行，必须将球膜密度降到极低。Big 60的球膜材料采用10.2 μm的三层共挤出薄膜材料，且保持了较高的强度和延展性，使其能够更好地承受发放时的冲击载荷[5]。

法国空间研究中心（CNES）是欧洲唯一拥有完整高空气球系统的机构，是欧洲气球活动的中心，能制造120万m^3的大型零压气球，在北欧、巴西、南极都有实验基地，与欧洲各国合作紧密。法国曾研究出红外热气球系统，气球球体上下两部分材料不同，上半部分为镀铝聚酯薄膜，用于吸收上行红外辐射，并阻止向外散发的辐射；下半部分为聚乙烯透射膜，是一种红外透射材料。气球在白天由太阳辐射加热，夜间由地球红外辐射加热，这种“被动”热源加热球体内包含的空气为气球提供升力。但由于是被动加热，气球还会受到昼夜交替的影响，白天红外热气球飞行于28 ~ 32km高度，夜间飞行于18 ~ 22km高度。红外热气球一般运行在低纬度赤道附近，可实现周量级的长时间飞

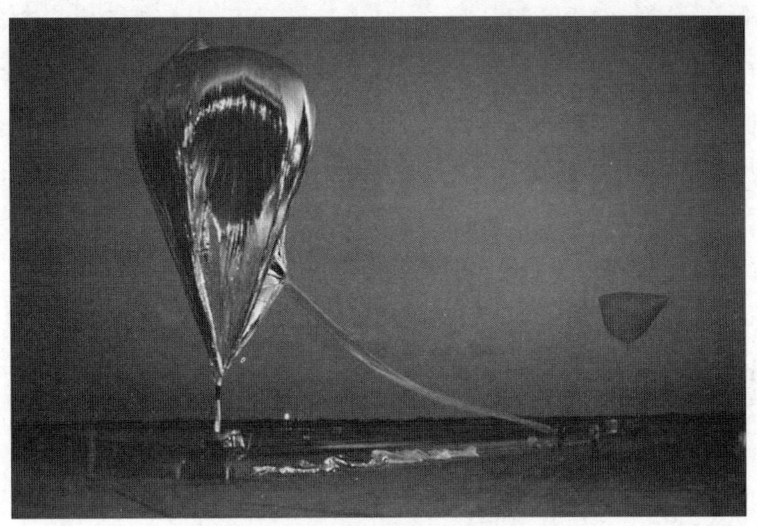

图 3–8　发放中的红外热气球[5]

行[4]。见图 3–8。

日本也是较早建立高空气球系统的国家之一。每年气球实验数量为 10 ~ 15 次，在本土三陆气球站实验 3 ~ 6 次，其余为与美国或法国合作进行的在本土以外的飞行实验。日本宇宙航空研究开发机构（JAXA）在超高空气球技术研究方面处于领先地位，2002 年试验的气球携带 10kg 载荷到达 53km 的飞行高度。2013 年 9 月 20 日于北海道进行试验飞行的气球达到 53.7km 的高度。与美国的重载超高空气球不同，日本的超高空气球试验主要是携带轻型大气探测载荷到达尽可能高的高度。同样，该气球的球膜材料也非常薄，达到 2.8μm。[1]

我国的高空气球活动始于 1977 年，中国科学院高能物理研究所、大气物理研究所等单位于 1979 年正式开始发展高空气球（图 3–9），并逐步建立起我国自己的高空科学气球系统。目前我国的高空气球已经形成了从 3 万 m^3 到 40 万 m^3 的系列，最大

图 3–9　中国科学院高空气球系统

可制造 60 万 m^3 的气球，发放能力达到 2t，飞行高度 40km，至今已完成了 200 多次飞行，并与日本、俄罗斯、德国等联合开展了气球飞行。

在某种意义上，高空气球还体现了国家的航天水平。在美国、瑞典等国家，高空气球实验在培养航天人才方面起到了不可忽视的作用，很多大学有条件让学生亲手设计气球载荷。在瑞典，甚至利用高空气球进行中学物理实验教学。高空气球是一种既成熟，又有很大发展空间的技术。它既是航天科技的重要组成部分，更是平流层开发的实践基础。

二、超压气球

超压气球是在高升限大载重和稳定高度的长航时飞行中进行取舍的结果，相对于同等体积零压气球来说升限和载重都要低一些，但这方面相对于飞艇来说仍具有优势，尤其是长航时能力更是目前大气层内其他飞行器无法达到的。

超压气球是指能够承受较高超压量的气球，其概念主要是相对零压气球而言。超压气球在许多方面都继承了零压气球的设计，最主要的不同在于超压气球的球体是封闭的，且通过材料和结构的改进使其承压能力大大增加，可以在飞行中保持一定的超压量，这样球体随着温度变化体积不变，浮力基本不变，从而可以维持较为稳定的高度。由于飞行过程中可以不排出浮升气体，也不需要压舱物，因此超压气球技术是一种能实现长航时飞行的技术。超压气球除球体结构和材料不同于零压气球以外，由于长航时长距离飞行的要求，其供电系统要求能提供更长时间乃至可再生的供电，测控系统则要求更长距离乃至全球范围的测控。

美国国家航空航天局的超长航时气球计划已经开展了十几年，也是目前大型超压气球领域最为成功的一项计划[6-8]。超长航时气球中采用的是南瓜形的超压气球设计（图 3-10）。这种设计采用了类似零压气球的低密度聚乙烯球膜材料来控制球体重量，同时在球膜焊缝处增加一条高强度纤维组成的加强筋，其长度要短于球膜边缘的长度，在球体加压后，球膜中部会形成鼓起。这个结构可以降低球膜表面的曲率半径，压差一定的情况下，球膜应力与曲率半径成正比，因此这种设计可以降低球膜上的应力，从而使低强度的球膜材料可以承受较高的压差[9]。但同时，随着球膜应力的减小，加强筋上的应力则会达到一个非常大的数值，因此加强筋的强度要求非常高，加强筋的设计也是这类超压气球中一个非常重要的环节。这种设计的好处在于将球膜的应力与球体的尺寸分离开，在传统的气球设计中，随着气球尺寸的增加其表面上的应力也随之增加，因此难以实现大载重、高升限的超压气球，而这种南瓜形超压气球的设计中球膜的应力则完全由局部几何参数决定，因此球体尺寸可以做到很大，实现大载重、高升限的超压气球。

图 3-10 美国国家航空航天局在超长航时气球中使用的南瓜形超压气球示意图[2]

日本的超压气球也是南瓜形设计，但日本根据超压气球的试验情况，提出一种将超压气球和零压气球串联的使用方式（图 3-11），充分利用零压气球的大体积大载重能力和超压气球的耐压能力，使整个系统具有优于零压气球的续航能力。这种设计对超压气球的要求可以降低一些，从而在现有条件下实现更可靠的长航时超压气球系统[10]。

图 3-11 日本使用的零压气球与超压气球串联的气球

图 3-12 法国的正球形超压气球

法国的超压气球采用的是比较传统的正球形设计（图 3-12），并且表面与零压气球一样都是平整的。气球尺寸都比较小，一般在 10m 以内，载荷有限，但正球形的外形使其在体积和自重间取得较好的平衡。对于小型探测载荷，正球形超压气球也是一种很适合的设计[5]。

说到超压气球，不得不提到近几年谷歌发展的 Loon 气球系统，该系统可以说是超压气球民用的典范。谷歌于 2013 年正式公布的 Loon 计划以小型超压气球为平台，配合轨迹控制技术和球载通信系统，通过发放大量气球组网，为传统网络无法覆盖的区域提供低成本的快速网络接入服务。目前谷歌已经完成了大量的飞行试验，并先后与新西兰、法国等开展合作进行演示飞行，并提出了在非洲、亚洲开展应用飞行的计划。目前 Loon 气球（图 3-13）的单球最长飞行纪录已达到 223d。Loon 气球在初期设计中为直径 15m、高 12m 的超压气球，其内部设计有副气囊。副气囊底部的阀门总成上有风机和排气阀，风机通过单向阀与副气囊连通。通过向副气囊中打入或排出气体，可以改变球体的总重，从而改变球体的飞行高度。在 Loon 气球的运行过程中，大量气球组网飞行，保证对目标区域尽可能地连续全覆盖，当有气球运行速度与其他气球产生较大的差距时，可以通过改变其飞行高度将其移动至不同的风层中，借助当地风场改变其飞行速度甚至飞行方向，使其保持在气球网络中相对稳定的位置。控制人员通过一个自动控制程序来对所有气球的飞行状态进行监控和调整。因此，Loon 气球的一个核心技术就是对气球轨迹的控制（图 3-14）以及气球的组网应用。Loon 的吊舱除通信载荷以外，在吊舱外部设置有太阳能电池板，用于提供持续的供电，电池板起初是水平布置，改进后变为倾斜布置，以更好地接收太阳光线，提高效率。Loon 气球由于规模较小，采用人工发放，使用一个小型组合滚筒夹持球膜，充气完毕后打开滚筒发放。气球采用逐步排气、球体与吊舱同时下降的回收方式，顶部安装有应急伞包，用于在紧急情况下回收

图 3-13 Loon 气球

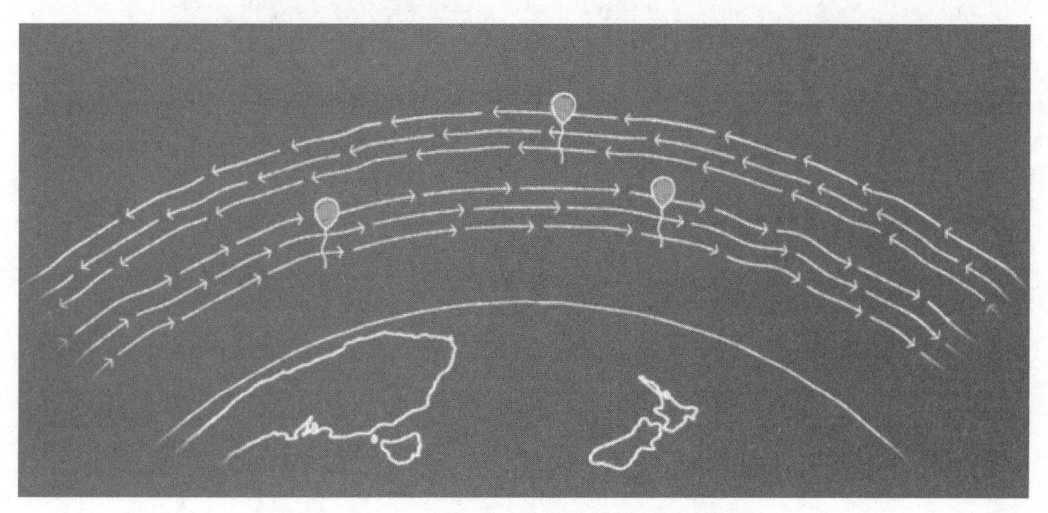

图 3-14 Loon 气球的轨迹控制示意图

系统[11]。

除谷歌外，也有一些科技公司开展过或正在开展与自由气球相关的商业活动，比如 Worldview、Skysite 等，主要商业活动包括平流层旅行、高空跳伞、高空通信中继等。其中 Worldview 是目前在这方面发展的较好的一家公司，给出了利用零压气球开展临近空间旅游的方案，并进行过多次飞行，不仅限于测试，也携带过科学载荷开展试验。Skysite 则在某种程度上可以是 Google Loon 计划的前身，早期开展过利用探空气球携带通信设备进行通信中继的应用。

我国在超压气球方面的研究工作也在开展。中国科学院在 20 世纪末就曾开展过超压气球理论研究和小型超压气球研制。目前，中国科学院正在开展长航时中大型超压气球的研究，采用带加强筋南瓜形超压气球的构形，并完成了理论研究和一系列地面实验。

2017 年 9 月，在中国科学院光电研究院创新项目的支持下，该院科研人员完成了国内首次带加强筋超压气球的飞行试验，对超压气球关键技术进行工程验证。试验中使用的超压气球直径 27m，体积 7200m³（图 3-15）。这次试验虽然为工程试验，但仍搭载了包括太阳能高空长时标定、太阳能高空发电效率测试、高空吊舱环境热控、高空无人机投放、高空育种五种载荷，充分证明了超压气球作为临近空间长航时平台的能力，以及科学实验对该平台的迫切需求。

2018 年，中国科学院战略性先导专项“鸿鹄”专项启动。专项对超压气球长航时飞行、控制、组网技术等前沿技术提出了明确的研制需求并提供支持，意味着我国的超压气球技术将进入快速发展阶段。

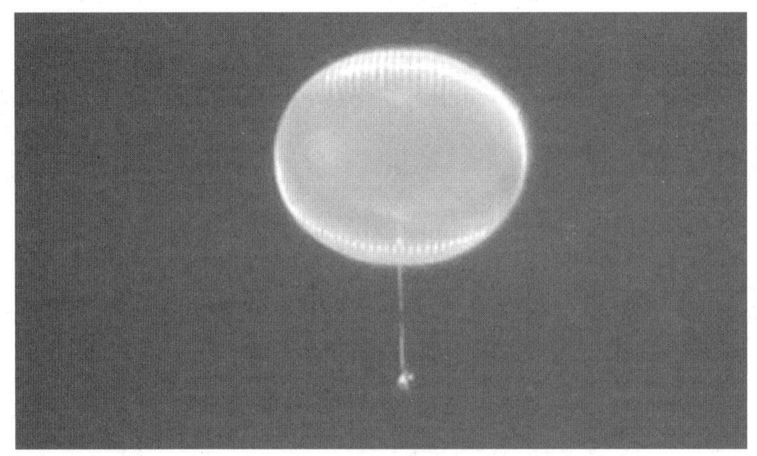

图 3-15 中国科学院 7200m³ 超压气球飞行试验

参考文献

[1] Nobuyuki Yajima, Naoki Izutsu, Takeshi Imamura, et al. Scientific Ballooning [M]. Springer New York, 2009.

[2] Wallops Flight Facility –SuperPressure [EB/OL]. http://sites.wff.nasa.gov/code820/uldb.html.

[3] NASA –Columbia Scientific Balloon Facility [EB/OL]. http://www.csbf.nasa.gov/.

[4] G. Letrenne, F. Nouel, V. Dubourg. French long duration balloon activity –The InfraRed Montgolfiere (MIR); the Superpressure Balloon (BPS) [C]. AIAA, 1999.

[5] StratoCat –History and present of the use of stratospheric balloons in science, military and aerospace [OL]. http://stratocat.com.ar/indexe.html.

[6] Henry M. Cathey, Jr. Evolution of the NASA Ultra Long Duration Balloon [C]. AIAA Balloon Systems Conference, 2007.

[7] Debora A. Fairbrother, David L. Pierce. NASA Balloon Program Status [C]. AIAA Balloon Systems

Conference, 2009.

[8] H.M. Cathey Jr. Development Overview of the Revised NASA Ultra Long Duration Balloon [J]. Advances in Space Research, 2008, 42: 1624-1632.

[9] Masashi HARADA, Masa-aki SANO. Theoretical analysis of a new design concept for LTA structure [C]. AIAA's 1st Technical Conference and Workshop on Unmanned Aerospace Vehicles, 2002.

[10] ISAS -Scientific Ballooning [EB/OL]. http://www.isas.ac.jp/e/enterp/ball/index.shtml.

[11] Google-Project Loon [EB/OL]. http://www.google.com/loon.

第二章　发展趋势

高空气球技术的发展趋势大致可以概括为大型化、小型化、长航时、轨迹控制、组网应用几个方面。这些发展一方面是由于自身技术发展的推动，另一方面也是各种需求的引导。

一、大型化

目前高空气球的载荷能力已经达到了吨的量级，飞行高度一般在 30 多千米，最高已经超过 50km，这已经是目前技术的极限。目前一些希望搭载于气球的任务载荷对飞行高度有着更高的要求，尤其是高空大气和环境探测载荷要求到达尽可能高的高度，高度的增加也可以扩大对地载荷的覆盖范围，另外对微重力试验来说，高度的增加可以增加试验时长。同时，一些高空试验载荷也对球体的载重能力提出了更高的要求，而且载重能力的增加也意味着载荷的能力可以进一步提高。随着材料等技术的进步，球膜材料可能做到更薄更轻，同时还能保有足够的强度，从而可以使气球的升限进一步提高。

由于气球体积与重量在球体设计中的迭代关系，同等体积条件下要提高气球升限，需要进一步降低球膜材料厚度或面密度，目前的超高空气球已经实现了 10μm 以下厚度的球膜材料，如果要继续提高升限，则要对材料提出更高的要求。

二、小型化

对于一些载荷较轻、高度较低的场合，一般是使用小型气球，小型气球自身重量低，氦气用量少，使用成本低，适合大量使用。对于气象探测等应用场合，小型气球显得更为实用，而且小型气球更容易耐超压，例如法国空间研究中心几次大型气象探测项目中多次使用小型超压气球携带轻型载荷完成任务，其间每次都发放了大量的气球。未来对于大量阵列式探测的需求也会不断增加，可能需要同时发放大量的气球，要求成本低，而对载荷和升限要求并不高，因此更成熟的小型化气球也是将来一个发展方向。

三、长航时

目前传统的零压气球飞行时长一般都在天的量级，新近发展的超压气球则将航时拓展至月的量级，将来一些任务可能对飞行时长有更高的要求，比如高空天文观测、宇宙线观测或者长时对地观测等。超压气球是未来长航时气球的发展方向，随着材料技术、能源技术和测控技术等关键技术的发展，高空气球的飞行航时必将会进一步延长。

四、轨迹控制

自由气球的基本运动模式就是随所在风层自由飘飞。随着气球飞行时长的增加，气球飞行范围的问题也开始凸显出来，如果能够对气球的飞行轨迹进行一定的控制，则整个气球平台的功能将会进一步提高，并可以执行一些对飞行路线和区域有要求的任务。目前已经有一些初步的轨迹控制方法被提出来并进行了一些试验，比如吊舱下部吊挂控制翼的间接控制方式，或是通过改变球体飞行高度、利用不同风场改变飞行轨迹的直接控制方式等。谷歌的Loon气球所采用的超压气球加副气囊通过调节高度来改变飞行轨迹的方式是一种可行的办法，但对气象预测预报要求极高。虽然目前的控制效率和效果并不非常完善，但随着相关技术的发展，气球的轨迹控制能力将进一步增加。

五、组网应用

谷歌的Loon气球向人们展示了气球组网应用的优势，未来使用气球进行组网飞行应用的场合将会越来越多，随着气球控制技术、通信技术的提高，气球网络的覆盖范围将越来越大，同时保持较低的成本和巨大竞争优势。在这方面一些国际的标准化系统也将逐步形成，国际合作将日渐加强，气球的应用领域将大大拓展。

第三章　难点与关键技术

一、球体结构设计与分析技术

对于高空气球来说，首个关键技术就是球体结构设计与分析技术。自由气球无动力，不需要保持气动外形，因而可以设计为更适合挂载的外形。为了实现大载重、高升限，高空气球需要使用极轻的材料，但同时需要通过合理设计降低球膜的应力。零压气球通过自然外形的设计以及底部排气管设计使得球体内外压差基本为零，超压气球通过结构设计或提高材料强度使得球体在不过多增加重量的情况下具有一定的承压能力。球体结构的合理设计以及应力应变的准确分析，是决定气球满足要求并且安全可靠的主要因素。

二、球体材料技术

气球强度和球体的完整性很大程度取决于球体材料。高空气球对球体材料要求在保证一定强度的前提下具有极小的面密度，同时还要求耐低温、抗老化、抗撕裂等性能。材料科学技术的进步推动了高空气球的发展，聚乙烯材料的出现大大提高了高空气球的性能，未来载重更大、升限更高的气球要求球体材料更轻，并要保持一定的强度，这就需要制作更薄的材料。气球飞行过程中为了减少浮升气体的损失，对球膜材料漏气率也有较高要求。对超压气球来说，对漏气率要求更高，而且对材料的热力学特性也有要求，需要使球体昼夜温度波动减小。如果将来在材料科学领域出现新的突破，研制出适合高空气球使用的性能更好的材料，那么高空气球性能将会出现新的提升。

三、能源技术

高空气球能源提供其飞行、控制、数据传输、载荷工作等所需的能量。高空气球要求能源系统重量轻、耐低温。长航时气球要求能源系统具有长时工作甚至循环工作的能力，目前对于天量级以上的长航时飞行都需要配备太阳能循环系统。

四、飞行控制技术

高空气球虽然不像飞艇那样有复杂的飞行控制，但也需要有完整的飞行控制系统。对于零压气球，飞行控制系统除相关传感器和用于飞行中止的作动器以外，有时还需要增加对排气阀门的控制。对于超压气球来说，其飞行控制相比零压气球更加复杂，包括对球体压力的相关控制。除了对球体自身的控制，还需要对任务载荷的控制。

五、测控通信技术

测控链路是气球与地面控制保持通信的主要手段，按飞行距离可分为视距测控与超视距测控。针对不同的载荷和任务，可能需要大数据量的传输甚至图像传输，这就对测控提出了更高的要求。随着长航时气球的发展，远距离甚至环球飞行逐渐成为可能，提出了超视距测控甚至环球测控的要求，同时还需要保证一定的通信带宽。

六、发放回收技术

高空气球一般体积巨大，整个飞行系统长度较大，而且底部有一个集中质量的吊舱，对发放提出了较高的要求。球体材料本身强度较弱，也需要发放过程中不能对球体造成损坏。高空气球的发放技术是一项需要重点研究的内容。另外，小型气球自动发放也成为一种趋势，比如很多气象站发放探空气球都已在使用小型自动充气发放装置，谷歌为 Loon 气球也专门开发了一套自动充气发放装置，通过三面高墙阻挡地面风，自动为气球充气并释放，大大提高了发放效率。

球膜材料强度较低，在落地后一般会造成较多损伤并增加漏气率，修复成本高昂且效果不理想，因此气球回收一般采用部分回收的方式，即只回收吊舱及载荷。气球飞行结束后，吊舱携带载荷一般通过伞降回收。降落伞悬挂在球体下方，其下通过缆绳与吊舱连接，飞行结束时，通过控制降落伞与球体之间的切割器使两者分离，降落伞携带吊舱缓降至地面，球体自行上升后破裂下落或者通过球体自毁装置破坏后下落。如果载荷安装位置特殊则需根据情况设计回收方式，比如通过排气下降的方式使球体和吊舱一起降落。回收方式的可靠性直接决定载荷和数据能否完好收回，具体的回收方式也是非常重要的内容。

撰稿人　祝榕辰

第四篇 系留气球发展分析及预测

第一章　国内外系留气球发展现状

第一节　国外系留气球发展现状

系留气球自 20 世纪 70 年代以来，在空气动力学、材料科学等科学技术飞速发展的推动下，进入了实际装备、批量使用和快速发展时期。一大批固定、车载、船载等不同种类的系留气球系统相继投入使用，广泛用于执行预警监视与探测、通信中继与覆盖等使命任务。如表 4–1 所示。

表 4–1　国外系留气球主要性能参数

序号	国家	系统	主要技术数据					厂商
			体积（m^3）	升空高度（m）	任务载荷（kg）	续航时间（d）	载荷类型	
1	美国	RAID	290	300	90	5	光电探测设备	TCOM
		MARTS	1800	1000	250	15	通信中继	TCOM
		TARS	12000	4600	1000	7	雷达	Lockheed Martin/TCOM
		JLENS	16707	3048 ~ 4572	2268	30	雷达	TCOM
		PGSS	—	900	—	28	光电	TCOM
		WASP	150	500	10 ~ 50	3	光电 / 通信	DRNE
		REAP	142	305	54.4	6	光电	Bosch Aerospace
		PTDS	1600	760	225	7	光电	Lockheed Martin
2	俄罗斯	PUMA	11809	2000 ~ 5000	2250	25	雷达	Augur
3	以色列	SKYstar	330	350	50	3	光电 / 通信	RT

一、美国

从 21 世纪初至今，在 911 事件之后，为了满足国土防卫和阿富汗、伊拉克战场的应用，美国加大投入开展系留气球的研发和应用，主要提高系统的实用性、可靠性，气球外形以流线型飞艇状为主，一些小型便携式系留气球也有采用圆球形状，一大批固定、车载、船载等不同种类的系留气球系统投入使用。

美国系留气球生产商主要有 TCOM 公司和洛克希德 · 马丁公司。TCOM 公司的系留气球产品已实现系列化，包括 15M、17M、32M、38M 以及 71M 系列，M 代表系留气球长度。TCOM 公司将其系留气球产品分为战术级、运行级和战略级。战术级系留气球尺度小，可实现快速机动部署，甚至可打包携带；运行级系留气球中等大小尺度，多用途，可根据用户需求定制，最长连续滞空 2 周，适用于海上、陆地边界监控；战略级系留气球载荷能力大，最长连续滞空时间可达 1 个月，可用于空中侦查和导弹预警。洛克希德 · 马丁公司生产了一系列系留气球系统，分别命名为 56K、275K、420K 和 595K。其中运用最广的是 56K 和 420K，其数字表示运载气球的气囊容积的大小，单位为立方英尺。

美国已应用的军用系留气球系统主要包括：美军快速初始部署浮空器计划（RAID）、海军空中中继系统（MARTS）、系留气球雷达系统（TARS）、联合地面攻击空中组网传感器（JLENS）和持续地面监视系统（PGSS）等[1]。这些主要项目发展情况如下：

1. 美军快速初始部署浮空器计划

美军快速初始部署浮空器计划系统以 TCOM 公司的 17m 系留气球系统为平台，搭载光电侦察设备升空 300m 左右，为美军持续实时地提供战场信息。如图 4-1 所示。

根据美军的浮空器初步快速部署计划，美陆军于 2004 年分别向阿富汗和伊拉克部署了这种小型浮空器系统进行区域监视，保护前沿部队。该系统携带可见光、红外摄像机和一部带目标方位指示器的激光器，以便锁定距离在 12km 内的目标。这种悬挂于空中的传感器有助于美军部队监视其驻地周围的情况，而无须派出巡逻部队。

2. 海军空中中继系统

海军空中中继系统是一种系留气球通信中继系统，主要用于保持美国海军陆战队与指挥中心之间的通信联系，为海军陆战队的超高频 / 甚高频无线电、单信道地面 /

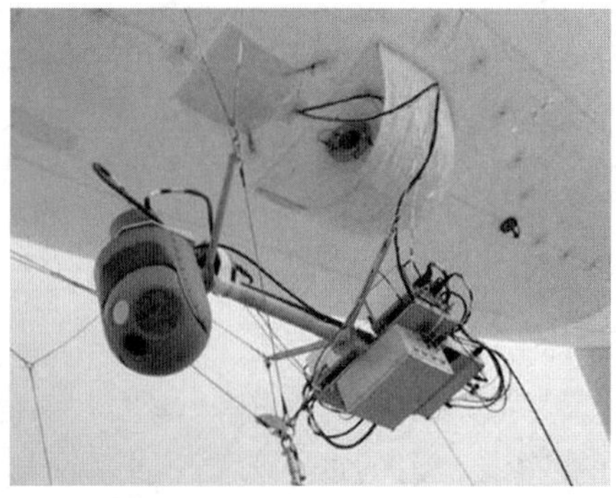

图 4-1　美军快速初始部署浮空器计划系统

机载无线电、增强型定位和情报系统以及普通的模拟无线电提供中继。海军空中中继系统升空高度约为 1km，正常工作抗风能力达到 80km/h，如图 4–2 所示。

3. 系留气球雷达系统

系留气球雷达系统是以大型系留气球载雷达系统为基础构建的一个大型区域低空防御网。20 世纪 90 年代后期，美国空军采用十多个洛克希德 · 马丁公司的 420K 系留气球系统，在南部边境上空建立了系留气球雷达系统，监视偷运毒品的低空慢速飞行器的活动，如图 4–3 所示。

图 4–2　TCOM 32M 海用系留气球

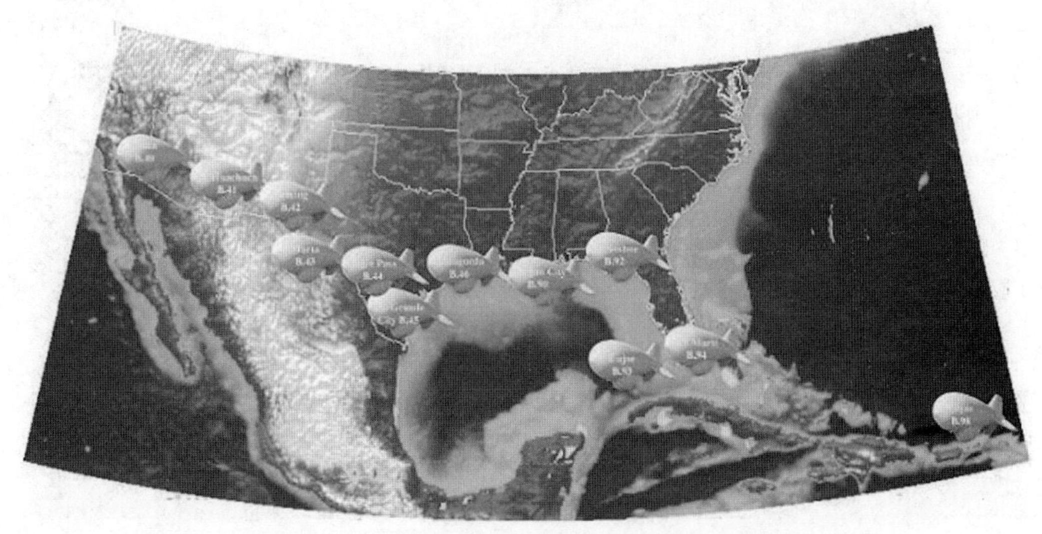

图 4–3　系留气球雷达系统监视网络分布图

4. 联合地面攻击空中组网传感器

1996 年，美陆军组建了高空气球雷达项目办公室，负责高空气球携载情报侦察设备的研制和试验工作，并逐渐开始从事联合地面攻击空中组网传感器的研究。联合地面攻击空中组网传感器系统是一种战术雷达系统，旨在通过提供视距外探测和跟踪能力，保护在海外地区执行任务的美陆军部队，避免遭到巡航导弹的攻击。该系统携带一部雷达，升到 3000 ~ 4600m，克服了地球曲度以及山的遮挡，可探测在 200 海里之内低空飞行来袭导弹，引导地面防空导弹实施拦截。

联合地面攻击空中组网传感器系统采用 TCOM 公司 71M 系留气球系统，可进行长达 30d 连续监视。后更换为 TCOM 公司的 74M 可移动式系留气球系统（图 4–4）。74M 系留气球系统与原 71M 系留气球系统的最大区别是：在不降低气球战技指标的前提下，地面系留设施由原来的固定式更换为可移动式。

2013 年 12 月，联合地面攻击空中组网传感器完成开发试验，验证了其与防御系统集成工作的能力，并能协助爱国者、先进中程空空导弹、NASAMS 和“标准”–6 导弹拦截巡航导弹目标。

5. 持续地面监视系统

2010 年启动了持续地面监视系统项目，该项目作为一种联合的能力和技术验证，用于满足阿富汗指挥官们一系列的需求，他们迫切需要额外的情报、监视与侦察支持。持续地面监视系统项目用于提供一类便宜且小覆盖区域的系留气球监视系统。

在阿富汗、伊拉克战争结束后，美国国防部一方面除对阿富汗和伊拉克的本国军

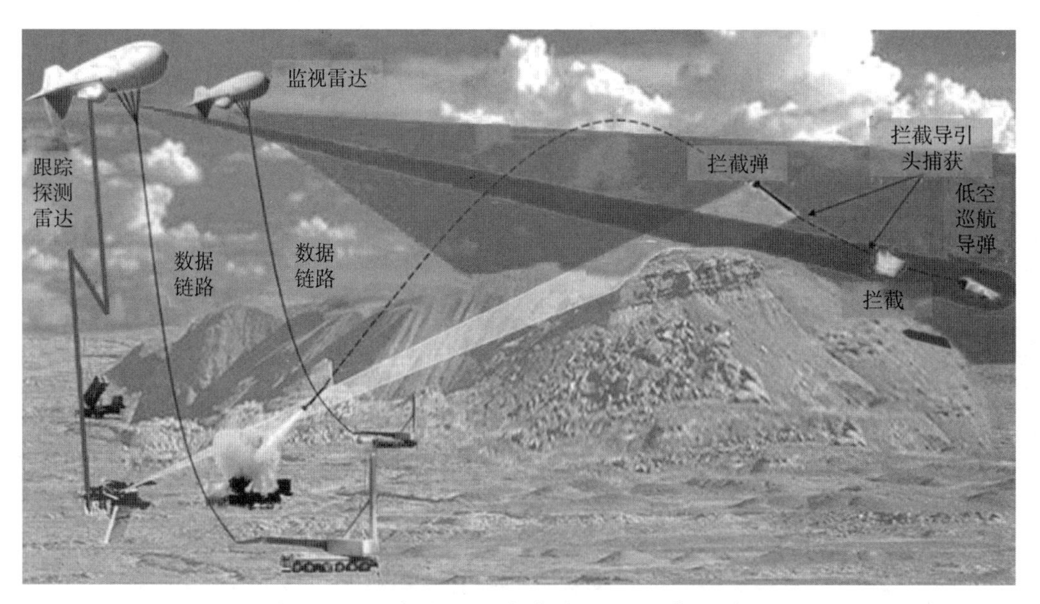

图 4–4　联合地面攻击空中组网传感器系统

人进行系留气球培训外，另一方面通过战争中获得的经验，将持续地面监视系统引入美国本土的国土安全中，2012 年 8 月，美国海关和边境保护局在得克萨斯州的罗马镇部署了两个持续地面监视系统（TCOM22M、TCOM28M）系留气球监视系统进行测试，监视格兰德河对岸墨西哥的边境非法活动。

二、其他国家

除美国外，目前装备使用气球载雷达等其他载荷的有俄罗斯、以色列、英国、法国、日本、科威特、沙特、泰国等 20 多个国家和地区。

俄罗斯在系留气球方面也居世界领先地位。俄罗斯典型的系留气球产品有“美洲狮”（PUMA）和“美洲豹”（JAGUAR）等，其中“美洲狮”系留气球可以携带预警雷达设备用以完成空中监视等任务，其工作高度 2 ~ 5km，滞空时间 25d，有效载荷 225kg；“美洲豹”系留气球工作高度 1 ~ 4km，滞空时间 30d，有效载荷 1700kg。

以色列空军通过采用 71m 长的 TCOM 飞艇装载 Elta 公司生产的飞艇可编程雷达系统来实现对北部边界的防御。

印度于 2005 年购买了 2 部 TCOM 公司的 71M 系留气球系统，配备以色列 Elta 的气球载雷达。系留气球系统投入使用后，印度空军在西部，尤其是对巴基斯坦的空中持续侦察能力得到了增强。2011 年，印度自行研制了一套车载机动式系留气球系统。该系统由印度国防研究与发展组织和空运研发机构共同研制，被称作“阿卡什迪普”（Akashdeep，图 4-5）。“阿卡什迪普”系留气球系统搭载昼 / 夜光电监控传感器和信号监听系统，可有效进行对地监控，用于保卫国土安全、反恐等任务。

图 4-5　“阿卡什迪普”车载机动式系留气球系统

第二节　国内系留气球发展现状

我国在 20 世纪 60 年代开始研制系留气球，1989 年研制出具有现代系留气球特点的小型系留气球。在随后几十年的发展过程中，已经实现了体积从几十立方米到最大 12000m^3 的多型系留气球系统的研制，其中大型固定式系留气球产品已经批量生产，大型机动式系留气球系统也具备了一定的设计和生产能力。国产系留气球产品已初步实现系列化发展。除军事领域外，2008 年北京奥运会和残奥会、2010 年上海世博会、2014—2017 年博鳌亚洲论坛等大型赛事和活动的安全保障任务中都有国产系留气球的身影。

目前，国内专业从事系留气球研发的单位主要有中国电子科技集团公司第三十八研究所、中国科学院空天信息研究院、中航 605 所、湖南航天等，这些单位已具备根据任务要求开展系留气球系统设计和产品研制的能力。

参考文献

[1] 潘峰，王林强，袁飞. 美国系留气球载预警系统的发展现状及趋势分析 [J]. 舰船电子对抗，2010，33（5）：32-35.

第二章 系留气球发展趋势分析

系留气球作为浮空器家族中最成熟的产品之一，具有区域定点、大范围覆盖、昼夜全天候以及高效费比等特点，可以在时间和空间上填补飞机和卫星的空白。通过搭载各类载荷，执行预警探测、侦察监视、通信中继、信息对抗、应急救援以及大气观测等任务，在军事和民用方面都具有广泛应用前景[1]。

通过结合国内外系留气球的发展状况以及存在的问题可以将系留气球的发展趋势概括为以下几个方面。

一、型谱化、系列化发展，满足多方面的需求

系留气球通过搭载不同的任务载荷执行各种各样的任务，为了满足搭载不同重量载荷的需求，需要研制不同载重能力、升空高度和留空时间的系留气球，而系留气球的能力往往和体积相关，因此需要实现系留气球的型谱化、系列化发展，以满足多种需求。

目前美国的浮空器系统生产厂家TCOM公司和洛克希德·马丁公司都已经实现了系留气球的系列化设计生产。在实际应用中，美国既利用420K、TCOM 71M等大型气球平台，发展了联合地面攻击空中组网传感器、系留气球雷达系统等战略级球载系统，也以TCOM 17M、74K、TIF-25K等中小型系留气球为平台，发展了诸如美国快速初始部署浮空器系统、持久地面监视系统、持续威胁探测系统等战术级球载系统，而且数量庞大[2]。在以后的发展中，根据实际需求选择合适型号的系留气球仍是主要发展方向。

国内目前也已经初步实现系留气球的系列化发展，实现体积在几十立方米到12000m^{3}之间的多型系留气球的研制。后续发展目标主要为根据军民领域的需求，完善和优化系留气球型谱。

在军用方面，随着军事需求的增加，要求系留气球系统具有更大的载重能力、更高的升空高度以及更长的留空时间，因此需要进行超大型（如17000m^3）系留气球的研制，以提高国产系留气球型谱的上限。除研制超大型系留气球系统之外，还需根据实际战场复杂多变的需要，研制合适体积的系留气球。

在民用领域，系留气球多进行安保监视、通信中继、应急通信、环境监测、气象探测、灾害预警、应急救援、科学试验等任务，由于民用经费有限，民用领域的需求主要为中小型系留气球系统。

完善系留气球型谱是为了满足军民领域不同的任务需求，以实现按客户需求定制。气球体积增加本身不是目的，在设计过程中需要不断优化系统配置，减轻冗余重量，在保证安全的前提下实现系留气球系统的高性能和高效率。

二、多使用环境发展

我国气候地形环境复杂，陆域、海域辽阔，高原与海洋地区的预警探测、侦察监视、通信中继等手段尚不完善，亟须改善。在我国高原地区，一方面边境区域地势环境恶劣，预警探测手段匮乏，难以有效洞察边境附近的敌情动向；另一方面有些区域地面移动信号覆盖不到，军民的通信中继手段仍十分原始，难以满足军队的日常巡逻以及百姓日常通信需求。而在沿海和远洋地区，同样存在着常态化预警探测、通信中继等手段匮乏的情况，军队执行任务以及百姓在远洋工作等方面都存在着较大困难。而系留气球在高原与海洋地区的部署能够满足军民领域的多方面需求[3]。

我国系留气球系统目前还主要部署在内陆平原地区，高原与海洋地区的系留气球系统部署刚刚起步。因此大力发展高原/海洋系留气球系统，实现系留气球的多环境使用、部署是我国系留气球发展的主要目标之一。

多使用环境要求系留气球具有在复杂环境下进行工作的能力，因此需要系留气球系统在电气系统、机械系统以及囊体缆绳等材料的高原、海洋环境适应性方面取得突破。而系留气球在海上部署还要求在海上气动设计、球与舰船适配性技术等方面取得突破。

三、高机动、自动化、低保障要求

系留气球系统由多个分系统和众多设备组成，但设备总体上集成化较低。一些设备在气球每次收放、转场等工作过程中需要重复拆卸、安装，造成整个产品的机动性、自动化程度较低以及操作、运输和保障难度较大。此外，氦气回收过程耗时较多，进一步导致人力需求和保障成本较高。同时随着系留气球体积的增加，整体使用难度和保障要求还会大大增加。目前系留气球的高使用难度和保障要求已经成为用户的主要痛点之一。

随着技术的不断发展以及用户的强烈需求，系留气球系统急需从能用逐步转为好用和易用。提高快速部署能力同时降低使用保障要求是系留气球系统发展的主要趋势之一。

快速部署能力的提高一方面需要提高系留气球的转场能力，全系统能够在短时间内迅速从驻扎地点机动到指定地点执行任务，以满足快速反应的需要；能够在未经整备的路况条件下实施机动转移，具备一定的越野能力。因此需要在现有系留气球基础上进行高机动性改进。另一方面需要提高系留气球系统设备集成度，简化拆装流程，缩短准备时间，进行锚泊设施模块化设计，合理布局，减少装备数量。通过技术攻关实现气球收放自动化以及设备安装撤收自动化。系留气球的模块化、自动化设计同时也是降低保障要求的关键。

四、单平台多任务载荷化发展[2]

系留气球作为空中平台，通过搭载不同载荷可以实现预警探测、侦察监视、通信中继、电子对抗、环境监测等功能。随着新型囊体材料技术的发展以及任务载荷的小型化和集成化发展，系留气球载系统可以实现单平台多任务载荷。以持续威胁探测系统为例，可同时搭载 Wescam Mx-20EO/IR 相机、声敏传感器、通信中继以及 AN/ZPY-1 星光雷达等。未来，这种搭配形式将越来越多，大中小型系留气球均会根据需求实现单平台多任务载荷能力。

五、系留气球系统组网

现代战争战场环境十分复杂，单部装备已经难以抵抗现代技术产生的各种威胁，系留气球系统组网将是发展的主要趋势之一。系留气球系统组网包括两方面：一是多个系留气球系统的组网，系留气球系统本身具有定点、长时、大领域覆盖的特点，搭载相同任务载荷的系留气球平台之间组网可以大大拓展工作的覆盖范围，而搭载不同种任务载荷的系留气球平台之间组网可以实现多任务载荷协同作战。二是系留气球载系统与其他非球载系统如无人机、飞艇、卫星等进行空中组网，形成多领域统一的多任务作战空间。

典型的多个球载监视系统网络化组成代表是美国的联合地面攻击空中组网传感器[3]，作为球载监视系统，每套联合地面攻击空中组网传感器包括两个气球平台，分别搭载两个功能不同的监视雷达（SuR）和精确跟踪目标照射雷达（PTIR），前者提供一个单一、集成、网络空中图片（SINP），并将信号指令传给精确跟踪目标照射雷达，实现对目标锁定。精确跟踪目标照射雷达可以支持一系列武器，包括爱国者 PAC-3、SM-2、SAMs、AMRAAM 以及中程扩展防空系统（MEADS）等。球载监视系统与其他非球载监视系统组网，如 REAP 等。这些都可以为我国系留气球系统的组网发展提供参考。此外，在民用领域，系留气球系统组网可以短时间内代替卫星执行大范围应急通信中继等工作，为复杂地形地区和自然灾害区域提供应急保障。

六、智能化发展

智能化装备技术是指随着自主控制和人工智能技术的大量应用，赋予作战体系一定程度的智能化指挥决策和自主行动能力，从而产生能够自主和协同完成进攻和防御作战任务的装备技术。它正在成为世界主要国家今后一个时期军事技术的发展趋势和重点[4]。系留气球平台运行的智能化是在自动化基础上的进一步发展，主要体现在以下几个方面。

1. 故障检测智能化设计[5]

故障检测智能化是利用可更换单元中设计的检测模块，采集各个可更换单元的状态数据，并通过信号传输接口，将状态数据传输给故障检测处理计算机，进行系统状态的分布式在线检测处理，从而判断故障部位的功能设计。

2. 远程数据传输设计

远程数据传输不仅要传输系留气球系统本身状态的信息和远程值班人员的命令信息等，还要传输气象、安全监视等辅助数据，监控视频图像，而且需要实现多路数据的可靠传输。

3. 环境安全监测设计

系留气球系统对环境的敏感度较高，其阵地周围环境安全监测设计是利用计算机网络技术、数据库技术、通信技术、自动控制技术、新型传感技术等对雷达设备及所在环境进行远程集中监控和管理，监控对象主要是周围环境、风场、降水、雷电、温度、湿度等。

4. 故障排除自动化设计

故障排除自动化设计一方面是在系留气球系统某部件性能下降或发生故障时，利用系留气球装备的模块化冗余设计，快速恢复系留气球值班功能；另一方面是在环境监测基础上通过对自然环境的预判实现智能化回收避险和升空工作。

参考文献

[1] 曹洁．国外系留气球的发展与应用 [J]．高新技术，2010(25)：6-7.

[2] 汪岸柳，毛伟文．美国系留气球载监视系统发展分析 [J]．西安航空学院学报，2014，32 (3)：24-27.

[3] 刘国梁，朱增青．系留气球在海事方面的应用 [J]．技术与应用，2017(16)：131.

[4] 谢苏明．无人化智能化装备技术发展及其影响分析 [J]．现代军事，2017(3)：51-56.

[5] 孙国强．无人值守雷达系统设计 [J]．兵器装备工程学报，2018，39 (1)：34-37.

第三章　国内系留气球发展难点

与发达国家相比，我国的系留气球设计技术已接近国外先进水平，但仍存在基础技术研究弱、工业基础薄弱以及关键材料和技术开发能力弱等问题。在系留气球的发展过程中存在一系列困难需要攻克。

第一节　生产加工国产化难点

目前优质浮空器用囊体材料、氦气以及部分高端加工设备还依赖于进口，为实现国产系留气球系统的可持续发展，这些瓶颈需要继续突破。

系留气球所用的囊体材料既要保证在尽可能轻的条件下具有足够的强度，又要保证气密性以减缓氦气的泄漏，同时还要尽量减小超冷超热效应。因此现在的囊体材料均为复合材料，主要由承力层、气密层和防护层组成[1]，具有高强度、高气密、轻质、耐久等特点。目前国产材料与进口材料性能还具有一定差距，随着大型系留气球等浮空器的研制，对囊体材料的要求更加提高，还需要进行多方面的技术攻关。

氦气作为不可再生资源，在工业生产加工中具有广泛的用途，也是现在浮空器所用的主要浮升气体，目前同样依赖于进口。随着国产浮空器的高速发展，对氦气的需求逐渐增加，而受制于进口的问题不解决将限制国产浮空器的可持续发展。可以从囤积进口氦气、加大国产气田开发和寻求其他种类合适的浮升气体方面突破。

大型和超大型系留气球的生产对加工设备的要求也逐渐提高，大型加工设备需要加快国产化的步伐。

第二节　超大型系留气球研制难点

为实现系留气球更大的升空高度、更大的载荷以及更长的留空时间，需要进一步增加系留气球的体积。而随着系留气球体积的增加，系统的复杂程度和设备数量都随着增加，这都对超大型系留气球系统的安全收放和地面机动式系留设施等设计提出了更大的挑战。

第三节 高原和海洋系留气球部署和研制难点

随着阵地海拔的升高，会给系留气球系统的正常部署和工作带来严重的影响。电力方面，大气压降低，空气密度降低会导致离子迁移能力变化，空气介电强度显著降低，进一步增加电气设备的故障率。机械方面，低温可能会导致转动环节和与转动相关的狭缝因结冰而无法动作。材料方面，高原日照充足、紫外线辐射强烈，昼夜温差大，会使材料产生老化反应和物理化学反应，使外露橡胶件更易于老化、失效速度加快、绝缘损坏等，油漆易起包、脱落。低温易使暴露在空气中无热源的金属和非金属零部件产生冷脆现象，设备在储存、运输和使用过程中，其结构件易因材料的低温脆性而损坏，影响工作的可靠性[2, 3]。浮力方面，随着海拔升高，系留气球的平衡重量将下降，平台留空时间将大大缩短，整个系统的任务可靠性也随之降低[4]。

海洋地区应用的船载式系留气球系统主要包括船载系留设施和系留气球，涉及船载系留设施的设计，是一个复杂的综合性系统。另外，海上风浪较大，突风或切变气流作用时不仅会降低气球高度，还会引起俯仰和滚转角度剧烈变化，以致超越稳定平台的响应速度[5]，这对系留气球的气动性能设计以及球和舰穿适配性设计具有很大的挑战性。

第四节 系留气球自动化操作技术难点

系留气球系统由多个分系统和众多设备组成，一些设备在气球每次收放、撤收、转场过程中需要重复拆卸、安装，造成整个装备操作、运输和保障难度较大。为实现系留气球的自动化操作，需要从底层开始进行全面设计，具有较大的挑战性。

参考文献

[1] 王琳，陈跃华，李炜. 飞艇囊体材料的研究进展［J］. 产业用纺织品，2008（10）：1-4.

[2] 王坚，王保贵，张晨，等. 高原气候环境对装备影响及适应性措施［J］. 环境适应性和可靠性，2013（6）：1-4.

[3] 肖益军. 系留气球在高原环境的应用分析［J］. 科技展望，2017（9）：110-111.

[4] 杨雯，高秉亚，刘兴兵. 高海拔地区环境特性对系留气球系统的影响［J］. 现代雷达，2010，32

（1）：7-10.
［5］李红泉，王雷．某系留气球抗风性能仿真分析［J］．宇航计测技术，2014，34（6）：29-32.

撰稿人　陈　利　倪　勇　张桂夫　周　强

第五篇　对流层飞艇发展分析及预测

第一章　概述

自 1852 年第一艘接近实用的有人可操纵飞艇研制成功，至今已有 160 多年的历史。尽管飞艇的发展几经起伏，但世界各国对飞艇的研究与使用从未停止过。

在平流层飞艇概念提出之前，所有飞艇均运行于对流层，因此在飞艇名称之前并不需要冠以“对流层”字样。随着飞艇相关技术的发展和应用需求的牵引，平流层飞艇概念被提出，研究持续进展。由于对流层飞艇和平流层飞艇存在诸多显著的差别，有必要进行明确的区分。本章所指的飞艇如不特别说明即指对流层飞艇。针对对流层飞艇的不同操纵特点和任务领域，又可将对流层飞艇分为载人飞艇、无人飞艇和载重飞艇。

在 160 多年的飞艇发展历程中，共建造了近 200 艘硬式飞艇、100 多艘半硬式飞艇和不计其数的软式飞艇并投入应用。飞艇在应用地域上已遍布全球[1]。

纵观飞艇的历史发展进程，飞艇具有明显的规律性和时代性。按照飞艇的技术特点和使用，可分为四个阶段（即四代，见图 5-1 和图 5-2），每个阶段的发展都是被某些技术的进步所推动，以国家相关政策与市场需求为导向，见表 5-1。

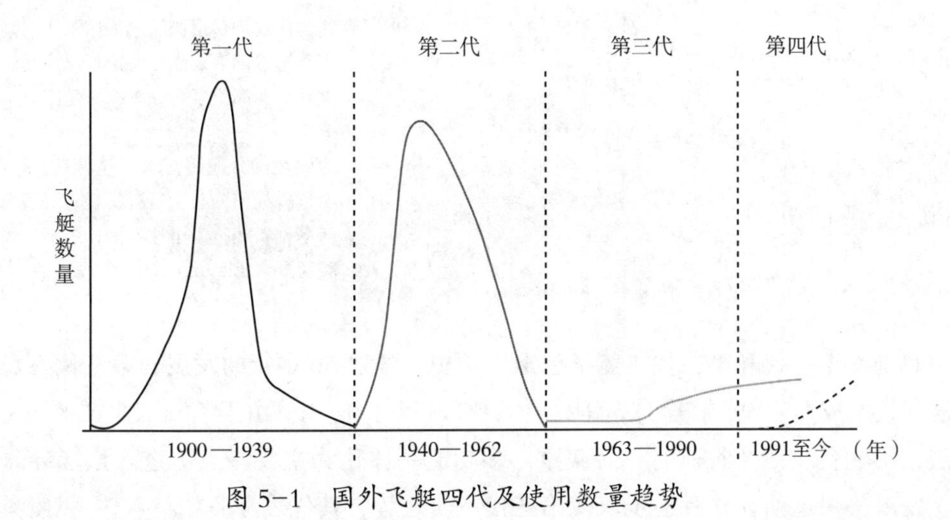

图 5-1　国外飞艇四代及使用数量趋势

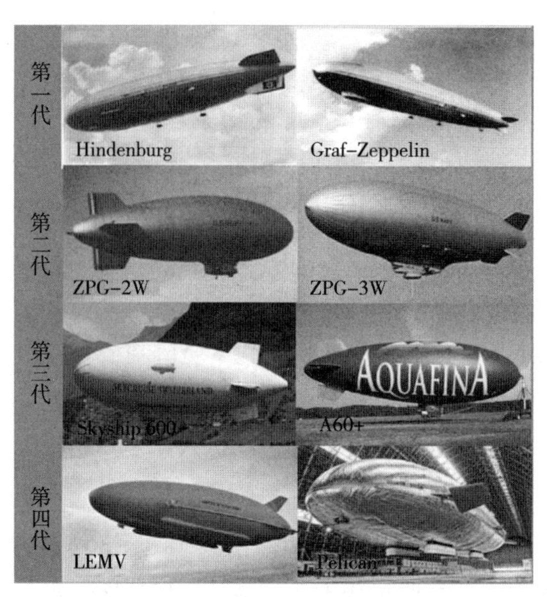

图 5-2　各阶段主要飞艇代表

表 5-1　国外飞艇发展历程表

阶段（代）	时间（年）	应用范围	用途	代表飞艇	发展背景
第一代	1900—1939	欧洲 北美洲	军用、跨大西洋客运	Graf-Zeppelin Hindenburg	与大型硬式飞艇相比，飞机处于劣势。飞艇占据航空运输业主导地位
第二代	1940—1962	美国 海军	近海、远海侦察	ZPG-2W ZPG-3W	飞机性能大幅提高，大型硬式飞艇成为历史的过客。软式飞艇在预警侦察方面得到应用与发展
第三代	1963—1990	全世界	运输、信息采集等	Skyship 600 WDL 3 A60+ A40D	为解决非洲落后国家和地区的木材、矿产等运输问题及满足特定场景应用，欧洲和日本都积极开发软式飞艇
第四代	1991 年至今	全世界	运输、通信、侦察等	Zeppelin-NT LEMV Pelican	为满足细分应用需求，同时飞行控制、氦气压缩与回收、复合材料、气囊材料等基础工业技术迅速发展，不断出现各类新型飞艇

目前，第一代和第二代飞艇早已退出历史。经过 50 多年的发展，第三代飞艇已发展到技术成熟阶段，在全球范围内有着比较广泛的应用。由于基础工业技术的跨越发展，第四代飞艇（长航时、大载重、多功能一体化为主要特点）进入市场导入阶段，发展势头迅猛，并有逐步取代第三代飞艇之势，其代表“齐柏林 NT”飞艇具有

出色的安全性、操纵性和舒适性，已成为目前最成功的商业运营飞艇。随着飞艇设计与应用技术的不断完善，同时参考飞艇的历史发展规律，在未来的5 ~ 10年，第四代飞艇将进入技术成熟阶段，各项性能大幅提高，并以此在航空器市场中寻找机会，改变现有的航空产业格局。

参考文献

[1] 王培美. 现代常规飞艇发展现状及趋势 [J]. 国防科技，2011，5：7-13.

第二章　国外对流层飞艇发展现状分析

第一节　国外对流层飞艇研发运营企业

目前，国外从事对流层飞艇产品研发的企业主要集中在美国、英国、德国、法国、俄罗斯等国家[1]。国外主要对流层飞艇企业总体情况见表 5-2。

第二节　国外对流层飞艇产品现状分析

一、中小型载人飞艇

随着氦气、气囊材料、动力装置、计算机以及自动控制技术的不断进步，从 20 世纪 90 年代开始，国外载人飞艇的发展又进入了一个新的活跃时期，军用载人飞艇是发展的主流方向，国外主要飞艇产品见表 5-3。

美国是研制载人飞艇产品最多的国家，已有多家公司成功设计制造了多种型号的充氦载人飞艇。美国 AMS 公司的 13 座载人飞艇 S600 曾数次用于奥运会等大型活动。美国海军与 Westinghouse 飞艇工业公司、英国飞艇公司共同投资 1.78 亿美元研制了 YEZ-2A 预警飞艇系统，执行预警监视任务[2]。YEZ-2A 飞艇长 130m，总容积达 $70000m^3$，载重可达 9t，乘员 12 ~ 15 人，由轻型复合材料制成，外层涂有防紫外线穿透的物质，尾翼采用玻璃纤维材料，其外层材料的寿命可达 10 年以上。Dynalifter 是美国俄亥俄飞艇公司正在加紧研制的一种集超大货运能力、高效能、低成本于一身的浮空器，Dynalifter 样机载重量较轻，只能搭载 2 名乘员，不过，俄亥俄飞艇公司的最终目标是生产长约 305m，载重 250t 的 Dynalifter 飞艇。此外，美国在 20 世纪 90 年代还开发了“哨兵”系列预警飞艇，首先发展的“哨兵 -1000”移植了 E-2C“鹰眼”预警机的全套装备，乘员 12 人，接着又研发了以移植 E-3“望楼”预警机全套装备为目标的“哨兵 -5000”和“哨兵 -8500”，二者均为大中型载人飞艇。

德国是世界上最早制造和使用飞艇的国家之一，著名的齐柏林飞艇建造于 1899 年。德国新齐柏林飞艇公司生产的“齐柏林 NT”飞艇全长 75m，客舱包括 2 名乘务员在内共可容纳 14 人，飞行速度达 80km/h。2001 年 8 月 15 日，“齐柏林 NT”飞艇开

表 5-2　世界主要载人飞艇公司

国别	公司名称	主要业务	设计生产制造条件	备注
美国	ABC 公司	轻型飞艇的研制、销售与培训	· 专业的设计队伍 · 先进的生产制造设备和厂房	美国最大的飞艇制造商
美国	US-LTA 公司	轻型飞艇研制，还为其他公司提供飞艇操作服务	· 现代化生产制造设备 · 经验丰富的设计队伍	美国浮空器领域发展比较活跃的飞艇制造商之一
美国	Thompson 公司	各类载人飞艇的设计与制造	专业的设计队伍和制造设备	不太活跃的飞艇制造商
美国	ULITA 工业公司	浮空器设计与制造	现代化生产设备	—
美国	西屋公司（Westinghouse）	飞艇、滑翔机、翼伞飞行器研制等	· 专业的飞行器设计队伍 · 先进的生产制造设备 · 综合性的试验试飞基地 · 军方大力支持	Airship Induatries 联合研制，已更名为世界飞艇工业公司
美国	Aero 公司	浮空器设计、制造、销售、运营与培训	· 专业的设计队伍 · 拥有现代化计算机辅助生产设备的制造工厂和大型航空航天飞机棚 · 独立试验试飞场所 · 军方大力支持	通过美国联邦航空局认证
美国	Goodyear 公司	为美国海军制造大型飞艇。第二次世界大战后重新开始了飞艇商业运营	· 专业的设计队伍和制造设备 · 飞艇试验试飞基地	美国现存最古老的飞艇基地
美国	Skycruiser 公司	飞艇设计、制造、维护	· 专业的航空航天设计队伍和制造设备 · 飞艇试验试飞与维修基地	2002 年成立，是 AMS 和 skyship cruise 有限公司的合资企业
英国	飞艇工业公司	飞艇设计、制造、销售、运营	· 航空和航天研发设计队伍 · 现代化生产制造设备 · 独立的飞艇试验试飞基地	前身是创建于 1971 年的航空航天研发公司，已实现飞艇系列化批产

续表

国别	公司名称	主要业务	设计生产制造条件	备注
英国	英国混合航空器公司	新概念浮空器、混合飞艇、平流层通信平台等设计	· 现代化生产制造设备 · 经验丰富的英国和意大利的管理团队 · 航空航天研发设计队伍	在前 ATG 公司和 world skycat Ltd 公司的基础上于 2007 年重组而成的新公司
英国	Thunder&Colt 公司	热气飞艇、充氦飞艇生产	· 专业的设计团队 · 先进的制造设备和厂房	—
德国	WDL 公司	飞艇制造、运营	设备先进、制造技术精良	—
	齐柏林飞艇公司	飞艇设计、制造、销售、运营； 飞艇驾驶员培训	· 专业的设计队伍和制造设备 · 飞艇试验试飞基地 · 专业的飞艇操作员、驾驶员培训学校和服务中心	国际上最早的从事飞艇研发的公司。1993 年成立新的公司研发现代飞艇
俄罗斯	Rosaerosystems S.R.A 公司	气动设计； 浮空器设计、制造、销售、运营	· 航空学院技术支持 · 拥有一个高度专业的设计局，一个强大的囊体生产团队和全面的测试设施	阿古力航空中心子公司
俄罗斯	阿古力浮空器公司	气动设计； 浮空器设计、制造、销售、营运	· 航空学院技术支持 · 拥有世界上最先进的设备 · 世界顶级飞艇公司合作伙伴（美国世界航空公司等）	由俄罗斯航空系统有限公司及俄罗斯航空学院组成
俄罗斯	Aerostatic 公司	飞艇、系留气球等研发、试飞	莫斯科航空研究所辅助，联合设计队伍	私营企业
法国	Massaud 公司	航空器设计	最新的技术资源	与 ONERA 合作研制

表 5-3　国外主要载人飞艇产品统计（20 世纪 80 年代以来）

序号	型号	所属国家	研制单位	用途	气囊体积（m^3）	载人数（含驾驶员）	最大飞行速度（km/h）	压力高度（m）	研制时间（年）
1	A-170	美国	ABC 公司	空中监测、科研平台	4814	10	92	3050	2004
2	Aeros 40D	美国	Aeros 公司	广告、旅游和监测	2833	5	82	3050	2006
3	Sentinel 1000	美国	西屋公司	旅游观光、监测	10000	27	111	2440	1991
4	A60+	美国	ABC 公司	空中探测、空中广告	1926	4	85	2225	1989
5	Goodyear GZ-20A	美国	Goodyear 公司	空中监视、空中广告	5740	7	80	3050	1982
6	Skyship 600	英国	飞艇工业公司	旅游观光、奥运安保	6666	18	107	3050	1984
7	Skyship 500	英国	飞艇工业公司	空中广告	5153	12	101	3050	1981
8	AT-10	英国	英国混合航空器公司	广告和警务监测	2500	6	111	2440	2002
9	AU-30	俄罗斯	RosAeroSystems	空中摄像、空中架线	5065	10	110	2500	2007
10	AU-12	俄罗斯	RosAeroSystems	交通监测、广告宣传	1250	2	100	1500	1998
11	Zeppelin NT	德国	齐柏林飞艇公司	旅游观光、大气监测	8450	15	125	2600	1997
12	WDL-1	德国	WDL 飞艇公司	旅游观光	7200	8	105	1800	1988

始首次进行商业飞行服务，截至2009年12月31日，共搭载乘客95000人次[3]。

英国是世界上在飞艇研制技术方面比较先进的国家之一，先后研制出“天舟500”“天舟600”等大型载人飞艇，并且在众多领域以及在多次奥运会上都使用过“天舟”系列飞艇。“天舟600”飞艇气囊总容积6660m^3，最多可载16名乘客，最大平飞速度107km/h，巡航速度93km/h，最大飞行高度3070m，最大巡航航程889km。最近英国设计师又准备设计开发一款新概念飞艇，这种新概念飞艇外形酷似风筝，可携100人从伦敦飞往纽约，全程飞行37h，乘客全程可极为悠闲地欣赏到令人炫目的空中景象。

俄罗斯在飞艇研制方面也居于世界领先地位。俄罗斯航空静力科学公司研制了半硬式多用途飞艇AU-30，该飞艇在性能方面仅次于德国的Zeppelin NT-07飞艇。AU-30飞艇能够运送6～8名乘员，以110km/h速度飞行，并可以在复杂天气条件下飞行1600km。AU-30飞艇已被广泛用于执行海岸线巡逻、通信中继、预警监视等任务。

法国的马萨德公司最近称，他们将研制一艘称为“载人的云”的漂浮旅馆，该飞艇长约213m、宽82m、高52m，可搭乘40名乘客，飞艇最大时速169km/h，巡航时速129 km/h，飞艇动力系统采用巨大的后置螺旋桨推进器以及用于垂直起降的两个朝下的助推发动机。该飞艇预计10d可环绕地球一周，乘客可以在飞艇上浏览到全球迷人的异国风情。

二、长航时无人飞艇

飞艇侦察系统以其探测范围广、执行任务时间长、生存能力强等优势，在军事上具有极其广泛的应用价值，国外对流层无人飞艇主要性能参数见表5-4。美国是利用飞艇执行军事任务最成功的国家，第二次世界大战时期曾为海军舰队配备了一支有上百艘飞艇的编队，为海军舰队执行护航任务。20世纪80年代美国又开发了“哨兵”系列飞艇，用于护送海上舰队并执行空中侦察任务。

2010年5月，由美国E-Green Technologies公司研制的“Bullet580”飞艇成功升空，该飞艇长71.6m，任务载重907kg，最大飞行高度为6096m，可以垂直起降。该飞艇设计续航时间为一周，可执行高空侦察监视预警、定点观测和通信等任务。2011年，美国MAV6公司按美国国防部合同要求，开展“蓝精灵2”（Blue Devil2）多传感器浮空器的研制和部署工作，设计飞艇长100.6m、高19m、载荷能力1134kg，计划部署到阿富汗，为阿富汗的美军官兵提供长期持久凝视和数据收集能力，其载荷舱可重构，根据需要选装不同载荷[4]；美国陆军空间和导弹防御司令部正计划研制一种可长时间留空的混合型飞艇，以加强对作战区域的侦察和监视。该飞艇任务载重1134kg，拟装备摄像机、雷达等设备，并具有在6000m以上的高空连续侦察21d的能力。2010年6月，诺斯罗普·格鲁曼公司赢得了长航时多情报飞行器合同（5.17亿美元）。首艘飞艇被命名为HAV304[5]。

以色列已将飞艇成功应用于反恐作战，通过对加沙地区哈马斯总部的持续严密监控，实时掌握哈马斯头目的活动情况，并根据该情报实施定点清除。

表5-4　国外对流层无人飞艇主要性能参数

序号	国家	飞艇名称	工作高度（m）	续航时间（h）	长度（m）	气囊体积（m^3）	飞行速度（km/h）	动力	任务载重（kg）
1	美国	BD-2	6136	72~168	106	39600	—	—	1134
2	美国	Bullett 580	6096	168	71.6	15660	129/56	4台发动机	907
3	美国	HAV304	6100	504	90	—	150	4台Centurion发动机	1134

三、载重飞艇

世界各国目前在研的载重飞艇按总体布局可分为单囊体流线型、混合式和新概念三种类型。

单囊体流线型载重飞艇是基于传统飞艇放大，在系统设备和构件上创新，总体设计、气动布局和飞行控制等技术相对成熟。

混合式载重飞艇结合了传统飞艇和飞机的特点，将传统飞艇的静升力与飞机的动升力结合起来，既依靠艇囊气体产生静升力，又通过囊体和翼面等产生动升力，具有飞行速度快、运载能力强等性能优势，主要包括流线型艇体、推进系统、操纵系统、控制系统等。

新概念载重飞艇则以其独特的使用模式或设计理论，满足一些特定的功能，另辟蹊径解决载重飞艇设计使用中的一些关键技术。

在已公布的载重飞艇方案中，CL-160和JHK-40等是单囊体流线型的典型代表，Pelican和Airlander等是混合式的典型代表，SkyLifter等是新概念的典型代表，都处于蓬勃发展阶段。载重飞艇从技术路线上大致按“概念验证—样机研制—目标应用”进行研发。概念验证阶段开展小型原理样机地面原理试验，无载重或只具备少量载重能力；样机研制以研制20～60t载重能力的飞艇为目标，开展技术攻关和市场运营管理等相关研究；目标应用艇以样机研制为基础，进行拓展与技术升级，最终完成百吨甚至数百吨级载重飞艇研制。

目前，国外大约有 20 多个载重飞艇的概念方案，主要集中分布在美国、英国、德国、法国、加拿大和澳大利亚等欧美发达国家，但目前大部分项目由于各种原因陷入停滞状态，见表 5-5。

虽然目前国际上还没有一款载重飞艇投入使用，但载重飞艇未来在军民用领域的前景仍使各国不遗余力地发展。近十年来，开展过技术演示验证和试验试飞的载重飞艇方案主要有美国的 P-791、Pelican、Dynalifter，英国的 Airlander 和澳大利亚的 SkyLifter 等。

1. 美国 P-791 验证艇

P-791 是洛克希德・马丁公司先进发展工程部（臭鼬工厂研究中心）研制的混合式飞艇的原形飞艇，于 2006 年 1 月 31 日首飞，成功完成绕场一周飞行，飞行时间 5min。该飞艇只是“海象”大型混合式飞艇的 1/4 的缩比原型飞艇，有 4 个螺旋桨，两个在尾部，两个在两侧。尾部的螺旋桨可以绕轴旋转，产生偏航飞行的矢量推力。使用了 4 个气垫作为着陆装置，起飞滑跑时很像一个气垫船。在着陆时用气垫产生的吸力将飞艇吸在地面上，防止被风刮倒。该飞艇可以提供 3 ~ 5t 的载重能力[6]。

2011 年洛克希德・马丁公司同商务伙伴达成协议，依照 P-791 验证艇研制一款比例尺寸放大的混合式大型货运飞艇——拖船（SkyTug），最大商务载重 20t。2015 年 4 月，以 P-791 飞艇为基础向国际货运市场推出载重能力达到 20t 的新型混合式飞艇 LMH-1，瞄准的市场是商业性质的石油勘探和采矿活动。

2. Pelican 混合飞艇

Pelican 混合飞艇被认为是美国国防部高级研究计划局三项早期项目的综合与延续，即“海象”飞艇项目、静态重量控制（COSH）项目以及浮力辅助升力飞行器项目（BAAV）。Pelican 混合飞艇项目于 2008 年启动，由美国太空总署和国防部出资研发，世界航空公司为主承包商。

Pelican 飞艇为缩比演示验证艇，验证的关键技术包括：刚性外壳可变浮力（RAVB）技术，使飞艇运行不依赖压舱物；刚性轻质复合外部结构；低速 / 悬浮敏捷控制系统；高度自动化的地勤技术，无须地面人员直接参与。Pelican 总体积约为 1.7 万 m^3，飞艇在飞行时，其艇身上的多个气囊隔膜舱将会被充入氦气，以提供升力。该项目在 2013 年 1 月完成试飞。第二代 RAVB 验证艇将主要解决超大型飞艇所需的技术，第二代验证艇长 169m，体积为 10.8 万 m^3，任务载荷 66t，飞行高度为约 5500m，最大航速 222km/h，有效航程近 6000km[7]。

3. Dynalifter 混合型半硬式飞艇

Dynalifter 混合型半硬式飞艇是由美国俄亥俄飞艇研制的一种集超大货运能力、高效能、低成本于一身的航空器。该艇扁平椭圆艇身，具有飞艇重量轻、载荷大的优

表 5-5　国外典型载重飞艇方案

项目	方案布局	技术指标	技术特点	研制计划（进程）
LMH-1		巡航速度：110km/h 航程：2590km 乘员：19 人 载荷：21T	80% 静升力，20% 动升力；尾部矢量推力；气垫着陆装置	2006 年验证艇 P-761 首飞，2011 年推出 SkyTug，2015 年发布 LMH-1
ML866		尺寸：169m × 54m × 36m 载重：66t 巡航速度：160km/h 工作高度：3660m 航程：9650km	COSH 技术可使飞艇不需要任何外部支持实现垂直起降和悬停。COSH 技术通过将氦气压缩到存储槽或者从存储槽释放，实现飞艇在载荷交换时实现重浮力平衡	2013 年已完成样机 Pelican 飞艇首飞
Dynalifte		长：300m 载重：250t	混合型半硬式结构，扁平椭圆艇；具有飞机稳定的操控性能；氦气能够提供 30% ~ 80% 的升力	2010 年该公司完成了 Dynalifter 样机 PSC-4，已经收到了 20 份订单
SkyHook JHL-40	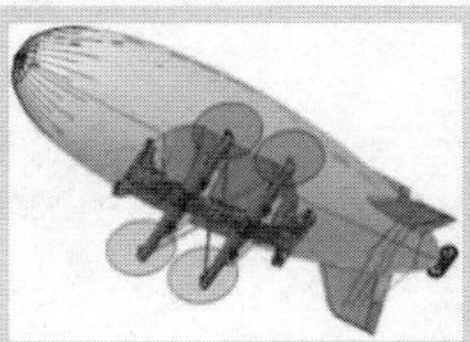	尺寸：137m × 43m × 62m 载重：40t	飞艇与直升机结合	原计划 2014 年首飞，因财政预算削减，计划推迟
SkyLifter		直径：152m 高：165m 载重：150t 速度：83km/h 升限：3000m 航程：2000km	垂直吊起重物，准确投放；无须艇库，可直接在起降场地进行组装、收放和维护等	已完成直径 3m 迷你型，计划建成直径 20m、25m 原型机。将来建成直径 150m 原型机

续表

项目	方案布局	技术指标	技术特点	研制计划（进程）
Dominion		尺寸：168m × 91m × 84m 载重：170t 巡航速度：150km/h 巡航高度：1800m 升限：3000m	可悬停在距地面约 25m 的空中进行装卸；三囊体结构：利用复合桁架连接起来的三艘半硬式氦气飞艇	
LCA-60T		尺寸：140m × 60m × 40m 载重：60t 吊舱：65m × 11m × 8m 巡航速度：100km/h 巡航高度：500m 升限：3000m	内部设置 8 个氦气舱，出现故障时，飞艇可处于悬停状态，逐步释放氦气，使飞艇安全着陆；下部设置可容纳大型货物的货仓，也可通过吊索运输超过货仓空间的超大型货物	设计认证阶段：原型艇设计、制造与取证（2020 首飞，2021 进入产业化）；产业化阶段：生产制造、市场营销、系列产品进一步研发
ALANT30		载重：30t	硬壳式圆顶、底部扁平的货运飞艇，外形可提供气动升力；侧开货舱门，设计的斜滑道有助于装载。压载系统通过压缩空气或氦气帮助控制该艇的自由升力；垂直起降	2013 年 8 月收到第一轮投资基金，还设计有大载重 Atlant100 型飞艇。目前项目已暂停
CL160		体积：5500000m^3 载重：160t 巡航速度：140km/h 升限：4000m 航程：4000km	传统流线型气动布局，半硬式结构	已完成小尺寸模型验证机的研制，但由于研制经费不足，项目已被迫停滞

点，又具有飞机稳定的操控性能。通过氦气和跑道加速获得升力。视情况不同，氦气能够提供 30% ~ 80% 的升力。飞艇在设计过程中充分借鉴了现代桥梁结构中的“支柱桥梁结构”，可以很好地分布运行中的大集中载荷。

2010 年该公司完成了 Dynalifter 样机 PSC-4 的研制。样机长 5.6m，且已经通过了联邦航空局的批准。该机能搭载 2 名乘员，并携带必备的燃料。最终投产的产品尺寸上会大大升级。俄亥俄飞艇公司的目标是生产出长约 300m，载重量 250t 的 Dynalifter。至今已经收到了 20 份订单，首批飞艇将用于人道主义任务，如运送水处理系统，将来同样可用于军事用途，也正在同美国五角大楼官员探讨合作事宜。

4. Airlander

Airlander 始于 2013 年 11 月，英国混合航空器公司以 30.1 万美元（不到项目总经费 1/1000）将长航时多情报飞行器的原型机 HAV304 回购，作为测试载重飞艇原型机的第一步，随后更名，制定了 2014 年度的试飞项目。与此同时，英国混合航空器公司也在研发其他的载重飞艇系列，其载运力从 20t 起，高达 200t。据最近披露，英国混合航空器公司已经完成了和一家加拿大航空工业公司 Discovery AirInnovation 的初步交易，计划出售一组 50t 级的 HAV366 载重飞艇用于加拿大当地的矿物和自然资源开采。

5. SkyLifter 碟形飞艇

SkyLifter 碟形飞艇正在由澳大利亚公司开发，该飞艇设计为碟形而非传统的雪茄形。碟形设计使得该飞艇可不受任何方向风的影响，提高了飞艇的操纵性能。推进系统采用了 9 台电驱动摆线螺旋桨，其中飞行器系统上均匀布置了 6 台，控制舱外围均匀布置了 3 台。拟采用摆线螺旋桨来控制飞艇的水平运动，通过在飞行器系统内部安装一套浮力控制系统来操纵飞艇的升降。

目前 SkyLifter 公司已制造了一个小型飞艇样机，取名“贝蒂”，直径约 3m，载重量约 450g，用于演示验证飞艇的基本工作流程。同时，还以此为样本，制造出了一艘直径约 18m 的系留气球样机“维可”，并计划在未来几年研制一艘直径约 45m 的全尺寸飞艇样机。公司按原理样机、地面试验样机、空中无人飞行试验样机、目标应用艇的线路研制载重飞艇。

第三节 国外对流层飞艇产品应用现状分析

对流层飞艇凭借其低动态性和安全性可用于旅游观光、空中广告、空中巡线、资源勘测与地理测绘、环境监测等任务；利用其起降场地要求低、复杂地形条件下灵活运行的能力，可参与应急救援、城市安保、通信中继、反恐维稳等任务；利用其安全性高，在人群密集地上空飞行执行任务（如 Skyship 系列载人飞艇已经取得了澳大利亚民用航空安全局的完全认证）。同时，随着通用航空的不断发展，中低空载人飞艇已进入高端综合飞行体验、通航作业等部分通用航空的业务。目前，美国、德国、英国、澳大利亚、瑞士等国将中低空飞艇应用于旅游观光、科学试验、侦察监视、反恐维稳等领域，并取得了很好的应用效果。

一、旅游观光

在旅游观光领域，飞艇自诞生以来就因其良好的滞空性能、悠闲的飞行节奏、宽广的游览视角而受到游客们的喜爱，在一些西方发达国家都设有多条定期飞艇旅游航线。乘坐飞艇从城镇、乡村、自然景区上空缓缓飘过，在天空中将城镇的繁华、乡村的宁静、自然景区的奇异尽收眼底，确实是一项轻松而美好的旅游体验。截至目前，德国齐柏林飞艇公司是世界上非常成熟的飞艇制造及运营的商业公司。旗下在德国拥有多种飞艇飞行航线。从时间来划分，共有 30min 模式、40min 模式、45min 模式、60min 模式、90min 模式和 120min 模式。齐柏林飞艇公司目前共开发了 14 条航线，除 Munich 航线以外，其他航线均以德国南部的博登湖为中心开发的旅游观光航线。其中 Bodense 航线是目前为止齐柏林飞艇航线最远的航线，全程 120min，每人 795 欧元。该航线正好环绕美丽的博登湖一周。

二、应急救援

在应急救援领域，国外曾采用载人飞艇实施海上应急救援活动。由于载人飞艇相较其他飞行器而言，飞行高度和飞行速度较低，容易操控，因而更易发现失事船只和遇险人员。载人飞艇在发现失事船只和遇险人员后，可以采取两种救援模式：一种是由飞艇直接实施救援，抢救遇险人员；另一种是飞艇向遇险人员抛投救生筏、食物、简单医疗器械等，标注目标海域，通知救援飞机、船只赶往目标水域实施救援活动。

三、反恐维稳

美国是利用中低空飞艇执行军事任务最成功的国家。第二次世界大战时期就曾为海军舰队配备了一支有上百艘低空飞艇的编队，为海军舰队执行护航任务。20 世纪 80 年代美国开发使用了“哨兵”飞艇，护送海上舰队执行空中侦察任务。

长期以来美国陆军就对飞艇兴趣浓厚，一直想把它作为无人侦察机、侦察飞机和侦察卫星的补充侦察手段。但由于要研发和装配到部队中的新型武器系统实在太多，飞艇的服役优先等级也被降低了。直到 911 事件后，面对反恐战争的特殊作战环境，美国陆军对于军事侦察飞艇的兴趣重新被激发出来。

2010年6月，美陆军委托Northrup Grumman公司开展长航时多情报飞行器研制，用以加强对作战区域的侦察和监视，2012年8月8日，长航时多情报飞行器有人驾驶飞艇在新泽西州成功进行了首次飞行测试。2014年年初，英国混合飞行器公司又重新开始Airlander 10飞艇（原LEMV飞艇）的研制工作，飞艇能在22000ft（约合6700m）的高空停留超过21d。相比之下，著名的"全球鹰"战略无人侦察机的连续飞行时间也不过2d。该飞艇搭载有多种侦察传感器，能够为地面部队实时提供持续的图像和信号。Airlander 10飞艇在试飞时搭载有多名乘员负责测试仪器是否正常，但在实际任务中整个飞艇将实现无人自动化操纵。MZ-3A飞艇和Airlander 10飞艇见图5-3。

2003年9月，位于美国夏威夷州首府火奴鲁鲁的国际科学与技术公司（STI）与美国海军研究局签订了一项负责为美国海军研制一种保卫美国国土安全和执行反恐任务的载人飞艇的协议。STI反恐飞艇是以全球飞艇工业公司生产的SKYSHIP 600B型客运飞艇为基础进行改装的，可以在海港上空执行巡逻任务，搜索恐怖组织的潜水员、可疑的船只以及其他异常活动，同时也可以为军事基地提供侦察任务，协助边境巡逻等。

STI反恐飞艇全长61m，宽19m，高20m，总容积为7200m^3，见图5-4。其飞行速度平均为每小时90km，最大航程650km，飞行高度可达600 ~ 900m，这一高度已经超出了大部分小型武器的火力范围，其自身安全可以得到一定的保障。STI反恐飞艇空中侦察范围约为60km，而且能够在目标上空悬浮12 ~ 72h。飞艇上装备有红外传感器和高分辨率相机，可进行昼夜监视并拍摄清晰照片。此外，飞艇上还安装有美国海军寄予厚望的"机载近海探测超光谱成像系统"（LASH System）。该系统于1999年10月开始研制，总投资超过了5000万美元，可探测到人的肉眼无法发现的微小色彩变化，并能拍摄到隐藏在水面以下的目标。在一次飞行测试中，STI反恐飞艇在丛林上空成功地完成了搜寻"恐怖分子营地"的任务。尽管有浓密的树木遮盖，飞艇仍顺利地探测到了用蓝色油布伪装的目标，在监视器中用红色标明了可疑位置，并用高

图5-3　MZ-3A飞艇（左）和Airlander 10飞艇（右）

图 5-4 STI 反恐飞艇

分辨率相机对其进行了拍照。

美国 BOCSH AEROSPACE 公司承担小型飞艇侦察系统（SASS）计划开发的一系列小型现代飞艇任务。这些飞艇的最大飞行速度为 72km/h，工作高度为 1000 ~ 2000m，见图 5-5，主要用于军事侦察、边境巡逻、航道巡逻、救援、数据采集、通信中继等任务，采用 GPS 导航、数字式自动驾驶仪、FTS 飞行中断系统等先进技术，可以装备多种技侦设备，最大任务设备达到 190kg。

英国飞艇工业公司设计研制了 A-60S 飞艇和“飞舟 -100”飞艇，配备了对空、对海搜索雷达、作战情报系统和火控雷达等装备，作为现代海军空中侦察飞艇使用。俄罗斯已研制投入使用的 Au-30 和计划研制的 DPD5000 大型飞艇都将应用于海岸线巡逻、通信中继、预警监视等任务。以色列已将对流层飞艇成功应用于反恐作战，通

图 5-5 美国 BOSCH AEROSPACE 公司的小型侦察飞艇

过对加沙地区哈马斯总部的持续严密监控，实时掌握哈马斯头目的活动情况，并根据该情报实施定点清除。

2018 年 6 月，韩国电信公司利用搭载应急服务网络平台的 Skyship 飞艇开展搜索和救援行动。一旦这艘飞艇捕获生存者的信号，平台就会在救援人员到达前先行派出小型无人机运送应急包和物资。

四、航测航拍

对流层飞艇可携带人员及设备或直接搭载航空摄像设备对体育赛事等进行拍摄。

Goodyear 公司已先后引入了三艘飞艇，"齐柏林 NT" 飞艇用于拍摄体育赛事。最近一艘飞艇于 2018 年 9 月 3 日正式投入使用，该飞艇被添加到现有的 NT 编队——Wingfoot One 和 Wingfoot Two，分别在佛罗里达州的 Pompano 海岸和加利福尼亚州的 Carson 海岸运行。2017 年，Goodyear 公司的飞艇共拍摄了 200 多场体育赛事的航拍镜头，大约吸引 6000 万观众。

五、其他

近年来，对流层飞艇不断被开发出新的用途。2018 年 3 月 13 日，在加利福尼亚州埃尔西诺湖畔，圣迭戈州大学 20 岁的在校生 Kari McCollum 利用飞艇牵引，在埃尔西诺湖湖面进行了长达 11.1km 的水面冲浪，打破了之前 8.05km 的纪录，创造了一项新的世界纪录。2019 年 3 月，三位奥地利冒险者利用齐柏林飞艇，空降阿尔卑斯山，然后滑雪而下，又一次重新诠释了极限运动的精髓。

2018 年 10 月，韩国第二大移动运营商韩国电信（KT）公司在印度移动通信大会（IMC）期间展示了一艘采用 5G 技术的无人飞艇。这艘名为 Skyship 的飞艇采用三星电子生产的 5G 用户驻地设备（CPE）以及一台可以 360 度拍摄图片和视频的先进高分辨率摄像机。在新德里举办的 IMC2018 期间，这艘飞艇拍摄的视频通过 5G 网络实时传输到三星电子展台的一台大尺寸显示器上。

近年来国外有关对流层飞艇的发展情况见表 5-6。

表 5-6　近年来国外有关对流层飞艇的发展情况

日期	主要事件
2013 年 9 月	在美国国防部的资助下，位于加利福尼亚的 Aeros of Montebello 公司启动了一项名为"鹈鹕"（Pelican）的全新飞艇研制计划（飞艇长 77m，体积约为 16990m^3。飞艇采用刚性外壳可变浮力技术），并于 9 月 13 日完成了首次飞行试验
2013 年 9 月	用于加强韩国西北岛屿地区监视及侦察能力的战术飞艇项目被暂时搁置（主要原因是飞艇的技术问题和向研制企业的付款问题）

续表

日期	主要事件
2014 年 1 月	欧洲空中客车集团提出了一个可执行长时间监测任务的混合动力双体对流层飞艇的概念，计划 3 年内完成飞艇样机研制（该飞艇长 90m，宽 60m，飞行高度可达 7000m，并且能够以 60 ~ 150km 的时速或者在吊载 7t 货物的情况下持续飞行 40d）
2014 年 3 月	德国为美国固特异飞艇公司设计完成了新一代 Goodyear 飞艇（Wingfoot One），该飞艇于 3 月完成建造，并进行了试飞
2014 年 3 月	英国混合航空器公司开始重新组装从美国陆军获得的长航时多情报飞行器。该项目在 2015 年中期到达加拿大和美国以展示该飞艇在远程区域用于重型运输任务的潜能
2014 年 3 月	俄罗斯军事工业委员会 3 月 10 日建议开发无人飞艇平台，由国有公司多尔戈普鲁德内自动化设计局（DKBA）制造，用于监视北极圈内的防务设施和军事活动，平台将装备热成像、电光、激光、方向搜寻和视频系统
2014 年 6 月	俄罗斯无线电工程领域的“领头羊”维加公司开始测试新一代飞艇，该飞艇可安装导弹袭击预警雷达等
2014 年 6 月	三个社会活动组织通过将显示“NSA 正在下方非法监控”的飞艇开往 NSA 犹他州数据中心上空的行为反对 NSA 大规模监控项目
2014 年 7 月	俄罗斯一批活跃分子计划 2016 年 5 月从圣彼得堡乘长约 50m 飞艇前往北极探险，但未见后续报道
2014 年 8 月	美国众议院拨款委员会要求国防部启动一项重型混合飞艇的演示验证项目。相关的要求也加进了 2015 年防务预算方案，要求美国空军和运输司令部主导这项工作，启动可到达全球货运飞艇的“概念演示竞标”
2016 年 2 月	洛克希德·马丁公司混合式飞艇获英国直线航空公司 12 架采购订单
2016 年 6 月	德国 H-Aero 公司推出“旋转混合飞艇（H-Aero One）”，其采用圆盘形机身加对称翼型机翼布局，通过前后缘襟翼的偏转优化适应垂直旋转和固定翼前飞状态
2016 年 7 月	重载飞艇 LCA60T 电力系统上使用石墨烯电池，大大增强其续航时间
2016 年 7 月	洛克希德·马丁公司的“臭鼬工厂”研制飞艇用自行破损评估修复仪 Spider，可简化飞艇检修工作
2016 年 10 月	加拿大 Solar Ship 与 Manaf Freighters 的合资企业 Peace & Freedom Services 期望部署其新型太阳能混合动力飞艇，将非洲大湖区的人们与全球物流联系起来
2016 年 11 月	英国混合飞行器公司建造的 Airlander10 第二次试飞在基地降落时撞上电线杆，驾驶舱遭受一定损害
2017 年 1 月	亚马逊设想使用无人机通过一个“空中仓库”实现规模化运作，这个计划的名称为 airborne fulfillment centers，其形状如一个大飞艇浮动在大约 1.3 万千米以上的高空，通过无人机实现预定运送或者随叫随送
2017 年 1 月	固特异 Wingfoot One 飞艇搭载摄像机在城镇上空直播橄榄球赛

续表

日期	主要事件
2017 年 3 月	韩军士兵利用飞艇练习跳伞
2017 年 5 月	谷歌创始人出资建全球最大飞艇作为私人豪华飞艇，其将使用一种类似鱼鳔装置的系统来控制其浮力，使其能够在全球几乎任何地方卸载货物
2017 年 6 月	法国科学家研发出新式飞艇，可在岩洞内自由滑翔
2017 年 10 月	洛克希德·马丁 LMH-1 货运飞艇宣布跳票，原计划 2018 年进行试飞预计将推迟到 2019 年
2017 年 11 月	固特异公司改造升级飞艇基地，为 Wingfoot Two 飞艇新建充气式艇库
2017 年 11 月	零售业巨头的飞艇专利 PK：亚马逊 VS 沃尔玛。亚马逊对无人货运提出飞艇仓库概念，申请监控货运无人机的飞艇编队专利；沃尔玛提出飞艇仓库计划，申请"无人驾驶飞机系统的充气空中运输和发射系统"专利
2017 年 11 月	英国混合航空器公司的全球最大飞艇 Airlander10 在使用锚泊拖车转场中出现锚泊车与艇体脱离，锚泊点意外脱离的原因未明
2018 年 3 月	法国飞鲸公司已经与洛克希德·马丁等公司开展合作，预计 2021 年推出首架新型运输飞艇参与全球大型货运飞艇市场竞争
2018 年 3 月	3 月 13 日在加利福尼亚州埃尔西诺湖畔诞生了一项利用飞艇冲浪的新世界纪录
2018 年 4 月	美国北方天空研究（NSR）公司预测：飞艇、高空气球和伪卫星平台市场下个 10 年将实现稳步增长
2018 年 4 月	国际浮力飞行器系统公司（BASI）与巴西航空公司签署协议，共同开发出一种能在高温、潮湿环境和北极飞行的齐柏林式飞艇
2018 年 4 月	Goodyear 最新的一款飞艇——NT 飞艇将于夏天飞行，分别在佛罗里达州的 Pompano 海岸和加利福尼亚州的 Carson 海岸运行
2018 年 5 月	法国 Aeroplume 人力划桨飞艇问世
2018 年 6 月	Goodyear 公司的第三艘飞艇——"齐柏林 NT"飞艇近日在美国成功完成首次飞行
2018 年 7 月	英国混合航空器公司公布 Airlander 10 飞艇内部豪华装饰
2018 年 7 月	电商巨头亚马逊利用小型飞艇运载存放商品，拟建空中仓库，为无人机配送降本增效
2018 年 8 月	英国 Avalon Airships 公司设计了一款水面起降的电动飞艇，名为 Eon，这是一款零排放无人驾驶飞艇，主要用于改善警务、监视、救护和救援服务，同时也可用于商业、货运、娱乐和农业等领域
2018 年 9 月	轮胎巨头公司固特异最新的半硬式飞艇"Wingfoot Three"号正式升空，该艇艇长和足球场相当，将继续用于拍摄体育赛事的航拍镜头
2018 年 9 月	为配合伦敦设计节，伦敦设计博物馆在其位于肯辛顿的馆舍中放飞了一艘意念控制的飞艇
2018 年 10 月	韩国第二大移动运营商韩国电信公司在印度移动通信大会上展示了一艘采用 5G 网络技术的无人飞艇，这艘名为 Skyship 的飞艇采用韩国科技巨头三星电子生产的 5G 用户驻地设备以及一台可以 360 度拍摄图片和视频的先进高分辨率摄像机
2018 年 11 月	洛克希德·马丁公司宣布已将 Telephonics 公司生产的 RDR-1700B 海上监视成像雷达成功加装在执行陆海监视任务的 74K 型无人飞艇上

续表

日期	主要事件
2018 年 11 月	瑞典 OceanSky 公司采用 Airlander10 飞艇为游客提供北极豪华一日游
2018 年 11 月	美国西雅图 Egan 初创公司推出了一种新型载人混合飞艇，该飞艇具有氦气气囊和倾转机翼，使其具有类似直升机的控制能力，可垂直下降。目前已完成了初步设计，预计需要四年完成研制、取证并开始生产
2018 年 12 月	嘉年华公司 Choose Fun 飞艇搭载 Vista 级游轮在加利福尼亚州进行一个月的巡演飞行，完成嘉年华公司全景号邮轮为期一年的推广活动
2019 年 1 月	英国 Hybrid Air Vehicles 公司宣布 Airlander 10 原型机退役，计划打造首批量产级 Airlander10；并计划研制尺寸更大的版本 Airlander 50；其商业版已获得英国民航局（CAA）的生产批准，预计将于 21 世纪 20 年代初实现载客
2019 年 3 月	齐柏林飞艇新应用：滑雪
2019 年 5 月	英国成功试飞了一架由可变浮力驱动的大型飞行器 phoenix，其飞行期间一半属于轻于空气的航空器，另一半时间属于重于空气的航空器

参考文献

[1] 古彪，等. 世界特种飞行器及应用 [M]. 北京：航空工业出版社，2016.
[2] 吕胜涛. 遥控飞艇在处置群体性突发事件中的应用探讨 [J]. 警察技术，2011，6：68-70.
[3] 固特异新一代飞艇神秘面纱近日揭晓 [EB/OL]. http://auto.online.sh.crdcontent/2014-03-20.
[4] 李金明，龙飞. 国外大型对流层飞艇发展现状、特点与趋势 [J]. 航空科学技术，2015，1：1-6.
[5] 余晖. 诺斯洛·普格鲁门公司获得美国陆军飞艇合同 [J]. 国际航空杂志，2010，11：62-63.
[6] 郭允良. 现代型大型运输飞艇——21 世纪国家战略性新兴产业之选 [C]. 2011 年中国浮空器大会论文集. 北京：航空工业出版社，2011.
[7] G Warwick. Aeros tests pelican variable—buoyancy airship [EB/OL]. http://www. aeroscraft. com/.

第三章　国内对流层飞艇发展现状分析

第一节　国内对流层飞艇研发运营企业

国内早先从事对流层飞艇领域产品研制和开发的单位较多，发展过程中竞争方式逐渐从原先单位与单位之间的竞争转变为集团与集团之间的竞争，通过近十年的运营，部分中小型对流层飞艇企业或倒闭，或被兼并（合作研发），或被迫从事其他行业等，相互之间仍处于无序竞争的状态。

从国内调查的结果分析表明，目前国内从事对流层飞艇（含飞艇和系留气球等）研制及相关业务的研究机构、制造商、运营商、零部件供应商估计有50多家，行业并未完全成熟，市场开发程度也不够，国内主要飞艇企业分布见图5-6。

目前，国内从事浮空器领域产品研制和开发的单位主要包括航空工业、中电科技、中国航天、中国科学院、高校及民营企业六大板块。主要单位情况见表5-7。

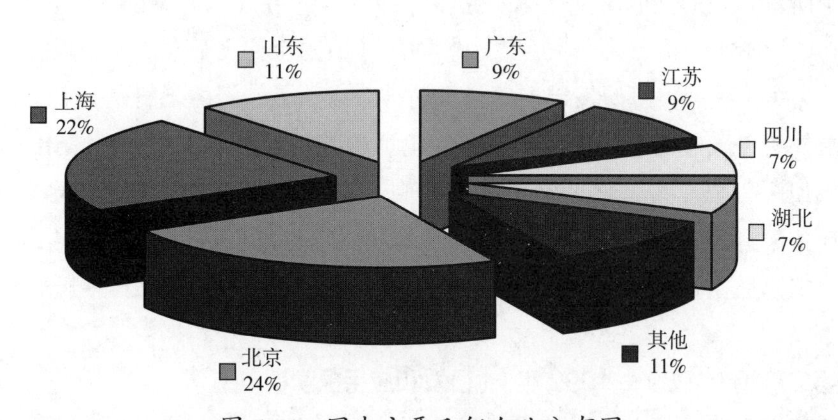

图5-6　国内主要飞艇企业分布图

表 5-7　国内主要浮空器产品研制单位

序号	单位	主要浮空器产品
1	中国特种飞行器研究所	系留气球、FK 系列遥控飞艇、超视距飞艇（FKC 系列、JD 系列、JY 系列）、浮升一体化飞艇、平流层飞艇试验艇（PFK300、TY3）、TD100 对流层飞艇
2	中国电子科技集团公司第三十八研究所	系留气球、“天舟”系列对流层或平流层飞艇
3	中国科学院空天信息院	高空气球、系留气球、平流层试验艇（KF15、KF31、KF13、KFG30B、KFG44）
4	航天科工 068 基地	JZ-12K 系留气球、JKZ 系列遥控飞艇、JZ 系列双体对流层飞艇、平流层飞艇
5	北京航空航天大学	平流层飞艇、遥控飞艇
6	北京华教飞艇企业集团	HJ 系列载人飞艇
7	达天飞艇制造有限公司	CA-24R、CA-25R、CA-38R 遥控飞艇，CA-E3000S 型平流层飞艇，CA-T20T 型载重飞艇，CA-300 型载人飞艇，CA-220M 和 CA-260M 型系留气球

第二节　国内对流层飞艇产品现状分析

一、中小型载人飞艇

从国内载人飞艇的发展历程来看，大致经历了三个阶段：

1. 第一阶段（1978—1988 年）：萌芽期

这个阶段，国内飞艇事业才刚刚起步。1978 年，在北京召开的全国科学大会上，飞艇研制成为 108 个重点科研项目之一。同年，中国特种飞行器研究所根据当时国家计划委员会关于我国飞艇研发定点的指示精神，成立了专门的飞艇研究室，开始收集和消化国外有关飞艇的技术资料，在研究论证的基础上，于 1985 年研制出国内第一艘遥控飞艇——FK1 型，之后又研制出多艘 FK 系列遥控飞艇用于广告宣传、科研试验等任务，这也为中国特种飞行器研究所后续自主发展载人飞艇奠定了良好的技术基础。北京航空航天大学也在 20 世纪 80 年代中后期研制了载人热气球和小型遥控飞艇。

2. 第二阶段（1989—1999 年）：研发和应用探索期

由于载人飞艇的特点和独特优势以及国外载人飞艇应用带来的经济和社会效益，载人飞艇引起了国内部队和部分企业的关注。国内开始从国外引进载人飞艇开展应用研究，或尝试在国外载人飞艇基础上进行仿制再应用。这一阶段，国内多家单位或企业对载人飞艇如何研发以及如何进行应用等进行了探索性研究。

1989—1990 年，根据亚运会的需要，中国特种飞行器研究所自筹资金，完成了国内第一艘充氦载人飞艇 FK4 的研制，并在亚运会期间从湖北荆门长途飞行至北京参加飞行表演。1994 年，上海达天飞艇制造有限公司的前身北京奥润德空中服务有限公司从美国引进一艘 A60+ 型载人飞艇。1995 年，北京华教飞艇企业集团的前身海南空中服务公司从英国引进了 2 艘英国 GA–42 型软式载人飞艇，开始从事飞艇项目的研究和运作。1995 年年初，经国务院、中央军委批准，同意武警部队装备飞艇（从美国引进 2 艘 A60+ 飞艇），用于在执勤与处置突发事件中执行指挥、通信和运输任务，并于当年 4 月在北京三环路外上空进行了巡逻飞行。1995 年，A60+ 载人飞艇参加了天津举行的第四十三届世界乒乓球锦标赛，并担任空中执勤和空中拍摄录像任务，同时还参加了联合国第四次世界妇女大会，担负空中巡逻执勤及大会开幕式、空中摄影和摄像、电视转播等各项重要任务。1997 年，A60+ 载人飞艇还参加了香港回归活动。

3. 第三阶段（2000 年至今）：导入和成长初期

2000 年，上海达天飞艇制造有限公司在上海注册，2001 年，该公司成功研制出 CA–80 型载人飞艇，该艇于 2005 年取得适航证。2003 年，北京华教飞艇企业集团在北京注册，2004 年，其研制的 HJ–2000 载人飞艇获得了中国民航有关部门颁发的型号设计批准书、单艇适航证以及经营许可证。2005 年，大连通用航空有限公司购买了 2 架 CA–80 载人飞艇，并开始商业运营。国内 CA–80 及 HJ–2000 载人飞艇在上海、广州、南京、深圳、大连、沈阳、哈尔滨、长春、宁波、杭州、汕头、湖北、郑州等地多次执行广告宣传、科学试验、空中监测、空中航拍、电视转播等任务。此外，国外载人飞艇在国内应用也较为广泛。2006 年，中国运营商 Avitra 航空无线电通信公司从国外购买了一艘 AT–10 载人飞艇，用于执行上海地区的广告宣传任务。2007 年 9 月，陕西九天通用航空有限公司成立，其业务领域涵盖了大型载人飞艇研发。2008 年，上海大众也采用国外 A–170LS 载人飞艇进行广告宣传。

近年来，随着我国经济的迅速发展和国力的不断提升，载人飞艇产品开始呈现出广阔的目标市场。同时，我国的新军事变革也要求载人飞艇承担其特有的使命任务。国内已应用的载人飞艇除了从国外引进，上海达天和北京华教曾研制了载人飞艇，但这些民营企业受一些因素限制，没有后续的载人飞艇产品投入应用。这一状况或许即将改变：2018 年 10 月，由工业和信息化部立项的 3500m^3 载客 10 人的飞艇项目正式启动，由中国特种飞行器研究所研制。按要求，该飞艇要取得中国民航当局的适航证。

二、无人飞艇

1985 年，中国特种飞行器研究所研制出我国第一艘遥控飞艇 FK–1，之后又先后研制出 FK-2 到 FK-22 等系列遥控飞艇。2003 年，电子科学研究院联合中国特种飞行器研究所、上海交通大学、中国电子科技集团公司第三十八研究所，研制了电力推进的低空无人飞艇 FK20，用于平流层飞艇预先研究与低空演示验证。同年，中国电子科技集团公司第三十八研究所浮空器平台研发中心研发了体积 120m^3 的 BTW120 无人遥控飞艇。2008—2011 年，中国特种飞行器研究所先后研制出三型 200m^3 左右的 FKC 系列超视距自主飞行飞艇，用于地理信息采集、天线性能测试等。2009 年，上海交通大学研制并首飞成功携带燃料电池的“致远一号”无人飞艇，用于平流层飞艇研究试验。2012 年和 2018 年，中国特种飞行器研究所研制成功两型目前国内最大的无人对流层飞艇，体积超过 6600m^3，用于技术试验。多家民企也研制了多型无人飞艇用于广告、演习、测绘等业务。

三、载重飞艇

国内从事载重飞艇研究的单位很少。20 世纪 80 年代初，中国特种飞行器研究所收集、消化了大量国外大型飞艇的技术资料，研究了载重飞艇的系列技术问题，为当时的石油部设计了搬运井架的大型飞艇技术方案。从 2001 年开始，中国特种飞行器研究所又进行了体积达 25 万 m^3 的 FK25Y 飞艇的总体方案论证并于 2009 年研制试飞了 FKDY 浮升一体化试验艇用于演示研究。2016 年，中航通用飞机有限公司与法国飞鲸控股公司正式合作研制载重可达 60t 的 ICA-60T 飞艇。该项目的中方工程研发任务由中国特种飞行器研究所承担。此外，达天飞艇公司、航天科工 068 基地也进行了主要用于载重飞艇的浮升一体化布局飞艇的研制与试飞。

第三节　国内对流层飞艇产品应用现状分析

2018 年 7 月，达天公司 CA-80 型载人飞艇参加了陕旅集团主办的“飞越大陕北，空中游延安”主题活动和周原景区文化艺术节活动，填补了陕北低空旅游市场空白。9 月，达天公司 CA-80 型载人飞艇在江苏进行了科研试飞。11 月，在广州进行了广告飞行。

在 2018 年 9 月 19 日的杭州云栖大会上，由空中飞艇、地面基站共同搭建了一个“天空物联网”，实现了从地面 4 万米高空到地下 20m 的覆盖，并持续为大会服务。该飞艇搭载了防水防尘 IP67 等级 LoRaWAN 网关，通过阿里云 IoT 的 Link WAN 平台与展会地面站组成物联网络。天空站采用全向玻璃钢天线，能同时处理 SF7 ~ SF12 展频通道。收送范围远至 15km 外，服务范围突破 700km^2。

近年来国内有关对流层飞艇的发展情况见表 5-8。

表 5-8　近年来国内有关对流层飞艇的发展情况

日期	主要事件
2013 年 8 月	印度一再声称，在印中边境地区发现“不明飞行物”。有外媒臆测，解放军边防部队或许正在加紧构建以高空气球和飞艇为核心装备的智能化边防监控网，以对边境地区进行监控，并在战时确保侦察通信系统能够正常运转
2013 年 12 月	中国特种飞行器研究所研制的“金雕 3”飞艇作为新型航空测绘应急装备，参加了山西测绘系统应急演练
2014 年 4 月	陕西九天通用航空有限公司“GTGA-K9000 大型载人飞艇”已完成设计论证和试验测试工作，并进入生产制造阶段
2014 年 6 月	6 月 16 日，中国特种飞行器研究所“金雕 3A”超视距飞艇和原中国科学院光电院气球中心“KF-13”电动飞艇在中国测绘创新基地参加了由国家测绘局组织的测绘地理信息装备展示
2014 年 6 月	上海达天飞艇公司 CA-38R 型载人 / 无人飞艇在阿拉善中国飞艇基地试飞成功
2014 年 8 月	中国航天科工 068 基地 7801 所研制的自控艇（双囊体布局）项目在艇库内完成了电气联调和充气试验，取得了阶段性成果，整装待发准备赴外场开展飞行试验
2014 年 8 月	8 月 15 日，北京产权交易所诉讼资产网络交易平台上出现了一艘由北京第一中级人民法院委托拍卖的飞艇（这艘飞艇的型号为“Aeros 40D SKY DRAGON”，艇长 46.3m，评估价 1075 万元，保证金高达 200 万元）。由于首次拍卖时流拍，这艘价值千万元的飞艇还将进行第二次拍卖
2014 年 8 月	上海达天公司 CA-38R 型载人飞艇在阿拉善中国飞艇基地试飞成功
2014 年 8 月	阿拉善空天科技飞行器公司“KT-02”大型对流层飞艇（体积 28273m^3）在内蒙古阿拉善中国飞艇基地进行总装测试后未进行试飞
2014 年 8 月	8 月 16 日，由北京航空航天大学、清华大学、首都师范大学等单位共同承担的国家科技支撑计划项目《青海湖流域生态环境综合监测应用系统》之课题“超高空飞艇载荷集成与定量处理技术”完成“蓝天号对地观测”飞艇高海拔首飞及对地观测载荷系统外场试验测评任务
2014 年 8 月	隶属于深圳勘察研究院有限公司的一款用于低空摄影测量的无人飞艇在坪山新区低空摄影测量基地试飞（该艇能够在最高 1500m 的空中自动飞行 2h，机上安装的高分辨率照相机可拍回清晰地面图像供测绘使用）
2015 年 11 月	达天载人飞艇携带 1000kg 载荷在 3110m 续航 4h，开创了亚洲纪录
2016 年 4 月	北京将推动飞艇等救援新技术应用，完善空中救援指挥调度和综合保障机制，扩展突发事件应对范围
2016 年 6 月	达天飞艇公司研发的全太阳能飞艇 CA-21R 在南非成功试飞
2016 年 9 月	达天飞艇公司侦察、目标探测用 CA-180 飞艇（2+9 座）亮相科技博览会
2016 年 9 月	达天载人飞艇外挂无人机在宁夏中卫投放成功
2017 年 8 月	内蒙古航润科技发展有限公司研制的新型“乌兰号”无人飞艇在呼和浩特进行低空测试
2017 年 9 月	株洲试点应急救援创新系统，无人飞艇用于救援
2018 年 5 月	达天飞艇 CA-T24R 载重艇和平流层飞艇样艇在宁夏中卫试飞成功

续表

日期	主要事件
2018 年 7 月	甘肃高台县农民首创用飞艇给农田喷洒农药
2018 年 8 月	航空工业 8 月 26 日在湖北荆门组织召开了 3500m^3 民用载人飞艇研制项目启动会
2018 年 9 月	我国首艘全硬式大型载人飞艇“GTGA-K9000”在西安航空基地内府机场正式下线，该飞艇拥有全球五个第一，以新型多发矢量控制系统、动力系统纯电动力、飞艇新型碳纤维材料应用、全硬式骨架框体等设计全方位确保人员安全
2018 年 9 月	达天载人飞艇在江苏进行科研飞行任务
2018 年 9 月	阿里在杭州云栖大会上用空中飞艇、地下基站共同搭建了一个“天空物联网”，服务范围达 700km^2，实现了从地面 4 万米高空到地下 20m 的覆盖，并持续为大会服务
2018 年 11 月	达天载人飞艇在广州进行商业广告飞行任务

第四章　对流层飞艇发展预测

目前国外对流层飞艇的整体发展趋势如下：

一、多功能一体化

发展多功能一体化飞艇，在飞艇上搭载不同任务载荷设备，建立集预警探测、侦察监视、电子对抗、通信指挥于一体的综合军用侦察和信息系统，已成为飞艇应用技术开发领域的一个重要方向。如美国正在研制的多功能侦察警戒飞艇，能替代美国“机载预警和控制系统”或俄罗斯A-50预警机，一艘飞艇可起到5架巡逻机的作用。

二、大航程和长航时

由于飞艇空气动力设计的不断改进，太阳能电池与燃料电池组合供电，以及离子推进器动力系统等技术的应用，飞艇航程和续航时间不断增大。

三、承载能力越来越强

超大型飞艇具有超强的空中运载能力，可以远距离空投部队、装备及各类保障设备，给遥远的空、海军基地和境外驻军运送补给。美国专家评估，几艘巨型飞艇可以在一个航程内从美国本土向欧洲空运两个摩托化步兵师的所有人员和装备。美国俄亥俄飞艇公司正在加紧研制一款集超大货运能力、高效能、低成本于一体的对流层飞艇——Dynalifter（PSC），载荷将达到250t。英国设想研制载重量可达200～1000t“天猫1000”飞艇。

四、安全性能不断提高

现代飞艇的安全性已经有了质的飞跃。与早期充满着氢气的气球不同，现代飞艇使用的是氦气。飞艇甚至还可以在恶劣天气下照常飞行。试验表明，即使40颗子弹同时击中一艘飞艇，也只有极少量的氦气泄漏，几乎可以暂时不用处理。随着现代飞艇技术的发展，飞艇在抗打击、抗天气、抗干扰等方面将有很大的进步。

第五章　国内外对流层飞艇发展差距分析

第一节　关键技术攻关方面

在对流层飞艇方面，美国、英国、德国和俄罗斯等发达国家早在20世纪就已经形成了成熟的技术，并先后研究、生产了大量型号产品投入军用和民用市场，近期，仍不断进行大型载重飞艇及各种新概念飞艇等的研制工作，各种关键技术不断攻破，新技术不断提升。而我国虽然从20世纪80年代起就从事对流层飞艇的先期研究工作，并已研制出多种中、小型产品投入使用，但到目前为止，在大型和巨型对流层飞艇研发方面仍处于关键技术攻关试验验证阶段，尚未研制出可供实用的定型产品。另外，我国在大型飞艇的设计和系统集成技术方面尚处于初期阶段，也没有形成我国自己的设计标准和规范，其系统集成的水平较低，缺乏实用产品的设计经验。而西方发达国家已应用总体优化、系统集成和结构一体化设计技术，并已形成了较为完整的飞艇设计标准和规范。

第二节　基础工业产品方面

现代对流层飞艇的研发涉及许多基础工业产品，这些产品与国外相比存在较大差距。

一、高性能气囊材料

通过多年的发展，西方发达国家已研制出可满足多种对流层飞艇制造要求的系列气囊材料，并已大批量生产使用，这些气囊材料是一种多层复合材料，具备重量轻、强度高、低透气、抗辐射等多项技术要求[1]。我国虽然也有不少单位从事该项产品研制，但至今为止，只研制出少量样品投入试用，并未批量生产投入使用。目前我国正在研制的几种对流层飞艇产品，多数采用了国外买进的气囊材料制造。我国在气囊材料的设计、试验及生产制造技术方面仍存在较大差距。

二、动力推进技术

目前，我国生产的动力推进装置基本不能满足中小型对流层飞艇和大型对流层飞艇的使用需要，主要还是依靠从国外进口的发动机。在电动飞艇研制方面，轻质大功率电机和电池仍是限制其发展的主要桎梏。

总的来说，我国基础工业比较落后，对流层飞艇产品研发所需的高性能复合材料、发动机、螺旋桨、电池等产品目前还难以满足要求，大多需要从国外进口，这将严重阻碍我国对流层飞艇产业的发展，国家有关部门应重视上述基础工业产品的发展，制定发展规划，加大技术攻关力度，尽快研制出可供对流层飞艇产品研发所需的各类产品。

第三节　型号研制方面

国外对流层飞艇发展距今已有百余年历史，随着航空技术、新材料技术的发展，世界各国又掀起了研制和开发新一代对流层飞艇的热潮，特别是美国、英国、德国、俄罗斯等发达国家，涌现了很多世界知名的对流层飞艇研发单位，已经占据了世界对流层飞艇领先地位。

以美国 TCOM 公司、Aeros 公司、Westinghouse 公司、Lockheed Martin 公司，英国 World SkyCat Ltd 公司、Airship Industries 公司，俄罗斯 Augur Aeronautical Centre 研究中心，德国 Zeppelin Luftschifftechnik GmbH 公司等为代表的众多对流层飞艇研发单位，拥有资深的人才队伍、先进的研发技术和研制设备，建设了完善的基础设施，积累了丰富的研制和售后服务经验，培育了广阔的军民用市场，通过定制、成品出售、租赁和维护服务等方式，已经形成了很大的对流层飞艇产业，走在世界对流层飞艇产业化发展的前沿。

在型号研制方面，美国空军、海军、宇航局以及其他国家已制定了完善的发展规划，并由公司协作进行各种验证艇的研制和各种技术的攻关验证，最后完成型号的研制。我国目前很多单位正在开展多种对流层飞艇的研制，但相关的人才队伍和技术基础比较薄弱，了解、熟悉和精通相关业务的人员较少，高等院校也没有设置专门的学科培养人才。

第四节　基础条件保障方面

美国、德国等国作为传统对流层飞艇强国，已建造有设施完善的对流层飞艇基地，以满足大型对流层飞艇试验、制造和测试的需要。例如，美国 TCOM 公司基地占地面积约 3500 亩（1 亩≈667 平方米），建有 2 座大型艇库，可容纳多艘系留气球和飞艇等对流层飞艇同时调试、总装和停泊。美国洛克希德·马丁公司是美国高空飞艇项目和传感器 / 结构一体化飞艇项目的主要研制单位，其对流层飞艇基地占地面积约 3000 亩，建有 1 座大型艇库及完整的地面配套设施。2018 年，固特异公司对位于加利福尼亚州卡森市的飞艇基地进行改进升级，并为新式 Wingfoot Two 号飞艇建造了充气式艇库，该充气式艇库由 73 英里半透明聚酯织物制成，约 9 层楼高，比足球场还大。

德国在柏林以南 60km 的 BRAND 市开辟了占地约 5000 亩的对流层飞艇基地，建造了世界上最大的无内部支撑结构的艇库，能容纳 2 艘 260m 长飞艇；日本分别在大树町和茨城县日立港建设了飞艇试验场，大树町飞艇试验场占地面积约 3000 亩，已成功用于 10500m^3 SPF-2 低空演示验证艇的组装、测试和飞行试验。

我国也建有一些对流层飞艇基地，但是普遍规模还较小，而且设施不是很完善，用于试验的基地较少，没有满足大型对流层飞艇试验、制造和测试需要的基地，整体和西方发达国家有差距。

第五节　型号应用方面

国外发达国家在对流层飞艇研制和应用方面已有 100 多年的历史。早在 100 多年前，西方国家就可批量生产 20 万 m^3 以上的巨型飞艇投入航线使用。多年来，西方发达国家已生产了大量的飞艇并投入军、民使用，研制大量验证性飞艇进行飞行试验，并已形成了多家对流层飞艇生产公司，已形成了规模较大产业。国外浮空器企业十分重视标准的编制和知识产权的保护，在飞艇标准、规范方面见诸文献的只有探讨性的论证资料，企业标准未曾公开[2]。

和西方发达国家相比，我国对流层飞艇研发工作还在起步，目前仅研制出一些中小型对流层飞艇产品投入使用，产业规模较小，研发条件较差，产量和产值很低，生产制造工艺技术不够成熟，缺少必要的标准、规范，其囊体材料及主要生产设备大多从西方引进，尚未形成与对流层飞艇产业相配套的产业链。总的来说，和国外发达国家相比，我国目前对流层飞艇的应用还仅限于少量中小型对流层飞艇产品，其应用范围还较窄，也没有形成一套成熟的地面综合保障和使用维护体系，而且没有形成产业链。

参考文献

[1] 库利 G A，吉勒特 J D. 飞艇技术 [M]. 王生，等译. 北京：科学出版社，2008：6-7.
[2] 李万明，陶威. 我国浮空器的发展与标准现状 [J]. 航空标准化与质量，2012，4：18-20.

第六章　结束语

鉴于对流层飞艇在某些应用场景相较于一般飞机、无人机的诸多优势和广泛的军民用潜力，对流层飞艇的发展一直受到国外各军事强国的重视，近年来发展迅速。在旅游观光、应急救援、反恐维稳、航测航拍以及其他领域已得到了越来越多的实际应用。这也证明了对流层飞艇广阔的市场发展前景和强大的发展潜力。

在国内，目前对流层飞艇的发展较国外还比较缓慢，市场应用领域还比较单一，但越来越多的其他行业已开始关注对流层飞艇可能对其带来的行业革新。我们有理由相信，在不久的将来，对流层飞艇将在我国军民领域焕发新的活力。

撰稿人　孙　娜　江　梦　郑军喜　龙　飞　熊　伟

第六篇　平流层飞艇发展分析及预测

第一章 国内外发展现状

平流层飞艇具备飞行高度高、隐身性能好、生存能力强、覆盖范围广、任务成本低、工作寿命长、装备周期短、信息获取与传输能力强、可快速布置和转移等方面的优势，美国、加拿大、欧盟、英国、德国、以色列、韩国、日本以及马来西亚均开展了早期研究，以求尽早占领技术的制高点[1, 2]。

但随着研究的深入，各国均认识到平流层飞艇的技术难度所在，要最终实现平流层飞行，不仅是飞艇本身的问题，还涉及能源、环境、材料、控制等诸多学科的配合和突破。基于此，不少从事过早期研究的国家相继放慢了脚步，平流层飞艇的研究队伍也逐渐减少，目前仍在继续研究的有美国、英国、德国、俄罗斯、日本、韩国和中国。

第一节 美国

一、高空飞艇项目

当代平流层定点平台概念的提出源于20世纪90年代后半期的美国。这一概念一经提出，欧洲、美国、日本的一些研究机构与公司先后启动了平流层平台研发工作。在美国，911事件发生以前主要是民间机构在开展平流层飞艇的概念研究。911事件发生以后，美国军方全面介入平流层飞艇的研究，目标瞄准将其用于国土防卫与安全。

进入21世纪后，美国军方对平流层飞艇有非常紧迫的需求，其中美国北美空间防御司令部、CENTCOM(Central Command)、PACOM(Pacific Command)、USFK(United States Force Korea) 四个司令部都曾表示急需平流层飞艇，希望能在海外和区域冲突中利用平流层飞艇完成通信和侦察任务，来增强战斗能力。2005年3月，美国北美空间防御司令部和北部司令部司令官在预防恐怖主义、非传统威胁和能力的分委员会上列举了六项NORAD和USNORTHCOM所需要的创新技术，其中由NORAD、安全防御办公室、导弹防御局（MDA）和陆军共同推进的平流层飞艇被列为第一项，要求国会全力资助这些项目。2005年10月，美国海军顾问委员会在五角大楼的报告中指出，在解决一些重要技术问题的基础上，可持续工作的平流层飞艇可为未来海军任务提供解决方案[3]。

美国国家航空航天局于20世纪70年代就开始进行高空平台的论证研究工作，2003年提出了长185m、直径46m的设计方案，同时，美国国家航空航天局对采用平流层飞艇技术进行太阳系行星探索进行了可行性分析，认为采用太阳能电池或同位素电源驱动的飞艇技术是进行金星、火星、土卫六、木星、土星、天王星和海王星等探测的重要手段。

目前，美国政府多个部门以及一些企业对临近空间飞行器有着雄心勃勃的计划，不但陆军、海军和空军均已开展各自的研究计划，而且导弹防御局、国防部高级研究计划局、美国国家航空航天局等机构以及洛克希德·马丁公司等军火公司甚至大学也纷纷涉足其间。

2002年美国导弹防御局在ACTD计划中提出建造军用高空飞艇，其主要作战任务就是长时间停留在美国大陆边缘地区的20km高空中，监视可能飞向北美大陆的弹道导弹、巡航导弹等目标。2003年9月29日，导弹防御局选择洛克希德·马丁公司作为该飞艇的承包商，投入4000万美元。2005年6月，导弹防御局计划向洛克希德·马丁公司追加1.37亿美元进行为期四年的第三阶段项目，研制131m长、直径45.74m的原型飞艇，可飞行到18km的高度，驻空时间1个月，可承载227kg的任务载荷，计划在2010年进行原型艇的试飞[4-6]。但由于技术复杂，使得计划经过了几次延迟，最终其演示验证飞艇高空长航时飞艇验证艇（表6-1，图6-1）于2011年7月27日清晨5点47分在俄亥俄州的阿克伦城升空，在飞抵大约9754m高度后出现了技术异常，首飞未能按原定计划实现飞抵18288m高度的目标，该飞艇于当天上午8点26分坠落在宾夕法尼亚州西南。

表6-1 高空长航时飞艇验证艇主要设计参数

体积	14150m³	飞行高度	18288m
长度	73.152m	系统总重	1360.8kg
直径	21.336m	载荷重量	22.68kg / 36.288kg
长细比	3.429	载荷功率	500W / 150W
推进功率	2kW	续航时间	> 15d
储能电池	40kW·h 锂离子电池	是否可回收	是
太阳能电池	15kW 薄膜太阳能电池	是否可重复使用	是
巡航速度	10.288m/s		

图 6-1　美国高空长航时飞艇验证艇飞行试验

二、高空哨兵飞艇项目

高空哨兵飞艇是美国西南研究所（Southwest Research Institute，SwRI）与 Raven 工业公司共同开发的平流层试验飞艇，美国陆军空间和导弹防御司令部（U. S. Army Space and Missile Defense Command）对该验证项目提供资助[7-10]。

高空哨兵飞艇项目中飞艇方案是从 Sounder 项目发展而来，Sounder 飞艇全长 37.8m，体积 1371m^3，用 25μm 厚的 Nylon-6 材料制成，其主气囊膜片 18 副，无副气囊，设计时融合了超压球的理念，并通过液态压舱物调整攻角。Sounder 于 1999 年 4 月、2001 年 11 月和 2003 年 1 月开展了多次飞行，取得了有效的技术积累与储备。高空哨兵飞艇项目充分继承了 Sounder 取得的经验。旨在继续以低成本为目标研制能够在 18km 高空飞行的平流层动力飞艇。具体包括一系列技术，如发放回收、高空持久自动控制等。另外，系统将逐步实现提供 20 ~ 200 磅的载荷能量。由于成本较低，所以这些平台可以在一次性使用后废弃，但是所搭载设备可以回收并在下次飞行中继续使用。此外，这些飞艇均采用非成形方式进行发放，不再需要建造大型艇库，也无须设计加工专门用来发放的特种设施，因此可以大大节约成本。

2005 年 11 月 8 日，美国在新墨西哥州罗斯韦尔成功进行了 HiSentinel 20 的升空和飞行测试，ASMDC 对该验证项目提供资助，其飞行高度达到 22.6km，驻空 5h，带动力飞行小于 1h，HiSentinel 20 体积 2650m^3，长度 44.5m，直径 10.06m，载重 9.1kg，飞行速度 10.3m/s。这也是迄今为止国际上第一个真正实现有动力飞艇飞行且飞行高度最高的飞艇。

2008 年 6 月 4 日，在 HiSentinel 20 的基础上，又开展了 HiSentinel 50 的飞行试验（图 6-3），其携带通信设备和高分辨率相机进行相关试验，HiSentinel 50 长度 45.5m，载重 22.7kg，设备供应电力 50W，飞行高度达到 20.11km，但是由于艇身出现泄露现象，所以飞行时间较短。

2010 年 11 月 10 日，进一步开展了 HiSentinel 80 飞行（图 6-2），HiSentinel 80 体积 6025m^3，长度 63.1m，直径 13.72m，载重 36.3kg，能源 50W，飞行高度 20.21km，飞行时间 8h，是目前在平流层飞行时间最长的飞艇。

图 6-2　HiSentinel 50 和 HiSentinel 80 发放情况

之后，该项目又进行了多次地面试验，后续还将开展载荷 90.7kg 的 HiSentinel 200 飞行试验。HiSentinel 系列飞艇放飞均采用了类似高空气球的方法，起飞时为部分充满状态，随着上升逐步使飞艇膨胀成形。

三、传感器 / 结构一体化飞艇项目

美国正在实施的传感器 / 结构一体化计划（图 6-3）[11] 的目标是将电子设备的传感器和天线与飞艇结构一体化设计，最大限度地提高飞艇的承载能力，或减小飞艇体积，面临的主要技术挑战是研制超轻型天线、天线校准技术、电源系统、位置保持方法以及支持超大型天线的飞艇。2006 年 4 月，美国国防部高级研究计划局通过空军研究实验室与诺斯罗普 - 格鲁曼公司签订了一份 870 万美元的合同，将为传感器 / 结构一体化项目研制一种轻重量、低能耗的主动搜索阵雷达。

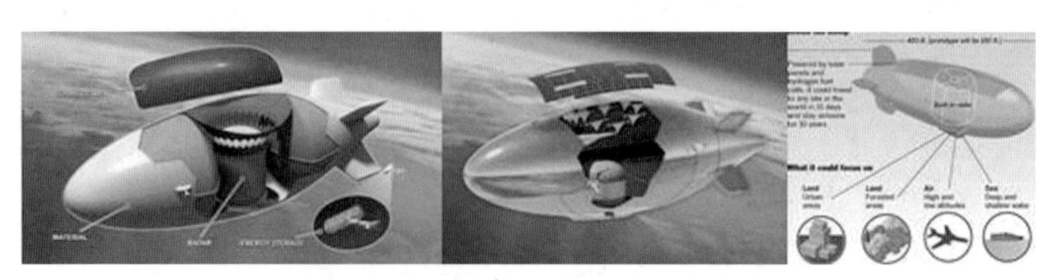

图 6-3　美国传感器 / 结构一体化计划

四、其他项目

Sanswire Networks 公司正在开发一种用于军事和国家安全事务的平流层飞艇（图 6-4），其飞行高度在 15 ~ 21km，将用于通信和实时监视等领域。2005 年 5 月，Sanswire Networks 宣称已经完成预定计划的军用飞艇原型机演示验证[12]。

“攀登者”V 形军用飞艇是美国空军科罗拉多州施里弗基地空间战实验室和空间战中心重要项目之一，飞艇能在 30 ~ 50km 的高空长时间飞行，“攀登者”军用飞行器造价远低于任何一种有人驾驶侦察机的价格，但却拥有较高的升空能力、长时间飞行能力，集卫星和侦察机的功能于一身，由地面遥控设备操纵，能完成高空侦察、勘测任务，也可用作战场高空通信中继站。

V 形飞艇“攀登者”原理样机由美国 JP 航空航天公司制造（图 6-5），长 53m，宽 30m，利用控制系统可以调节各舱室的氦气容量，实现飞艇在空中机动飞行。该飞艇安装两台由燃料电池驱动的螺旋桨推进器，采用全球定位系统进行导航。据报道，2003 年 11 月间，“攀登者”试验样机在高空进行了初期验证试验。2004 年 6 月，它又搭载通信和监视传感器等载荷设备进行了升空和巡航试验。

“攀登者”巨型飞艇只是 JP 航空航天公司与美国空军合作的三大项目之一，是该公司 3 步空间计划的第一步。该公司正在进行研究的另外两个项目是“轨道攀登者”飞艇和“黑暗空间站”高空漂浮飞艇平台。

“黑暗空间站”（Dark Sky Station，图 6-6）高空漂浮飞艇平台是美国空军资助 JP 航空航天公司研究的另外一种新概念飞艇。该平台由多个飞艇组成，长约 3200m，驻留在

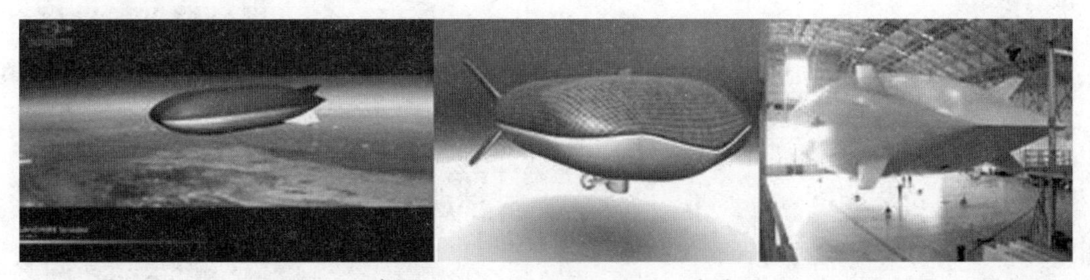

图 6-4　美国 Sanswire Networks 公司的 Stratelite

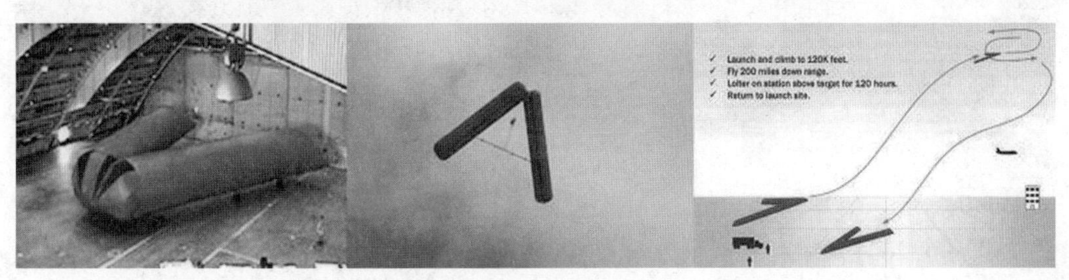

图 6-5　美国 JP 航空航天公司的“攀登者”飞艇

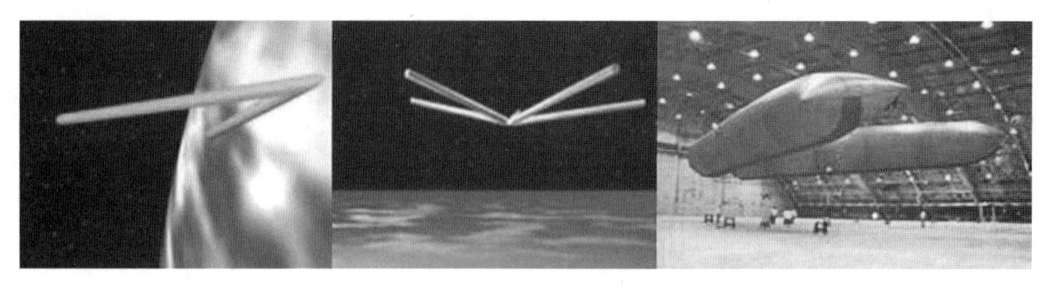

图 6-6 美国 JP 航空航天公司的“黑暗空间站”飞艇

30000m 的近太空区域，是一种永久性有人驾驶设备，将用作太空船从地面到轨道间的高空中转站或遥控操纵的通信中继站。整个平台由锂电池提供动力，同时利用燃料电池和太阳能电池作为辅助动力。目前，JP 航空航天公司已经开始试验由气球构成的模拟“黑暗空间站”。美国空军提出用一年多时间建造一个 30m 宽、9000m 长的小型“黑暗空间站”，尝试由 2 名人员到上面执行 3h 左右的任务，之后再进一步扩大平台规模和增加人员停留时间。

高空侦察飞行器（HARVe）是约翰斯·霍普金斯大学应用物理实验室正在开发的一次性使用式飞艇（图 6-7），其突出特点是低成本，发射平台拟采用现有巡航导弹，使用时高空侦察飞行器首先折叠放入巡航导弹中，由巡航导弹将其携带至高空释放，此时飞艇将自行充气，同时启动电推进系统升至约 30km 的区域，然后快速部署到预定位置，利用所装载的传感器昼夜执行超地平线通信中继或情报、监视和侦察任务。按设计，高空侦察飞行器能在 30km 高度持续工作两周甚至一个月，携带 22.7 ~ 45.4kg 的传感器载荷，电推进系统和传感器均由太阳能电池组供电[13]。

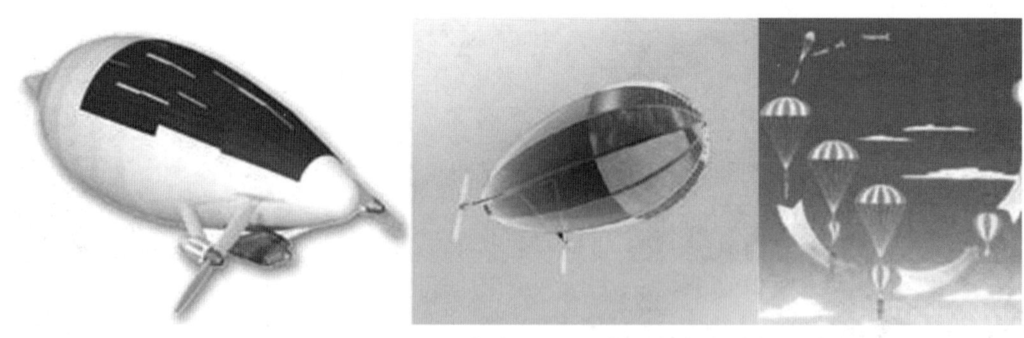

图 6-7 美国约翰斯·霍普金斯大学的高空侦察飞行器

第二节 欧洲

欧盟在 2004 年启动了一个为期三年的 CAPANINA 计划（图 6-8），内容是研制基于平流层飞艇的宽带移动通信载荷技术。该项目于 2006 年 10 月完成，进行了项目总

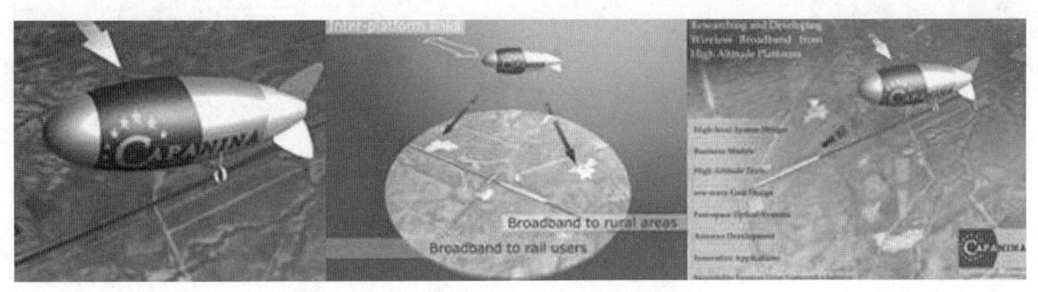

图 6-8　欧洲 CAPANINA 飞艇计划

结，并提出下一步的计划。为明确欧洲高空飞行器的发展战略，指导欧洲的所有高空飞行器（HAAS）研究活动[14, 15]，2000 年，欧洲航天局与德国、英国及荷兰的研究机构和工业界共同完成了对平流层平台的概念评估，2003 年下半年启动概念研究与设计，此项计划的主要目标是通过对可能的应用领域和发展欧洲的平流层平台的基础进行翔实的分析，在此基础上进行平台的最佳概念设计，选择适合欧洲的平台系统作为发展目标。2004 年，欧洲又成立了一个研究高空飞行器和飞艇的组织（USE HAAS），该组织由以色列、比利时、德国、英国等国家的 7 个研究和工业机构组成，由以色列的机构作为召集人。该机构计划从 2005 年 1 月起，实施一项为期 18 个月的计划，在该项计划中，将对当今世界上各国的平流层平台的发展动态和计划进行分析，基于需求分析提出研制目标和可能的应用对象，明确潜在的最终用户和技术合作伙伴，了解和掌握今后发展需要进行的研究内容，在此基础上对在欧洲发展平流层平台得出最终结论，并定义发展政策和战略。

2003 年，欧盟框架组织出资 560 万欧元实施 CAPANINA 计划，开展基于平流层平台的宽带通信技术研究，该项研究计划有英国等 7 国共 13 个欧洲境内的研究机构参加，日本信息与通信技术研究所是唯一参与该计划的欧洲以外的研究机构。2005 年，利用高空气球在 24km 的高度首次成功地演示了下行光传通信，速率达到 1.25Gbit/s。下一步将与日本合作开展基于平流层平台的试验。

为了进一步推进欧洲的平流层平台技术的研究，欧洲科学技术研究合作组织（COST）于 2005 年 4 月启动了另一个平流层平台研究计划 HAPCOS，欧洲有 17 个国家参与此项研究计划。该计划的主要目的是通过为平流层平台的研制、使用和调控机构研究和发展新方法、分析技术和战略，增加对平流层平台用于通信和其他业务的知识和了解。整个计划为期 5 年，预算经费为 1100 万欧元。

除欧盟支持的研究计划外，欧洲一些国家，如英国、德国、瑞士等国的企业和大学从商业的角度开展了平流层飞艇技术的研究。

英国 Lindstrand 公司同样提出了高空长航时（HALE）飞艇（图 6-9），计划飞行高度 20km，飞艇长度约 200m，滞空时间 1 ~ 3 年，最终能够实现成为移动电话基站的目标。公司从 1999 年开始，与德国 Daimler Chrysler Aerospace 公司开展合作设计，并获得欧洲航天局的认可[16]。

英国 ATG（Advanced Technologies Group）公司提出的平流层飞艇计划（图 6-10），计划分为两个阶段，第一阶段计划为演示验证阶段，计划在项目正式启动后的两年内完成，投资 1.6 亿美元建成一套能够滞空 3 个月的演示系统。第二阶段为目标阶段，计划用时两年半，投资 4 亿美元。另外，公司还与马来西亚政府、日本宇宙航空研究开发机构保持着密切联系。

德国研制飞艇的历史最为悠久，经验也最为丰富，借助其积累，同时也为了发展高空飞艇技术，德国提出了高度 20km、载重 1000kg 的 HALE-platform 计划，并以斯图加特大学 Airship Research Group FOGL 研究组为基础，针对飞艇外形和太阳能电池开展了相关试验，同时研制了 Lotte 验证飞艇，通过多次飞行其在倒流线外形、新能源、控制技术等方面都取得了很大进展，同时研究成果也得到了国际上多家专业机构的认可，并被多个从事平流层飞艇研究的国家所借鉴[17-19]。

除较为常规的倒流线型飞艇外，在 1996 年斯图加特大学开展的新构型平流层飞艇研究中就提出了 Sky Dragon 创新技术的成熟构思（图 6-11），其将飞艇的整个艇体分割为几个相互连接的单一艇体，分段囊体内部包括球形副气囊，在控制时通过对分段艇体的单独控制实现飞艇在飞行过程中的稳定性控制，以此取代传统尾翼舵面的控制方式，1999 年该技术创意荣获欧洲最大工业研究奖。自 2002 年起，斯图加特大学

图 6-9　英国 Lindstrand 公司的高空长航时飞艇

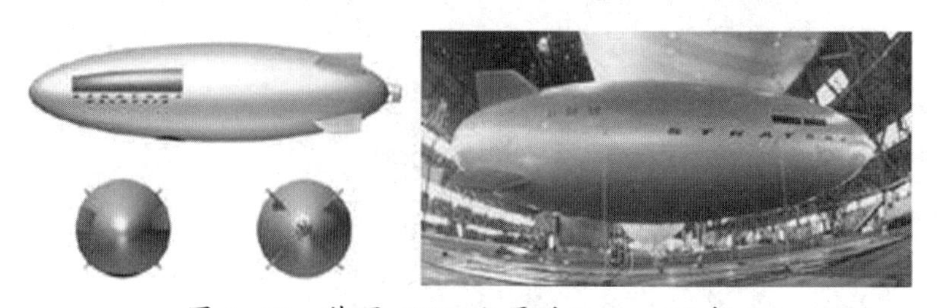

图 6-10　英国 ATG 公司的 Stratsat 飞艇

在美国 Sanswire 公司的资助下，开展了多次不同类型的大规模试飞演示，原理样机试验飞行高度在 5km 左右。目前已在飞行控制、浮力控制、热管理等多个方面取得了突破。

但因某些未公开原因，2011 年斯图加特大学和 Sanswire 公司取消了合作关系，开始独立研究，并寻找新的投资商。美国 Sanswire 公司则在两者合作的基础上，继续开展研究，并将项目更名为 Argus，其首个试验艇 Argus One（图 6–12）也于 2011 年 11 月首飞成功[20]。

瑞士提出了 X–Station 计划（图 6–13），飞艇体积 25000m^3，长度 90m，起飞总重 1800kg，飞行高度 21000m，速度 25 ~ 50km/h，滞空时间 1 年，有效载荷 100kg，载荷功率 1kW，可覆盖直径 1000km 的地域，同时具备方便装配、快速部署的优点（计划可在 9h 完成部署）[21]。

图 6–11　德国斯图加特大学的 Sky Dragon 飞艇

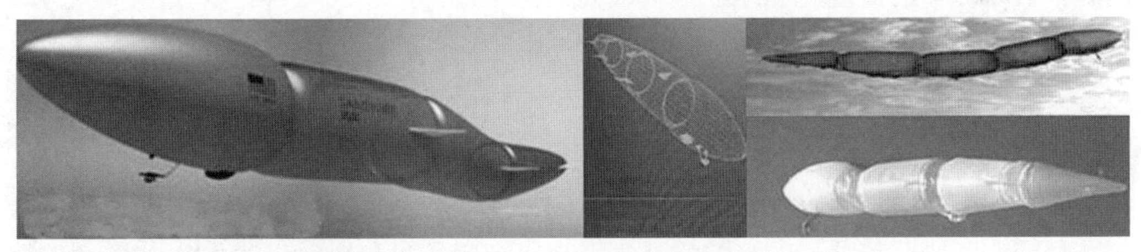

图 6–12　Sanswire 公司的 Argus One 飞艇

图 6–13　瑞士的 X–Station 飞艇

第三节 日本

日本在1998年成立了国家级的平流层平台开发协会，由文部科学省和总务省共同负责，下设R&D评估委员会和地球观测、飞艇系统、广播通信三个委员会，开始了平流层飞艇的研制，投入了大量经费进行平台和任务载荷的研制，并进行相关飞行试验。2003年8月4日，日本航空航天技术研究所和海洋科学技术中心通过其联合研制的飞艇进行了不带动力和推进的飞行试验，试验的主要目的是检验球体材料的性能和对大气环境变化监测的可靠度。试验采用日本新研制材料制造的长47m、最大直径12m、系统总重约500kg的飞艇，携带40kg载荷，包括28/31GHz的艇载数字聚束天线样机，47/48GHz艇载多束喇叭天线和数字电视发射机。飞行试验的高度是16.4km。2004年，完成了中低空试验艇的研制，飞艇长68m，直径17m，总质量6500kg，载荷100kg。利用该飞艇进行了多次中低空定点滞空飞行试验，最高定点高度4000m。在定点试验中进行了数字广播试验、电波探测试验、光链接试验。研发者认为此次试验在艇体构造、飞行操作与管理系统、气象观测与预报系统和通信设备试验等方面取得了重要进展[22-24]。

为了开展平流层飞艇系统的研制与试验，日本在北海道的东南部建设了平流层平台试验场，试验场建有开展飞行试验必需的基本设施，包括发放场地、飞艇停泊库（机库）、跟踪雷达、气象探测雷达、飞行控制塔等。

第四节 韩国

韩国于2000年12月开始启动国家级平流层飞艇项目，制订了为期10年的平流层飞艇研制计划，该项目的目的是开发平流层飞艇平台和地面支持系统。第三阶段（2007—2010年）开展平流层飞艇运行和测试。宇航研究所KARI是此项计划的主体承担机构（图6-14），据该所报道，到2007年，KARI完成了50m长试验飞艇的研制以及再生能源系统地面样机，试验艇可在3km高度上自主巡航并实现定点3h。该项

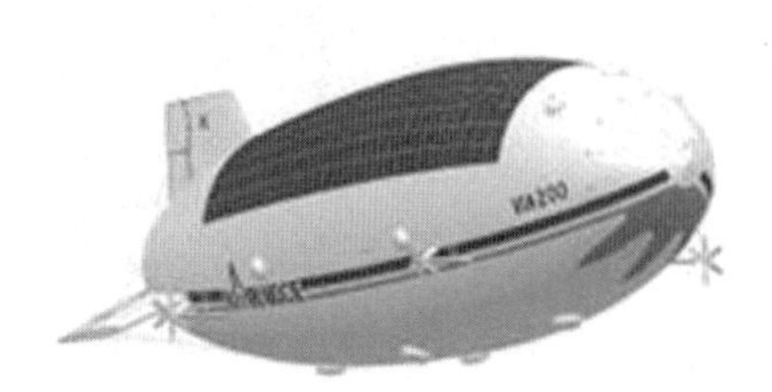

图6-14 韩国KARI的平流层飞艇

计划发展目标是长约 170m 的平流层飞艇由太阳能电源驱动实现定点，在 20km 高度滞空 2 个月。韩国目前已调整转入关键技术攻关阶段，将在此基础上再次开展演示验证研究，以掌握平流层飞艇系统设计、集成和运行技术[25, 26]。

第五节　俄罗斯

俄罗斯主要由一些飞艇研制单位进行了概念设计，如 RosAerosystem 公司设计的高空飞艇“Berkut”（图 6–15）。飞艇采用太阳能动力，最大能提供 50kW 能量，可以携带 1200kg 的各种通信和监视设备，在 20 ~ 23km 高度上定点停留 3 ~ 4 个月。RosAerosystem 公司设计了三种级别的高空飞艇以适用于低中高不同纬度的要求，长度分别为 150m、200m、250m[26]。

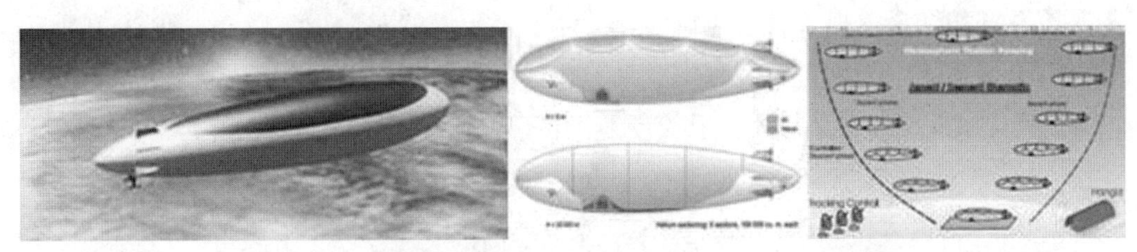

图 6−15　俄罗斯 RosAerosystem 公司的 Berkut 飞艇

第六节　以色列

以色列飞机工业公司（IAI）2004 年提出了一种平流层飞艇概念，用于执行侦察和通信等任务。飞艇长 190m，可携带 1800kg 的任务载荷，能容纳巨型望远镜、合成孔径雷达和其他情报搜集系统，工作时间约 3 年。目前，公司 MLM 部和以色列国防部正在为这一项目寻求战略投资者，其首选是五角大楼的导弹防御局，其次是欧洲和亚洲的潜在合作伙伴[27]。

第七节　加拿大

加拿大 21st Century Airships Inc 计划设计球形的临近空间浮空器（图 6–16），主要用于国土安全防卫、通信中继等，其第一阶段的目标是设计出飞行高度在 12000m、续航时间不低于 48h、飞行时速在 30m/s 的验证球，并于 2004 年开展了中低空飞行试验[28]。

图 6-16　加拿大 21st Century Airships Inc 公司的平流层飞艇

第八节　中国

2006 年，国务院对外界公开发布《国家中长期科学和技术发展规划纲要（2006—2020 年）》，明确发展基于卫星、飞机和平流层飞艇的高分辨率对地观测系统，与其他系统相结合，形成时空协调、全天时、全天候的对地观测系统，到 2020 年建立稳定运行系统。国内在平流层飞艇系统总体论证的基础上，进行了关键技术攻关，已分阶段完成了低空艇、中空艇和高空艇的试验。

第九节　其他

除此以外，国外相关国家还开展了其他临近空间新概念飞艇研究，如英国研制的 High Speed Solar Airship（HSSA）高速太阳能飞艇（图 6-17），目前计划能够首先开展 10km 高空的飞行试验，白天飞行速度 293km/h，夜间飞行速度 265km/h[29]。

美国 Near Space System 研究的 Star Light 碟形平流层浮空器（图 6-18），设计驻空高度为 20 ~ 100km，通过囊体下方安装的电推进系统完成飞艇的飞行控制，同时开展姿态的调整。

美国 JP 航空航天公司在临近空间浮空器研究上，除延续常规设计理念外，还以低成本为目标探索了一条以球形设计为主的研制途径，其通过单球、双球、多球（图 6-19）组合并在其下部辅助以动力的形式来完成平流层飞行。目前已经开展了多次高

图 6-17　英国 HSSA 高速太阳能飞艇

空飞行，最大飞行高度 28981m[30]。

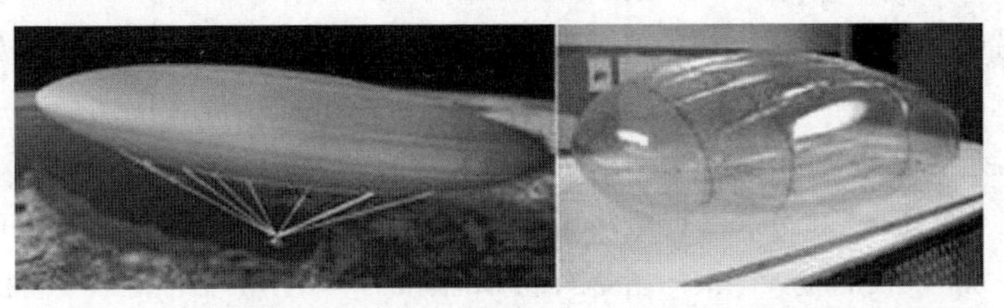

图 6-18　美国 Near Space System 的 Star Light 碟形飞艇

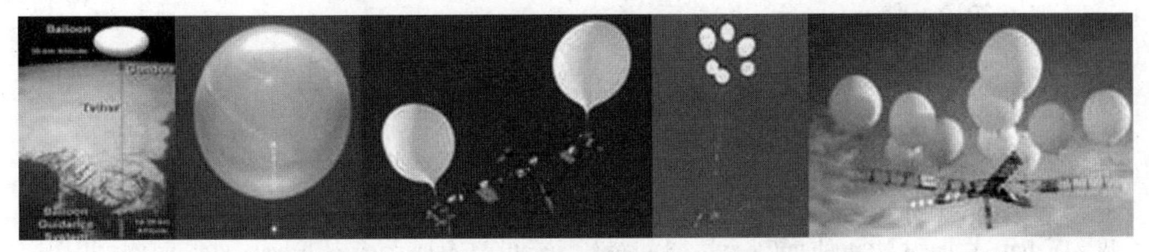

图 6-19　美国 JP 航空航天公司多球组合飞艇

参考文献

[1] 杨燕初. 临近空间飞艇平台多学科优化设计方法研究 [D]. 北京：中国科学院研究生院，2012.

[2] Lindstrand Per.ESA-HALE.Airship research and develop program [C]. The Second international conference on stratosphere platform，2000 (9)：15-21.

[3] Charlie Lambert. Developing Architectures for High Altitude Airships [C]. AIAA's 3rd Annual Aviation Technology, Integration, and Operations (ATIO) Forum, Denver, Colorado, Nov. 17-19, 2003. AIAA-2003-6781.

[4] Mr. Michael Lee, Steve Smith, Stavros Androulakakis. High-Altitude LTA Airship Efforts at the U.S. Army SMDC/ARSTRAT [C]. 18th AIAA Lighter-Than-Air Systems Technology Conference, Seattle, Washington, May 4-7, 2009. AIAA-2009-2852.

[5] David K. Schmidt, James Stevens, Jason Roney.Near-Space Station-Keeping Performance of a Large High-Altitude Notional Airship [J]. Journal of Aircraft 2007. 0021-8669 vol.44 no.2 (611-615).doi: 10.2514/1.24863.

[6] Barry Cornella1, Andrew Ketsdever.Analysis of Multi-Vane Radiometers in High-Altitude Propulsion [J]. 10th AIAA/ASME Joint Thermophysics and Heat Transfer Conference, Chicago, Illinois, June 28-1, 2010. AIAA-2010-4516.

[7] David Schmidt. Modeling and Near-Space Stationkeeping Control of a Large High-Altitude Airship [J]. Journal of Guidance, Control, and Dynamics 2007 0731-5090 vol.30 no.2 (540-547) doi: 10.2514/1.24865.

[8] Michael S. Smith, Edward Lee Rainwater. Applications of Scientific Ballooning Technology to High

Altitude Airships [C]. AIAA's 3rd Annual Aviation Technology, Integration, and Operations (ATIO) Forum, Denver, Colorado, Nov. 17–19, 2003. AIAA–2003–6711.

[9] I. Steve Smith, Jr. Michael Lee.The HiSentinel Airship [C]. 7th AIAA ATIO Conf, 2nd CEIAT Int'l Conf on Innov and Integr in Aero Sciences, 17th LTA Systems Tech Conf; followed by 2nd TEOS Forum, Belfast, Northern Ireland, Sep. 18–20, 2007. AIAA–2007–7748.

[10] James R. Noll.Determination of Lift Gas Leakage Rate for a Stratospheric Airship Hull [C]. 11th AIAA Aviation Technology, Integration, and Operations (ATIO) Conference, including the AIAA Balloon Systems Conference and 19th AIAA Lighter–Than, Virginia Beach, VA, Sep. 20–22, 2011. AIAA–2011–6995.

[11] Mr. Steve Smith, Mr. Michael Fortenberry, Mr. Michael Lee, Mr. Ricky Judy. HiSentinel80: Flight of a High Altitude Airship [C]. HiSentinel80: Flight of a High Altitude Airship . 11th AIAA Aviation Technology, Integration, and Operations (ATIO) Conference, including the AIAA Balloon Systems Conference and 19th AIAA Lighter–Than, Virginia Beach, VA, Sep. 20–22, 2011. AIAA–2011–6973.

[12] Marcus Young, Lt Stephanie Keith, Anthony Pancotti. An Overview of Advanced Concepts for Near Space Systems [C]. 45th AIAA/ASME/SAE/ASEE Joint Propulsion Conference and Exhibit, Denver, Colorado, Aug. 2–5, 2009. AIAA–2009–4805.

[13] Luke Brooke. High Altitude LTA Platforms: Capabilities and Possibilities [C]. AIAA 5th ATIO and16th Lighter–Than–Air Sys Tech. and Balloon Systems Conferences, Arlington, Virginia, Sep. 26–28, 2005. AIAA–2005–7319.

[14] Jason E. Jenkins, John Samsundar, Vincent F Neradka. A Design Methodology for Optimal Power Generation in High Altitude Airships Using Genetic Algorithms [C]. 3rd International Energy Conversion Engineering Conference, San Francisco, California, Aug. 15–18, 2005. AIAA–2005–5531.

[15] J. Horwath, M. Knapek, N. Perlot, D. Giggenbach, D. Grace.Optical Communication from HAPs –Overview of the Stratospheric Optical Payload Experiment [C]. 22nd AIAA International Communications Satellite Systems Conference and Exhibit 2004 (ICSSC), Monterey, California, May 9–12, 2004. AIAA–2004–3218.

[16] Candida Spillard, B. Gremont, D. Grace, et al. The Performance of High–Altitude Platform Networks in Rainy Conditions [C]. 22nd AIAA International Communications Satellite Systems Conference and Exhibit 2004 (ICSSC), Monterey, California, May 9–12, 2004. AIAA–2004–3220.

[17] Tim Tozer, Patrick Hendrick, Bernd Sträter. Developing a European Research Strategy in the High Altitude Aircraft and Airship Sector [C]. 7th AIAA ATIO Conf, 2nd CEIAT Int'l Conf on Innov and Integr in Aero Sciences, 17th LTA Systems Tech Conf, followed by 2nd TEOS Forum, Belfast, Northern Ireland, Sep. 18–20, 2007. AIAA–2007–7750.

[18] Ralf A Schubert, Klaus H W ell. Flight mechanicalmodelling of an air train using methods and formulations of multi–body systems [R]. Stuttgart University, 2001.

[19] Frank Epperlein, B H Kroplin, Ralf Kornmann. New possibilities in the field of high altitude airships and airships for transportation, the airworm concept [R]. Stuttgart University, 2001.

[20] Ralf Kornmann, B H Kroplin, Frank Epperlein.Flight tests of a remote controlled model of an LTA vehicle based on a new airship concept, the airworm principle [R]. Stuttgart University, 2001.

[21] Michael A Rehmet, B H Krop lin. Comparison between airship and aircraft [A]. 3rd International Airship Convention and Exhibition in Friedrichshafen, 2000.

[22] High Altitude Platforms: X-Stations [R]. StratXX Holding AG, 2008.

[23] Kunihisa EGUCHI and Yoshio YOKOMAKU, 2000, Overview of stratospheric platform airship R&D program in Japan [R]. Stratospheric Platform Systems Workshop SPSW2000, Tokyo, Japan, September 21-22, 15-23.

[24] Shunichi OKAYA, Noboru SHINOZAKI, Shuichi SASA, Tsutomu FUJIHARA, Kenya HARADA. R&D Status of RFC Technology for SPF Airship in Japan [C]. 9th Annual International Energy Conversion Engineering Conference, San Diego, California, July 31-3, 2011. AIAA-2011-5896.

[25] Patrick Hendrick, Laurence Hallet, Dries Verstraete.Comparison of Propulsion Technologies for a HALE Airship [C]. 7th AIAA ATIO Conf, 2nd CEIAT Int'l Conf on Innov and Integr in Aero Sciences, 17th LTA Systems Tech Conf; followed by 2nd TEOS Forum, Belfast, Northern Ireland, Sep. 18-20, 2007. AIAA-2007-7747.

[26] Sangjong Lee, Hyochoong Bang.Three-Dimensional Ascent Trajectory Optimization for Stratospheric Airship Platforms in the Jet Stream [J]. Journal of Guidance, Control, and Dynamics 2007 0731-5090 vol.30 no.5 (1341-1351) doi: 10.2514/1.27344.

[27] High Altitude Airship 'Berkut' [R]. RosAeroSystems International.

[28] MLM Division Considers Development Program for a Stratospheric Solar Powered Airship [R]. IAI News, 2003.

[29] Nimrod Rooz, Eric N. Johnsony. Design and modelling of an airship station holding controller for low cost satellite operations [C]. AIAA Guidance, Navigation, and Control Conference and Exhibit, San Francisco, California, Aug. 15-18, 2005. AIAA-2005-6200.

[30] Adam Chu, Mo Blackmore, Ronald G. Oholendt, et al. A Novel Concept for Stratospheric Communications and Surveillance: StarLight, American Institute of Aeronautics and Astronautics [C]. AIAA Balloon Systems Conference, Williamsburg, VA, May 21-24, 2007.AIAA-2007-2601.

第二章　发展分析与预测

第一节　发展分析

以美国为代表的一些强国正在大力发展平流层飞艇。美国自 2007 年以来先后投资近 70 亿美元用于 15 个重要飞艇项目。这些项目中包含 4 个飞行高度在海拔 18km 以上的高空飞艇，其中 3 个项目因多种原因已经终止，1 个项目仍在继续研究。

分析这些项目的运行情况，美国平流层的飞艇建设大致有以下特点：①不偏离实用能力的需求，探索各类应用载荷技术，并突出实践应用；②始终坚持前沿技术探索；③坚持遵循稳步推进策略。

但从其运行的结果来看，也暴露出一些问题，一是技术风险估计不足，对于关键技术突破的预期估计不准；二是计划风险偏差较大，对于飞行试验的考虑不够。

目前，平流层飞艇由于技术难度大，属国际前沿难题，我国将其列为重大科技专项攻关内容进行重点支持，主要围绕平流层飞艇特色和优势应用领域，突破平流层飞艇总体及分系统技术瓶颈，完成实用型平流层飞艇研制，初步构建临近空间对地观测系统。

现阶段，平流层飞艇的研制主要受到囊体材料、柔性薄膜太阳能电池、高比能储能电池、推进器效率等关键技术的制约，目前具有循环能源和可控飞行能力的包括飞艇在内的临近空间低速飞行器的研制进展缓慢，多数未取得实质性研究成果，因此我们在分析国外发展现状与趋势的同时，应正确把握发展方向。

结合目前平流层飞艇发展技术，要实现长时驻空，需要解决高性能囊体材料、能源循环、飞艇超热超压及气动、推进等关键技术问题。

囊体材料：临近空间环境复杂，长期驻空要求囊体材料强度高、气体阻隔性好、面密度小、高耐候性等，技术攻关重点包括高性能蒙皮材料耐候性技术、复合工艺稳定性技术、表层热物性调控技术、核心材料的自主研发、稳定批产技术等。

能源循环问题：长航时飞艇的能量平衡受多种因素制约，如飞行环境、载荷、能源动力系统部件的效率等。因此，对于任何一种长航时飞艇来说，高效太阳能电池、储能电源和电源管理系统技术是执行长航时飞行任务的关键。目前，高效薄膜太阳能电池、储能电池及电源管理系统构成的综合能源系统被认为是长航时飞艇的最佳能源方案，但还需要深入研究，提高太阳能电池效率，储能电池比能量，调高可靠性，降低生产成本。

热特性问题：平流层飞艇因昼夜日照差异，引起艇体内部温度变化幅度较大，迫切需要测量分析飞艇平台环境温度高低温交变过程作为总体设计分析和任务载荷工作环境的输入。艇体内部温度大幅变化将严重影响飞艇平台的内部压力变化，进而引起体积变化和高度稳定性。平流层飞艇热特性问题非常复杂，涉及太阳辐射及风场等气象模型、囊体材料和太阳能电池板传热性能等多方面因素，目前在这方面基础薄弱，需加以重点研究。

第二节　发展趋势预测

结合国内外主要国家的平流层飞艇发展情况来看，平流层飞艇现有整体式布局、组合式布局等多条技术路线可选，但总体、共性关键技术尚未经系统飞行的验证，存在以下总体趋势与目标。

1. 平台主要功能指标进一步提升

临近空间独特的优势和潜在的军民应用前景，促使平流层飞艇的主要指标稳步提升。

驻空时间：具备更长的留空时间（数月甚至数年）。

载荷能力：具备更大的载荷能力（百公斤甚至数吨）。

功能应用：具备更完备的功能（各类军事应用以及民用）。

控制能力：具备更好的控制能力。

为达到以上要求，需配合有针对性的单项，以及共性关键技术的攻关。

2. 平台的成本进一步降低

一方面在研制大型长航时飞艇时通过对关键件，如囊体、动力、飞控测控等设备的成本控制，降低平台系统的研制成本；另一方面在大型长航时飞艇研制的同时，并行开展低成本飞艇研究的研制，如美国研制的高空哨兵飞艇，采用单层气囊、内置太阳能电池，虽无法定点回收，但在未来仍具备连续数天的可控飞行能力。另外，美国的 Google 气球采用超压气球的形式，囊体和吊舱均不回收，目前已完成全球随风飞行，若后续增加动力则可控能力也会进一步提升。

3. 平台与应用的结合进一步密切

目前从美国和其他相关国家支持的平流层飞艇项目来看，都有非常明确的应用背景需求。为了实现任务与平台的最优化配置，平台应在设计之初便主动与载荷结合，两者有机的结合也成为一种新的发展趋势。一方面面向军事综合应用，提供持久的战区指挥、控制、侦察、通信、监视、情报能力，构建战场和区域 C4ISR 空中平台系统，以加强对瞬息万变的战场形势的研判；另一方面面向民用，将其部署于大型城市和工业密集区上空，可用于大气环境和区域监测。采用差分吸收光谱技术、光谱成像技术和激光雷达技术等，进行精细的大气微量成分和污染气体的定量测量和监测，进行水系（水体）污染监测，监控污染源，研究污染产生和扩散规律，为执行环保法律法规，加强排放和污染管理提供确切的依据。另外，在城市管理方面，其可以起到区域监测的功能，采用可见光和微波成像等手段进行高分辨率的实时（凝视）观测，对城市规划建设、交通动态管理、市政管理、绿化、水系、安保、反恐等提供精确的图像和数据，提高大型城市的管理水平。

4. 融入天空地大网络

平流层飞艇平台重点面向临近空间这一空间层域，未来其也将与天基平台、空基平台和地基平台有效结合，功能上形成互补，融入国家天、空、地大网络，承担起临近空间节点的主要职责，最终形成完成的闭环。

总的来说，在后续平流层飞艇的研制与发展过程中，应坚持遵循稳步推进的策略。由于技术难度大，平流层飞艇与平流层新概念浮空器的研制目前仍处在关键技术攻关和样机研制阶段，已开展的少数飞行试验大部分是缩比飞行或单项关键技术验证，目前国外大多数尝试进行的长航时飞行试验均未取得完全成功，应逐步验证关键技术。因此，未来会围绕平流层飞艇特色和优势应用领域，突破平流层飞艇总体及分系统技术瓶颈，循序渐进验证关键技术路径，完成实用型平流层飞艇研制，最终形成实用性的产品。

撰稿人 *杨燕初*

第七篇　浮空器总体设计技术发展及预测

第一章　自由气球总体设计技术发展及预测

第一节　技术内涵

自由气球的总体设计技术主要涵盖任务需求分析、方案制定、总体性能参数优化分解与综合、总体布局设计、分系统设计要求、测试试验设计等方面，是高度综合的一项多学科耦合设计和协同管理技术。具体研究内容包括：自由气球的设计依据、外形设计、热设计、区域驻留设计、能源平衡设计及系统发放回收设计等。

第二节　国内外研究现状

目前，国内外针对自由气球总体设计技术的研究工作主要集中在以下几点：

（1）外形设计与优化技术。在自由气球研制过程中综合考虑机动性能、整体结构性能、运行平稳性等因素。

（2）能源高效管理技术。考虑气球上太阳能电池铺设的重量及可靠性问题，需对能源进行有效管理和分配，以确保系统综合性能的最优化。

（3）浮重平衡和飞行性能。这一技术包括飞行姿态控制、压力及温度控制、发放和回收控制等。

一、设计依据

自由气球的设计依据主要基于以下几个指标。

（1）驻空高度。

（2）高度调控范围。

（3）驻留时最大超热。

（4）驻留区域与驻留时间。

（5）气球的结构外形特征。

二、外形设计

自由气球的气囊几何形状繁多，有圆锥形、正球形、南瓜形、圆柱形、四棱锥形，但以圆锥形、正球形和南瓜形应用最为广泛。

气囊外形影响气球蒙皮材料应力，应力最小的外形是使气球变形前和气球变形后形状相同。气球内部充满浮升气体升空后，低空形状近似椭球形或圆锥形，高空形状近似水滴形，超压较大时为椭球形。美国的 F.Baginski 研究了气球形状设计的两种方法，并给出了初步形状设计。当高度进一步增加（内外压差进一步增大）、气球处于超压状态时，其形状开始变得扁平[1]。国外为了促进自由气球设计技术需求，对自由气球的外形受力分析研究得比较深入，而国内对薄膜材料受力分析大都与建筑中的膜结构有关，对于气球这种体积封闭的大型充气薄膜结构在内外压差作用下的受力情况，国内研究较少。

三、热设计技术

受太阳辐射和周围热环境的影响，气囊内会出现白天内部温度升高，夜晚气囊内温度降低的热物理现象，进而引起自由气球囊体内外压差的变化。若压差变化值大于设计允许值，自由气球的气囊可能破裂，其在临近空间驻留的任务也将失败。自由气球的热设计研究主要包括四个方面：热环境模型构建、传热机理分析及温度仿真模型构建、自由气球外形描述、蒙皮/加强筋及浮升气体等部件的热物性参数测量与计算。

关于自由气球的热分析研究，国内外已形成了众多研究成果，但所得分析结果与飞行试验结果大相径庭，主要有几方面原因：①热模型不够完善，尤其是气囊内部气体的流动、换热模型比较粗糙，一些研究只是简单地把气球分为上下两半，用集总参数法进行处理，而实际上气囊蒙皮的温度是很不均匀的，这样处理显然会带来很大的偏差；②进行分析时通常只考虑受热流动的氦气，而忽略了气囊与太阳能电池之间的热效应；③将气囊视为壳体薄膜，氦气平衡温度和壳体薄膜温度在夜间相等，而白天氦气温度要高于壳体薄膜的温度。

在热分析软件方面，国内外基本使用流体分析软件，但也涌现了一批专用软件。20 世纪 70 年代，美国的 Kreith 初步建立了自由气球的热力学模型[2]，并逐渐形成了 THERMTRAL、ALTIME、SINBAD 等自由气球模型及仿真软件，后期的一些专用热分析软件也是在这些软件基础上形成的。

四、区域驻留控制技术

自由气球隶属于临近空间浮空器，而临近空间浮空器主要的区域驻留控制技术有三类：①借助螺旋桨动力主动抗风，这一方法对能源需求极大，需要携带大质量的电池；②借助先进的算法及高度调节装置主动调节气球高度以选择合适的风层尽可能靠近目标位置，该方法对气象数据及控制算法要求极高；③从地面通过缆绳高空系留，该方法缆绳连接的气球上升穿越激流区将受到极大的气动力，对缆绳抗拉强度要求极高，缆绳重量很大，20 世纪 70 年代法国曾开展过大量的高空系留气球研究，但皆以失败告终。

目前，国内外自由气球普遍采用的区域驻留技术思路为利用先进的算法及高度调节装置追逐有利风场，以实现目标区域范围的可靠驻留。此类技术又有两种设计思路：

（1）利用大气环流。控制气球高度以使气球在一段时间内停留在西风带向东漂移，而在另外的时间段内停留在东风带向西漂移，最终全天的移动轨迹限制在划定的空域范围内。

（2）利用绳索牵引。通过绳索连接处于不同空间高度的气球和某类型飞行器，飞行器产生相反的气动阻力使得气球的飞行速度降到很低，从而确保气球在一段时间内不会飞离指定空域。该类方案要求有丰富的气象数据积累，同时需要先进的控制算法应对风场的随机变化，技术难度极高。

目前，利用绳索牵引的方法已被证明不可行，而利用东西风带漂移的方法谷歌公司的诺斯罗普・格鲁曼开展了卓有成效的研制工作。

五、能源系统设计技术

能源系统的功能是完成能源的采集、产生、储存、能源配置和能源管理，其构成包括太阳能电池、储能电池及能源管理单元。为使自由气球能在仅依靠摄取太阳辐射能量的条件下完成长时间自主飞行，必须使能源的供求达到平衡，这是能源系统设计的原则。影响能源平衡的因素主要有气球的工作环境、系统的负载和效率、能源传输的损耗、工作任务设置等。工作环境中的时间、地点（经纬度、高度）决定了太阳照射角与日照时间、太阳能的摄取量及飞行所需消耗的能量，是影响能源平衡的主要因素。负载需求、各部件的工作效率、气球外形、能源管理的方式决定了能源的消耗量。由于不可能全天获取太阳能，所以是否能对能源采集、储存和消耗进行有效管理，也是决定气球是否能胜任长时间滞空工作的设计原则。

对于驻空天数超过一天的自由气球，其能源系统一般采用“太阳能电池 + 高性能储能电池”的供能模式，通过太阳能电池阵满足系统白天的能源供应，而储能电池则用于系统夜间的能源供应。根据分析，太阳能的获取在整个白天是随时间变化的，且在夜间没有太阳可提供能源，必须依靠白天存储的能源维持气球的正常工作。因此，在能源系统的设计中必须进行能量平衡分析，以确保气球在 24h 内可持续工作。能源平衡是分析在全天 24h 内系统获取的能量与系统消耗的能量平衡。

目前，国内外针对自由气球的太阳能电池铺设主要有气球囊体上铺设和刚性桁架上铺设两种方式。前者由于气囊一般采用膜材制成，表面呈曲面，故不能采用普通呈刚性的硅或砷化镓太阳能电池，只能使用柔性薄膜太阳能电池阵。该铺设方式对电池的粘贴工艺要求较高，且与太阳能电池接触的气囊部分必须制作超轻超薄的柔性衬底用于隔热；刚性桁架上铺设则根据系统用电需求计算出太阳能电池的铺设面积，进而算出刚性桁架的重量、外形及布局。对于这一类铺设方式，可采用普通刚性太阳能电池，铺设工艺简单，可行性高，但会带来重量负担，故桁架一般采用轻质高强度材料加工。

六、系统发放技术

目前，自由气球发放技术主要有三类，其一为动态发放方式，该方式已获广泛使用，美国国家航空航天局气球发放采用的就是该方式，该方案要求发放场地较大，且需要挑选放飞窗口；其二为静态发放方式，该方式适合场地受限的情况，日本宇宙科学研究所和法国空间研究中心气球发放采用的就是该方式，仍然需要挑选放飞窗口；其三为非典型的挡风墙连续发放方式，该方式发放效率较高，美国 Google 气球发放采用的就是该方式，该方案环境适应性好，但发放装置复杂，装置成本较高。

七、系统回收技术

自由气球通常只对载荷吊舱进行安全回收，对气囊本身一般采用主动方式撕裂操作，以避免其按未知轨迹长时飞行，对气囊进行回收是未来发展方向，而 Google 气球已经实现了整体回收。

自由气球在下降过程中，经历外界环境参数的大幅变化，大气密度、温度、压力随高度降低呈总体上升趋势，随外界大气压力增加和内部气体适量排放，气球体积逐步收缩，外部环境对气球持续做功，引起内部气体（通常为氦气）温度上升并高于外界大气温度，产生超热问题。超热会产生多余浮力，阻碍气球下降，引起气球下降航迹的变化。同时，自由气球在下降过程中，面临辐射、对流等多种热交换过程，内部气体的热行为变化规律复杂。

目前，国内外自由气球的回收系统主要采用成熟的伞降回收控制技术来实现任务载荷预测回收。准备回收时，发送控制信号给执行机构，执行机构动作实现气囊大面积撕裂并实现气囊与任务载荷的快速分离，从而利用导引降落伞回收任务载荷。

第三节　总体设计技术发展趋势

一、外形设计技术

从当前自由气球在科学实验、气象探测、侦察监视等军用民用领域的发展现状来看，气囊的外形设计已经较为固定，传统的圆锥形与球形仍是自由气球外形的主流。但是，从长航时、承压能力和经济性考虑，结构封闭的南瓜形外形设计将是自由气球未来的设计趋势。

二、热设计技术

未来自由气球的热设计需充分借鉴现有航天器、飞机等的热分析及热控制研究成果，并进一步加强对临近空间大气环境的典型特性参数、气囊材料的细致传热模型与特性、复杂边界条件下的自然对流热动力学特性、气囊外部混合对流与热动力学特性、气囊内外传热过程的复杂辐合作用等研究。

三、区域驻留控制技术

不同于飞艇的可控飞行，自由气球基本上都是随风飞行，因其飞行区域的不可控，限制了其工程应用。从国内外自由气球区域驻留控制途径分析，利用不同高度东西风带切变的大范围区域驻留策略将在未来得以推广，其高度调节机构可能是高效率风机、气体加热设备或其他装置。

四、系统发放技术

发放技术都或多或少地存在一定的因素限制或适用范围，但相比于过去，发放成功率已大幅提升且事故概率低。国内外自由气球的发放方式将呈现多样化趋势，会根据所发放气球的大小、场地条件、气象条件及发放成本进行综合设计，以充分降低自由气球发放过程中的风险，并简化发放流程以提高可靠性。另外，全过程自动化发放将是发放技术的一个重要发展趋势。

五、系统回收技术

通过伞降回收方式回收气球吊舱的技术已较为成熟，但仍存在着载荷吊舱内设备损坏、回收过程中执行机构未动作等问题，从长远来看对于自由气球的低成本化不利。因此，对于自由气球回收技术的研究应重点关注如何提升伞降系统执行机构的可靠性及设定安全的着陆速度，且与放气阀协作以回收整个气球系统。

第四节　小结

本报告阐述了自由气球总体设计技术内涵及当前主要的研究方向，对自由气球总体设计技术的若干子技术进行了阐述和发展预测。

参考文献

[1] H Franco，H M Cathey Jr. Thermal perfonmance modeling of NASA's scientific balloon [J]. Advances in Space Research，2004，33 (10)：1717-1721.

[2] Christopher Cho，Steven M Raque. Influence of the infrared radiation on a high altitude scientific balloon [A]. AIAA 2002-1044，2002.

第二章　系留气球总体设计技术发展及预测

第一节　技术内涵

系留气球总体设计技术涉及空气动力学、热力学、结构力学、材料力学、飞行力学、气象学、车辆工程学等多个学科，是一种多学科交叉的综合性工程技术。系留气球总体设计技术研究内容主要包括气动布局设计技术、总体参数优化设计技术、雷电综合防护技术、光电复合系留缆绳设计技术、锚泊系统设计技术等。

总体参数设计遵循空气静力学、空气动力学基本原理，以飞行动力学方法为手段，以气动稳定性为判断准则，以综合最优为设计目标。

系留气球总体参数设计流程见图 7-1。

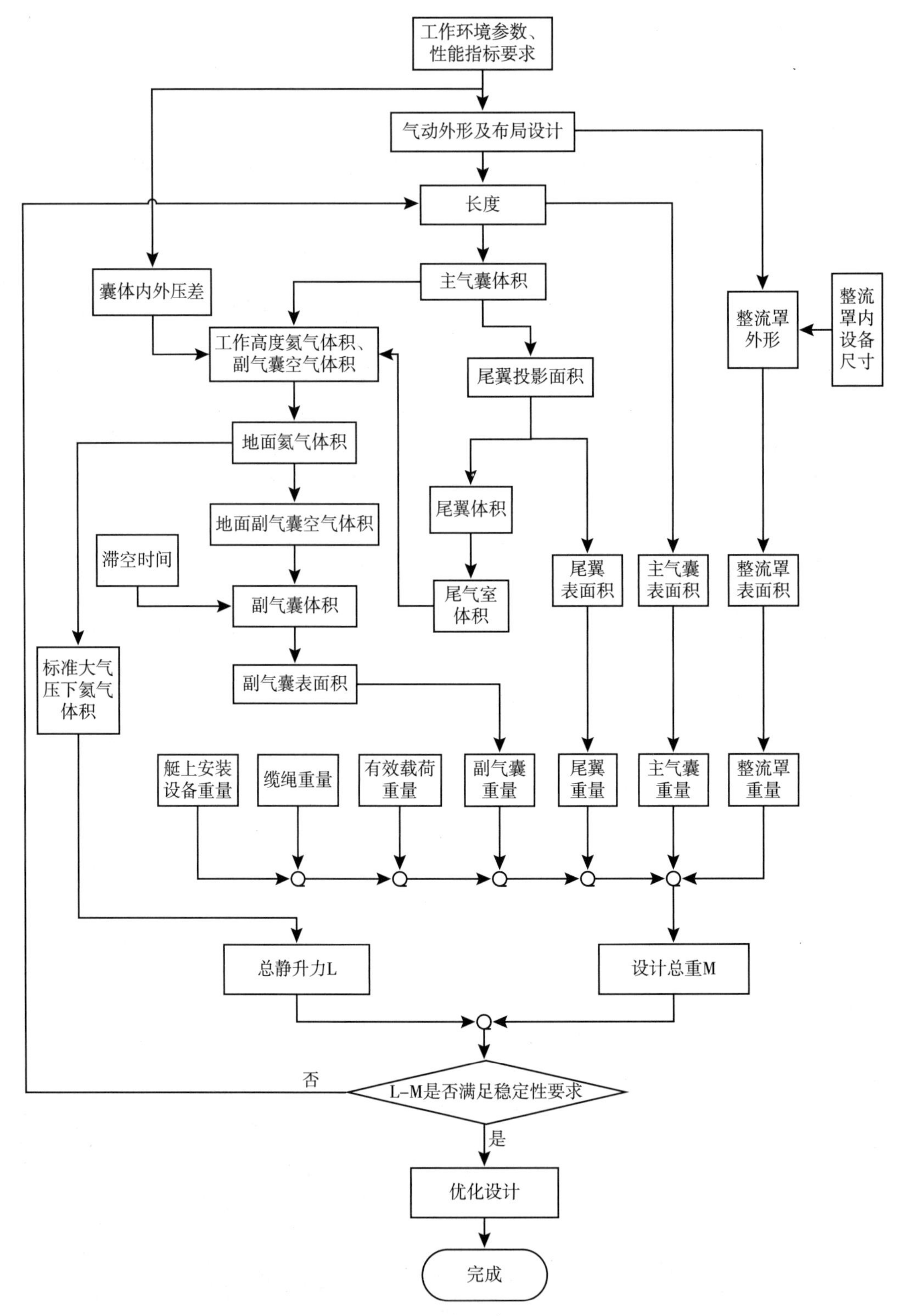

图 7-1　系留气球总体参数设计流程图

第二节　国内外研究现状

一、气动布局设计技术

在系留气球气动布局及外形设计方面，根据不同的用途，囊体的大小、外形和布局会有所不同，目前国内外主流的外形是流线型和球形。球形囊体在早期系留气球中应用较多，但球形气动特性较差，抗风能力较小，后逐渐采用具有良好气动特性的流线型外形。但是，为维持流线型囊体外形，需在囊体上设置副气囊与压力调节系统，使得气球空重增加。因此，在微小型系留气球设计中，为尽可能降低系统复杂度，减小气球尺寸，多采用球形囊体。球形囊体气动性能较差，但因其重量较轻、组成简单、耐压性能好等特点，适合在车载微小型系留气球或单兵系留气球中应用。在实际工程开发应用中，为了探索适用于特殊环境下的系留气球外形，各浮空器生产商对常规艇形和球形外的其他囊体外形也进行过研究。囊体既是浮力体，又是气动升力体，可有效利用气动升力，同等载荷下可减小气囊体积。

尾翼是系留气球的安定面，为系留气球提供纵向、航向及滚转稳定性。常规系留气球尾翼外形及气动布局设计的内容主要包括：翼型选择或设计、尾翼平面形状设计、尾翼布局设计。系留气球尾翼多采用充气结构。根据充气结构特点，系留气球尾翼多选择相对厚度较大的对称翼型。目前常用的尾翼翼型为 NACA0016、NACA0018。系留气球尾翼平面形状多为梯形，极少数采用三角形。TCOM 系列系留气球均采用梯形尾翼，微小型气球因其气囊长细比较小，为了增加气动静稳定性，尾翼采用较大后掠角（12M、17M 系留气球）。对于大型气球，尾翼前缘后掠角 45° 左右，后缘一般无后掠。常规系留气球尾翼布局一般采用倒“Y”形三尾翼布局，极少数会采用“十”形四尾翼布局。倒“Y”形三尾翼布局是目前采用最多的布局方式，其具有结构简单、稳定性好等优点。同时，倒“Y”形布局两侧尾翼具有较大的坡度，两侧尾翼表面不容易积雨雪，提高了气球环境适应性。对应非常规系留气球，如球形囊体，其安定部件采用风帆形式，也可采用风筝形式（刚性骨架 + 蒙皮）。对应大型系留气球，因其搭载有较大的雷达载荷等，需在载荷周围设置整流罩，以减小雷达载荷等引起的气动阻力。整流罩通过流线外形包裹雷达，起到整流减阻作用，同时为雷达提供稳定的工作环境。整流罩气动设计需首先满足内部任务载荷工作空间要求，同时需兼顾稳定性及减阻要求。整流罩布置在囊体腹部，外形呈钝头流线型，在满足载荷空间要求的前提下，尽可能缩小整流罩体积，减小气动阻力。

二、雷电综合防护技术

防雷网是由一定数量的避雷索通过彼此相连组成的一种网状结构。避雷索悬挂于防雷杆上，避雷索合理布设构成的防雷网对球体及球上设备形成有效保护。雷电直接效应防护设计重点从避雷索保护范围、防雷杆高度、避雷索截面积等方面考虑[1]。目前，国内常见的小型系留气球防雷等级约50kA/50C，中型系留气球做到了100kA/100C，大型系留气球200kA/200C。总体来看，国内对系留气球的雷电防护紧跟国外技术发展趋势，但雷电防护有效性还有待进一步提高。另外，系留气球防雷借助气象预报，以提前躲避为主。

三、光电复合系留缆绳设计技术

从相关科技信息中了解到，国外系留缆绳总体具有线密度轻、承载能力强的特点；对于旋转连接器，尤其是光连接器，国外产品体积小、损耗低、低温性能好。我国光电复合系留缆绳设计技术紧跟系留气球发展，系留缆绳技术也取得了长足进步。根据系留气球大小、升空高度、抗风要求等，可针对性开展系留缆绳的设计。目前，光电系留缆绳的传输功率最大可达数十千瓦，传输电压数百至数千伏。对于小型系留气球，升空高度较低，缆绳长度较短，多采用低压直流输电，以减轻系统重量；对于大中型系留气球，升空高度一般较高，缆绳长度较长，为提高系统安全，一般采用高压交流输电。

四、锚泊系统设计技术

美国通过LASS、TARS、STARS、SABRE、JLENS等系统的研制，已经形成了大、中、小型的系列系留气球，包括71M、420K、365K、38M、32M/31M、25M、15M等。最具典型的应属17 M、32M、15M三种系留气球。32M、15M系留气球是美国TCOM公司为STARS系统研制、生产的中小型系留气球及改型产品，其锚泊系统均采用机动式方案。71M系留气球则是TCOM公司为LASS系统研制的大型系留气球，并已大量布置于美国本土和海外，其锚泊系统大多采用基地式方案。

国内大型系留气球锚泊系统多采用固定阵地式锚泊系统。如湖南航天的大型系留气球、中国电子科技集团公司第三十八研究所大型现役系留气球，均采用固定阵地式锚泊系统。中小型系留气球锚泊系统多采用机动式锚泊车，可实现气球的机动部署。微型球形系留气球多采用简易式锚泊系统，通过固定支架及绞盘实现气球的固定锚泊。

五、环境适应性设计技术

从国外海洋型、沙漠型、高原型等系列系留气球产品应用案例来看，国外在研发系留气球时已能充分考虑对系留气球影响最大的温度、湿度、盐雾、太阳辐照等环境因素。系留气球环境适应性设计的主要手段是采用成熟技术、留足设计余量、元器件和原材料选型保证、采取改善环境或减缓环境影响措施、开展环境防护设计以及按专用的环境适应性设计准则进行设计。在系留气球的环境适应性设计方面，国内尚未将环境设计作为一门系统工程加以考虑。现有航空标准对系留气球的环境适应性设计针对性不强，且长期以来我国系留气球的环境适应性工作仅停留在环境试验的环节上，造成系留气球的环境适应性普遍不高，不能完全满足在各种恶劣环境条件下的使用要求。目前，在系留气球环境试验方面，主要参照 GJB 150A-2009《军用装备实验室环境试验方法》系列国家军用标准进行试验。

第三节　总体设计技术发展趋势

一、总体发展

高生存能力总体设计。生存能力是武器装备发展最本质的要求。系留气球的生存能力包括战场生存能力和复杂大气环境下的生存能力。国内外应用经验表明，系留气球系统的有效工作时间受制于大气因素，在大风和雷暴天气下必须把气球收回地面，特别恶劣的天气会使气球破损甚至逃逸，导致整个系统损坏。因此，提高系留气球系统在大气环境下的生存能力，成为我国系留气球系统产业化以及提高系留气球出勤率中亟须解决的问题。更具体地说，重点是载荷分析与结构强度设计和雷电防护设计。

可靠性和易用性设计。高可靠性是装备始终追求的目标，由于我国的系留气球系统装备数量少，大多仍然处于研制和试用阶段，设计和使用经验积累不足，使得整个系统的可靠性不高，尤为突出的是系缆及其收放系统的可靠性、电子电气系统在雷击条件下的可靠性问题等。易用性是指系统在使用过程中对人员、配套设施、时间的要求，还包括对不同布设环境的适应能力。这一点是用户最为关注的，也存在较大的提升空间。

通用化和模块化设计。系留气球的应用表现为多品种、小批量的特点，对这一类型的装备系统，既要满足用户的要求，又要取得商业成功，必须推行通用化、模块化，才能达到缩短研制周期、降低研制成本，简化技术状态管理，提高系统可靠性和易用性，提高售后服务、降低全寿命周期维护保障费用的目的。

二、气动布局技术

宽工况适应的稳定性设计。系留气球主要用于要地及边境地区的防空预警。我国国土面积大，边境线漫长且环境迥异，东南为沿海边境，海拔低，西北、西南边境为陆地边境，海拔高。系留气球在不同海拔情况下，其内部气体质量质心会发生较大变化，导致气球整体质量特性发生变化，从而造成气动稳定性的变化。因此，为了提高系留气球装备在不同环境下的通用性，需要系留气球具有良好的宽工况适应的气动稳定性。

空气动力/静力学综合优化设计。系留气球空气动力特性主要体现在气动升阻比，静力学特性主要体现在囊体的体积与表面积之比。一般情况下，系留气球囊体长细比较大，其阻力较小，升阻比较高，但囊体的体积与表面积之比较小。因此，通过多目标优化设计技术，获得兼顾空气动力和静力特性的囊体最优外形，是未来系留气球气动设计的发展趋势之一。

升浮一体非传统布局设计。升浮一体非传统布局设计兼顾了空气动力和静力特性，是未来气动设计的一大趋势。对于升浮一体布局设计，需要注意的是，气动设计除考虑气动效率外，还需考虑工程可实现性。因系留气球为充气结构，其气动外形主要依靠内外压差产生的张力维持，因此，系留气球气动外形不宜设计成具有大尖角或折弯的形状。

三、雷电防护技术

轻量化结构设计。雷电防护设备包括避雷索、浪涌保护器等，其重量均为“死”重。减轻雷电防护设备重量，可使系留气球载荷能力提升，也可减小气球体积，从而提升系留气球的使用、保障等整体性能。由此可见，利用新材料、新技术等减轻雷电防护设备的重量，是雷电防护技术未来发展趋势之一。

重复防护避雷索设计。目前常见的避雷索在遭受直接雷击时会断裂，无法做到二次雷电防护，且断裂后的避雷索容易对囊体造成损伤。因此，研究人员正在开发一种遭受雷击后不会断裂的避雷索，不仅可以做到多次防护，还避免了断裂后对囊体的伤害。

更高的防护等级。目前，系留气球雷电防护等级有50kA/50C、100kA/100C，200kA/200C的防雷系统也正在研发。随着技术的不断进步，防护等级更高、安全性更好的防雷系统是未来发展的趋势。

四、系留缆绳技术

大承载轻量化设计。系留缆绳是保证系留气球使用安全的关键设备，是系留气球升空、滞空、回收时的主要承载结构。系留缆绳的承载能力与系留气球的抗风能力息息相关。对于大型系留气球，抗风能力30m/s左右，系留缆绳限制载荷将达8t左右。

未来，随着对抗风能力的更高要求，对系留缆绳的承载要求会更高。但是，承载能力越强，系留缆绳重量也越重，将对系留气球载荷能力带来不利影响。因此，大承载轻量化系留缆绳设计将是未来发展趋势。

长寿命周期设计。当前系留缆绳的使用寿命一般为400次收放，日历寿命约5年。为了降低系统成本，提高系统可靠性，系留缆绳的寿命要求未来将更高。

五、锚泊系统技术

良好的机动性。为适应实战环境要求，系留气球锚泊系统对机动性要求越来越高。目前，大型系留气球锚泊系统一般为固定阵地式，在实战环境下，容易遭到敌方打击，生存能力较低。为了提高系留气球系统的战时生存能力，系留气球系统需要具备较好的机动能力。对于大型系留气球系统，机动式锚泊系统是未来发展的趋势。

自动化展开撤收。展开撤收速度是检验锚泊系统机动能力的重要因素。对于大型锚泊系统，一般达数十上百吨，其展开撤收工作难度较大，速度较慢。因此，提高锚泊系统的自动化水平，缩短其展开撤收时间，可有效提升系统机动性，以更好适应未来实战需求。

第四节　小结

本报告阐述了系留气球总体设计的技术内涵，形成了开展系留气球总体设计的流程图，并对系留气球总体设计技术的若干子技术进行了阐述和发展预测。

参考文献

[1] 倪青松，荣海春，王少峰．系留气球雷电直接效应防护设计［J］．西安航空技术高等专科学校学报，2013，31（1）：6-8.

第三章　对流层飞艇总体设计技术发展及预测

第一节　技术内涵

对流层飞艇总体设计技术[1]主要包括总体设计与系统集成技术、总体布置设计技术、高动升力外形设计技术、升力控制与浮重平衡技术、总体参数优化设计技术等方面的研究和综合分析，在分析理论和方法的基础上，进行综合优化方法研究，选取合适的气动外形，对飞艇的压心、重心及浮心进行合理配置，对艇上电源、动力、测控、通信等重要部件实现合理化布局及优化迭代设计，最终在满足任务载荷正常工作的前提下实现飞艇最佳飞行性能。

第二节　国内外研究现状

一、总体设计与系统集成技术

对流层飞艇一般采用单椭球形式，总体设计相对成熟。但作为非常规构型对流层飞艇的大载重飞艇多采用组合式结构，设计此类飞艇需要解决关键技术：浮力体与升力面结合的总体设计布局设计研究和多学科优化设计等技术[2]。国外方面，2011 年，美国 MAV6 公司按照美国国防部合同要求，开展“蓝精灵 2”（BLUE DEVIL 2）多传感器浮空器的研制和部署工作，设计飞艇长 106m，高 19m，载荷能力 1134kg，计划部署到阿富汗，为阿富汗的美军官兵提供长期持久凝视和数据采集能力，其载荷舱可以重构，根据需要选装不同的载荷，该飞艇充分验证了载荷系统和艇体系统一体化设计的需要。飞艇总体设计和系统集成设计伴随飞艇用户的多元需求而发展，系统集成技术已成为制约限制飞艇产业化发展的核心问题，市场要求国内外对流层飞艇研发单位在做好飞艇空中搭载平台的基础上，要完成飞艇平台与载荷应用技术的深度整合，深入拓展载荷应用技术，针对用户载荷应用情况构建整套系统应用方案，满足市场拓展和用户需求。一方面将任务载荷系统进行微系统化、小型化和集成化整合；另一方面将飞艇和艇上任务载荷作为一个整体进行总体设计和系统集成优化设计，实现载荷与飞艇平台的通用及一体化设计。

二、总体布置设计技术

飞艇的总体布置设计技术包括飞艇的气动外形设计、总体参数设计、艇上主要部件的布局方式等。飞艇的总体布局对飞艇飞行性能有重要的决定作用，是评判飞艇性能的重要基础，通过合理的设计和布置使飞艇具有最佳的飞行性能。飞艇的总体布置需要综合权衡考虑飞艇所要实现的功用。

综合国内外飞艇研究现状，飞艇布局方式有以下特点：第一，飞艇尾翼的安装位置相对靠后；第二，吊舱可以设计成一个或多个，在囊体腹部左右对称布置，以腹部下方单吊舱的结构形式居多；第三，动力推进系统的布局形式呈现多样性，有尾部推进、两侧推进、腹部推进、两侧与尾部同时推进等形式，其中尾部推进形式操纵效率高，但机动性能较差；两侧推进形式可以提供较大的偏航力矩，实现升降舵和方向舵的功能；腹部推进形式容易产生抬头力矩；两侧与尾部同时推进的形式推进效率高，控制灵活，但总质量将增加。飞艇推重比取值范围一般为 0.15 ～ 0.3。

三、高动升力外形设计技术

早期的大型对流层飞艇通常采用常规单囊体布局方式，依靠增大飞艇气囊体积来提高载重量，或者增加载油量来增加续航时间。现代大型对流层飞艇尤其是载重飞艇的主流发展趋势主要是采用混合式布局形式（由多个单囊体混合而成，也有称浮升一体化布局形式），如美国 LEMV 飞艇和 Pelican 飞艇。国外也有部分国家的大型对流层飞艇设计采用“飞碟式”和“双体式”等布局方式。这些布局方式的采用使飞艇具有占总升力 20% ～ 40% 的动升力，从而在很大程度上减小了飞艇的体积，或是在同等体积下增加了飞艇的载重重量。

国内龙飞等对常规单椭球体飞艇和某双体混合式飞艇做了较为详细的对比分析，认为混合式飞艇比常规单囊体飞艇具有更为优越的气动特性和续航特性。在此基础上，深入对比分析了单囊体飞艇、双椭球体飞艇、三椭球体飞艇在不同攻角不同速度下的气动特性，探究了飞艇外形布局方式对飞艇气动特性的影响。在非常规外形设计方面，三椭球宽体飞艇在国内研究较多，多家单位已研制出样机产品，但对于其他新构型外形，国内目前发展较少。

四、升力控制与浮重平衡技术

升力控制与浮重平衡技术是实现飞艇长时间安全续航的关键技术。特别是大型对流层飞艇，携带的燃油达到数吨以上，重力与浮力平衡的问题变得尤为突出，并将直接影响飞艇的续航能力和安全性。

目前，国外飞艇一方面在空气动力设计上不断改进，如目前国外设计的大型对流层飞艇大都采用了混合式布局形式等，以提高飞艇的升阻比；另一方面采用不同形式的重浮力平衡控制方式，如在线氦气回收、全电飞艇设计、发动机尾气冷凝水收集以及利用浮力混合燃料气体或新型能源作为发动机燃料等。美国 Pelican 飞艇采用在线氦气回收技术，即飞艇内设的能源转化装置将压缩的氦气调节到特定的压力，并通过管路和阀门控制将氦气快速压入超压氦气囊中，以实现控制飞艇的净重，未来 Aeros 公司还尝试开发从发动机尾气中萃取液态水，以平衡燃油消耗造成重量变化；加拿大太阳能飞艇则采用高效太阳能电池板作为能源，取代航空燃料；德国 CargoLifter 公司计划研发的 CL160 飞艇则采用了氢气与氦气的混合式能源系统。目前许多发达国家正在开展重浮力平衡控制技术的相关研究与试验验证工作，但至今尚未有一种成熟、有效的重浮力平衡解决措施。虽然国外对大型飞艇浮重平衡控制方法已开展大量研究，甚至在早期飞艇上开展了应用试验，但是效果一般。

五、总体参数优化设计与分析技术

飞艇在飞行过程中的姿态稳定性能是飞行使用性能衡量的一个重要指标。影响姿态角的因素很多，主要有净重、浮心、重心配置坐标、风速风向及气动力系数、发动机推力等诸多影响因素。

对流层飞艇总体参数设计流程如图 7-2 所示。

在总体参数设计方面，目前国内外主要以浮重平衡为原则进行单目标设计，尚未形成多目标多约束的综合优化技术，对流层飞艇总体参数优化设计方面的论文或研究也比较少。

对流层飞艇体积估算方法，在一般情况下，根据飞艇执行任务的工作高度、任务载荷重量、巡航速度指标等为输入；其次对符合任务载荷使用要求的电源、动力能源、囊体材料等主要部件选型，对艇上所有部件及其结构重量进行初步估算，根据特定任务和地面最小起飞净重等指标的限制，综合权衡确定飞艇的总体积，这是一个反迭代修正的过程。

六、系统集成设计技术

飞艇平台军民应用是当今一个重要的方向。海岸巡逻、反潜是将多个载荷与飞艇平台进行一体化设计的新系统，涉及总体、气动、结构、能源等系统集成的问题，需要通过系统优化、合理布局，减少载荷对飞艇飞行性能的影响，提高总体效能。

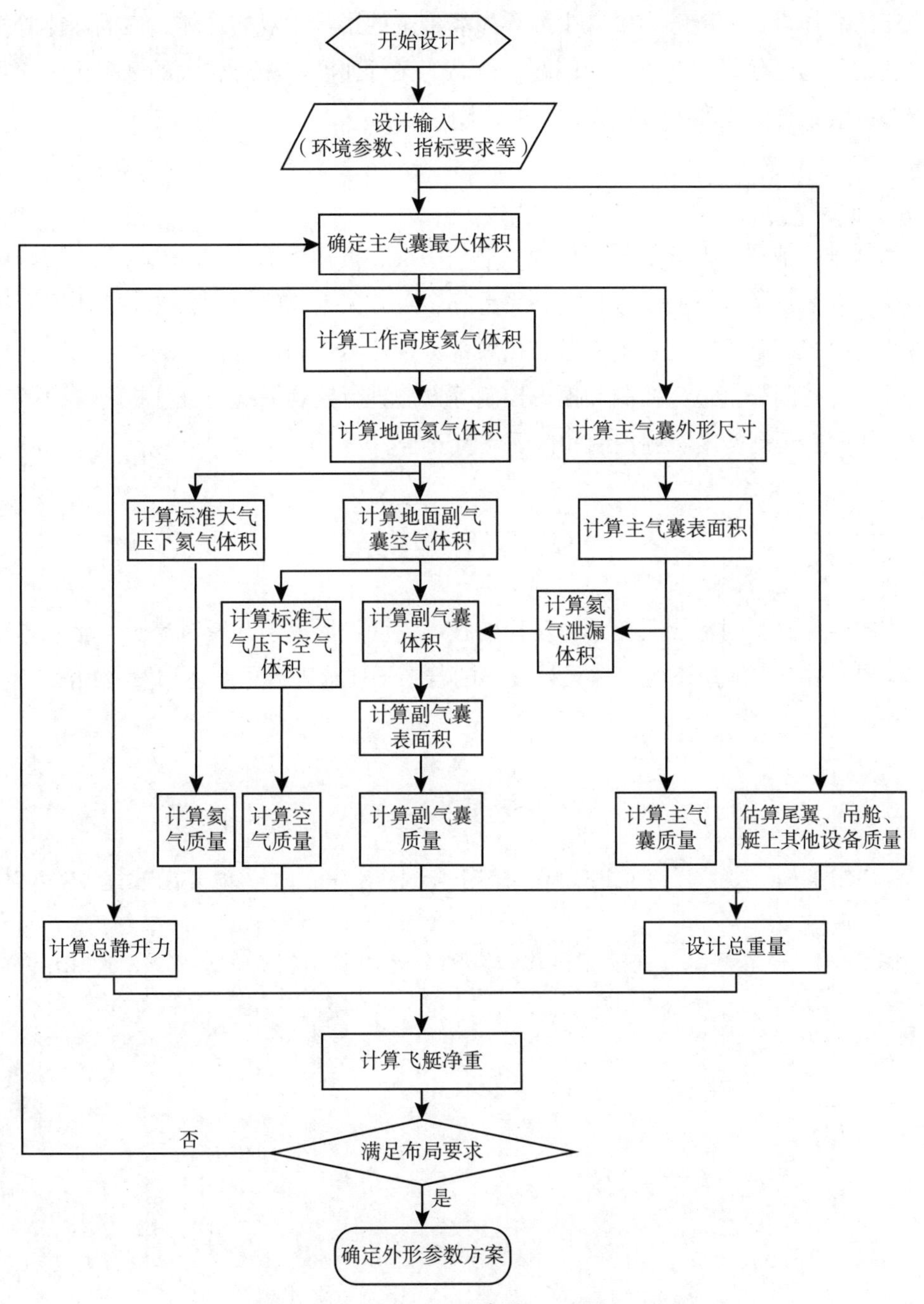

图 7-2　飞艇总体参数设计流程图

七、高升阻比气动外形设计技术

未来飞艇应用领域较为广泛，如陆地、海面等。传统气动外形飞艇易受到海面风场环境变化的影响，给飞艇的安全带来较大影响。在高升阻比的气动外形的基础上开展飞艇的总体设计，能够有效减少外界风场带来的影响。双椭球体、三椭球体等多椭球体气动外形能很好地解决这一问题，较高的飞行速度和相对较大的升阻比，使得飞艇能够有效抵抗侧风和垂直突风带来的影响。

八、高精度飞行控制技术

为保证对流层飞艇开展反潜作战、通信中继、货物运输、战争储备等应用，保证飞艇在未知风场条件下的航迹精度和飞行安全是至关重要的因素，除了应用精密导航设备及伺服控制电机提高系统增益、拓展带宽，还需要利用现代化的控制技术、最优控制、复合控制、自适应控制和模糊控制等方法进行控制系统仿真分析，参数调节和优化，从而实现高精度航迹控制和保证飞行安全。

第三节　小结

本报告阐述了对流层飞艇总体设计的技术内涵，形成了开展对流层飞艇总体设计的流程图，并对对流层飞艇总体设计技术的若干子技术进行了阐述和发展预测。

参考文献

[1] 刘大海，阎健，张健勇．平流层飞艇的能源技术和平衡分析［J］．航天返回与遥感，2006，27（2）：6-13.
[2] 闫峰，姜鲁华，崔燕香．飞艇外形布局气动特性分析［J］．计算机仿真，2014，6（31）：97-102.

第四章　平流层飞艇总体设计技术发展及预测

第一节　技术内涵

当前，国内外平流层飞艇总体上仍处于关键技术攻关和验证阶段，也出现了一些创新的总体技术方案，通过放飞试验获得了一定的技术突破，但由于受材料、能源、动力等基础技术水平的限制，使得平流层飞艇离工程化应用尚存在不小的差距，同时在平流层高度上的飞行可靠性和环境适应性也有待进一步检验。

在目前技术状态下，平流层飞艇的总体设计是一种以现有技术水平条件下的总体布局方案创新与优化。平流层飞艇的结构材料、能源系统造价昂贵，飞艇总重最小化能在一定程度上反映总费用最低的设计目标。综合优化设计过程，平流层飞艇的总体优化设计目标可以表示为：以平台总重为目标函数；以飞艇外形参数、超压调节囊体参数为优化决策变量；以“动阻平衡、能耗平衡、浮重平衡”及材料应力强度为约束条件的多学科优化问题[1]。优化设计完毕后，还要对平流层飞艇的总体设计开展飞行性能及回收返场方面的性能评估。

第二节　总体设计流程

平流层飞艇总体设计的一般流程归纳如下。

（1）确定平流层驻空高度、放飞经纬度、抗风能力、驻空时间、载荷能力与功耗等主要技术指标。

（2）优化总体方案、布局及平台尺寸。

（3）根据抗风能力、载荷功耗、驻空时间指标确定平台的能耗需求。

（4）根据能耗需求确立能源与动力系统重量需求。

（5）分析热平衡过程和风场条件得出平流层平台囊体的极限耐压性能和结构强度。

（6）根据初步总体方案和布局建立平流层飞艇囊体、结构、电气、气体、绳系及相关连接件的重量估算方法。

（7）评估平台尺寸是否满足浮重平衡要求，平台布局是否满足材料的应力、结构强度要求。

设计流程图见图 7-3。

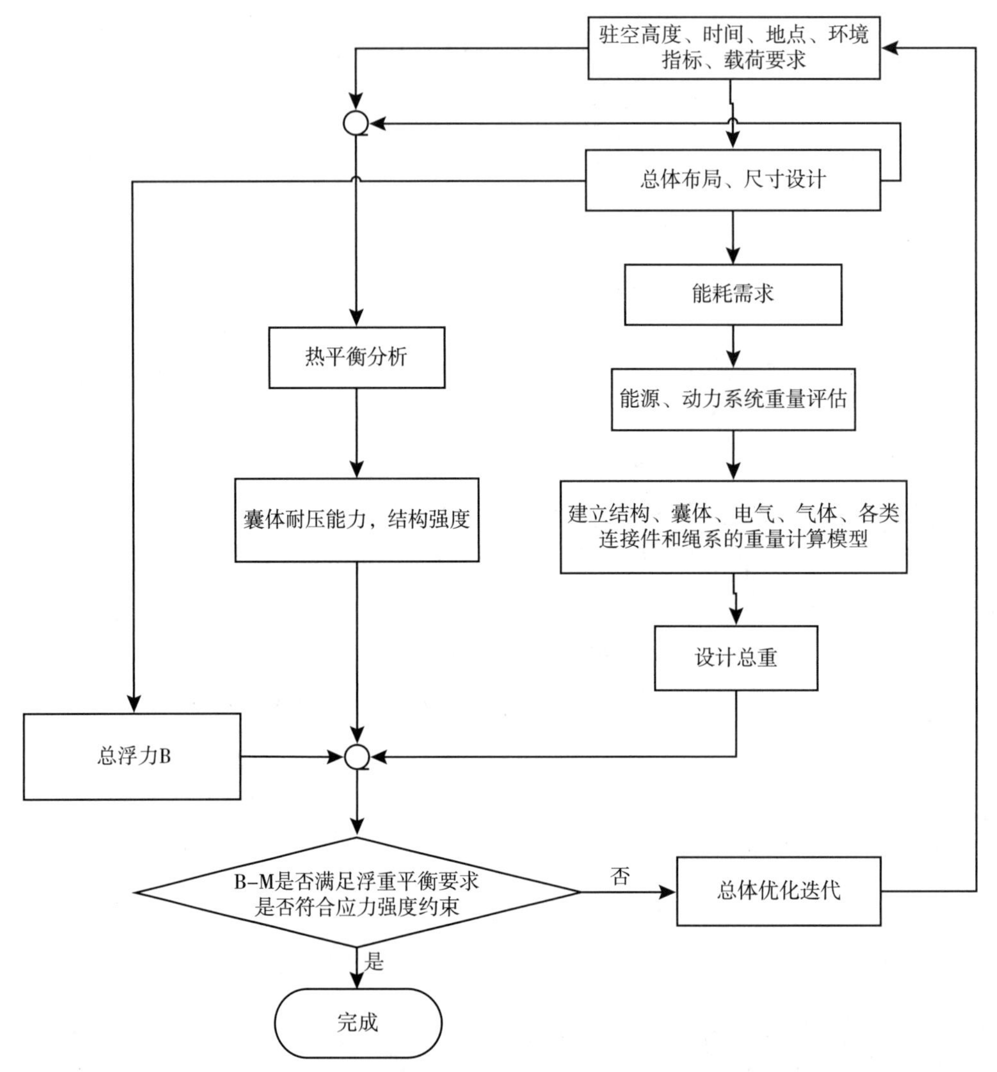

图 7-3　平流层飞艇总体设计一般设计流程图

第三节　重点研究内容

平流层飞艇总体设计是一项庞大复杂的系统工程，其在技术攻关、系统研发及工程应用中遇到的诸多关键问题与技术难点需要用全新的理念和创新的方案解决。平流层飞艇总体设计技术的重点研究内容主要体现在以下五个方面。

一、平流层飞艇总体布局与优化设计技术

平流层飞艇总体布局技术一般是基于较为成熟的低空飞艇技术及设计经验演化出平流层飞艇的总体布局思路，是国内外平流层飞艇总体设计的常用手段。但由于对流层和平流层两者间的巨大差异，导致依此思路设计的飞艇并不能完全适应平流层，且遭遇较多的技术难点。平流层飞艇总体布局的设计难点主要包括囊体外形、气动稳定性、压控与维形三个方面。

囊体外形决定了飞艇的体积和气动特性，直接影响飞艇的浮重平衡、推阻平衡和能源平衡，由于太阳辐射的影响，造成了平流层飞艇在驻空阶段的超热超压现象，不同囊体外形直接决定了蒙皮材料的强度要求。针对蒙皮材料研发现状，国内外的平流层飞艇工程设计普遍采用囊体加强筋或半硬式结构来缓解蒙皮材料的压力，但同时也大大增加了结构加工的复杂性和系统重量。

对于常规飞艇而言，尾翼安定面是保持飞行气动稳定性的主要办法。而平流层飞艇飞行速度与大气密度低，飞艇的尾翼安定面的效率降低，流线型旋成体自身气动发散力矩较大，很难通过尾翼保持飞艇的气动稳定性。即如果要保持稳定性，需要极大的尾翼面积，这对系统重量、前飞推力和囊体强度都提出了极高要求。

在低空软式飞艇中，副气囊可以起到调压、维形的作用，但对于平流层飞艇而言，采用副气囊调姿调压的效能极低，副气囊的主要作用是在飞行过程中维形。平流层飞艇的副气囊体积需要相当于艇体总体积的90%，才能在飞艇升降全过程中保持维形效果。巨大体积的副气囊重量大，外形难以控制，尤其是经过地面到高空的升空过程，副气囊容积减小很多，皱褶的副气囊蒙皮随机叠压堆积，很容易引起飞艇姿态偏离预期，迫切需要通过合理的总体设计提出平流层飞艇外形维持和压力调节的优化方案。

此外，由于平流层的大气密度远低于海平面大气密度，相比于普通对流层飞行器，为了提供足够的净升力，需要平流层飞艇有更大的气囊体积，气囊体积增大导致质量阻力随之增大，从而平流层飞艇的自重气动阻力及结构强度等问题更为突出，单一减阻或者减重容易导致飞艇的力学性能改变，难以权衡飞艇的各项性能优化，比如单纯减小飞艇阻力，要求飞艇外形长细比增大，这样却会导致飞艇最小环向应力增加，因此需要综合考虑多种因素的影响，以重量气动及结构等为优化目标对飞艇总体设计进行优化。

二、超压囊体设计技术

平流层飞艇昼夜温度变化剧烈，在白天因温度影响的囊体内外压差载荷可能超过

1000Pa；在夜间囊体需要维持超压状态以保证飞艇在设计高度稳定驻空，保持外形并可控飞行，因此，平流层飞艇的囊体将长时间处于较大载荷的工作状态。较大的工作压差载荷、囊体的巨大体积以及平流层恶劣的辐射环境，使得囊体强度和密封性成为平流层飞艇的设计难点，也是限制平流层飞艇发展的重要技术难题。

三、能源系统循环设计技术

太阳能电池阵和储能系统组成的循环能源系统是平流层飞艇的关键技术。高转换效率的太阳能电池、高比能量的储能电池以及高可靠可自主重构的能源管理系统是再生能源系统的重要组成部分，也是制约平流层飞艇快速发展的瓶颈问题之一。

平流层飞艇通常采用太阳能电池和储能电池的联合供电能源系统，太阳能电池一般采用柔性薄膜太阳能电池，储能电池一般采用锂电池或可再生氢氧燃料电池。太阳能电池白天吸收太阳辐照，用于有效载荷、航电系统和推进系统能源消耗，剩余能量向储能电池充电；晚上储能电池放电，向有效载荷、航电系统和推进系统供电，为实现长时间驻空，就必须解决昼夜能源供需平衡的问题，在飞艇设计之初，必须在总体层次根据任务需求与能耗水平权衡太阳能电池与储能电池的合理配置，这就要求能源系统供电模式能进行不同状态的切换，并具备可控性与高可靠性。开发出集成了能源控制策略、故障诊断及自主重构机制的高效能源管理系统，是降低全系统能耗、提高储存能源利用率、提高供能可靠性的关键。

四、飞行控制技术

平流层飞艇与低空飞艇相比，前者的飞行包线更为广泛，运动范围从低空扩展到临近空间平流层；体积和重量显著增加，大尺寸、大惯量、非线性成为该动态系统的显著特征，对控制系统设计提出了很高要求，飞行控制技术主要解决定点控制、姿态控制和航迹控制。

五、回收与返场着陆技术

由于平流层飞艇下降过程中的绝热压缩效应，下降阶段过程的对流换热导致的内外温差变化会引起飞艇净浮力变化，导致飞艇后期下降速度较快，使飞艇低空减速悬浮飞行和软着陆的难度增大。飞艇只有实现了低空减速悬浮，进入水平飞行，才有机会实现定点返场。目前国内外所有已经开展实际飞行的飞艇均不具备完整的定点着陆能力，大部分以长航时定点驻空飞行和保证载重能力为首要任务目标，采用区域软着陆的方案，保证绝大多数系统安全回收，以降低设计难度，控制成本。

第四节 国内外研究现状

一、国外研究现状

自 21 世纪初，美国、日本以及欧洲等主要发达国家和地区均提出了平流层飞艇计划。美国为了弥补战时信息保障过度依赖天基平台的弱点，同时大幅度提升持久区域信息作战能力，近年来投入巨资支持多项平流层飞艇研发项目，包括洛克希德·马丁公司的高空飞艇项目、探测器与结构一体化飞艇项目、“攀登者”飞艇项目和西南研究院的高空哨兵飞艇项目等；2014 年 8 月，美国国家航空航天局也开展了以替代卫星为目标的“平流层飞艇设计”竞赛。2004 年，欧盟启动了一个为期 3 年的 CA-PANINA 计划，内容是研制基于平流层平台的宽带移动通信载荷技术。2005 年 3 月，欧盟集中欧洲各国的相关研究机构和公司，启动了“面向特殊航空航天应用的高空飞机和高空飞艇研究项目”。2014 年 5 月，泰雷兹·阿莱尼亚宇航公司启动了为期 5 年的巨型平流层飞艇项目，也出现了几种有特点的平流层飞艇总体方案，截至 2019 年，各项目虽然已经开展数次飞行试验，但试验过程并不顺利，多数项目的试验结果不如预期。

从国外发展可以看出，平流层飞艇的发展速度不及预期，发展过程也较为曲折，目前尚无显著突破。但有两点不容忽视：①美国和日本的平流层飞艇的相关技术不断在发展，在材料、能源和载荷等技术上储备基础深厚；②平流层飞艇项目和计划仍然受到了大量关注和支持，美国国家航空航天局启动的平流层飞艇替代卫星竞赛就是证明。

二、国内研究现状

中国对平流层飞艇的研究始于“十五”期间，多个高校和研究所参与了方案论证、关键技术攻关等基础性研究。2009—2012 年，北京航空航天大学先后 4 次完成 20km 以上平流层高度飞行验证，取得了初步成果。2012 年 8 月，中国科学院光电研究院开展了飞艇动力飞行验证，在 17km 以上的高度动力飞行时间达到 52min。2013 年，中国电子科技集团公司第三十八研究所完成了数次平流层气球的飞行验证，获取了热特性数据。2015 年 8 月，航天科工一院与六院、068 基地联合开展直径 30 m 囊体的飞行试验，飞行高度超过 20km。2015 年 9 月，上海交通大学开展了新型囊体结构的高空飞行试验，试验飞行时间 2h，飞行高度 19.3km，验证了非常规形态升空、回收方式的可实现性。2015 年 10 月，北京航空航天大学联合南江空天公司在内蒙古锡林浩特市开展平流层飞艇的长时留空飞行试验，实现了跨昼夜长时控制飞行，验证了新型布局技术、囊体耐压与密封技术、动力推进技术、循环能源技术和定区域驻留技术等关键技术。近年来，随着国家若干重大专项的稳步实施和开展，对制约平流层飞艇长航时驻留的关键技术及难点认识逐步深化，各项分系统能力得到了有效验证，总体设计呈现多元化趋势，工程化应用进程逐步加快。

第五节　总体设计技术发展趋势

一、总体布局设计技术

平流层飞艇总体布局的设计难点主要包括艇囊外形、气动稳定性、压控与维形三个方面。

1. 艇囊外形

艇囊外形决定了飞艇的体积和气动特性，直接影响飞艇的浮重平衡、推阻平衡和能源平衡，同时也决定了蒙皮材料强度的需求，流线型囊体具有较低的气动阻力系数，可大大降低对推进和能源系统的要求，也有利于降低系统总重量。但无法回避的问题是流线型囊体由于曲率半径大，对蒙皮材料强度要求更高，在采用同样蒙皮材料时，流线型囊体的最大直径不能超过正球形囊体直径的一半；同时由于流线型囊体自身的外形特点，很难采用布置多组流线型囊体的办法扩展体积。因此，蒙皮材料强度直接限制了常规流线型囊体的最大体积和载重能力。为缓解或解决该问题，国内外进行了大量的探索研究。未来可从以下三个方面开展研究：①立足当前蒙皮材料技术，采用常规流线型布局发展小载荷飞艇；②随着纤维强度的提高，逐步增加载荷能力；③在流线型艇囊结构上，通过艇囊结构优化设计增加艇囊耐压能力，如飞艇外围布置单向或双向加筋结构、网罩加筋结构和局部环向增强等。充分利用平流层大气密度小、阻力小的优势，采用非流线型或近似流线型的模块化组合式布局，可制造规模巨大的飞艇，利用强大的推进和能源系统实现推阻和能源平衡。

2. 气动稳定性

平流层飞艇飞行速度较低，通常不超过 30m/s，同时由于大气密度低，飞艇的尾翼安定面的效率降低，流线型旋成体自身气动发散力矩较大，如果要保持稳定性，需要极大的尾翼面积，这对系统重量、前飞推力和囊体强度都提出了极高要求。因此，未来在高空飞艇进行飞行气动稳定性设计时，需要对尾翼面积、安装位置、气动效率和静稳定范围等进行详细核算；考虑到系统重量，适当降低对尾翼尺寸和对气动稳定性的过高要求是比较现实的；完全无尾翼布局可显著降低飞艇阻力，也可论证采用主动控制的办法解决无尾翼飞控难题。

3. 压控与维形

平流层巨大体积的副气囊重量大，外形难以控制，尤其是经过地面到高空的升空过程，副气囊容积减小很多，皱褶的副气囊蒙皮随机叠压堆积，很容易引起飞艇姿态偏离预期；副气囊的蒙皮滑移也会加剧飞艇姿态发散。解决副气囊蒙皮堆积问题的难度比较大，目前提出了几种不同的解决方案：①采用多组绳网将副气囊限定在一定区域内，阻止其在收缩过程中滑移；②副气囊主要区域布置在艇首和艇尾，辅助索网固定，以降低副气囊收缩时蒙皮滑移的幅度；③副气囊内部增加弹性索网结构，副气囊蒙皮采用弹性材质制备；④采用柱形副气囊，将副气囊上下分别固定在艇囊顶部和底部，辅助加筋，既可减小滑移幅度，也可辅助传递浮力；⑤化整为零，布置多组小副气囊，每个小副气囊单独限位或者互相限位，类似蜂窝布置；⑥氦气囊与副气囊互换，在顶部内置柔性氦气囊，柔索辅助定位，艇囊内充空气，驻留时氦气囊膨胀到最大，避免蒙皮滑移，低空时氦气囊处于悬挂状态，摆动引起的姿态变化相对较小。未来，通过总体设计解决副气囊问题的方案也值得关注。德国斯图加特大学研制的蠕虫飞艇（Airworm），采用纵向组合设计，将囊体隔离成独立子囊；珠海新概念航空航天器有限公司采用变体飞艇设计，通过改变艇体外形的方法适应氦气膨胀，同时也降低了低空飞行时的气动阻力；高空哨兵等采用非成形上升的方式，重点定位在长航时飞行上，直接去除副气囊或者仅带很小体积副气囊，大大降低了释放 / 升空 / 驻空飞行控制难度。

二、多学科优化设计技术

近年来，国内外学者针对平流层飞艇的优化问题进行了研究，平流层飞艇优化问题最初是单一外形减阻优化，通过建立飞艇参数化外形，以飞艇体积为约束条件对飞艇外形进行优化，使飞艇的阻力系数明显降低；也有以最小化平流层飞艇结构质量或总重最小为优化目标，建立飞艇多系统耦合模型，以昼夜能源供需平衡、浮重平衡、推阻平衡为约束条件，利用优化算法对飞艇外形尺寸参数进行优化设计。在新能源、新材料、新动力等关键技术领域未实现重大突破前，充分利用现有技术成果，建立相应的复合函数，开展总体设计研究及多目标优化是平流层飞艇总体设计的必由之路。目前，给不同优化目标分配相应权重并构建多目标复合函数是飞艇多目标优化的主要途径。

对于多目标优化，各目标之间常常是相互矛盾的，不存在可以使所有目标同时最优的单一解，而是一组各目标相对较优的解集，称为 Pareto 解集（或 Pareto 前沿）。Pareto 解集可以看作是目标函数不同权重比例所得解的集合，其更能反映多目标优化的本质。多目标优化区别于单目标优化的本质就是最终结果不是一个解，而是一组非劣均衡解（Pareto 解集）。多目标优化方法的关键问题就是如何获取分布均匀的 Pareto 解集。进化算法是目前求解多目标问题最有效的方法，主要包括多目标遗传算法（MOGA）、非劣分层遗传算法（NSGA）、小组决胜遗传算法（NPGA）、Pareto 存档进化策略（PAES）、强度 Pareto 进化算法（SPEA）等。这些优化算法保留了遗传算法的基本思想与过程，即编码、适应度评价、遗传过程（选择、交叉、变异），不同点在于选择机制及适应度评价方面。所有优化问题都需要先建立相应的数学模型，其三大要素为优化变量、约束条件和目标函数，为了提高计算效率，确定优化变量的原则是要找到对飞艇力学性能有直接影响或间接重大影响的参数，舍去一些其他不重要或者次要因素。比如对于常规平流层飞艇方案，一般确定优化变量可以为：两个长半轴（a，b）、蒙皮厚度（t）、蒙皮弹性模量（E）、径向最低点压差值（P0）等。在优化中，要首先结合相关理论及实际经验确定各变量的合理取值范围，在此范围内开展变量优化工作。约束条件是指在优化过程中需要遵循的约束或者假设约束，在此约束条件下开展模型优化，比如为使优化前后飞艇升力不受损失，可设飞艇体积为定值 V，根据体积恒定，通过给定长半轴 a_1 和 a_2 值，可换算得到短半轴 b；目标函数即设定的目标结果，最终的优化目标，其可选的参量可以是体积、阻力、最大环向应力、结构刚度等。

总之，要根据平流层飞艇不同的总体方案，从平流层飞艇尺寸、阻力、自重、强度载荷等优化目标选择最重要的因素，应用合适的优化算法对飞艇进行多目标优化，并采用一定智能的决策方法最终获取稳健的设计方案，随着计算机性能水平的提高，利用成熟的计算软件搭建多目标在线优化系统，实现实时在线智能化决策是未来平流层飞艇总体设计的重要方向。

三、能源系统循环设计技术

能源系统循环设计的前提是要根据总体方案和工作运行策略给出系统功率需求表，再根据功率需求表提供的能耗需求开展太阳能 + 蓄电池的循环能源方案设计和分析。在遵循平流层飞艇能源系统循环设计方法和原则的基础上，未来能源系统设计的主要关键点在于如何提高柔性薄膜电池、储能电池的转化效率、能量密度、轻量化设计、环境适应性、稳定性及可靠性等单项技术上，还要加强能源管理，提高能源利用率，缓解平流层飞艇重量和尺寸及结构压力[2]。

1. 太阳能电池技术

平流层飞艇上采用的太阳能电池技术存在两种发展趋势：①柔性薄膜太阳能电池技术；②半柔性太阳能电池技术。柔性薄膜电池技术是飞艇太阳能电池系统的常用方案。常见的无机柔性太阳能电池主要包括非晶硅、铜铟镓硒和砷化镓三个材料体系。非晶硅柔性太阳能电池技术简单、工艺成熟、成本低廉，但电池转换效率较低，并且光电效率存在衰减，导致电池性能并不稳定。国外成熟的铜铟镓硒太阳能产品转换效率一般为10%～14%，某些实验级别的太阳能电池能达到18%以上，但是总的来说，尚无可大面积铺设使用的、高转化率的、成熟的商业化产品。与非晶硅和铜铟镓硒相比，砷化镓太阳能电池的转化效率最高可达25%，但其密度大、制备工艺复杂、价格极为昂贵，无法满足平流层飞艇柔性电池的使用需求。不同于柔性薄膜电池，半柔性太阳能电池通过将刚性电池柔性化处理，使其具有较高的光电转换效率，通常在18%以上。半柔性电池板经过合理的单片组合、方阵布局和结构设计，能够适应平流层飞艇外形的曲率，减少飞行过程中的碎片率，满足其强度和稳定供能要求。综上所述，提高柔性薄膜电池的光电效率、降低衬底重量、降低制备成本和提高半柔性电池随形率、降低碎片率是平流层飞艇太阳能电池技术未来几年的主要发展方向。

2. 储能电池技术

目前正在研究的平流层飞艇储能系统包括化学储能电池系统、再生燃料储能电池系统以及物理储能系统等。以锂电池为代表的化学储能电池技术较为成熟，但其载体能量密度比较低。常用的锂离子电池、聚合物锂电池、三元聚合物锂电池的比能大多不到300Wh/kg，而比能相对较高的锂硫电池最高约为350Wh/kg。高比能的新型再生氢氧燃料电池是在普通氢氧燃料电池基础上发展起来的电化学装置，是将水电解技术和氢氧燃料电池技术相结合的一种新型发电装置。再生氢氧燃料电池理论比能极高，多个飞艇项目在初始论证时均采用再生氢氧燃料电池作为主要储能系统。但再生氢氧燃料电池闭环效率低，需要使用更多有效面积的太阳能电池，同时导气导流管路、储气罐和保温控制等附属部件重量大，导致全系统模块化程度降低、结构偏重，整体比能低于锂储能电池。综上所述，提高锂储能电池能量密度、增加环境适应性、减少燃料电池附加结构重量、发展可高度模块化的再生氢氧燃料电池等是平流层飞艇储能系统亟须突破的关键技术。

3. 能源管理技术

开发出集成了能源控制策略、故障诊断及自主重构机制的高效能源管理系统，是降低全系统能耗、提高储存能源利用率、提高供能可靠性的关键。能源控制策略已经在国内外数次平流层飞艇飞行试验中得到验证，其集成化、低损耗、可靠性等方面发展也较为成熟[7]。但是故障诊断和自主重构技术需要基于大量的能源系统长时间试验数据且需根据飞艇飞行过程中的真实情况进行深入分析、模式判断和自我修复。目前，国内外还没有平流层飞艇长时间飞行试验的成功案例，未能获取足够的试验数据，无法充分进行故障诊断及自主重构机制等技术的考核验证。

四、飞行控制技术

1. 驻空飞行

平流层飞艇要求其具有良好的长时驻空性能。由于大气密度较低，飞艇安定面无法发挥效能，因此平流层飞艇前飞时处于气动不稳定状态，更依赖主动飞行控制迎风飞行。但由于常规的风速风向测量装置均不适用于平流层环境，飞艇无法自主感知风场的特点和变化，大大增加了平流层飞艇飞行的难度。成熟的 PID 控制方法虽然能部分降低已知模型不确定性的影响，但其实际控制效率较低，而过多的飞行参数的不确定性将加剧能量消耗，使得能源系统分配不均，不利于飞艇的长时驻空。因此研制精密的风场测量装置、发展适用的控制器和非线性控制方法等，是改善飞艇驻空飞行的必要措施。此外，随着人工智能技术的飞速发展，利用机器自主学习的飞行控制算法和策略越来越受到飞行控制学科方向人员的重视，是克服飞艇自主智能飞行的利器。

2. 航迹控制

针对平流层飞艇航迹控制的特点，为保证平流层飞艇的航迹控制精度，需要配备较强的矢量或直接力系统，增强主动控制和抗干扰能力。此外，应注意平流层飞艇主要为定高度飞行，无法利用舵面、竖直推进、俯仰角调节动升力等方式控制高度，高度控制主要依靠浮重的再平衡，短时间内不具备频繁的高度上下调节能力，这点在航迹规划时应予以考虑。

五、回收与返场着陆技术

1. 净浮力控制

平流层飞艇可通过释放氦气、增压空气、抛掉附加氦气囊或者压缩可变外形等方式改变飞艇浮重平衡状态，由驻留状态进入下降状态。飞艇只有实现了低空减速悬浮，进入水平飞行，才有机会实现定点返场。

目前关于降落过程中实现浮重平衡的研究相对较少，正在探索的研究方案包括：①降低初始下降速度改善浮力损失。如果下降速度较慢，飞艇通过大风区的偏移距离将过大，可能达到数百千米，存在超出空域和超出测控视距范围风险。虽然理论上是可行的，但对于一个大型试验而言，很难有实际验证机会。②低空释放配重。该方案控制方式直接，低空速度控制效果最明显，但需要飞艇携带的额外配重量很大，而且控制过程是不可逆的。③通过排出空气方式减小净重。下降过程中不断通过副气囊鼓入空气，但如果副气囊保持较高压差的话，巨大体积带来额外的巨大能耗和增重，也会加速降落，如果维持小压差，则排气效果有限，因此采用像常规飞艇一样的副气囊排气减小净重的方法是否适用尚需要深入研究。④低空采用强大的竖直矢量推力平衡。飞艇本体携带竖直矢量推进的代价很高，而且如果采用电动推进，电力能量消耗巨大；如果采用液体燃料推进，燃料及润滑系统的防冻要求极高，代价也比较大；采用氢气作为能源，布置容积较小的储氢气囊，也是值得探讨的方案。⑤垂直矢量推进系统。这种值得关注的解决方案是采用空中对接的方案，即当飞艇降低至低空时，采用垂直矢量系统飞行到飞艇下方和侧面完成对接，利用专用的低空推进装置，引导飞艇缓慢降落。

2. 低空推阻平衡

实现低空推阻平衡的技术难度相对较低，但是仍需要实现以下几点技术突破：①适应高低空的可变功率输出推进技术。需要突破大幅度变功率电机技术，可能需要液冷技术以增强电机核心器件散热；需要突破可变桨距甚至翼型的螺旋桨技术，适用于从地面到平流层高度的大高度范围大气环境。在可变功率电推进技术突破前，可选用专用低空电推进满足推阻平衡。除电推进方案外，氢动力和专用低空燃油动力推进也可解决推阻平衡，但综合比较，电推进系统简单，重量代价较小。②保持可控外形。非成形降落不适合定点返场，无论是采用副气囊固定外形、弹性外形或者变外形方案，在低空飞行时外形应是基本固定的，艇囊内外维持恒定的压差。定点返场着陆需要实现大高度区间的浮重、推阻、能源三个平衡完全匹配，对飞艇总体设计要求很高，实现难度也最大，目前国内外所有已经开展实际飞行的飞艇均不具备完整的定点着陆能力。在技术方案验证阶段，建议以长航时定点驻空飞行和保证载重能力为首要任务目标，采用定区域软着陆的方案，也可保证绝大多数系统安全回收，或者采用创新理念设计，对关键和昂贵部件进行可控安全回收的策略，以降低设计难度，控制成本。当驻空技术成熟后，随着推进技术逐渐突破，飞行次数和着陆验证机会增多，定点返场着陆也将很快突破和实现。

第六节　小结

本报告阐述了平流层飞艇总体设计的技术内涵，形成了开展平流层飞艇总体设计的流程图，并对平流层飞艇总体设计技术的若干子技术进行了阐述和发展预测。

参考文献

[1] 陈川，陈佳慧，胡宇群．平流层飞艇总体多目标优化设计与决策［J］．航空计算技术，2016，46（5）：77-81.
[2] 方丽娟，屈卫东．平流层飞艇多能源的优化管理系统［J］．控制工程，2008，15：172-185.

第五章　结论

本文就自由气球、系留气球、对流层飞艇及平流层飞艇的总体设计技术发展及预测进行了详细阐述，对四种浮空器的组成、功能及总体设计的各个方面进行了细致的总结，归纳了总体设计的几大关键技术，预测展望了总体设计要点的发展路线及趋势，为未来浮空器总体设计技术的发展提供了较为清晰的思路。

撰稿人 陈 琦 洪 涛 张 斌 王 俊 杜 超

第八篇　高性能囊体复合材料制备技术发展及预测

第一章 概 述

囊体材料是构成飞艇或系留气球等轻于空气浮空器的主体结构材料，为浮空器提供主要结构强度，是浮空器的关键技术之一，在很大程度上决定了浮空器的使用性能。浮空器一般由主气囊（或称外囊）、尾翼、副气囊（或称内囊）构成。浮空器主气囊内充填氦气，为浮空器提供浮力。副气囊位于浮空器内部，内充空气，用于调节浮空器的工作状态。构成主气囊和尾翼的柔性复合材料一般称为囊体材料或外囊材料，构成副气囊的柔性复合材料称为副气囊材料或内囊材料。副气囊材料由于处于主气囊内部，受外界环境因素影响小，因此，在耐候性上没有囊体材料要求高，而其他性能要求则与囊体材料基本一致。

第一节 囊体材料的性能要求

飞艇或系留气球等轻于空气浮空器具有庞大的体积，需要长期驻空，工作于具有高低温交变、太阳光辐射和高应力长期作用环境。这些因素决定了囊体材料必须具备满足使用需求的性能指标。

浮空器对囊体材料的性能需要主要有以下几点。

（1）轻量化。拉伸强度高，面密度小。

（2）气密性。气体（氦气）渗透率低，满足浮空器长期驻空需要。

（3）环境适应性。适应浮空器工作环境的紫外线辐射、高低温和温度交变、盐雾、湿度、臭氧、应力作用等。

（4）抗撕裂性。避免由于浮空器囊体局部受损而引发大面积撕裂，提高浮空器的使用安全性。

（5）耐揉搓性。耐揉搓性是囊体材料柔韧性和抵抗弯曲变形能力的综合体现。对具有多层结构形式的柔性囊体材料而言，在浮空器囊体制作、检验、折叠、运输、展开过程中不可避免地受到的往复揉搓和反复弯折可能造成局部破损或层间分离，主要影响囊体局部的气密性和强度。

（6）抗蠕变性。高分子材料的黏弹性特性决定了其在一定应力作用下，即使应力低于弹性极限，材料也会随时间而发生缓慢的塑性变形，这种现象称为蠕变。囊体材料以及焊接结构在使用过程中应能保持浮空器的设计外形，避免产生较大蠕变，保证焊接结构的稳定性。

（7）加工工艺适应性。浮空器囊体由多幅材料相互拼接制成，拼接工艺包括热焊接和胶接。良好的热焊接或胶接工艺适应性及易于修补等性能是囊体材料的加工应用基础。

第二节　组成与结构

为满足浮空器对囊体材料的高技术要求，囊体材料需要采用多种高功能化高分子材料。为最大限度发挥各功能材料的使用性能，需要采用多层结构形式。囊体材料由外及里的主要功能层至少包含耐候层、阻隔层、中间层、承力织物、热封层。为使上述各功能层间有足够的黏合强度并保持材料整体的柔韧性，需要相应增加黏接层。囊体材料的多层结构设计如图 8–1 所示。

制备囊体材料所采用的高功能化材料主要有：聚氟乙烯（PVF）为耐候层材料，聚酯（Mylar）为阻隔层材料，涤纶（Dacron）或芳杂环类纤维（Vectran、Kevlar）织物为承力层，聚醚聚酯弹性体（Hytrel）或聚氨酯弹性体（TPU）为热封层或中间层，这样的组成结构设计使得囊体材料具有轻质、高强度、高耐候性、高阻气性，满足飞艇的使用要求。

随着时间的推移和技术的进步，新材料和新技术将不断被应用于制造高性能囊体材料。在囊体材料结构设计中，各功能层材料的选材原则如下：①依据设计指标要求，优选所需功能材料；②兼顾组成材料的功能性、加工性和相互间的匹配性；③依据加工技术和综合性能测试结果，优化定型组成与结构。

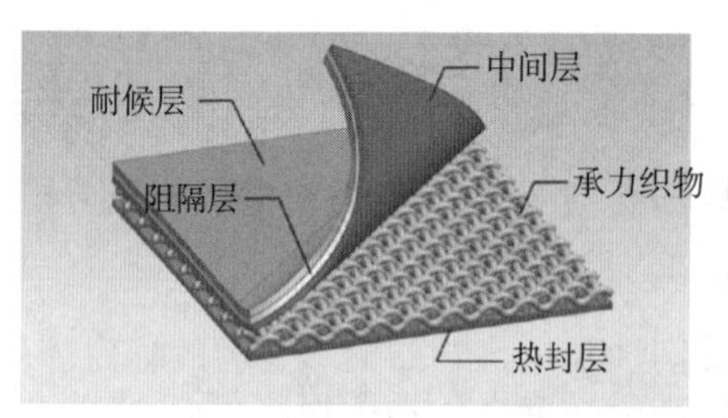

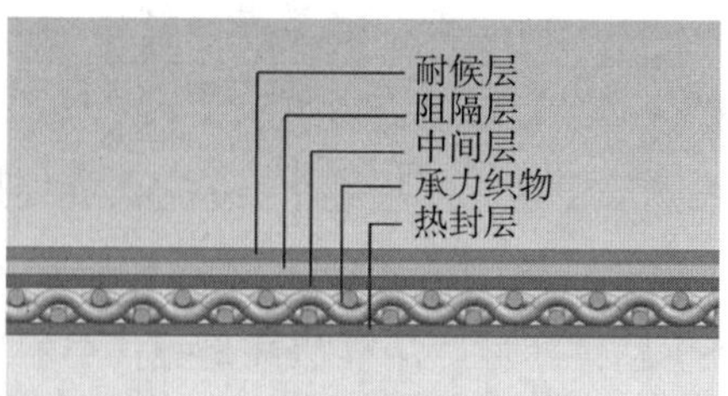

图 8–1　囊体材料多层结构设计示意图

第二章　国内外发展现状

自20世纪70年代左右，美国就开始采用多层复合结构形式生产系留气球和飞艇的囊体材料。美国的TCOM、ILC Dover公司和Uretek公司都有40多年囊体材料的生产历史，可根据用户要求配套生产囊体材料、副气囊材料以及各种辅助材料。我国在囊体材料方面技术落后，研发时间开始于20世纪90年代左右，没有专业的研发和生产实体，而且进展缓慢。

第一节　系留气球和中低空飞艇囊体材料

20世纪70年代左右，系留气球和飞艇囊体材料都采用“耐候层/阻隔层/承力织物/热封层”的组成结构形式，并且一直沿用至今。

由美国西屋（Westinghouse）飞艇公司设计的YEZ-2A飞艇体积70800m^3（后命名为哨兵2000，于1993年试飞），由单层涤纶织物与聚酯薄膜、Tedlar层压而成，以聚醚聚酯弹性体作为黏合层，面密度440g/m^2，单向拉伸强度达到1050N/cm[1]。美国TCOM公司的Mark7-s系留气球体积10000m^3，所用功能材料与YEZ-2A飞艇囊体材料一样，组成结构中的阻隔层采用了双层的聚酯薄膜。这种囊体材料的面密度278g/m^2，拉伸强度达到400N/cm，透氦率0.5 L/m^2·24h·atm。

耐候性是囊体材料的重要性能，主要决定于耐候层材料。美国TCOM公司的应用实践证明[2]，以Tedlar膜为耐候层的系留气球（71M Block II）囊体材料服役时间超过10万h（约11年），如图8-2所示。

进入20世纪90年代以后，聚醚聚酯弹性体被性价比更好的聚氨酯（TPU）取代，涤纶纤维织物被比强度更大的聚芳酯（Vectran）纤维织物取代，使得囊体材料实现越来越轻量化。近年来，我国多家用户从美国Uretek公司进口了3216系列囊体材料用于制作飞艇和系留气球。其中，3216L采用涤纶织物为承力层，面密度320g/m^2，拉伸强度达到400N/cm；而3216LV则采用Vectran织物，面密度200g/m^2，拉伸强度达到900N/cm。

美国专利US20030388772将聚偏氟乙烯（PVDF）设计为浮空器耐候层材料[3]，

图 8-2　美国 TCOM 公司的系留气球（71M Block II）

聚偏氟乙烯具有与聚氟乙烯（Tedlar）一样的耐候性，而且具有比 Tedlar 更好的热封性能，不需要特制的焊接带即可实现自身的热合焊接。该专利所述囊体材料的面密度 169.5g/m^2，经纬向拉伸强度达到 420/315N/cm。

囊体材料的强度决定于承力层织物的强度，日本 National Aerospace Laboratory 对比研究了采用涤纶织物、Kevlar 纤维织物、Vectran 纤维织物、聚对苯撑苯并二噁唑纤维织物制备的囊体材料的拉伸强度与囊体材料面密度之间的关联[4]。结果表明，采用涤纶织物的囊体材料需要在很大的面密度的情况下才能获得理想的设计强度，而高比强度纤维（如聚对苯撑苯并二噁唑、Vectran 纤维）的出现和成功使用使囊体材料在获得高强度的同时，面密度明显降低（图 8-3）。目前，聚对苯撑苯并二噁唑纤维的使用使囊

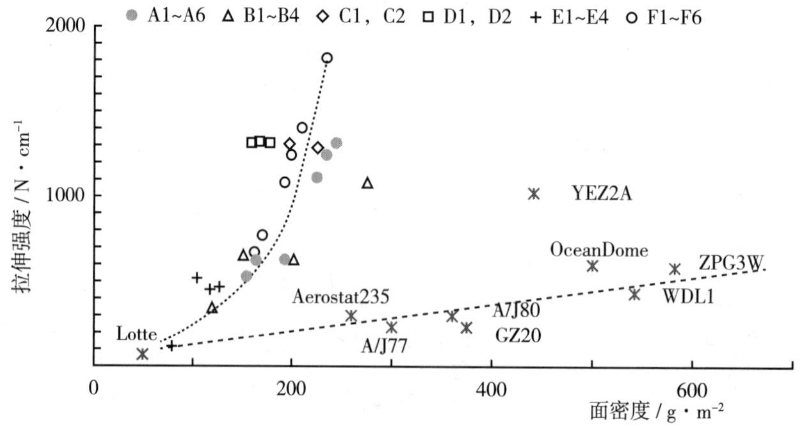

图 8-3　囊体材料拉伸强度与面密度关系（其中 A、C、D、F 采用聚对苯撑苯并二噁唑纤维织物；B 采用 Vectran 织物；E 采用 Kevlar 纤维）

体材料具有更明显轻量化特征，这种囊体材料只是在平流层飞艇设计中有所体现。

我国囊体材料的技术发展从 20 世纪 80 年代开始，主要借鉴了美国的先进技术。80 年代末期，为配合航空航天工业部研制充氦载人飞艇，北京航空材料研究所研制了层压囊体材料应用于制造 FK4 飞艇[5]。进入 90 年代后，中国科学院高能物理研究所研制了系留气球（HJ115）囊体材料，面密度大约 200g/m^2，拉伸强度达到 110N/cm，透氦率 3 L/m^2 · 24h · atm，成功完成了试验任务。

进入 2000 年后，国内较多单位相继开展了现代囊体材料的研制工作，但大多数工作也仅限于综述或概念性研究水平，还没有达到大批量或实际应用水平。目前，中国科学院长春应用化学研究所、中国航天科工 46 所等单位已经具备批量生产囊体材料的能力，已经能够按照浮空器总体设计要求研制和生产现阶段所需囊体材料。

中国科学院研制的“极目一号”系留浮空艇（图 8–4）于 2019 年前后在青藏高原顺利完成了七次高空观测任务。其中，2019 年 5 月 23 日，浮空艇成功上升至 7003m 高度，创造了同类高空科学观测的世界纪录。浮空艇所用 HV–150 型囊体材料的面密度 170g/m^2，拉伸强度 700N/cm，透氦率 0.5 L/m^2 · 24h · atm。

各类浮空器的外形、体积设计和使用环境千差万别，对所需囊体材料的性能要求也大不相同。部分国内外系留气球和飞艇囊体材料的基本性能见表 8–1。

图 8–4 “极目一号”系留浮空艇

表 8–1 部分国内外浮空器囊体材料的基本性能情况

浮空器 / 材料型号	国别	面密度（g/m^2）	拉伸强度（N/cm）	透氦率（L/m^2 · 24h · atm）
YEZ–2A	美国	440	1050	—
Mark7–s	美国	278	400	0.5

续表

浮空器 / 材料型号	国别	面密度 (g/m^2)	拉伸强度 (N/cm)	透氦率 (L/m^2 · 24h · atm)
Stars	美国	152	230	0.7
3216L	美国	322	400	1
3216LV	美国	200	900	0.7
HJ-115	中国	200	110	3
HD-220	中国	220	250	1
HD-150	中国	150	130	1
HV-150	中国	170	700	0.5

第二节　平流层飞艇囊体材料

与前述的系留气球和中低空飞艇相比，由于需要在空气密度低、紫外线辐射强、臭氧浓度大、低温的平流层环境下长期驻留，平流层飞艇对囊体材料的使用性能要求更加严苛，需要综合运用当前的功能材料技术、复合加工技术，采用新思维和新设计，最大限度实现轻量化。到目前为止，国际上还没有真正意义上的平流层飞艇囊体材料，虽有不同结构或功能的多种组成和结构设计，但都未经过平流层环境下的长期飞行试验验证。

日本 Skiypia 公司设计了平流层飞艇囊体材料和辅助材料（表 8-2 和表 8-3），采用高比强度 Vectran 织物、聚氨酯（TPU）防老化膜、EF-XL（EVOH）阻隔膜。这种组成的囊体材料（KS127-197）其性能达到面密度 197g/m^2，强度 860N/cm，透氦率 0.24L/m^2 · 24h · atm。

表 8-2　Skiypia 公司设计的囊体材料组成结构

型号	组成	备注
KS34-150	TPu/EF-XL/Vectran/TPu	Vectran　高强度聚芳酯纤维（Kuraray Co.Ltd. ） Powerlip　聚酯纤维（Teijin Ltd. ） EF-XL　高阻隔薄膜（Kuraray Co.Ltd. ） VMXL　高阻隔镀铝薄膜（Kuraray Co.Ltd. ） TPU　聚氨酯 LLDPE　线型低密度聚乙烯
KS122-114	TPu/EF-XL/Vectran/TPu	
KS127-197	TPu/EF-XL/Vectran/TPu	
KS130-100	TPu/EF-XL/Powerlip/TPu	
KS70-67	LLDPE/VMXL/ON/LLDPE	
KS104-90	TPu/EF-XL/TPu	
KS137-205	LLDPE/VMXL/TPu/LLDPE	

表 8-3　Skiypia 公司设计的囊体材料性能

				KS34-150	KS122-114	KS127-197	KS130-100	KS70-67	KS104-90	KS137-205
用途				中等尺寸飞艇	50m 长平流层飞艇	70m 长平流层飞艇	超轻型飞艇	氦气气囊	气体泄漏检测装置	氦气气囊
面密度			g/m^2	150	114	197	100	67	90	205
厚度			mm	0.165	0.125	0.220	0.95	0.075	0.080	0.200
宽度			cm	96	150	150	150	93	118	108
平纹织物	拉伸强度	经向	kgf/3cm	167	106	263	25	6.4	7.4	13.1
			N/3cm	1640	1040	2580	245	63	73	298
		纬向	kgf/3cm	156	102	252	22	6.9	7.0	11.9
			N/3cm	1530	1000	2470	216	67.6	68.6	288
	断裂伸长率	经向	%	3.9	8.8	6.6	25.7	36	36	61
		纬向		4.7	9.5	6.1	27.6	90	48	94
焊接带	拉伸强度	经向	kgf/3cm	131	104	253	24.6	8.4	7.2	10.8
			N/3cm	1280	1020	2480	241	82.3	70.6	312
		纬向	kgf/3cm	130	101	233	22.1	7.0	6.9	10.2
			N/3cm	1275	990	2285	217	68.6	67.7	288
	断裂伸长率	经向	%	3.6	9.1	6.6	22.6	56	34	19
		纬向		4.8	9.9	6.1	26.1	93	48	27
透氦率			mL/m^2 · 24h · atm	243	243	243	243	1.0	194	1.0

2003 年，日本的平流层平台项目（SPF）计划[6, 7]在试验阶段使用了 47m 长度的飞艇，所用囊体材料面密度 114g/m²，拉伸强度 300N/cm。2004 年，进行了长度 67m 的飞艇样机飞行试验。试验的目的是开展囊体材料的残余强度和试验方法研究，以改进囊体材料的性能，实现囊体材料轻量化。飞艇样机囊体材料采用高比强度的 Vectran 织物，面密度为 198g/m²，尾翼采用 Zylon 基织物，面密度为 208g/m²。在第二阶段的技术演示飞行中采用了 150m 长度的飞艇，所用囊体材料（Z2929T-AB）的面密度 157 g/m²，拉伸强度 997N/cm。在最后的任务阶段使用长度 250m 的平流层飞艇，囊体材料（Z4040T-AB）的面密度为 203g/m²，拉伸强度高达 1313N/cm。Z2929T-AB 和 Z4040T-AB 囊体材料的组成为 Tedlar 镀铝膜 / 黏合剂 /TPU/ Zylon/TPU。

2004年，美国洛克希德·马丁公司研究将轻质、低功率密度有源相控阵雷达天线与囊体材料结合为一体，实现飞艇囊体上集成传感器与结构的设计理念。在传感器/结构一体化飞艇研制过程中，Cubic Tech Corp设计的囊体材料经向和纬向（或多轴向）纤维间以平铺的形式组合，与传统机织物相比，避免了纤维编织产生弯曲而导致的强度损失，最大限度发挥了纤维的本体强度。这种结构设计可以更好地实现轻量化和高撕裂强度设计。囊体材料的面密度为90.6g/m^2，所用纤维的比强度为1274kN·m/kg（设计指标为1000kN·m/kg），纤维可在22年内保持85%的强度[8]。

美国国家航空航天局的金星探测样球（Alpha）囊体材料设计中为减小昼夜温差也采用了Teflon镀铝的耐候层结构设计，承力织物采用Vectran，阻隔性能来自25.4μm厚Teflon镀铝膜（镀铝层厚度30nm）和12.7μm厚聚酯镀铝膜（镀铝层厚度100nm），见图8-5。这种囊体材料的面密度176g/m^2，23℃拉伸强度为710/570N/cm（经/纬），75℃拉伸强度为600/470N/cm（经/纬），透氦率接近于零。样球内充填氦气/氮气各50%混合气体后，经过两个星期的测试，没有发现明显的气体渗漏[9]。

韩国报道的平流层飞艇囊体材料的组成结构中以Tedlar为耐候层和阻隔层，以Vectran纤维织物为承力层，囊体材料的面密度200g/m^2，拉伸强度900N/cm。

2018年3月，中国科学院启动A类战略性先导科技专项“临近空间科学实验系统”（简称“鸿鹄专项”），“鸿鹄专项”以“认得清、留得住、用得上”为总目标，研制的平流层飞艇采用FV-1140型囊体材料，面密度140g/m^2，拉伸强度1000N/cm，透氦率小于1L/ m^2·24h·atm。

国内外平流层飞艇都还处于研制阶段，尚需突破“升、驻、返”等关键技术，而应用于平流层飞艇的囊体材料设计则处于初级阶段，尚需要针对性能/功能需求和使用环境等复杂因素开展进一步优化改进和试验验证，部分国内外平流层飞艇囊体材料的综合性能对比见表8-4。

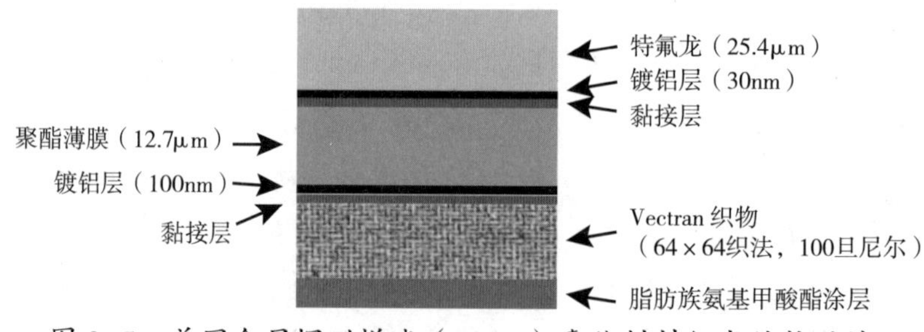

图8-5 美国金星探测样球（Alpha）囊体材料组成结构设计

表 8-4　部分国内外平流层飞艇囊体材料情况

公司或型号	面密度（g/m^2）	拉伸强度（N/cm）	透氦率（L/m^2·24h·atm）
UreTech（美国）	146	900	~ 1
Alpha（美国）	176	600/470	~ 0
CT35 HB（美国）	139	935	≤ 0.2
Z4040T–AB（日本）	203	1313	~ 0.5
Z2929T–AB（日本）	157	997	~ 0.5
平流层飞艇（韩国）	200	900	
FV–1140	140	1000	<1

第三节　简化结构材料

目前的平流层飞艇技术仍处于研制探索阶段，飞艇技术体系本身仍有许多问题需要进行广泛的试验验证和优化设计。对囊体材料的性能要求有时可以相对简化，因此可以采用简化组成结构的囊体材料设计实现轻量化和低成本目的。这种简化结构的低成本囊体材料虽然看似简单，却是囊体材料型谱设计中不可或缺的一种，至少能够满足目前尚处于初级阶段的平流层飞艇的短期飞行试验任务需求。

美国的高空哨兵飞艇项目源于 1996 年[10]，由雷文航空之星（Raven Aerostar）公司、美国西南研究所和美国空军研究实验室（AFRL）共同实施。其中，雷文航空之星公司提供了详细设计和工程服务，制造了飞艇的囊体材料和囊体，并参与了飞行操作。HiSentinel 系列飞艇的设计理念是低成本和一次性使用，其囊体材料没有耐候层设计，承力层选用 Vectran 纤维，阻隔层选用尼龙膜材料。

由 Near Space Systems Inc. 研发的 Star Light 混合动力飞艇提供近距离空间的通信、成像、数据收集和导航，用于最广泛的商业和政府应用。Near Space Systems Inc. 和 ILC Dover 进行的紫外线曝晒试验显示，以厚度 12 μm 透明聚酯膜材料为外层的组成结构为“聚酯膜 / 黏合层 / 聚酯织物”的简化结构囊体材料能够在 24km 高空支撑 6 个星期[11]。

Google 高空气球网络计划 Project Loon[12] 旨在利用数千个飘浮于平流层的高空气球平台组网，为欠发达地区或需要应急通信的地区提供快速接入互联网服务。Loon 气球连续飞行时间 75d 已基本成为普遍现象，编号 IBIS–152 气球最长飞行时间超过百天。雷文航空之星公司设计制造了囊体的直径 15m、高度 12m 的南瓜型气球（超压气球），采用的囊体材料是厚度为 76μm 的聚乙烯膜材料。

简化结构的囊体材料不限于以上几种材料，也有采用组合式的，其共同特点是轻量化和低成本，多用于执行短期飞行试验任务。

参考文献

[1] 库利 G. A.，吉勒特 J. D. 飞艇技术 [M]. 北京：科学出版社，2007.

[2] PR Newswire, TCOM Revolutionizes Surveillance Aerostats With Next-Generation Ultra-Durable Hull Material, SYS-CON Media, Inc. 2013, 8, http://ca.sys-con.com/node/2772165.

[3] Charles K. L., Donald J. K., Charles K. L., et al. Flexible Material for Light-Than-Air Vehicles, US20030388772.

[4] Komatsu K, Sano M, Kakuta Y. Development of high-specific-strength envelope materials [C]//AIAA's 3rd annual aviation technology, integration, and operations (ATIO) forum. 2003, 6765.

[5] 白树成，曲建直. 层压囊体材料在 FK 4 飞艇上的应用 [J]. 材料工程，1993，9：17-19.

[6] Shoji M, Kouichi S, Toyotoshi K. Tear propagation of a high-performance airship envelope material [J]. Journal of Aircraft, 2008, 45 (5): 1546-1553.

[7] Maekawa S. On the Design Issue of a Stratospheric Platform Airship Structure [J]. NAL TM-772, National aerospace laboratory of Japan, 2003.

[8] McDaniels Keith, Downs RJ, Meldner Heiner, et al.High Strength-to-Weight Ratio Non-Woven Technical Fabrics for Aerospace Applications [C]. AIAA Balloon Systems Conference, Seattle, Washington, 2009.

[9] Baines K., Hall J., Kerzhanovich V., Stephens S., et al. Balloon for Long-Duration Studies of The Atmosphere of Venus.

[10] Summary Report of DoD Funded Lighter-Than-Air-Vehicles, Prepared by the Office of the Assistant Secretary of Defense for Research and Engineering, Rapid Reaction Technology Office, 2014.

[11] Adam Chu, Mo Blackmore, Ronald G. Oholendt, ANovel Concept for Stratospheric Communications and Surveillance: Star Light; AIAA-2007-2601A.

[12] Project loon [OL]. (2015-04-01). http://en.Wikipedia.org/w/index.php? title=Project Loon &oldid=660113467.

第三章　制备技术发展及预测

囊体材料技术未来的发展趋势是采用新的更高功能化材料，寻找更能够体现综合使用性能的优化结构设计路线和新的高精度和高效复合加工技术，致力于追求囊体材料的轻量化和多功能化，而这将是一个不断演进的过程。

对于系留气球和中低空飞艇囊体材料而言，生产者将致力于促进相关技术优势实体突破国产纤维的高比强度、批产质量稳定性等技术瓶颈，实现囊体材料技术的完全国产化，建立自主可控的囊体材料技术保障体系，彻底摆脱对进口材料的依赖。加强对囊体材料的工艺适应性和长期使用性能的提升，进一步提升技术成熟度，达到世界先进水平。

对于平流层飞艇囊体材料而言，未来的研究将集中于新功能材料、新结构设计和新工艺等方面，实现囊体材料的轻量化、多功能化。系统结构与材料的一体化设计能够在一定程度上弥补材料性能的不足。未来的囊体材料将会更多地考虑与飞艇结构设计相结合，配合飞艇设计者开展新结构设计，体现系统集成优化，共同努力使中国的平流层飞艇技术保持世界领先水平。

囊体材料技术将遵循质量管理体系（如 ISO9001、GJB9001）要求，加强研制和生产全过程标准化管理，确保产品质量，需要尽快完成囊体材料性能表征与评价标准体系和囊体材料技术标准的制定。

技术成熟度评价方法和实施程序已形成规范，并得到了广泛应用，取得了可观的效益。未来 3 ~ 5 年，在多种使用环境下完成囊体材料飞行试验验证，囊体材料技术将能够达到 8 级。

第一节　建立囊体材料性能表征与评价标准体系

囊体材料的性能表征与评价体系日趋完善，从初期只关注强度、面密度、透氦率等几个关键性能指标，发展到今天的常规性能、应用性能、环境适应性能和质量均一性能等多方面评价指标体系，基本上可以较完整地评价囊体材料的技术水平和应用需要。

囊体材料的性能表征主要包含以下几个方面。

（1）常规性能。面密度、拉伸强度、撕裂强度、透氦率、剥离强度、断裂伸长率等。

（2）应用性能。耐揉搓性能、耐弯折性能、耐摩擦性能、光热可控制性能等。

（3）环境适应性。耐紫外线辐射、耐臭氧侵蚀、耐溶剂、耐盐雾、耐高低温、耐蠕变、耐湿热交变、雨雪冰雹、风沙、霉菌等。

（4）质量均一性。外观、单卷连续长度、纬斜率等。

目前国内外还没有浮空器囊体材料专用的测试标准，所有的囊体材料测试方法都是借鉴其他行业的相关标准，有些还是借用美国的标准。虽然囊体材料的生产者和使用者对囊体材料的常规性能测试方法已经基本达成一致，但对应用性能和环境适应性能评价方法尚有不同看法，对一些测试方法和测试结果能否真正反映囊体材料的使用性能尚存疑虑。

例如，囊体材料的抗撕裂性能代表了囊体材料损伤后抑制损伤继续扩展的能力，其影响因素较为复杂，主要因素包含织物的编织方式、纱线强度以及涂层工艺等。在撕裂强度测试方法方面，目前国内没有专用于囊体材料撕裂强度的测试标准。撕裂强度的测试多借鉴涂层织物类材料相关标准如舌形试样撕裂法（HG/T 2581.1–2009）、裤形试样撕裂法（HG/T 2581.1–2009）、梯形试样撕裂法（HG/T 2581.1–2009、ASTM D4533–04）、损坏试样撕裂法（HG/T 2581.1–2009）、中间开口撕裂法（美国标准，Mil–C–21189）等。将同种囊体材料参考以上几种方法测试撕裂强度，其结果也出现较大的差异，且部分撕裂过程并不能很好地反映囊体材料实际使用中的撕裂行为。Mil–C–21189 中间开口撕裂法（图 8–6）是目前普遍认可的适用于囊体材料撕裂强度的测试方法，以 N 为单位。

在囊体材料性能表征与评价标准体系的制定过程中，需要开展评价方法的科学性和实用性研究。其中，环境适应性（如耐紫外线辐射）与囊体材料使用寿命间关联的科学性是需要重点开展研究与试验验证的。

浮空器囊体材料的使用寿命一般要求 5 ~ 10 年，囊体材料的环境适应性是决定浮空器使用寿命的主要因素，采用科学的方法评估浮空器囊体材料的使用寿命十分必要。

相对于低空而言，平流层飞艇所处的高空环境中的紫外线辐射强度、臭氧浓度要高得多，持续的应力作用以及高低温交变等作用将导致囊体材料的性能劣化，影响到飞艇结构安全性。另外，中低空环境下浮空器囊体也是在紫外线、高低温交变、持续应力作用等多环境因素共同作用下服役的。

目前，对囊体材料的环境适应性能评价主要借鉴了对高分子材料耐候性的评价方

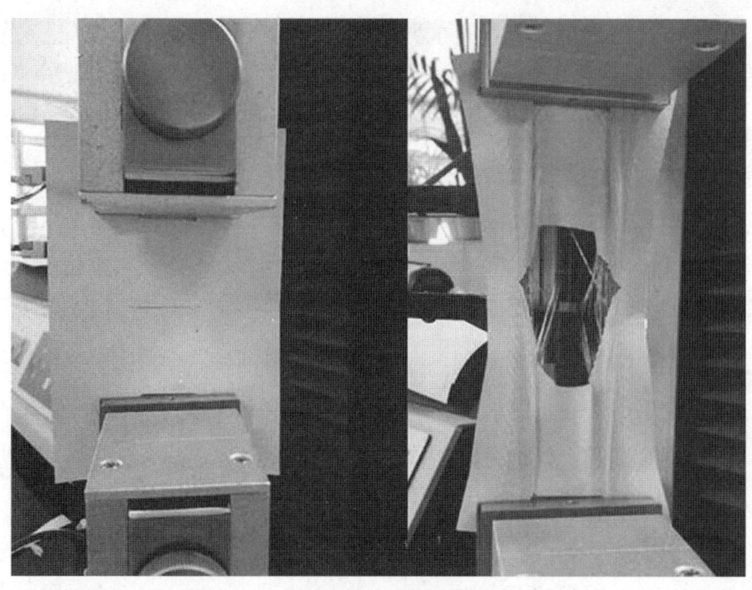

图 8-6　中间开口撕裂测试示意图

式，通过长时间的户外自然老化或实验室内的加速老化方法评价材料的使用寿命。这些加速老化试验评价基本上都是在单一环境因素作用下的试验方法，无法对浮空器在使用过程中经受臭氧、紫外线、温度交变、应力持续作用等复杂环境多因素同时作用下囊体材料的性能变化情况做出科学评估，因而不能有效预测囊体材料的使用寿命。

为此，我们需要明确作用于浮空器的环境因素条件，分别研究臭氧、紫外线、温度交变、应力持续作用等单一环境因素作用下囊体材料的性能变化（老化行为）；以环境模拟为前提，研究综合环境因素共同作用下囊体材料的老化行为；归纳分析囊体材料的老化机理，建立环境适应性评价体系，为囊体材料的组成结构设计提供理论依据。

因此，在今后的几年时间内，囊体材料的生产者和使用者将共同努力，建立起囊体材料性能表征与评价标准体系。

第二节　建立基础功能材料自主保障体系

制备囊体材料需要多种不同高功能原材料，如耐候性的氟化物、气体阻隔性的聚酯膜材料、高比强度的聚芳酯纤维材料、热封和柔韧性的聚氨酯材料等。其中，国产化阻隔性材料和聚氨酯等材料已成功应用于囊体材料制备，这些国产材料与进口材料间不存在明显的技术差别。另外，国产聚氟乙烯膜材料的性能接近美国 Tedlar 膜材料的水平，国产高比强度纤维如聚酰亚胺纤维、芳纶Ⅲ纤维在耐紫外线辐照性能与进口聚芳酯（Vectran）相比有一定的优势，但在综合使用性能和批产稳定性等方面与Vectran尚有明显差距，需要进一步攻关，突破技术瓶颈，实现所有功能材料的完全国产化供给，建立自主可控的囊体材料技术保障体系，彻底摆脱对进口材料的依赖。

在基础功能材料自主保障体系中，耐候性材料和高比强度纤维材料是关键，需要重点攻关实现。

一、耐候层材料

耐候性是飞艇囊体材料的重要性能，主要决定于耐候层材料。耐候层位于囊体材料最外层，一般厚度在25μm左右，其功能性设计和材料的本征特性决定了囊体材料的耐候性。耐候层能够阻止外界环境（紫外线、溶剂、臭氧等）对内部各层材料产生破坏作用，保障囊体材料具有长期使用性能。耐候层应具有耐环境作用、耐磨损、自清洁性、使用寿命长等特性。

在高分子材料中，氟化物（聚氟乙烯、聚偏氟乙烯等）具有较好的耐候性。国外的高性能飞艇囊体材料多采用聚氟乙烯（Tedlar）为耐候层材料。美国也有专利技术将聚偏氟乙烯设计为浮空器外层材料[1]。聚偏氟乙烯和聚氟乙烯（Tedlar）一样具有出色的耐候性，而且具有比Tedlar更好的热封性能。

国产聚氟乙烯膜材料的性能接近美国Tedlar膜材料的水平。国内有成熟稳定的聚偏氟乙烯树脂可供使用。

此外，热塑性聚氨酯在浮空器囊体材料上已普遍使用，聚氨酯具有高柔韧性、高强度、耐弯折、耐高低温、良好的热封性等优良性能，日本有以添加抗老化剂的聚氨酯为耐候层材料（如日本的KS127-197）。聚偏氟乙烯、Tedlar与聚氨酯的耐臭氧性均较好，可以做最外层防护用途。聚偏氟乙烯、Tedlar和聚氨酯的特性比较见表8-5。

表8-5　耐候层材料特性

材料	耐候性	比重	二次加工性	使用温度
Tedlar	极佳，本征特性	1.37	差	-70 ~ 107℃
聚偏氟乙烯	极佳，本征特性	1.78	好	-50 ~ 150℃
聚氨酯	好，依靠添加剂	1.1	好	

未来的浮空器囊体材料中，聚氟乙烯或聚偏氟乙烯或聚氨酯都可能应用于制造耐候层材料。单纯的聚氟乙烯或聚偏氟乙烯聚合物薄膜呈透明状态，具有很高的可见光和紫外线透过率。虽然自身具有极好的耐紫外线辐射性能，作为耐候层材料，仍需要在聚氟乙烯或聚偏氟乙烯或聚氨酯本体膜材料中添加无机填料（TiO_2、ZnO等）以及

有机紫外吸收剂，以实现对内部各层材料的遮蔽和保护。

二、承力层材料

承力层承受飞艇载荷，对整个囊体起支撑作用。高比强度（强度/重量比）织物是囊体材料中最关键的功能材料，是浮空器囊体材料的一个技术瓶颈。

目前在浮空器上使用的承力层纤维材料有聚酯（涤纶）、尼龙（锦纶）、热致液晶聚芳酯（Vectran）、芳纶（Kevlar）等。对于一般低空飞艇材料可以采用涤纶类织物，但对于平流层飞艇囊体材料，国内外普遍采用的是 Vectran 纤维。聚对苯撑苯并二噁唑纤维是目前已知比强度最高的有机纤维，在日本已应用于飞艇囊体材料。现阶段各种可用的纤维材料的物性对比见表 8-6。

表 8-6　国内外高性能纤维的性能对比

名称与型号	生产单位	密度（g/cm^3）	拉伸强度（cN/dtex）	断裂伸长率（%）
UHMWPE 纤维	浙江千禧龙特纤	0.97	28 ~ 36	3.3
Zylon-HM	日本东洋纺公司	1.56	37	2.5
Vectran（HT）	日本可乐丽	1.41	22.9	3.8
Kevlar49	美国 DuPont 公司	1.45	19.3 ~ 20.8	2.4
芳纶 1414	成都晨光院	1.44	≥ 19	3.5 ± 1.0
芳纶Ⅱ	烟台泰和新材料	1.44	18 ~ 20	4.0 ± 0.5
Armoc	俄罗斯全俄合成纤维研究院	1.43	24 ~ 28	3.5 ~ 4.0
F-12	航天科工 46 所	1.44	26 ~ 30	3.2 ~ 4.5
芳纶Ⅲ	四川辉腾科技	1.43	26 ~ 30	2.8 ~ 3.6
聚酰亚胺纤维	先诺公司、奥神公司、长春应用化学研究所	1.39	25.2 ~ 32	~ 3

国产高比强度纤维如聚酰亚胺纤维、芳纶Ⅲ纤维在综合使用性能和批产稳定性等方面与日本的聚芳酯纤维（Vectran）尚有明显差距，需要进一步攻关，突破技术瓶颈，实现批产稳定性、降低成本，实现高比强度纤维的国产化替代。

第三节　轻量化设计和制备技术

平流层飞艇囊体材料研究的首要目标是轻量化，需要综合考虑环境、结构和实用性要求，验证不同结构设计囊体材料的实用性，探求和延伸囊体材料的极限性能及技术可行性。在未来新材料、新结构和新技术等研究进展支撑下，囊体材料的更轻量化设计和制备将成为可能。

延续了几十年的“耐候层 / 黏合层 / 阻隔层 / 中间层 / 承力织物 / 热封层”的囊体材料的组成结构形式将发生改变，新一代囊体材料的组成结构将可能大不一样。传统的氟化物耐候层可能被金属或金属氧化物镀层（多种功能镀层）取代。阻隔层所占比例将越来越少，或将以极轻量化的高阻隔性表面涂层或镀层（小于 100 nm）的形式存在。

高比强度纤维是囊体材料中最关键的功能材料，其在囊体材料中所占比重很大，是平流层飞艇囊体材料的一个技术瓶颈。对比现有高技术纤维材料，聚酰亚胺纤维具有耐候性好、回潮率低和比强度高的本征特性，是理想的航空航天材料。随着聚酰亚胺纤维技术的完善与发展，这种能够同时满足多种高功能要求的聚酰亚胺纤维有望取代聚芳酯纤维（Vectran）应用于平流层飞艇囊体材料。

在囊体材料的研发过程中，许多教训也值得注意：过分追求轻量化可能导致材料在实际使用过程中的使用性能如耐揉搓性能劣化，影响长期使用性能。囊体材料的多层结构设计需要遵循一定的规律，为保证囊体材料的整体柔韧性，需要充分考虑起决定性作用的中间层的厚度。中间层能够起到连接外层膜材料和内层纤维织物的桥梁和纽带作用，同时对相对刚性的纤维和膜材料起到抗揉搓损伤的保护作用。

大型飞艇检漏困难，而制作、包装、运输与展开都是比较费劲的事情，对囊体材料造成不可逆的损伤。因此，囊体材料的轻量化设计及技术可行性需要研究解决的首要问题是囊体材料轻量化与综合使用性能（如耐揉搓性能或耐弯折性能）间的矛盾关系，需要在囊体材料的综合使用性能与囊体焊接制作过程和使用过程中对材料可能造成的损伤间研究建立可以模拟的关联。

在功能膜材料制备方面，轻量化功能膜材料的制备、质量稳定性控制、各功能材料间的匹配性设计和加工工艺技术是关键性技术。共挤出流延膜、共挤出涂覆、真空镀膜或磁控溅射镀膜技术是如今在高端包装膜 / 保护膜领域广泛使用的多层复合膜加工技术。在获得轻量化膜材料的同时，这些技术使得复合膜材料体现出更多的功能。

一、共挤出流延膜技术

共挤出流延方法制备的复合薄膜，是先经过挤出机把原料塑化熔融，通过 T 型结构成型模具挤出，呈片状流延至平稳旋转的冷却辊筒的辊面上，膜片在冷却辊筒上经冷却降温定型，再经牵引、切边后获得高质量的多层复合膜（图 8-7）。这种工艺具有生产工序少、能耗小、精度高、成本低的优势，而且层间界面复合强度能够得到充分保障。采用这种工艺技术可以一次成型组成结构为“耐候层 / 阻隔层 / 中间层”的复合膜材料。

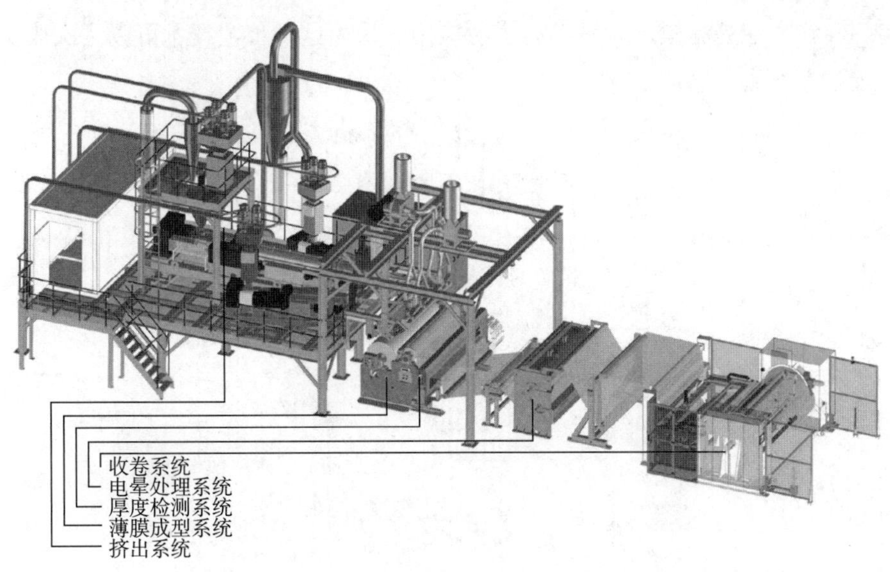

图 8-7　多层共挤出流延膜设备示意图

二、共挤出涂覆

共挤出涂覆（图 8-8）方法制备的复合薄膜与共挤出流延膜技术相似，先经过挤出机把原料塑化熔融，通过 T 型结构成型模具挤出，呈片状流延至基材上，膜片和基材在冷却辊筒上经冷却降温定型，再经牵引、切边后获得高质量的多层复合膜。这种工艺同样具有生产工序少、能耗小、精度高和成本低的优势。采用这种工艺技术可以一次成型组成结构为“耐候层 / 阻隔层 / 中间层 / 承力织物”的复合膜材料。

三、精密涂布复合技术

涂布技术是如今生产人造革、广告灯箱、医用防护材料等多领域内成熟应用的生产技术。采用精密涂头在特定基材上实现超轻量化精密涂布或一次实现多层精密涂布

图 8-8　共挤出涂覆设备

（图 8-9），在高端光学膜等领域已有广泛应用。采用这种工艺技术可以一次成型具有多种功能的复合膜材料。

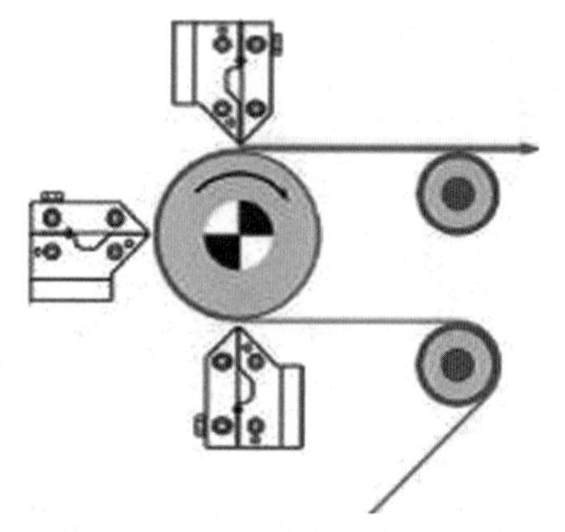

图 8-9 多层精密涂布示意图

四、磁控溅射技术

磁控溅射是物理气相沉积（Physical Vapor Deposition，PVD）的一种，在真空中把金属、合金或化合物进行蒸发或溅射，使其在被基材（如 PET 膜）上凝固并沉积的方法（图 8-10），具有精密控制、连续镀膜和附着力强等优点。

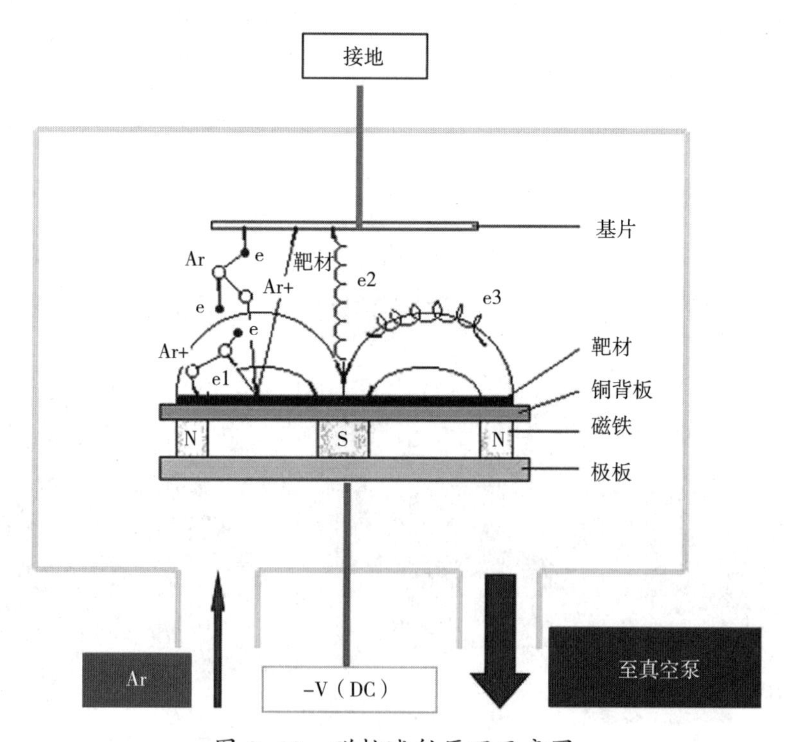

图 8-10 磁控溅射原理示意图

第四节　多功能化设计和制备技术

在囊体材料外表面镀铝，可以有效反射太阳光和提高阻隔性能。美国高空飞艇高空长航时飞艇验证艇的囊体材料外表面已经采用了镀铝的结构设计。为了应对平流层复杂的工作环境，囊体材料设计的目标之一就是能够体现多种功能需求。未来的平流层飞艇囊体材料将能够集中多种实用功能于一身，充分保障平流层飞艇在长期驻空过程中的使用安全性。

能够体现多种功能需求是囊体材料设计的目标之一，未来的囊体材料将能够具有多种实用功能。

1. 巨大体积的利用

平流层飞艇拥有巨大的表面积，在风载、热波动作用下，气囊将产生局部形变，通过艇体结构与囊体材料设计，获得电力将成为可能。

通过在囊体材料的阻隔层与外层间引入金属薄膜层和压电性 / 热电性层，这种囊体材料能够从气囊表面的变形和温度变化中不断获取电力。

2. 光热控制功能

在太阳光照射下，巨大的飞艇艇体将累积热量，使得艇体和内部气体温度上升，内压增大。因此，囊体材料能够具有光热控制功能非常重要。囊体材料的这种光热控制功能可以通过三种途径获得：一是隔热型，即通过中空微球或轻质泡沫层结构实现隔热；二是光反射型，即通过金属类材料的光反射特性有效反射大部分可见光和近红外光，降低光热吸收率；三是红外发射型，即利用金属氧化物等功能材料具有的红外发射功能，通过复合或表面涂层 / 镀层使囊体材料具有红外发射功能，以便把艇体内积攒的热量以红外辐射方式发射到大气中，实现艇体的降温。

通过对比不同的金属材料在紫外到红外区域的反射率和吸收率，可以发现，金和银在红外波段拥有极高的反射率，而铝在紫外到红外区域都拥有很高的反射率。光反射率越高，则吸收率越低，这样就能反射大部分太阳的辐射能量。因此，可以利用金属的这种优异特性以镀层的形式使囊体材料具有光热控制功能，有效解决平流层飞艇在长期驻空过程中由于太阳光辐射热产生的超压问题。

美国高空飞艇高空长航时飞艇验证艇（2011）的囊体材料外表面已经采用了镀金属层的结构设计。在囊体外表面镀很薄的金属层，可以有效反射太阳光和提高气体阻隔性能。实践证明，金属镀层、金属氧化物镀层都具有阻隔紫外线、可见光和红外线的功能。需要进一步研发具有对太阳光热实现有效控制功能的囊体材料，增强飞艇的飞行安全性。未来囊体材料将具有太阳光低吸收率、红外光谱高发射率的功能，通过综合设计获得具有光反射、红外发射、相变储能功能等多种具有光热控制功能的囊体材料，更好地体现光热控制功能。

3. 自修复、可感知等功能

聚合物材料的自修复研究已经相对成熟，通过将自修复功能引入聚合物材料或者复合材料中，当材料受到机械或功能性损伤后，能够在一定条件下恢复到原始状态或接近原始状态，实现延长材料的使用寿命、降低维护成本的目的。

这种自修复材料的引申意义还在于囊体材料的可修复性。我们知道，飞艇艇体巨大，充气检漏是一件繁重和极其困难的工序。在飞艇艇体制造过程中，囊体材料会经受折叠、摩擦、扭曲等过程，每一次艇体的操作都有可能对部分材料或小的局部造成损伤甚至破坏。而这些损伤或破坏有时用肉眼难以发现。如果将自修复功能引入囊体材料的耐候层、阻隔层中，基于高分子功能层材料的表面与界面研究，结合自愈合、可感知等功能材料设计以及复合技术研究，将可能使囊体材料或特殊焊接结构具有自我修复和破损预警能力，为平流层飞艇长期驻空提供更多的安全保障。

当然，这种特殊功能的可行性仍需要试验验证，而且应该以不牺牲囊体材料的其他性能如轻量化为前提。

第五节　新型复合结构囊体材料

系统结构与材料的一体化设计能够在一定程度上弥补材料性能的不足。未来的囊体材料将会更多地考虑与浮空器结构设计相结合，体现系统集成优化。系统集成优化是结构 – 功能一体化设计思想的源动力。

英国 Lindstrand 公司采用系统集成优化的设计思想，提出将太阳能薄膜电池集成到囊体材料表面，实现太阳能电池 – 囊体材料一体化设计。材料的拉伸强度为 1432N/cm，面密度为 $295g/m^2$，透氦率小于 $0.003L/m^2 \cdot 24h \cdot atm$。

2004 年始，美国洛克希德・马丁公司研究将轻质、低功率密度有源相控阵雷达天线与囊体材料结合为一体，实现飞艇囊体集成传感器与结构的设计理念。该计划中飞艇关注的重点是，通过研究超大型定相阵列雷达天线传感器与囊体材料的层合集成工艺，实现结构的轻量化，从而提高有效载荷的利用效率。

囊体材料中的承力织物层通常采用平纹织物，沿经向和纬向方向上体现最大拉伸强度。飞艇艇体的大部分区域受力方向都不是理想的沿纤维材料的经纬方向，因此材料强度设计要有足够的余量，安全系数一般大于 4 倍。通过对飞艇艇体结构的特殊设计可以在一定程度上弥补现有材料性能上的不足，提高囊体材料的强度利用率。美国传感器 / 结构一体化飞艇已经进行了很好的尝试，在其研制过程中，Cubic Tech Corp

设计的囊体材料不同承力方向纤维间采用无编织平铺的形式组合（图 8-11）[2]。在平纹编织结构中由于经纱和纬纱相互间的卷曲绕行限制而降低了纤维强度利用率。在无编织组合结构中，因为经纱和纬纱不是交织在一起的，形成“无卷曲”的组合式结构，与平纹编织结构相比，这种结构设计可以更好地体现纤维的增强效率和更大的抗撕裂性。更重要的是，这种囊体材料中的纤维的排列方向可以依照艇体结构中受力方向的不同而有所调整，最大限度地发挥强度利用率。卡马尔·阿拉维申请的专利“优选用于可充气的气球外壳的柔性多层材料，以及用于制备可充气的外壳的方法”[3]也体现了这种结构设计，使得囊体材料具有轻质的并且具有高弹性模量和高撕裂强度特性。

加筋膜结构形成所使用的方法是在充气膜的表面外加一系列变形小、强度高的绳索，在充气囊体充足压力后，绳索受力并勒住充气膜，形成组合式的超压结构形式。对于这种超压结构也有了不同以往的设计[4]。该专利所述的充气膜结构使膜与加强筋成为一体，无须绳索缠绕，充气展开后膜结构能自然达到设计状态，能够有效加强充气膜结构的承压能力。专利虽然是以南瓜形气球为对象，但以膜材提供阻隔和保型功能，以焊接带形式的加强筋提供承力结构的设计思想能够广泛用于特种浮空器囊体，如轻质量的高空超压气球、长时驻空的飞艇等产品。

经过不断的尝试和创新，在已有技术基础上，未来平流层飞艇囊体材料将受益于科学和技术的发展，在功能材料、结构设计、制造技术等多方面引进新材料、新技术和创新思想，与时俱进，为平流层飞艇提供有利的技术支撑。

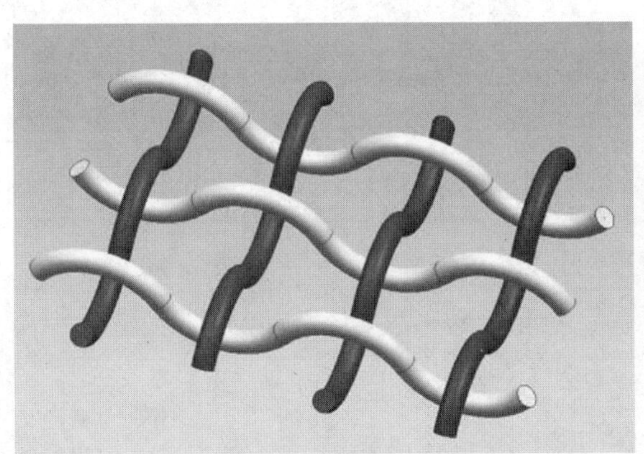
平纹编织结构

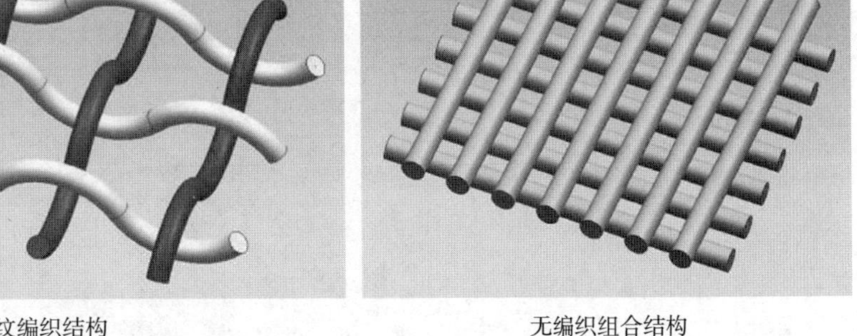
无编织组合结构

图 8-11　织物的组织结构对比示意图

参考文献

[1] Charles K. L., Donald J. K., Charles K. L., et al. Flexible Material for Light-Than-Air Vehicles, US20030388772.

[2] McDaniels Keith, Downs RJ, Meldner Heiner, et al.High Strength-to-Weight Ratio Non-Woven Technical Fabrics for Aerospace Applications [C]. AIAA Balloon Systems Conference, Seattle, Washington, 2009.

[3] 卡马尔·阿拉维. 优选用于可充气的气球外壳的柔性多层材料以及用于制备可充气的外壳的方法，CN200880013990.5.

[4] 徐忠新，杨宇明. 一种新型加筋方式的充气膜结构，CN 201510443759.1.

撰稿人 杨宇明 孙 磊

第九篇　浮空器飞行控制技术发展及预测

第一章　自由气球飞行控制技术发展与趋势

第一节　技术内涵

自由气球一直是高空大气尤其是平流层区域空间探测的重要平台，超压气球是能够长时间飞行的自由气球，作为可实现的平流层平台具有重要的研究价值，是未来自由气球发展的一个趋势。目前，控制自由气球轨迹的方法主要有以下三种方案：一是采用自由漂移的无控状态；二是采用一定的动力推进设计进行主动控制；三是对气球的高度进行控制以选择不同的风速。其中，推进器控制轨迹的方法需要一个较大的力在空气中拖动气球，而在气球工作的高空，空气比较稀薄，可能无法产生所需的力。同时，若能源由太阳能电池产生，需要配备较重的蓄电池，否则无法实现夜间工作；若能源由燃料燃烧产生，在空中停留的时间将受到燃料的制约。因此，一般不采用第二种方案进行主动控制，或者一般只加入一些弱动力进行辅助控制。若考虑对能源与环境统一，以 Google-Loon 高空超压气球为代表的第三种方案是最佳的控制方法，目前也是国内外自由气球飞行控制的主流思想[1]。

第二节　国内外发展现状

国外对于自由气球研究较早的机构主要是美国国家航空航天局、法国空间研究中心和日本的宇宙科学研究所等，其中美国国家航空航天局的研制成果最为显著。此外，美国 Northrop Grumman 公司的平流层无人 C4ISR 平台“STRATACUS”及谷歌公司的 project loon 气球网络计划在自由气球的飞行控制方面都独树一帜，代表自由气球飞行控制的最高水平，这里将着重介绍美国国家航空航天局超压气球、Google 超压气球的发展与过程及“STRATACUS”零压气球平台的研制现状。

美国国家航空航天局超压气球[2]。美国对于长时飞行的超压气球的研究主要开始于 20 世纪 80 年代。1986 年，“挑战者”号航天飞机发生事故，美国一度暂停了航天飞机的所有飞行计划，导致大量的实验和观测项目被搁置。自由气球可以为这些项目提供平台，但由于其飞行时间较短，只能工作数天时间，因此许多单位对长时间飞行的自由气球提出了强烈的需求。为了代替航天飞行器完成科学实验和相关任务，美国国家航空航天局决定在原有自由气球系统的基础上重点开展长时飞行气球系统的研究。

Google 超压气球[3]。Google-Loon 是由 Google X 实验室发起的研究项目，目的是向农村和偏远地区提供互联网接入。该项目将高空超压气球发放至海拔 20km 平流层组成空中无线网络，向所覆盖的区域提供与移动通信速度相近的互联网访问服务。气球通过调整其高度到达不同的风层，顺着风力向其期望的方向运动，预测使用的风力数据来自美国国家海洋和大气管理局（NOAA）。气球覆盖区域的用户可以使用安装在他们建筑物外的一种特殊的天线连接到气球网络，信号在气球之间跳转，最后可以到达地面站的互联网服务商（ISP），从而可以访问全球互联网。

STRATACUS 平台[4]。Northrop Grumman 公司正在研制的平流层无人 C4ISR 平台（STRATACUS）是一种具有成本优势的低可观测性战术平台，每次放飞留空数周时间，可提供持久的宽域指挥、控制、通信、计算机、情报、监视和侦察（C4ISR）能力。STRATACUS 的设计工作高度为 18 ~ 30km，可提供的视场直径超过 1230km。

国内自由气球研究球最早是从 1977 年开始，为了给高能天体物理实验研究建立空间运载手段，由著名科学家何泽慧院士大力支持及顾逸东院士具体领导下于 1984 年建成了我国唯一的高空自由气球系统，该团队在 1990 年实现了自由气球从我国北方到俄罗斯西南部的长时间飞行，连续飞行时间 72h，飞行距离 4000 多千米。从 1991 年至今，中国科学院高能物理研究所与光电研究院联合团队共发放自由气球 53 次，累计飞行时间超过 200h，成功率超过 90%（进入 2000 年以后成功率为 100%），创造了最大气球体积 60 万 m^3，最大设计载荷能力 1.9t，最高飞行高度 42km，最长持续飞行时间 3d 的纪录，代表了目前国内高空自由气球技术发展的最高水平，而且目前也在紧跟自由气球的发展现实，大力发展高空长航时超压气球技术。进入 21 世纪以来，由于超压气球方案越来越受到行业内的重视，尤其以 Google-Loon 为代表的超压气球组网控制技术的逐步成熟，掀起了国内对与超压气球方案利用自然风流信息进行主动控制的热潮。目前，国内对于自由气球飞行控制技术紧跟美国自由气球控制思想和技术步伐，在有序稳步地进行技术攻关、仿真及试验，但与国外技术相比仍存在不小的差距。目前，国内各家优势单位，如中国科学院、北京航空航天大学、湖南航天、中国电子科技集团公司第三十八研究所等以国家重大专项为契机，都在积极开展制约高空超压气球长时飞行控制技术的攻关和研究，在囊体材料加工制造、气体增压系统、机器学习的控制算法方面成果显著，正在开展相关仿真与试验研究，积累数据。2017 年 9 月 10 日，由中国科学院光电研究院研制的超压气球在内蒙古首飞取得圆满成功。本次飞行的超压气球球体体积约

7000m^3，设计升限 25km，载重能力约 150kg。本次飞行前，风场预报人员成功分析并预测了准零风层的高度及变化情况，实际飞行中气球进入平飞后基本保持在准零风层内，风速保持在每秒数米乃至一两米的量级，整个飞行时段内总的飞行区域在几十千米范围内，实现了区域定点飞行。

第三节 飞行控制技术发展趋势

目前，自由气球是唯一能够可靠进入临近空间且长期驻留的浮空器，特别是二元超压气球，可通过高度调节达到区域长时间驻留，根据目前自由气球国内外发展现状和趋势，自由气球要解决的是长时驻留控制问题，而自由气球携带能源有限，气动阻力不及流线旋成体外形的飞艇，飞行控制必须充分考虑能源优化使用。在平流层，有很多稳定风层，每一个风层都有不同的方向和速度，利用公开数据库获取的大气数据，通过高度控制，使其进入不同的风层，以达到控制气球以期望的方向和速度运动的目的，是当前自由气球能够实现最优化飞行控制的一个方向共识。另外，为了实现特定区域的稳定持续覆盖，可采用集群控制理念，通过对大量气球飘移的智能调控，保证在某一地区上空的气球能够均匀分布，从而完成特定的任务需求。

此外，自由气球的升空回收控制方式已经很成熟，升空时基本采用地面超充氦气的方式使其尽快升入平流层驻留，到达驻空高度附近利用放气阀门或者泄压管释放多余氦气即可；回收时可采用释放氦气或者伞降方式，实现载荷部分回收或系统全部回收的可预测落点回收方式，一般两个过程都不会添加主动控制。

一、飞行轨迹控制技术

平流层不同海拔的风速大小和方向有较大差异，主要是东西方向的风，也有南北方向的风，风向大小和方向随季节和地理位置的变化而变化。20km 以上的平流层一般夏季盛行东风，冬季盛行西风。

1. 利用准零风层附近的风向切变

气球通过高度调节在东西风带循环运动，已达到在有限区域内驻留的目的。该方法为目前自由气球控制的主流思想，受季节因素影响较大，该方法主要依靠气球的高度调控能力来实现。

2. 利用不同海拔风速差

此种轨迹控制方法从本质上也是顺应自然，利用自然风向切变的控制策略，其基本思想是轨迹控制系统通过系绳吊挂于气球下方几千米甚至十几千米的风场区域，利用大气密度和风速差产生对气球的较强轨迹控制力，从理论上几乎不需要消耗能源，只需要少量的电能即可进行工作，而这些电能完全可以从白天工作的太阳能电池中得到。国内外对此种控制方法早期均有研究，目前仍处于可行性论证阶段，还没有进入工程实施。

3. 其他特殊控制方案

日本的水上系锚球方案也是自由气球长时飞行时驻留的一种选择方案[5]，其基本构想是在自由气球上增加抛锚装置，气球升空后将末端连接阻力帆的系留缆绳释放，阻力帆入水后，借助水动阻力平衡气球本身受到的气动阻力，从而使系统移动速度大大减缓，以达到长时间停留在任务区域内的目的。相比于高空系留气球，采用球载抛锚装置可以大大降低缆绳的强度要求，平流层气动力远小于穿越低空急流区时的气动力。

二、气球集群控制技术

随着人工智能、大数据、5G通信等高新技术的迅猛发展，未来以无人化装备作为战场主力的无人化、智能化战争新形态逐渐浮出水面。无人集群相比于只能执行单一任务、鲁棒性差、造价高昂的单个平台，具有无中心、自主协同等特点，在未来战争中将具备情报优势、速度优势、协同优势、数量优势以及成本优势。各主要军事强国将无人集群作战视为未来信息化战争的重要作战样式，纷纷投入了大量人力物力研究无人集群作战的军事理论，谋划无人集群装备的发展蓝图，研发无人集群装备并进行实践检验。无人平台集群作战凭借有效载荷丰富、结构精简高效、功能余度多、可执行“枯燥、恶劣、危险、纵深”任务等优点，更适应信息化战场中高不确定性、高对抗性和高动态性的特质，成为面向区域拒止作战的重要手段，是牵引未来战场颠覆性的智能化、信息化作战方式。

无人集群最初是由无人机发展起来的，随着飞行器技术、信息技术等技术的进步，以及无人机在军事上运用范围的不断扩大，无人机逐渐由单机形成具有地面控制站、测控系统、通信系统等组成的无人机系统。近年来，智能技术以及自组网技术的飞速发展，出现了一批如小精灵、山鹑、蝗虫等具有灵活性高、配合性强、价格低廉的智能微型无人机集群系统。

目前，无人平台集群作战研究主要集中在无人机领域。然而，在平流层浮空器集群方面，大多数国家的研究尚处于起步阶段，鲜有相关的工程化产品。自美国的民用Project Loon项目获得技术上的重大突破并逐步商用化以来，采用价格低廉、技术成熟度较高的各类自由气球群来尽快实现平流层浮空器的军民融合工程应用，成为国内外研究的一个热点方向。仍处于技术攻关及验证阶段的军用STRATACUS项目也采用的是气球集群的策略，实现持久的宽域指挥、控制、通信、计算机、情报、监视和侦察（C4ISR）能力。所以，气球集群飞行控制技术也是未来自由气球走向工程化应用及满足军民战略需求必须要克服的一项关键技术。

气球集群控制方案虽然涉及的输入参数和算法较为复杂，但主要集中在两个方面：一是集群协同控制，二是集群航迹规划。

1. 集群协同控制

多平台在组网执行任务时，需要保持控制的协同性和一致性，进而确保整个网络的完整性。具体在执行时，一方面要充分保证组网时节点的冗余，另一方面也要充分利用各类算法（如神经网络、满意决策理论、蚁群算法等）自身的智慧和综合判断能力，排除干扰，综合优化。在协同控制方面，多平台之间在执行任务过程中承担不同职责，通过相互之间的数据、信息交互，实现任务的协同。整个协同任务过程中，平台不仅要接收来自地面的指挥控制信息，执行本平台自身任务，还要根据实际情况指挥配合其他平台共同执行任务，这大大增加了其工作负担。设计简单有效的协同控制方式将为任务的完成提供有力保障，这类协同可采用多种方式来完成，人工智能方法是其中的一种（除启发式搜索法和专家系统法以外，还有神经网络法、模糊控制法、遗传算法等）。然而，无论采用何种方式，都必须定义一套完整的指令集，以便于交互信息在平台之间的识别、理解、执行以及在机间数据链中的传输。指令集的设计应该满足完备、简约、规范的要求，为实现多平台之间方便快捷的信息传递奠定基础。除此之外，还应进一步完善协同态势感知、协同目标分配、协同航路规划技术、毁伤效能评估技术和智能决策技术，只有以此作为技术基础，才能实现多平台（即各节点间）之间的快速、无缝连接，最终达到多平台协同控制。

2. 集群航迹规划

多平台协同航迹规划的整个工作过程大致是：目标分配层分别为各平台分配编号，根据航迹规划层给出各平台对各目标的航迹指标；协同控制层根据外界环境、平台速度的变化范围以及航迹规划层传来的航迹长度，确定出编队平台的协同时间，并把协同时间和各个平台的相应航迹编号送到航迹规划器；航迹规划层根据任务确定优化函数，通过预先确定的地面观测、通信情况，产生满足多平台协同要求的航路；航迹平滑层产生以时间为变量的轨迹，满足协同的要求和平台动态性能的要求；航迹跟踪部分利用惯性坐标和方向信息来确定可行轨迹以及相应的控制向量，并把求得的可行航迹的高度、速度和航向送到平台自动驾驶仪伺服系统去执行，操纵平台按规划出来的航迹飞行。多平台协同航迹规划的主要任务就是完成协同控制层、航迹规划层和航迹平滑层的设计。

第四节　小结

本报告从当前国内外自由气球发展研制现状中提炼自由气球（零压、超压）飞行控制技术的主要成果，并针对目前发展的现状，对自由气球飞行控制技术的未来发展方向开展预测，梳理了飞行轨迹控制技术的几个创新思路，并预测气球集群控制技术是未来自由气球实现大批量工程化应用需重点攻克的关键技术之一。

参考文献

[1] 祝榕辰，王生. 超压气球研究与发展现状［C］. //第二十四届全国空间探测学术交流会论文集，西安，2011.

[2] 田莉莉，方贤德. NASA 自由气球的研究及其进展［J］. 航天返回与遥感，2012，33（1）：81-87.

[3] 黄宛宁. 一文看尽谷歌的 Project loon 气球网络计划［DB/OL］. https://mp.weixin.qq.com/s/kzftdvWqr14r2CD39vJyWw，2017-04-14.

[4] Rafy Athar，Taylor Matthews，P.E.，Jessical Lavigne. Stratospheric C^4ISR Unmanned Station(STRATACUS)，AIAA Balloon Systems Conference，5-9 June 2017，Denver，Colorado，2017.

[5] 姜坤培，杨天祥，吴梅. 复杂大气环境下大型飞艇建模研究［J］. 计算机仿真，2014，31（6）：83-86.

第二章　对流层飞艇飞行控制技术发展及预测

第一节　技术内涵

对流层飞艇发展经历了兴起、辉煌、挫折、低落直至基本销声匿迹，以及重新被重视等几个发展阶段。近年来，美国、英国、俄罗斯等军事航空发达国家在深入评估飞艇的军民领域作用后，开始重新重视其设计、制造和使用。飞行控制系统是飞艇的核心，它直接决定了飞艇各个方面的性能，是飞艇的重要组成部分，担负着数据采集、控制律计算、航线控制、任务的执行与管理、紧急情况处理、飞艇的起飞和降落等重要飞行任务。目前，飞艇正常运行主要依靠驾驶员操作或地面工作人员远程遥控，但这种方式严重限制了飞艇的工作环境和飞行时间。随着技术的发展，配备无人飞艇自动驾驶系统已成为飞艇飞行控制系统的趋势。

飞艇控制系统自动驾驶飞艇的过程与驾驶员人工驾驶飞艇的过程相似，首先需要敏感部件测量飞艇的飞行状态，然后由综合计算装置（飞控计算机等）根据预置的指令进行比较计算，输出控制信号给执行机构来驱动操纵机构，从而产生控制力和控制力矩来控制飞艇的飞行状态。通过此系统，可大幅度解决飞艇在实际应用中的局限性，工作人员只需预先设计制定任务、处理紧急情况和定期维护，将大幅度提高飞艇执行任务的效率，同时可进行多飞艇协同工作以完成复杂的任务，且减少了相关工作人员，降低了飞艇的运行成本[1]。

第二节　国内外发展现状

国外在对流层飞艇飞行控制技术领域研究相对成熟，取得较多成果。其中，巴西和韩国对流层飞艇飞行控制领域取得的研究成果最为显著。

自 1998 年以来，巴西在低空无人飞艇项目上都取得了诸多研究成果。在平流层飞艇项目（AUROR）的资助下，巴西自动化研究所对低空无人飞艇进行了多方面的深入探索，在建模、控制、仿真以及应用方面取得了诸多研究成果。该自动化研究所研制了型号为 AS800 的软式无人飞艇，其气囊体积约为 $13m^3$，在气囊尾部装有成 X 形对称的四片舵面，其推进系统采用了矢量推力技术，在艇身下方左右两边对称装有两个螺旋桨推进器，可以绕水平的横轴旋转。

在飞艇的控制系统方面，飞艇的飞行过程被分为起飞、巡航、转弯、悬浮和着陆五种状态，采用经典 PID 控制算法设计出了与这些飞行状态相应的控制器，并详细介绍了控制器在不同飞行模式下所起到的控制作用，而且给出了控制飞艇在不同飞行状态之间进行转换的详细控制策略。经过多年的投入与努力，飞艇控制系统已经从一开始使用的线性化控制方法，发展到了目前的动态逆、Back-stepping 等非线性控制方法，并将其成果应用到飞艇飞行实验中。除此之外，他们设计了飞艇的路径跟踪控制系统，即控制飞艇以给定速度通过一系列预定点，并进行了相关的计算机仿真。

从 2001 年开始，50m 无人飞艇成为韩国空间技术研究中心的重点研究对象，此种飞艇设计容积达到了 $4000m^3$，自重达 2840kg，载重能力在 100kg 左右，飞行高度为 3000m，抗风 20m/s，滞空时长 4h。通过调节艇体内的空气和氦气气囊的比例和压力，可以改变飞艇的浮心，方便飞艇的控制。

为将此飞艇建成一个高稳定可靠的无人飞艇通信平台，韩国空间技术研究中心在控制律设计时，首先通过风洞实验获取此飞艇的气动力学参数，再对飞艇模型和控制方法进行详细的分析与仿真，得到了合适的控制律。在以飞控计算机为核心的艇载系统中，应用了 VxWorks 实时操作系统，同时也建立了地面监控系统和数据处理中心，实现了飞艇的航迹跟踪和定点悬停功能。

除科研外，韩国也是较早将小型无人飞艇商业化的国家。韩国公司 HanGIS 制造的 HG125E075X 型号飞艇是一架配有自动驾驶仪的可自主飞行飞艇，可用于空中侦察、边境和海岸巡逻、航测航拍、输电塔检修、广告广播等。HG125E075X 飞艇长 10m，最大载重 3kg，飞行时间可达 1h，飞行高度 300m，抗风 6m/s，飞行半径 1000m。

我国飞艇发展虽然较其他国家稍晚，但从 1976 年开始，得到了国家政策的支持，并通过相关科研单位和公司的努力，在大型飞艇、载入飞艇、小型无人飞艇方面已取得了一系列成就。

我国在大型飞艇的研究方面比较落后，但在无人遥控飞艇的研究中达到了一定的水平，研制的遥控飞艇使用汽油发动机，续航时间长达 3 ~ 5h，而气囊采用聚氨酯，使飞艇飞行更加安全可靠。具有自主知识产权的我国第一艘多用途遥控飞艇 ST-3 已经试飞成功，该飞艇在自身载重能力、控制距离等多个方面都有一定的优势。该飞艇的外壳没有采用任何金属，在空中飞行中，雷达无法监控其踪影。这一优点有很好的军事应用价值。ST-3 飞艇飞行高度可达 2500m，飞行速度 75km/h，有效载荷 35kg，飞行控制距离可达 30km，可广泛应用于城市交通监控、市政建设航拍、高空大气采样、城市森林火警监控等突发任务。

2008年，国家军工与民企合作研制出了FK型系列超视距无人驾驶飞艇。该飞艇长22m，最大直径5.5m，艇囊体积324m^3，载重75kg，续航时间可达3h。该飞艇采用了航空发动机、艇囊压力调节装置，搭载了自主研发基于GPS定位的自动驾驶系统，现已成功应用与多个领域。

2006年10月，被称为“空中机器人警用飞艇”的小型无人飞艇在南宁投入使用，这是我国首架具有多重任务执行能力的小型无人飞艇，此飞艇由广西公安厅和珠海新概念航空航天有限公司合作开发。这艘飞艇采用特殊气动布局，可以利用卫星导航、遥感遥测技术实现自主驾驶巡航飞行，活动半径达80 ~ 120km，可以通过预设指令在指定地点长时间巡航、悬浮，执行监控任务，并可借助艇载的无线链路和移动通信技术将监控图像远距离传输到地面监控平台。该飞艇的飞行控制系统采用模块化设计思想，将系统划分为导航、制导、控制三大功能模块，同时三大功能模块又按照运算量和逻辑复杂程度从硬件结构上分为三个子系统：导航制导控制子系统、姿态解算控制子系统、飞艇状态控制子系统，三个子系统通过CAN总线传递数据及指令。

除上述单位外，北京航空航天大学、南京航空航天大学、中国空军工程大学、国防科技大学等院校也都进行了飞艇项目的研究，部分产品已经投入使用。在飞艇商业化方面，由一批技术较成熟的企业成功推出了多款小型无人飞艇平台产品，远销欧美等国。虽然在小型低空无人飞艇的研发上国内已经取得了一定的成果，但其中控制技术、设备、材料等核心部分仍是引进国外的技术和产品，这种现状在今后的研究工作中我们需要更进一步的突破[2]。

第三节　飞行控制方法研究进展

de Paiva等指出，在飞艇控制研究中，基本上有两种主要的思路：一种思路是以线性控制理论为基础，基于飞艇动力学的线性化模型进行控制器设计以满足闭环系统的性能指标。这种线性化方法的一个重要结果就是，运动学和动力学方程组的解耦，即分别在纵向和横侧向得到两组独立的运动学和动力学方程。线性化方法在某些较为稳定的情况下可以得到较好的控制器设计，然而在参数大范围变化的情况下，线性化控制器无法得到满意的性能。另一种思路是采用非线性控制设计全局的控制方案。非线性控制在安全性、灵活性上比线性化方法有更好的前景，在性能表现上也更具优越性。非线性控制所面临的挑战在于飞艇在低速和高速情况下的动力学差异，以及建模中的不确定性因素。在非线性控制技术方面，目前的研究主要集中于动态逆方法、Back-stepping技术、滑模控制等领域。

一、小扰动线性化控制

这种方法是考察飞艇在某个或几个工作点的飞行状态时的控制问题，大多是研究飞艇在标称状态（定向常速平飞状态）下的姿态控制。通过对系统在相应工作点附近进行小扰动线性化，将系统简化为两个独立的线性系统（纵向和横侧向飞行系统），但此时得到的简化系统的局限性也是显而易见的，所以，一些学者应用相应的控制方法设计来弥补这一局限性。Mueller 等、Schmidt 和 Miller 等用传统 PID 控制方法对小扰动线性化后的系统进行了内外环控制器设计。还有学者基于飞艇模型和敏感器的控制设计进行研究，设计了外环的导航模块及内环的 PD 姿态控制器，以及外环的 PI 路径跟踪控制器及内环的 PD 航向控制器，并对 PID 控制方法和鲁棒控制进行了比较。从上述研究可以看到，这种内外环控制相结合的思路是一种较具有工程实用性的方法。

Kaempf 等针对飞艇的纵向飞行系统设计了一种时变的线性 H_1 控制器，这种方法能够使系统在整个飞行包络内都具有鲁棒稳定性。de Paiva 等用鲁棒 PID 控制方法对俯仰姿态进行控制。王明建建立了平流层飞艇的六自由度动力学方程和小扰动线性化模型，针对飞艇模型具有参数静不稳定性，为了较好地控制平流层飞艇的姿态，将滑模变结构控制方法和 PID 控制方法应用于平流层飞艇的姿态控制设计中，仿真结果表明滑模变结构控制能够较好地控制飞艇的姿态。屈卫东等将 LMI（线性矩阵不等式）方法应用于大范围操作条件下飞艇的横侧向控制器设计中。Trevino 等对飞艇六自由度模型进行小扰动线性化，采用 LMI 优化方法以研究侧向控制对飞艇模型不确定性的鲁棒性。

二、输入/输出反馈线性化控制

利用微分几何理论来研究非线性系统是近代数学发展的重要成果。输入/输出反馈线性化方法是非线性微分几何理论的一个重要分支，近二十年来发展最为迅速。Isidori 指出，作为一种直接的方法，输入/输出反馈线性化在很大程度上可以简化控制系统设计问题，是分析走向综合的转折点。Lee 等采用反馈线性化方法将被控系统转化为线性系统，然后在此基础上研究飞艇的定点控制问题。Kulczycki 等考虑了执行机构饱和限制设计了内外环控制器，外环为针对位置控制的比例控制器，内环为针对速度和角速度的 LQR 线性二次型最优控制器，并采用六自由度非线性模型被控对象进行仿真验证。Kusagaya 等提出了一种将几何非线性反馈解耦算法和非线性反馈最优控制方法综合到一起的新算法——非线性反馈解耦最优跟踪控制。通过对具有仿射非线性模型进行输入/输出线性化解耦，并通过最优控制方法对一类飞艇进行控制并仿真。此类飞艇因为腹部装有变矢量推力器，而推力器作用方向的改变会导致非线性耦合，该方法部分解决了这种问题。

Wu 等考虑对线性化模型进行非线性补偿和非线性全局解耦研究，针对惯量参数的变化，设计了基于反馈线性化的自适应跟踪控制器，以对期望的连续时变轨迹和任意初始条件进行跟踪，采用 Lyapunov 稳定性理论证明闭环系统稳定，并通过数字仿真验证了有效性。针对飞艇存在不确定性的情况，王晓亮等采用输入 / 输出反馈线性化方法通过满足相应的匹配条件将飞艇的非线性系统模型转化为部分线性系统，利用 Lyapunov 方法针对部分线性系统通过适当的选取变换矩阵，设计了相应的控制器，以跟踪期望的姿态并对不确定性的上界具有鲁棒性。Diana 等采用自适应动态逆的方法对飞艇进行控制，其所设计的控制器由 PD 控制器和动态逆控制器两部分组成，前者控制飞艇的位置，后者控制速度，并通过应用自适应增益理论使飞艇具有一定的鲁棒性。蔡自立对于全激励情况的控制问题，利用 Matrosov 定理，为位形与速度误差方程设计了简单的控制器，使闭环的位形与速度误差方程的原点是渐近稳定的平衡点。为了同时获得对模型参数不确定性和外部干扰的鲁棒性，采用 Lie 群与 Lie 代数理论、Back-stepping 方法、输入 - 状态稳定性（input-to-stare stability，ISS）理论三者相结合的设计方法，得到了两类位形与速度误差方程的指数镇定控制器，具有有界干扰导致的偏差是有界的、可以通过提高控制增益来抑制干扰的影响等优点；对于欠激励情况的控制问题，利用飞艇动力学的几何性质，以及端口受控 Hamiltonian 系统的互联与阻尼分配无源控制设计方法，得到了两类典型运动的状态反馈控制律，其稳定性可以通过 La Salle 不变性原理和 Chataev 不稳定性定理加以证明。

上述各种方法都是基于先将系统转换为线性系统再进行控制器设计，对所得到的线性系统可以用多种方法进行设计，且相应的理论和方法比较完整。但这些方法的问题也很突出，在工作点进行线性化的方法在应用上受到局限，且针对相应非线性系统的全局稳定性问题很难证明；反馈线性化的方法对系统模型要求较高，实际中很多情况下是难以应用的。

三、基于 Lyapunov 稳定性的控制

该方法能够保证系统的稳定性，但由于相应的 Lyapunov 函数很难找到，所以这种方法的实际应用也受到限制。

Beji 等用平均化方法给出了针对一类飞艇的控制器表达形式，并证明了这种方法能够使系统在原点是局部渐近稳定的。因为欠驱动系统是不能由一个连续定常的状态反馈控制器来使其稳定的，所以很自然地要考虑寻找一种时变的反馈控制律。而平均化方法就是通过一个平均自治系统来逼近一个非自治系统的方法。但该文只分析了系

统的局部特性，全局特性还有待研究。Benjovengo 等对于无人飞艇的全局非线性控制方法进行了研究。给出了 3 种非线性控制器设计方法，分别是动态逆方法、反步控制方法和滑模控制方法。通过仿真，反步控制方法能够很好地适用于飞艇的全部飞行过程控制。Beji 等及 Hygounenc 等的研究表明，通过建立测量与期望间的误差状态方程，应用反步设计方法可以解决平稳轨迹的跟踪控制问题。但都是针对高度变化在某一小范围内的航迹控制，这样就可以近似认为飞艇的质量和环境参数不变，再通过设定平稳条件就可以得到相应的控制律。Azinheira 等在航迹控制的 Back-stepping 设计方面进行了一系列的工作，取得了极有意义的成果，在控制器设计中考虑了风扰动和执行机构饱和问题，仿真全过程包括垂直放飞、着陆、稳定和路径跟踪，在全过程中使用单一的鲁棒控制律，对盘旋飞行的稳定和跟踪问题进行了研究。

四、其他控制方法

de Paiva 等、Benjovengo 等、刘健、付平等及方存光对变结构控制方法在飞艇控制中的应用进行了研究。Benjovengo 等采用滑模控制器设计方法对飞艇纵向非线性模型进行设计，分别采用了经典滑模控制器设计方法和单位矢量方法。结果显示，两种方法对所给模型具有很好的动态性能和鲁棒性。方存光针对俯仰角姿态运动提出滑模变结构控制方法，使得闭环系统不仅对气象参数的强烈变化产生的干扰具有很好的鲁棒性，而且有效抑制了滑动过程中普遍存在的抖动现象；针对偏航角姿态运动，采用基于极点配置的 PID 控制器及基于等效策略的滑模变结构控制器相结合，使得系统具有需要的动态特性、很好的可靠性能，保证了系统具有很好的抗干扰性能及良好的跟踪精度，同时避免了控制模式切换过程中常见的跳变导致系统失稳现象；针对水平位移，按等效策略设计飞艇位移跟踪方程的滑模变结构控制器，对传统的趋近律控制做出修订，加速了滑动模态过程中抖动的衰减速度，同时提出的滑动模态参数自适应方法削弱了系统的抖动；针对多气囊浮力调节，将这一多输入双输出系统简化为多输入单输出系统。将控制系统分为两级并提出改进的模糊控制方法，满足了系统对不同控制阶段的性能要求。其不足在于：各通道分别建模，忽略了不同通道之间的非线性耦合。

欧阳晋以非线性模型为对象分别设计了两种类型的飞艇定点控制系统，其一是采用遗传算法寻优的最短时间开环控制系统，其二是采用反馈线性化方法设计的闭环控制系统。与前者相比，后者可以抑制参数摄动带来的影响，显著提高了控制精度。Maryam 等对模糊逻辑控制和基于反馈线性化的经典 PD 进行比较研究，结果表明，模糊控制需要花费较多时间进行计算，而且能更好地适应不确定性影响。王润平等为了改善飞艇的稳定性，在空域中选定若干工作点，在工作点利用基于 LMI 的特征结构配置对其进行控制器设计，对非工作点的控制器由工作点处的控制器经神经网络训练得到，达到了控制其全空域泛化的目的，仿真结果验证了设计的有效性。Park 等首先通过输入输出反馈线性化原系统，然后采用神经网络方法对线性系统进行设计，通过神经网络的学习功能弥补因线性化丢失的部分非线性信息，最终得到的增广模型逆控制器能够同时学习和适应两种不同的飞行状态，并对其进行控制。Luo 等首先基于人工神经网络和操作人员经验设计面向任务路径跟踪的航向控制器，实验结果表明即使在存在风场干扰情况下，所设计的控制器仍具有鲁棒性。刘其睿等设计了基于自适应神经网络补偿控制的姿态控制器，并仅用较少的模型参数信息实现了存在未知风速时姿态及速度的指令跟踪及三维直航线及圆航线跟踪，并采用 Lyapunov 方法证明控制器及误差信号的有界稳定性。Jia 等利用粒子群优化与神经网络进行控制，首先根据大量实际飞行数据，采用神经网络模型训练逼近飞艇的实际运动模型，然后按照最小能量、最优轨迹等要求，利用粒子群优化算法求解控制策略，并通过仿真验证粒子群优化算法的有效性[3]。

第四节　飞行控制技术发展趋势

一、可变大气环境与风场影响下变参数飞艇的动力学分析技术

对流层是最贴近地球表面的一层。它是从地面开始至垂直对流特征消失的高度——对流层顶为止，即从地面向上至温度出现第一极小值 -56.5℃所在高度的大气层。对流层是接近海平面的一层大气，其厚度随着纬度与季节等因素而变化。低纬度地区的对流层厚度平均为 16 ~ 18km，中纬度地区平均为 10 ~ 12km，高纬度地区平均为 8 ~ 9km。对流层空气质量大约占总大气质量的 3/4。此层中的风速与风向是经常变化的；空气的压强、密度、温度和湿度也经常变化，一般随着高度的增加而减少。对流层中风速一般是随高度的增加而增加，但变化比较复杂，没有规律，需要依靠实际测量。1.5km 高度以下的大气边界层由于受地面热力和地形的影响，空气运动具有明显的紊流运动特征，表现为风速和气温在时间和空间上变化激烈。

对流层气压高，空气密度大，温度随高度的增加而降低，气流具有强烈的对流、湍流运动，并存在雨、雷电等自然现象。其环境特点如下：①具有强烈的水平和垂直流动。从地面开始，温度随高度向上递减，递减率大约为 6.5℃ /km，同时饱和含湿量也在下降，温度和湿度等在水平方向上的不均匀性最为显著，主要表现在气团和风的活动频繁。②地面所观测到的大部分天气现象，如雨、雪、雷电、冰雹都发生在这一层[4]。

因此，飞艇在对流层飞行过程中会经常遭遇各种大气扰动，其中最典型的一种就

是大气紊流。对于大型飞艇而言，由于艇体结构质量大，发动机会有一定的延迟响应时间，从而使得改变飞艇飞行状态比较困难，一旦遇到复杂的大气扰动，飞艇将会受到严重的损伤，造成严重后果。为了解决这个问题就需要在飞艇建模时充分考虑复杂大气环境的影响，通过仿真技术来模拟大气扰动对飞艇飞行的影响，建立能够更好地反映出复杂大气环境对飞艇飞行状态影响的飞艇模型，从而在实际飞行中避免产生不好的后果。

通过国内外的许多飞行试验可以发现，当飞艇的艇体尺度与风场的尺度相比很小时，可以将飞艇视为质点进行模型的设计仿真，即忽略飞艇上的扰动风矢量的变化，假设飞艇所受到的风扰动是均一的。然而，这种假设只能在一定范围内适用。大型飞艇的艇体尺度与中小规模的风场尺度非常接近，质点模型显得过于简化，会造成仿真逼真度不够。这是因为在复杂的大气环境下，飞艇的头部与尾部之间的风速是可能发生显著变化的，扰动风矢量在艇体上的分布呈梯度，由此会造成飞艇的气动性能发生显著变化。因此需要通过建立飞艇含扰动风参数的质点模型，然后基于此质点模型基础上提出相应的改进方法，在三维大气紊流风场中对建立的模型进行飞行仿真分析[5]。

二、飞行控制与压力、温度控制综合设计技术

1. 气囊压力控制

低空飞艇在飞行过程中，飞行环境中高度、气压、温度的变化会造成气囊的内外压差逐渐升高，造成囊体处于超压状态，既缩短了囊体使用寿命又影响飞行安全。在外界环境等因素不断变化的前提下，飞艇压力调节系统会对气囊压力进行有效调节，使其与外界大气压之差始终维持在安全范围内，是保持飞艇外形、控制升力、保证安全飞行的必要条件。因此压力控制分系统的主要作用是保持整个飞艇的外部形状、进行浮力控制及飞艇的定点控制等。

2. 外形保持

对流层飞艇是充气的柔性体，必须通过压力控制，建立飞艇内外压力差，并在整个飞行过程中保持这一压差，从而保持整个飞艇的外部形状。一般方法是通过对飞艇内部的空气囊进行充气或放气来实现气囊压力控制。在飞艇上升期间外部压力降低，为避免飞艇外形过度膨胀引起爆裂就需要通过差压传感器控制对阀门的放气，以保持内外压力差，保障飞艇按预定速度稳定上升；在飞艇下降过程中随着高度降低，外部压力增加，则必须通过鼓风机将外界空气注入气囊，以维持压差。在定点期间，由于昼夜温差的变化也会使飞艇内部压力改变，从而影响飞艇的外形。因此，也需要通过压力控制来维持内外压差。这可以通过两种方法保持飞艇形状：一是对气囊进行充气、放气；二是调整驻空高度。

3. 浮力控制

对流层飞艇的主要升力源是它具有的浮力，环境控制系统是使飞艇外形始终不变，飞艇的浮力主要取决于此高度的空气密度。由于大气密度随着高度的不同而有很大变化，因此，在上升和下降过程中，需要对飞艇内部空气与氦气比例加以控制。一般采用的方法是在飞艇前后各有一个调整气囊，通过对调整气囊的充放气，获得浮力控制和纵向配平控制。

4. 定点控制

对流层飞艇有两种工作状态，一种是在对流层的起飞和降落阶段，这个阶段的干扰因素多，飞行情况比较复杂；另一种是对流层的驻空阶段，这时需要充分考虑大气环境对飞艇驻空的影响。在驻空期间，飞艇受到的扰动包括水平方向风的扰动、来自下方热气流的影响和昼夜温度变化对飞艇升力的扰动。这些扰动还会引起飞艇内部结构参数的变化。因此，必须研究昼夜温度、压力、风速和风向变化对飞艇姿态、位置和稳定性的影响，并提供相应的控制策略。飞行控制的软件编辑是根据风向、风速、位置、姿态和热分布等信息，计算出所需动力的大小和空气充放量，再控制阀门进行浮力调节，实现飞艇的飞行控制。可以将飞行状态分解为垂直面运动的高度控制与水平面运动的定位控制，这类似于飞机的纵向运动和侧向运动分类方法。其中，高度控制是通过控制两端调整气囊的压力，以达到控制整个飞艇的升力和飞艇的高度，满足垂直方向的定点精度和俯仰控制要求。调整气囊位于飞艇的头、尾两端，内装空气，主要用于充放气，以调节飞艇内部空气与氦气的比例。而水平面的定位控制是要保持水平面内的飞艇质心位置不变，主要通过动力推进系统的控制来抵抗水平风的扰动。这需要获得风速、风向、飞艇航向坐标、飞艇姿态角、舵偏角和动力系统参数等。

5. 故障预测

在氦气囊、空气囊内部、飞艇蒙皮材料上安装一些压力传感器，并将这些压力参数传送到地面监测系统，通过压力监测进行一些故障预测。比如，当飞艇蒙皮材料发生渗漏时，压力会产生变化，当压力控制系统已无法维持飞艇内外压差时，地面遥控系统就应该采取一些补救办法或者应急返回等。

6. 气囊温度控制

飞艇在白天受到太阳辐射、地球辐射和红外辐射而加热，通过空气对流换热和热辐射将热量排散到大气环境中。而且，飞艇上部受太阳直射，气囊上部氦气被加热，而下部气体在周围冷空气对流冷却下相对较低，这将产生氦气囊内的热分层现象，无法形成自然对流，造成上部囊体散热困难。而夜晚由于光照的消失，飞艇处在低温大气环境中，由于对流换热作用，温度会大幅降低。飞艇温度控制首先要针对不同的工作状态，对飞艇总体热平衡分析和昼夜热循环分析，计算飞艇各部件温度分布，作为进行飞艇温度控制的依据。在这方面日本的 Yoshitaka Sasaki 进行了深入研究。他所做的工作包括建立热解析模型、进行热课题设计及进行热解析评价。为建立热解析模型，首先要对飞艇的外部热环境进行分析，列出热源，然后对飞艇自身进行分析，了解其结构以及太阳能电池贴附区域的状况，在热解析模型的基础上，Sasaki 对对流层飞艇进行了热设计，热设计可以采用两种方案：一种是对飞艇外表面进行光学特性的最优化设计；另一种是在飞艇内部采用气体加热源或冷却源。Yoshitaka Sasaki 的研究工作侧重于前者，他还给出了热解析评价结果，为研究温度变化对飞艇的影响提供了方法和依据。对流层飞艇材料包括蒙皮材料和气囊材料。气囊温度控制首先要选择好蒙皮材料，要求蒙皮材料耐环境性好，这些因素包括温度大范围变化（-55 ~ 100℃）、湿度、紫外线的辐射等，这些因素将决定飞艇的使用寿命和养护要求。

气囊温度控制拟采用以下热控措施：

（1）为降低太阳辐射影响，增强飞艇辐射换热，飞艇上表面拟采用低太阳吸收率高发射率热控涂层。

（2）为降低地球辐射影响，减小飞艇底部气体热损失，飞艇下表面拟采用低太阳吸收率低发射率热控涂层。

（3）为增加气囊内部温度均匀性，内表面拟采用高发射率热控涂层材料。

（4）在氦气囊内部布置风机通风装置，通过强迫循环，增加气囊内部温度均匀性，降低气囊上部的温度水平。

（5）在囊内一些缝合处布置一些温度传感器，对温度进行检测，通过温度变化可以进行一些故障预测[6]。

目前，国内外对对流层飞艇长航时飞行策略的研究主要集中在结合风场环境、利用大气风能调节飞行轨迹方面，这是一种几乎不需要消耗能源的方法，是飞艇飞行策略优化研究的一个重要研究方向。此外，飞行策略优化还受到众多热力学因素的影响，未来将利用环境协同控制理念，降低飞艇对能源的需求，是延长对流层飞艇续航时间的一种切实可行的方法。

第五节　小结

本文对对流层飞艇飞行控制研究现状与关键技术进行了综述，纵观国内外研究现状，可以得到以下结论。

（1）现有动力学与控制研究重点主要集中在对软式飞艇进行研究。

（2）飞艇动力学与控制方面已发表大量文献，但现有研究比较偏重于气动影响。

实际上，对流层飞艇还涉及多种新的空气动力学问题，包括热、浮力与气动的强耦合、昼夜外形变化、起飞与降落过程中的突风带影响、风切变干扰等，然而现有研究综合考虑气动、静力、热力和结构耦合影响的动力学与控制研究成果还很少。

展望未来的发展需要，必须加强以下几方面研究：

（1）在对流层长航时飞行期间，水平面内应研究随机风场扰动的动态特性和自适应鲁棒控制方法，高度方向应研究内外温度变化与浮力变化的耦合动力学与协调控制，以满足期望的定点和机动目标。

（2）对流层飞艇留空期间，由于具有数十吨的重量和几十万立方米以上量级的体积，带有显著的大惯性特点，与许多其他运动体相比明显存在干扰影响大、控制作用小的问题，必须研究二次稳定平台的控制及有关耦合动力学问题。

（3）尽管半硬式飞艇的重量远远大于软式飞艇，将大大降低有效载荷，但随着今后材料和制造水平的发展，适当的半硬式结构一定会成为重要的发展趋势，有必要在动力学与控制方面开展针对性研究。

参考文献

[1] 初丽华. 室内飞艇的建模与控制技术的研究［D］. 沈阳：沈阳航空航天大学，2011.

[2] 周鹏. 小型无人飞艇自动驾驶系统的研究与设计［D］. 四川：电子科技大学，2013.

[3] 李智斌，吴雷，张景瑞，等. 平流层飞艇动力学与控制研究进展［J］. 力学进展，2012，42（4）：482-493.

[4] 张作琦，张兴娟，王平. 飞艇环境控制系统浅析［J］. 飞机设计，2012，32（6）：77-80.

[5] 姜坤培，杨天祥，吴梅. 复杂大气环境下大型飞艇建模研究［J］. 计算机仿真，2014，31（6）：83-86.

[6] 邓黎. 平流层飞艇的环境控制［J］. 航天返回与遥感，2006，27（3）：51-56.

第三章　平流层飞艇飞行控制技术发展及预测

第一节　技术内涵

平流层是指20 ~ 50km的大气层，这里气象条件下比较稳定，日照时间长，且处于大多数战斗机和防空系统的射高范围之外，适合飞行器长时间驻留[1]。平流层飞艇与卫星和飞机相比具备较多的优势，与前者相比，平流层飞艇距离地面较近，载荷相对较大，并且可以得到较高的分辨率。与后者相比，平流层飞艇距离地面高度较大，目前预警机对地的雷达视距大约在400km，而平流层飞艇最多可以达到1000km，是前者的2倍左右。平流层飞艇在军用方面可以作为预警探测、侦查监视、通信中继、导航与授时及高分辨率海洋探测等功能的通用平台，具有可定点飞行、留空时间长、探测范围广、载荷能力强和效费比高等优点，拥有极高的战略价值。正因为具备以上特点，美国、俄罗斯、欧洲、日本等国家和地区的政府机构、军方、研究机构、高等院校等先后启动了平流层飞艇研发工作。平流层飞艇运动范围从低空扩展到临近空间平流层；体积和重量显著增加，大尺寸、大惯量、非线性成为该动态系统的显著特征，对控制系统设计提出了很高要求，飞行控制技术主要解决定点控制、姿态控制和航迹控制。

第二节　国内外发展现状

平流层飞艇的飞行控制技术依据飞艇任务阶段的不同分类，一般分为上升段控制、浮空任务段控制和返回着陆段控制。上升段和返回着陆段控制要依靠气囊、空气舵等多个执行机构共同作用实现，尤其是着陆过程，通过有效的定点悬停实现软着陆。浮空任务段控制问题主要考虑飞艇的定点保持问题和航迹跟踪控制问题。定点保持是飞艇工作过程的重要状态，在定点过程中，飞艇要承受来自水平方向的风扰动，还要承受昼夜更替带来的温度变化而引起的系统不确定性。同时在高空因为空气稀薄，对包括舵面、螺旋桨、阀门等执行机构的效率都会产生影响。目前定点保持控制方法的研究主要分为三个方面，分别是基于经典控制理论的控制方法、非线性控制方法和智能控制方法。依据平流层飞艇飞行控制研究流程来说，又可以分为飞艇飞行力学建模、飞艇飞行特性研究和飞行控制技术研究，其中飞行控制技术研究又依据控制目标，可以划分为飞艇姿态控制、飞艇航迹控制和飞艇驻留控制。众多学者针对飞艇的姿态控制、航迹控制和驻留控制开展了大量的研究工作，提出了一系列控制方法，并进行了仿真分析或试验验证。

尽管国际上许多国家或机构正在实施平流层飞艇研究计划，但出于技术保密的原因，目前大多数有关飞艇控制的资料都是针对低空飞艇的，还没有见到针对平流层飞艇控制的整体解决方案。欧洲在低空飞艇控制技术方面具有丰富的、成熟的工程经验。在《飞艇技术》[2]中，将飞艇视为刚体，假定飞艇的质量是定常的，飞艇具有艇体纵轴的纵向对称面，且体积中心和重心都在对称平面内，给出了低空飞艇的六自由度运动方程。考虑飞艇因体积庞大和低速飞行所引起的附加惯性，进而利用小扰动线性化原理将六自由度非线性方程进行了线性化，并对线性化后的纵向模型和横侧向模型动力学数学模型进行稳定性分析。欧洲有不少建模与控制方法研究的文献报道，例如德国斯图加特大学研究了飞艇鲁棒控制技术，法国国家科学研究中心系统分析与架构实验室（LAAS-CNRS）研究了飞艇反推控制技术，意大利提出了 Nautilus 新概念飞艇设想，并进行了动力学建模、控制系统配置布局、控制方法及仿真研究。欧洲许多国家都制订了高空长航时平流层飞艇发展计划。英国 Lindstrand 公司提出的 HALED-20 方案，控制系统所需的传感器包括导航敏感器、大气数据传感器等，主要执行机构包括倒“Y”形多面的 3 个舵机（方向舵舵机、左侧升降舵舵机、右侧升降舵舵机）和尾部具有万向支架的羽状桨叶螺旋桨。Lindstrand 将其操作模式划分为总装、移动至放飞点、放飞、爬升、定点、巡航、返回、下降、着落。在控制方面的主要考虑为：平流层飞艇长期控制采用舵面，一方面提供升力，另一方面保持太阳能电池薄膜对日定向；进行三轴姿态控制，其中滚动控制的目的是采集尽量多的太阳能；平流层短期飞行控制采用尾部螺旋桨；上升阶段对艇身进行压力控制；浮升气体通过多隔膜控制膨胀；下降阶段按照预期的最大下沉速度进行增压控制。德国平流层飞艇方案，主要传感器包括 INS 惯性导航系统、GPS 全球定位系统、具有点识别功能的图像系统。为了在 20m/s 的风速和 3m/s 的紊流情况下实现圆概率误差 100m 定位精度和 160km/h 的巡航速度，配置了很强的推进系统，采用两个 250kW 的电动引擎（直流电刷永磁电机，一推一拉）驱动两个主螺旋桨，外加 4 个 125kW 的电能引擎驱动 4 个辅助螺旋桨。在没有湍流的稀薄气流中，至少以 50kW/h 的速度运动时，要求通过舵面和螺旋桨系统将倾斜度控制在 2°以内。荷兰 Amsterdam 国家航空航天实验室针对平流层硬式飞艇 RAD 开发了基于 MATLAB/Simulink 的飞行仿真环境，利用该仿真环境，用户可以对各种控制指令的响应进行分析，也可以分析各种风模型对飞艇的影响。

美国 Colorado 大学针对临近空间太阳能概念飞艇研究了在平流层抵御水平方向的风场干扰进行定点保持的 PI 控制方法及其能源需求。美国 Minnesota 大学与 Princeton Satellite Systems 针对高空飞艇开展了一系列研究。在建模方面，基于刚体并具有纵向对称面的假设，考虑附加惯性，建立了六自由度非线性运动方程。在航迹规划方面，首先假定所有的控制算法是在满足航迹跟踪的基础上能够使飞艇保持特定的飞行姿态；再进一步假设飞艇所受的浮力是与重力平衡的，而且飞行过程中飞艇的攻角、侧滑角和滚转角始终为零，因此，飞艇受到的气动升力也为零。然后建立了航迹轨迹模型，利用最优控制方法，在特定边界条件下寻找最小飞行时间和能量消耗的线性组合，对最小时间、最少能量、有终端约束的最小时间这三种情况进行比较。最终说明，必须寻求飞行时间与消耗能量之间的折中优化策略，以达到所期望的飞行任务。在控制研发方面，基于非线性方程的线性化，将飞艇的运动分解为纵向运动和横向运动。不考虑滚转运动，针对每一环节设计 PID 控制器，根据鲁棒性裕度和时间响应指标确定控制参数，进行了仿真分析并研究闭环控制系统的稳定性。结果说明，为了保持飞艇的稳定性，保证一定的飞行速度是很有必要的。控制系统的敏感器包括速率陀螺组件、GPS 接收机和大气数据敏感器，其中大气数据敏感器测量气流速度、迎角和侧滑角；执行机构包括螺旋桨推进器和控制舵面。

日本具有雄心勃勃的平流层飞艇发展计划，目前有关控制技术的公开文献表明，在控制方法上研究了非线性最优控制并针对低空飞艇进行仿真。2002 年 8—9 月，日本在北海道的 Taiki-cho 进行了名为“飞行控制试验”的放飞试验，并取得了预期的成果。该低空试验飞艇的飞行控制系统主要包括子系统、导航子系统、测量子系统、飞行控制计算机、推进子系统和回收 / 应急子系统。飞行控制系统的基本功能是实现压力控制和俯仰、偏航姿态和纵向位移的自动增稳；然后是针对每个飞行阶段的控制模式；控制器的最高级别是自主控制方式。

在飞艇综合控制技术领域，国内主要研究单位包括东北大学、上海交通大学、西北工业大学、国防科技大学和航天 502 所等。但是目前绝大多数关于飞艇动力学与控制的文献都是针对软式飞艇进行研究的，飞艇动力学与控制方面已发表了大量文献，但现有研究比较偏重于气动影响。与传统的航空器、航天器、航海器和低空飞艇相比，平流层飞艇飞行原理有其新特点。飞艇巨大体积决定了其大惯性、大滞后和巨型柔性体本质，因此需要考虑大气绕流场流体惯性力引起的附加质量效应。

第三节　飞行控制方法研究进展

一、飞行力学建模

飞行力学模型是研究飞艇飞行特性的理论基础，也是飞行控制的基本依据。围绕飞艇建模问题，国内外学者开展了大量的研究工作，取得了一系列研究成果。Gomes以YEZ-2A飞艇为研究对象，研究了其浮空、升降等操纵原理，分析了作用在飞艇上的力和力矩，基于刚体假设，建立了飞艇的动力学模型。此后关于飞艇飞行力学的研究工作大多借鉴该研究成果。Mueller等研究了高空飞艇的气动力系数工程估算方法，推导了六自由度运动方程。Li等研究了SKYSHIP-500飞艇的动力学模型，并通过飞行试验验证了模型的准确性。杨跃能等以平流层飞艇为研究对象，综合考虑了空气动力、重力、浮力、附加惯性和控制作用，在受力分析的基础上，采用Newton-Euler方法建立了矢量形式的动力学模型。国内有些学者基于刚性假设基础，考虑了艇体、气囊和质量块之间的相对运动，建立带气囊和压块的飞艇动力学模型，研究了气囊和压块耦合作用及其对动力学特性影响。区别于刚体假设，Li等同时考虑飞艇的刚性运动与弹性变形，应用势流理论和空气动力学理论，研究了艇体弹性变形与气动力的耦合作用，在此基础上推导了飞艇动力学模型，该模型包括飞行动力学、结构动力学、静力学及空气动力学等学科内容，为研究柔性飞艇的动力学特性提供了理论基础。不同于Li的基于牛顿-欧拉建模方法，Yang等提出了基于拉格朗日建模方法，推导了附加惯性、气动阻力、重力、浮力和控制作用的参数化矩阵形式，建立了飞艇的六自由度动力学模型，并通过仿真结果验证了该模型的正确性，为飞艇动力学建模提供了新思路。

二、飞行特性研究

飞艇的总体布局、升空原理和工作模式显著不同于导弹、飞机等飞行器，其动力学特性也有别于上述飞行器，需深入研究其飞行动力学的基本特性、一般规律和内在机理。

Gomes以YEZ-2A飞艇为研究对象，通过计算分析各自由度通道的响应特性，研究了其运动特性。Mueller等推导了高空飞艇线性化运动方程，仿真研究了高空飞艇的开环响应特性。欧阳晋以“致远一号”飞艇为研究对象，研究了飞艇在不同基准运动条件下的运动稳定性，分析了扰动运动的特征模态，揭示了其物理成因，并通过传递函数及其频率特性研究了控制输入对飞艇特征模态的影响规律。杨跃能等应用李雅普诺夫稳定性理论分析了某型飞艇的运动稳定性；王晓亮以某型试验飞艇为研究对象，从运动稳定性和能控稳定性两方面对飞艇的运动特性进行了分析，总结出飞艇在外界干扰下是不稳定的，但是局部能控的研究结论。Li 等通过仿真试验和飞行试验，研究了 Skyship-500 飞艇的运动特性，结果表明，飞艇的纵向运动由浪涌衰减、升沉衰减和俯仰振荡三种模态叠加而成，横侧向运动由侧滑 - 偏航衰减、偏航 - 滚转衰减和滚转振荡三种模态叠加而成。杨跃能采用小扰动方法将飞艇的线性运动方程解耦分组为纵向运动方程和横侧向运动方程，通过计算分析状态方程的特征值和特征向量，研究了飞艇的飞行模态，结果表明，纵向运动由浮沉、浪涌和摆动三种模态叠加而成，横侧向运动由偏航衰减、侧滑衰减和滚转振荡三种模态叠加而成。考虑到飞艇受风场扰动影响显著，也有学者研究了风场对飞艇飞行力学的影响规律。Acanfora 等建立了大气扰动模型，并通过数值仿真研究了大气扰动下 AIUX15 飞艇的横侧向运动的振荡规律。Azinheira 等推导风场扰动下飞艇的运动方程，研究了风速变化对飞行特性的影响规律。Chen 等研究了风场对飞艇飞行状态参数的影响规律，结果表明，风场扰动将导致动压和气动力发生变化；定常风显著影响飞行轨迹，垂直风切变将导致姿态角变化。姜坤培等建立了三维大气紊流模型，研究了大型飞艇对大气紊流的响应特性，结果表明，大气紊流对飞艇的偏航角和俯仰角产生较大影响。王鹤、李智斌考虑大气紊流扰动，建立紊流扰动下的飞艇水平面内动力学模型，并利用内模控制原理设计出内模控制器，将扰动信号反馈到系统的输入端，从而对扰动进行直接控制，仿真结果表明所设计出的控制器可以有效抑制大气紊流对飞艇飞行性能的影响。

三、飞行控制研究

从控制角度分析，飞艇动力学模型具有多变量、非线性、不确定等特点，是一个复杂的控制对象，主要有以下几个难点：①动力学特性复杂，存在参数摄动、未建模动态和外界扰动等不确定性；②体积 / 质量比大、飞行速度缓慢，惯性特性显著、控制响应迟缓；③低速、低动压条件下气动控制效率低，需要采用矢量推力、副气囊和压块等多种手段；④外界环境对飞艇有着复杂的多物理场耦合作用，需要对姿态、航迹、浮力、压力等进行协调控制。

飞艇飞行全过程主要面临以下控制任务：①升降过程中大角度姿态调节、巡航段和驻留段的姿态稳定与保持；②飞行航迹跟踪和偏差修正；③相对于地面目标保持位置不变的驻留段。近年来，众多学者针对飞艇的姿态控制、航迹控制和驻留控制开展了大量研究工作，提出了一系列控制方法并进行了仿真分析或试验验证。下面具体介绍这些控制方法及其在飞艇控制系统设计中的研究现状。

1. 姿态控制

姿态控制是飞艇稳定飞行最基本的控制要求。Paiva 等采用 PID 控制方法设计了飞艇姿态控制器，但 PID 控制在模型参数及工况发生变化时，控制性能难以得到保证。欧阳晋采用线性矩阵不等式方法对飞艇姿态控制器进行多目标优化，提高了系统对参数摄动和工况变化的鲁棒性。上述研究工作均基于线性模型设计姿态控制器，没有考虑非线性因素及各通道之间的耦合作用。针对这一不足，Wang 等基于非线性姿态运动模型，采用反馈线性化方法设计了姿态控制器。为保证姿态控制系统的全局稳定性，Liesk 采用了李雅谱诺夫理论和 Back-stepping 方法设计了静不稳定无人飞艇的姿态控制系统，并对不同风场条件下的控制性进行了仿真分析。实际飞行过程中，飞艇姿态运动受外界扰动影响显著。为抑制外界扰动对飞艇姿态运动的影响，Fang 等采用滑模控制方法设计了姿态控制器，提高了系统对外界干扰的鲁棒性。但是，滑模控制存在抖振和渐进收敛两大缺点，为了解决控制切换导致的抖振问题，Yang 等以滑模面及其变化率为模糊控制器的输入，以趋近率参数为模糊控制器的输出设计了模糊滑模控制器，通过模糊规则在线调整控制律参数，有效地削弱了抖振。为了克服滑模控制的渐进收敛问题，杨跃能等设计了终端滑模控制律，通过选取终端滑模函数使姿态控制误差在有限时间内收敛至零，提高了控制精度和收敛速度。郭建国等针对平流层飞艇采用螺旋桨推力 / 气动力复合控制问题，提出了一种基于自适应滑模控制与模糊逻辑的姿态控制设计方法。基于平流层飞艇控制系统的配置状况，建立了飞艇俯仰通道的动力学模型，并将该动力学控制系统分为气动力控制子系统和螺旋桨推力控制子系统两部分。仿真结果表明，该方法对参数摄动和外界扰动具有较强的鲁棒性。

2. 航迹控制

航迹控制是指对飞艇质心运动的控制。飞行过程中通常要求飞艇安装预定航线（或航路点）飞行，以完成预定任务。Paiva 等将飞艇的飞行全过程分为起飞、巡航、转弯、悬浮和着陆五个阶段，采用经典的 PID 算法设计出相应的控制器，而且给出了控制飞艇在不同飞行状态之间进行转换的详细控制策略。Azinheira 等针对飞艇侧向航迹跟踪问题，分别设计了 PI 控制器和 H 无穷控制器，并通过仿真试验对比分析了两类控制器的优劣。Silveria 等研究了视觉伺服技术在飞艇航迹跟踪中的应用，采用 LQR 方法设计了水平面内的跟踪控制器，并通过飞行试验验证了其有效性。上述研究工作的局限在于针对线性模型设计控制器，均未考虑纵向运动和横侧向运动之间的耦合作用。针对这一不足，研究者采用反馈线性化、变结构控制、轨迹线性化和反步控制等非线性控制方法研究飞艇航迹控制问题。王晓亮以飞艇的非线性动力学模型为研究对象，采用输出解耦变结构控制方法设计了航迹跟踪器。Zheng 等应用轨迹线性化方法设计了飞艇航迹控制器，将六自由度运动分解为纵向和横侧向运动，避免了对整个系统求逆的困难。Lee 等采用 Back-stepping 方法设计飞艇航迹控制器，通过反步设计保证了闭环系统的全局渐近稳定性。随着控制理论的发展，智能控制在飞行控制中逐渐得到研究和应用，Xie 等针对飞艇航迹跟踪问题，设计了模糊控制器并采用遗传算法优化控制参数。Park 等设计了神经网络模型逆控制器，设计了模糊在线调参滑模控制，通过模糊规则在线调整控制增益，削弱了滑模控制导致的抖振，改善了系统的动态性能。

吴雷、李勇、李智斌考虑平流层飞艇自身飞行特点，建立其运动方程和风场模型，并在适当假设基础上构造能够反映其飞行能耗的代价函数。最后采用遗传算法进行算例计算，求解平流层飞艇最优轨迹。仿真结果表明，遗传算法能够有效、快速地收敛并稳定至问题的最优解；其所构造的代价函数能够反映自身飞行特点，并敏感于外界风场环境。

3. 驻留控制

不同于固定翼飞机盘旋和直升机悬停，驻留是飞艇特有的运行模式。驻留控制是指使飞艇在某一空域相对地面目标区域保持位置不变。Nagabhushan 采用反馈控制方法设计了驻留控制律，并研究了驻留模式下飞艇的动力学特性。Benjovengo 针对简化的飞艇纵向运动模型，采用滑模控制方法设计了飞艇的驻留控制。欧阳晋以飞艇的非线性模型为控制对象，设计了两种类型的飞艇定点控制系统：一是采用遗传算法寻优的最短时间开环控制系统，这种控制系统侧重于时间最短的控制性能，由于是开环控制，当出现参数摄动时，控制性能难以保证；二是采用反馈线性化方法设计的闭环控制系统，引入了飞艇轨迹的反馈信号，相对提高了系统对参数摄动的鲁棒性。王晓亮以飞艇的非线性运动模型作为控制对象，基于滑模变结构控制关于不确定因素的不变性，采用不确定仿射非线性系统在满足匹配条件下的输出解耦变结构控制方法设计了飞艇的定点控制律，在存在外界干扰或系统参数不确定的情况下进行了仿真分析，验证了该控制律的有效性和鲁棒性。付平等采取变结构模型参考自适应控制方法设计了飞艇的定点控制器，仿真结果表明，设计的控制器能够适应对象结构参数及外部扰动的大范围变化，满足定点控制精度要求，具有良好的鲁棒性和动态性能。梁栋等针对平流层飞艇定点保持模式下的环境和工作特点，研究了基于推力矢量螺旋桨执行机构的定点控制问题，运用李亚普诺夫方法设计了控制律，并证明了闭环控制系统的全局渐近稳定性，最后仿真验证了所设计控制律的有效性。王延等研究了优化算法在飞艇定点控制中的应用问题，将飞艇定点控制问题转化为非线性多目标优化问题来求解，指出基本遗传算法在解决定点悬停飞艇实际控制问题时具有易陷入局部最优解、在遗传进化过程中随机性较强、搜索效率低下及耗时多等缺陷。通过借鉴并行遗传算法、模拟退火算法和向量评价遗传算法的基本思想，在基本遗传操作中添加切断算子和拼接算子，设计一种改进遗传算法来改善上述缺陷，仿真结果表明该方法是有效可行的。Azinheira 等将飞艇驻留控制问题转化为镇定问题，采用反步控制方法设计了驻留控制器。针对风场扰动问题，Schmidt 建立了风场扰动下的飞艇动力学模型，采用 PID

控制方法设计了驻留控制器；Zheng 等在驻留控制器中引入观测器在线估计未知风场，用于抑制风场扰动作用。针对模型不确定和建模误差问题，高伟等设计了神经网络动态逆控制器，利用神经网络补偿动态逆误差；杨跃能针对飞艇模型不确定和外界扰动问题，设计了模糊自适应滑模控制器，采用模糊系统精确逼近不确定模型，并通过自适应律实时调整模糊系统的最优逼近参数，提高了驻留控制精度。

4. 浮力和压力控制

环境热效应导致艇内气体热力学状态变化，从而导致浮力、压力大幅变化，严重影响平流层飞艇的浮升特性和安全飞行，因此，浮力和压力控制成为平流层飞行控制的重点问题。针对压力控制问题，Chen X. 建立了飞艇的超压模型并设计了超压控制律。肖军采用模糊 PID 控制方法设计了飞艇压力调节系统，仿真结果表明，该控制系统能够有效调节内外压差。Zhu.E.L. 建立了飞艇的压力控制系统模型并设计了模糊控制器，通过模糊规则调节内外压差。吴雷建立了平流层飞艇上升过程的压差模型，提出了一种以压差控制为主、高度控制为辅的控制策略，并通过仿真试验验证了控制器的有效性。除上述控制方法研究和仿真分析外，研究人员还对压力控制系统进行了试验研究。李楷设计了某型飞艇的压力控制系统，并通过飞行试验验证了其有效性。以上研究工作均未考虑环境热效应对压力控制的影响。针对这一问题，钟华飞考虑了太阳辐射和昼夜温差对浮力、压力的影响，建立了平流层飞艇的浮力模型和压力模型，仿真分析了压力控制的可行性。针对升降过程中艇内气体压力大幅变化问题，王文隽采用“微元法”研究了飞艇内外压差与蒙皮张力的关系，为平流层飞艇压力控制提供了参考依据。针对升降过程中的浮力变化问题，任鹏研究了飞艇所受浮力随高度的变化规律，分析了艇体体积、压力高度与浮力之间的关系，为飞艇浮力控制提供了参考依据。孟蒙研究了热环境下平流层飞艇净浮力的变化规律，提出了升降过程的复合控制策略。李国民提出了一种飞艇增浮减阻策略，将头部驻点处的高压气体通过管道从尾部流出，在增加浮力的同时减小阻力，仿真结果表明，驻点引射方法能够有效地增加浮力，为浮力控制提供了技术参考。Barton S.A 提出了一种依靠真空气囊膨胀或压缩进行浮力调节的技术方案，并通过理论计算论证了其可行性。苗景刚利用伯努利方程和气体状态方程研究了飞艇的排气特性及压差变化规律。

姿态控制研究方面，还需要考虑复杂环境耦合作用导致的强扰动、模型不确定、参数摄动条件下的姿态控制问题，以及姿态控制与航迹控制、浮力和压力控制之间的协调控制问题。航迹和驻留控制研究方面，还需要研究复杂环境耦合作用下的航迹控制问题，特别是风速和风向变化情况下的航迹控制问题以及环境热效应导致的浮力变化和高度涨落等问题。浮力和压力控制研究方面，还需要考虑大气压强变化、温度变化、太阳辐照对浮力和压力的影响规律，进一步研究浮力、压力变化对姿态控制和航迹控制的影响。

总体来说，近年来飞艇飞行控制研究取得了一系列研究成果，但由于其控制问题的复杂性，所提出的控制方法都有其适应范围和局限性，未能解决强扰动下非线性、通道耦合、不确定模型的控制问题，难以满足工程应用的实际需求，尚有众多理论和应用问题亟待解决。

第四节　飞行控制技术发展趋势

一、多物理场耦合作用下飞艇飞行力学建模技术

飞艇被称为“热飞行器”和“轻于空气的飞行器”，尤其是高空飞艇，升/驻/返过程经历复杂的大气环境，其影响作用主要包括两个方面：一是大气密度、压强、温度随高度变化导致艇内气体热力学膨胀或压缩，以及太阳辐射、红外辐射、地球反照辐射、对流换热等环境效应导致艇内气体热力学状态变化，从而导致浮力、压力和飞行状态参数大幅度变化；二是风场对飞艇飞行航迹和定点驻留扰动影响显著。已有的飞艇飞行力学模型仅描述了作用在飞艇上的外力、外力矩与运动状态变量之间的函数关系，没有系统考虑热环境和风场的影响作用，未能准确反映复杂环境下飞艇的飞行特性与规律。因此，必须针对飞艇运行环境特点，考虑复杂环境对飞艇飞行力学的影响作用，研究多物理场作用下耦合建模方，为飞艇飞行力学研究提供可信度模型。研究的关键问题包括：①飞行任务剖面环境特性。②飞行力学与环境热效应及超冷、超热产生机理。③风场对航速、定点驻留的影响作用。

二、多控制任务下的协调控制技术

升/驻/返过程中，大气压强、温度、太阳辐照、红外辐射、风场等多场耦合作用导致飞艇飞行特性更趋复杂，姿态、航迹、浮力和压力控制之间存在复杂的动态耦合关系，是一个不确定、参数摄动、强耦合、非线性系统的协调控制问题。因此，需要研究复杂环境对飞艇特性的影响规律，研究模型不确定、参数大幅摄动和强扰动下姿态稳定、航迹跟踪、高度保持以及浮力和压力控制方法；根据姿态控制、航迹控制、浮力和压力控制之间的动态耦合特性，研究各控制任务之间的协调控制方法。研究的关键问题包括：①多控制任务之间的耦合特性。②鲁棒自适应控制方法。③多控制任务的协调控制策略。

三、多种执行机构复合控制技术

飞艇的典型执行机构包括气动舵面、螺旋桨、阀门、鼓风机和质量滑块（或压舱

物）。针对飞艇气动舵面控制效率低、推重比小、阀门排气速率受限等特点，研究的关键问题包括：①各类执行机构的操纵特性。②执行机构优化配置问题。③多执行机构控制动态优化分配方法。

平流层飞艇动力学与控制所面临的挑战主要体现在参数变化显著：①受力情况复杂。包括重力、浮力、推力、气动力；以浮力克服重力，以推力抵御风场干扰，并为机动飞行提供控制能力。②质量、惯性随高度变化而相应变化。随着高度的变化，排除艇身内部空气囊的空气或外界环境吸收空气，都会影响飞艇的质量惯性特性。③温度、压力和飞行控制高度耦合。对空气囊充、放气，既是为了飞行控制（使飞艇上升或下降，并能调整飞艇的俯仰姿态角），又是为了控制内外压差以保持艇体外形和结构强度。从对流层到平流层的大气环境中，温度、压力和密度是相互影响的，沿高度方向飞行期间温度变化大，在平流层工作期间阴阳面和昼夜交替温差大，必然引起气压变化，从而影响飞艇的外形和所受的浮力。④飞行环境的复杂性。随着高度的上升，大气密度显著降低，氦气的升力系数越来越小，靠浮力难以达到很高的高度；由于风场干扰，给推力执行机构提出了极高的要求；风场变化会导致气动作用（力和力矩）复杂化，舵面效应受环境变化的影响；空气动力推进器效率受环境变化的影响。⑤附加质量与附加惯量特性。当低速运动的飞艇受外力和外力矩的作用在外界流体环境中运动时，作用在艇体上的外力和外力矩不仅要为改变飞艇本身的动能做功，还要为外界空气流场动能的相应变化而做功。

综上所述，平流层飞艇对控制技术的新挑战可以概括如下：①不确定性、大惯性、强扰动对象的高性能稳定与机动控制问题（包括建模、状态确定与控制策略）。②复杂执行机构配置的协调优化调度问题。③二次稳定平台控制技术。④应急控制技术，特别是放飞与返回过程的应急安全控制。

第五节　小结

展望未来动力学与控制发展需要，必须加强以下方面的研究[3]。

（1）应该综合研究多场耦合的复杂动力学特性，直接针对非线性耦合系统分析稳定性，从温度调节、浮力调节、矢量推进和控制舵面等多种执行机构协同操作的角度研究操纵性。

（2）在上升 / 下降阶段飞艇的质量惯性特性大范围变化，需要综合研究环境影响与传热传质过程的耦合动力学特性，探索热力学状态与运动状态的协调控制方法。

（3）在平流层长航时驻空期间，水平面内应研究随机风场扰动的动态特性和自适应鲁棒控制方法，高度方向应研究内外温度变化与浮力变化的耦合动力学与协调控制，以满足期望的定点和机动目标。

（4）平流层飞艇驻空期间，由于具有数十吨的重量和几十万立方米以上量级的体积，带有显著的大惯性特点，与许多其他运动体相比明显存在干扰影响大、控制作用小的问题，必须研究二次稳定平台的控制及有关耦合动力学问题。

（5）尽管半硬式飞艇的重量远远大于软式飞艇，会大大降低有效载荷，但随着今后材料与制造水平的发展，适当的半硬式结构一定会成为重要发展趋势，有必要在动力学与控制方面开展针对性研究。

（6）平流层飞艇由于在稀薄大气中飞行，所有舵面的控制力矩非常小，用推力矢量等其他方法取代或补充舵面应该是控制技术的重要发展方向。

参考文献

[1] Young M，Keith S，Pancotti A. An overview of advanced concepts for near space systems [C]. AIAA Joint Propulsion Conference and Exhibt，Colorada，USA，2009.

[2] Khoury G A，Gillett J D. Airship Technology [M]. Cambridge University Press，1999.

[3] 杨跃能，郑伟. 平流层飞艇控制关键技术研究综述 [C]. 第 37 届中国控制会议，2018.

第四章　结论

本文就自由气球、对流层飞艇及平流层飞艇的飞行控制技术发展及预测进行了详细阐述，对三种浮空器的飞行控制设计的各个方面进行了细致地总结，归纳了飞行控制设计的几大关键技术，预测展望了飞行控制设计要点的发展路线及趋势，为未来浮空器飞行控制设计技术的发展提供了较为清晰的思路。

撰稿人　陈　琦　杜　超　李刘非凡

第十篇　高空太阳电池及储能技术发展及预测

第一章　需求分析

平流层飞艇如实现长期驻空，可为区域提供 7 × 24h 的信息保障，应用效能和应用价值将得到成倍提升，而循环能源系统是最重要而且必须解决的瓶颈技术之一。国外平流层定点信息技术平台研发实践证明，能源系统的研发水平很大程度上决定了飞艇平台设计的成败。

平流层飞艇系统的能源系统主要由太阳电池、储能电池、能源管理器等组成。在日照期（10h 左右）由太阳电池为飞艇提供能源，同时为储能电池充电，在无日照期（约 14h）由储能电池为飞艇提供能源。平流层系统执行任务复杂、载荷大、工作时间长，由于工作环境的限制，能源系统将在较长时间内在低气压（4kPa 左右）、高低温环境中工作，这就需要能源系统在低气压环境中长期稳定地工作，同时要求能源系统具有良好的高低温性能，使其能长期处于较为适合的温度环境中，以保证能量的正常输出。因此，要满足临近空间系统的要求，必须对能源系统性能的提高、发电、储能、控制管理技术的设计等方面进行更为深入的研究，才能最终实现为临近空间系统提供新型高性能、高比能量能源系统的目标。

后续我国临近空间浮空器对能源需求呈现出能量密度指标逐步提升、注重工程实际应用、突出各单机和系统重量限制以及对寿命的要求等特点，具体表现在以下几个方面。

一、太阳电池转换效率与面密度并重

太阳电池当前需求的主流形式是采用柔性薄膜和薄化的晶体硅太阳电池两类，两类电池各有优缺点，但主要矛盾还是转换效率和质量密度[1]。

二、储能电池能量密度和工程能力提升需求迫切

由于平流层飞艇的平台驻留能力的主要制约瓶颈是过夜能量需求问题，主要依靠蓄电池的能量存储。高比能量电池一直是平流层飞艇能源系统需求的重点，包括锂离子电池、再生氢氧燃料电池、锂金属电池等，其较高的理论能量密度一直是储能可用单机的论证焦点，可能成为未来应用的重要选择，但在当前阶段预计在数年内还存在着循环寿命低、环境可靠性、能源管理的问题，还有待深入研究。

参考文献

[1] 刘晟，朱美光，季思蔚，等. 临近空间环境对柔性薄膜太阳电池的影响研究[J]. 太阳能学报，2018，39（12）：3371-3376.

第二章　能源系统发展现状

第一节　能源系统技术发展现状

平流层飞艇再生能源系统是指太阳电池阵、储能电池、电源控制设备及电缆等构成，具备能源产生、存储、调节、管理、分配与控制等功能，并为平流层飞艇各任务阶段提供持续且品质满足要求的能源系统，能够持续不间断地提供稳定功率的能源系统。利用太阳能实现再生能源循环的系统，其具体组成一般包括薄膜太阳电池或其他轻薄太阳电池的阵列系统、再生氢氧燃料电池（部分配备其他辅助电池作为启动电源）或锂离子电池（也可以是其他体系储能电池）、电源控制设备（可含配电器）及传输电缆网等。

再生能源系统按照能量供需特点，可分为太阳电池阵单独供电、储能电池供电、太阳电池阵与储能电池联合供电三种模式，包括白天、夜晚两种主要工作阶段，能源流动形式如图 10-1 所示。在白天光照期间，由太阳电池阵进行太阳辐照的光电转换，对平台和有效载荷提供所需功率，并在功率富余状态下为储能电池补充充电，以满足平流层飞艇在夜晚无太阳电池阵能量产生状态下的功率需求；在夜晚由于无外部能量注入，只能通过储能电池放电作为直接能量，对平流层飞艇平台和有效载荷供电。此外，在朝夕期，由于太阳入射角大，辐照强度较弱，太阳电池阵发电有限，只能通过与储能电池放电进行联合供电，共同为系统提供功耗所需功率。通过上述模式和过程，能源系统实现为整个平流层飞艇提供不间断能量，满足系统工作要求。

平流层飞艇再生能源系统的最终功能目标是实现为平流层飞艇提供稳定电源，确保飞行器不间断稳定工作，从而达到能量平衡的目的。平流层飞艇驻留平台的最显著优势在于，可在设定区域内长时间定点飞行和工作，其平台能力在很大程度上取决于能源的供给能力，能源系统是决定平流层飞艇总体性能的重要技术之一。

按太阳电池状态不同，可分为薄膜太阳电池体系和晶体电池体系两类，其中薄膜太阳电池主要包含非晶硅薄膜太阳电池、铜铟镓硒薄膜太阳电池、砷化镓薄膜太阳电池等，晶体硅电池包括单晶硅、多晶硅和单晶硅 – 多晶硅（如 HIT 电池）等。

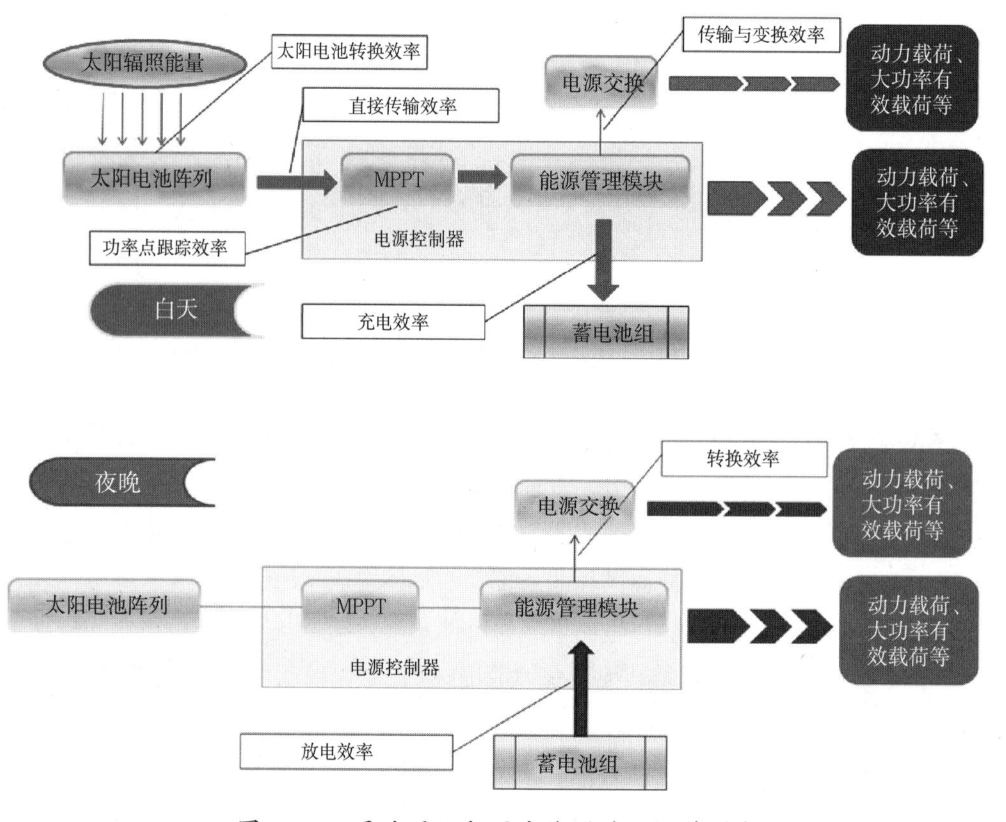

图 10-1　平流层飞艇再生能源系统工作模式

储能电池体系按照储能电源的工作体制，主要有再生氢氧燃料电池和化学储能电池两种体系，如图 10-2 所示。

再生氢氧燃料电池是一种将水电解技术与氢氧燃料电池技术相结合的化学电池，使电能与其逆过程得以循环进行，换言之，氢氧燃料电池的氢气和氧气可通过水电解技术得以“再生”，起到蓄能作用。化学储能电池主要是指锂离子蓄电池或锂金属蓄电池等，该类储能电池具备性能稳定、结构简单、便于维修更换、可靠性高等优点，是当前应用的主流方向。化学储能电池可以作为平流层飞艇能源系统的主要储能设备或者再生氢氧燃料电池的补充电源或启动电源，在夜间或太阳电池供电不足的情况下实现独立或者联合供电。

对于工作模式不固定的系统，采用单一能源系统及固定的能源管理方式会使能源系统各单元的工作效率降低，使系统的能源需求增加，这些会导致能源系统工作可靠性和寿命降低、体积和质量增加。根据实际条件，如采用混合型能源系统及其他新型模式的能源管理方式可以有效地提高能源系统的效率和可靠性，使能源系统在满足任务需求的条件下各项配置及工作性能达到最优。

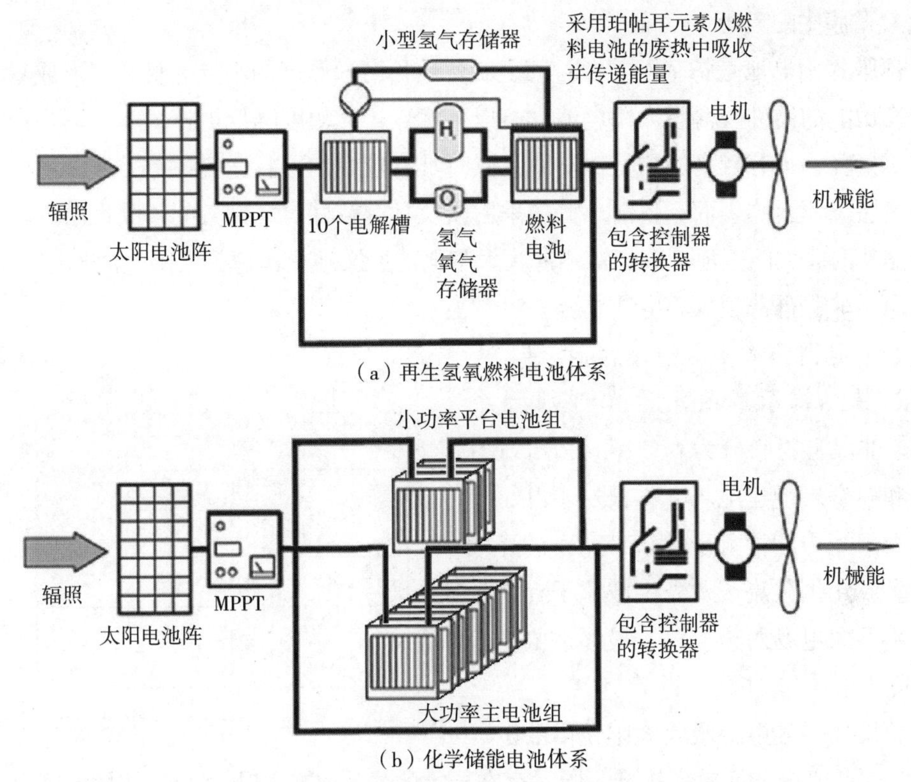

（a）再生氢氧燃料电池体系

（b）化学储能电池体系

图 10-2　平流层飞艇能源储能电源典型结构体系

第二节　太阳电池技术发展现状

一、太阳电池技术

太阳电池是一种可以把光能转换成电能的半导体器件，发电的原理主要是半导体的光电效应，即当半导体材料吸收光能后在 PN 结上产生电动势的效应。影响太阳电池效率的因素有两类：一类是光学损失，包括电池前表面反射损失、接触栅线的阴影损失以及长波段的非吸收损失，其中反射和阴影损失可以通过特定技术措施减小，而长波非吸收损失与半导体性质有关；另一类是电学损失，包括半导体表面及体内的光生载流子复合、半导体和金属栅线的体电阻和半导体 / 金属界面电阻损失。相对而言，欧姆损失在技术上较易降低，其中最关键、难度最大的是降低光生载流子的复合，它直接影响太阳电池的开路电压。

按照太阳电池的种类和状态的不同，可分为薄膜太阳电池、薄化高效晶体硅太阳电池和其他新型太阳电池三类。

1. 薄膜太阳电池

薄膜太阳电池是指基于柔性衬底上制备生长微米厚度的半导体材料，形成具有光电转换功能的器件。薄膜太阳电池具有以下优点：大幅度降低电池成本，制作工艺简单，质量轻，具有较高的质量比功率，同时具有较好的形状适应性等，非常适合安装在平流层飞艇囊体表面。目前，普遍采用以及具有较好应用前景的薄膜太阳电池主要有非晶硅薄膜太阳电池、铜铟镓硒薄膜太阳电池以及砷化镓薄膜太阳电池[1]。

（1）非晶硅薄膜太阳电池。

非晶硅薄膜太阳电池是 pin 型结构器件，其结构示意图如图 10-3 所示。其中，非晶硅材料分为 p、i、n 三层，p 型层和 n 型层构建电场，本征层（i 层）吸收太阳光中能量大于其禁带宽度的光子，生成光生载流子，光生载流子在电场作用下向电场两边漂移，最终被收集形成光生电流。

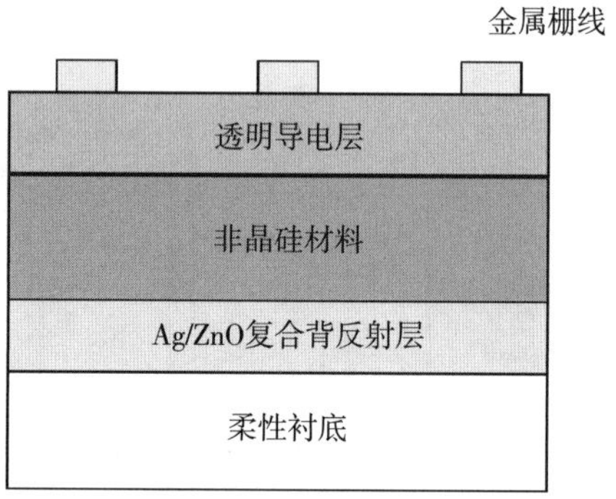

金属栅线
透明导电层
非晶硅材料
Ag/ZnO复合背反射层
柔性衬底

图 10-3　柔性非晶硅薄膜电池结构示意图

单结非晶硅电池吸收太阳光谱的范围窄，因此光电转换效率较低，同时存在严重的光致衰减效应。非晶硅材料可通过掺杂、晶化等手段，如锗掺杂、微晶和纳米晶技术，生成微晶硅、非晶硅锗以及纳米晶硅，从而实现材料禁带宽度可调，其调节范围在 1.2 ~ 2.0eV 之间。因此，可通过不同带隙材料组成多结太阳电池，不仅可以拓展薄膜电池的光谱吸收范围，获得较高的效率（图 10-4），同时也可以降低非晶硅材料引起的电池光致衰退效应，提高电池稳

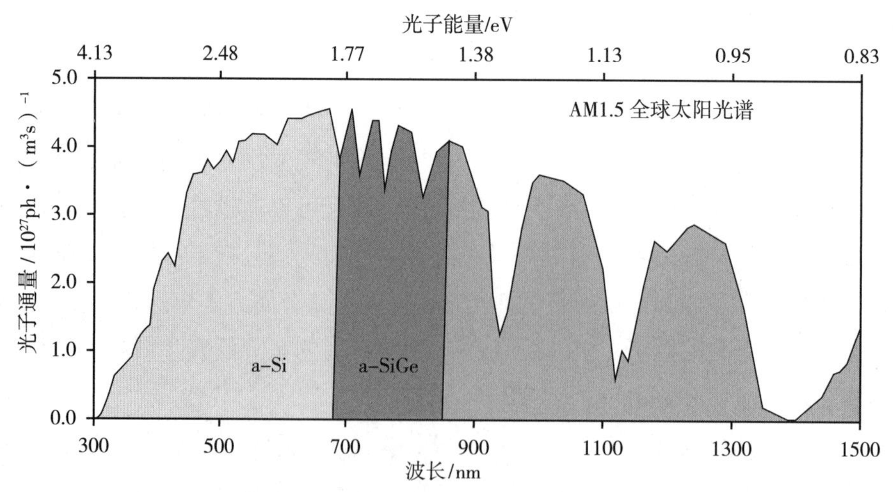

图 10-4　非晶硅 / 非晶锗硅叠层太阳电池光谱吸收范围

定性。

从事非晶硅薄膜太阳电池的国外机构主要有美国 United Solar 公司、Toledo 大学、日本 Fuji Electric 公司和瑞士的 IMT 研究小组，大部分所用衬底多为不锈钢柔性衬底，只有瑞士的 IMT 研究小组和美国 United Solar 分别用聚对苯二甲酸乙二醇酯和聚酰亚胺柔性薄膜为衬底。而国内仅有南开大学、中国科学院半导体、航天 811 所和天津 18 所等少数几个单位在近几年开展了柔性薄膜电池相关技术的研究。利用甚高频结合高压高功率技术，在微晶硅薄膜沉积速率 1.0nm/s 以上情况下，单结微晶硅电池效率达到了 9.36%（AM1.5，25℃）。目前采用卷对卷 PECVD 设备，已经在柔性衬底上获得了效率达到 9.95%（AM1.5，25℃）以上的高效率非晶 / 纳米晶叠层薄膜太阳电池（AM1.5，25℃，$1cm^2$）和 10.2% 效率的非晶 / 非晶锗硅薄膜太阳电池（$1cm^2$）。聚酰亚胺衬底上的电池效率达到 8.19%（AM1.5，25℃，$25cm^2$），质量比功率达到 780W/kg 以上。

（2）铜铟镓硒薄膜太阳电池。

铜铟镓硒是半导体 PN 结型薄膜太阳电池中的高效光电转换材料之一。其中，铜铟镓硒层是电池的吸收层，产生光生载流子。该层材料是四元化合物，通过调节 Ga 元素含量，可实现铜铟镓硒材料带隙调节。因此，在生长及后续处理过程中，调节 Ga 元素生长方向的分布，形成渐变带隙结构，从而有利于光生载流子运输，提高电池性能。

目前，研发内联式互连集成技术来实现铜铟镓硒薄膜电池组件的制备成为该类电池组件技术的主要发展方向。2008 年，美国国家再生能源实验室（NREL）制备出的电池转换效率达到 19.9%（AM1.5）；2010 年，在玻璃（SLG）衬底上德国太阳能与氢能研究中心（ZSW）采用共蒸发工艺，将小面积的效率提高到 20.3%（AM1.5）。德国 Würth Solar 公司采用共蒸工艺生长吸收层技术，$120 \times 60cm^2$ 组件最高效率为 15.1%（AM1.5），平均效率达到 13%（AM1.5），德国 Shell Solar、日本 Solar frontier、美国 Shell Solar 等机构目前组件效率也超过 13%（AM1.5，面积 $>0.3m^2$）。

美国的 Miasole 公司以不锈钢为衬底，电池组件生产的每一步骤均使用溅射工艺完成，提高了生产的连续性和产品质量的一致性，使每瓦成本降低到 1 美元以下。2011 年，Miasole $1m^2$ 铜铟镓硒薄膜电池组件效率达到 15.7%（AM1.5）。

2009 年，美国的 Nanosolar 公司宣布其实验室的 $0.5cm^2$ 的铜铟镓硒电池效率达到 15.3%（AM1.5），$218.9cm^2$ 电池组件的效率超过 11%（AM1.5）。2011 年，其在加州 San Jose 的生产线产能达到 115MW。

近年来，国内通过专项课题的实施，所制备的 $30 \times 30cm^2$ 玻璃衬底集成电池组件转换效率达到 7%（AM1.5）。同时已有多家单位进入铜铟镓硒薄膜电池研究领域，采取不同的技术路线制备铜铟镓硒薄膜，基本处于基础研究阶段。

（3）砷化镓薄膜太阳电池。

以砷化镓为代表的Ⅲ－Ⅴ族化合物材料具有许多优点，其中多数材料具备直接带隙性质，因而光吸收系数大，特别适合制备太阳电池。目前，砷化镓太阳电池从单结已经发展到传统的三结，四结及以上结构也正在研究中。但是，由于砷化镓太阳电池密度大，重量重，尽管效率很高，但功率重量比不高，比薄膜太阳电池的功率质量比要低许多。研制砷化镓薄膜太阳电池将屏除常规半导体晶体衬底，换之为超薄柔性材料衬底，在保证较高转换效率的同时，实现太阳电池重量比功率大幅度提高的目的，裸电池比功率可由 400 ~ 500W/kg 提升到 3000W/kg 以上，同时也可以使其具有更好的柔性以及曲面形状适应性，拓展其在形变量大的平流层飞艇囊体上的应用。图 10–5 为聚酰亚胺衬底上双结砷化镓电池的示意图。砷化镓薄膜电池的实现途径有多种方式，根据是否采用外延衬底剥离技术分为两大类：一是直接生长法，主要包括金属薄膜直接生长法和衬底减薄法。二是采用外延剥离技术，又包括正装生长技术方法和倒装生长技术方法。

2009 年荷兰的 G. J. Bauhuis 等报道砷化镓薄膜电池转换效率已达到 26.1%（AM0）[2]，2011 年美国国家再生能源实验室研制的小面积（0.99cm^2）砷化镓薄膜太阳电池实现了 28.1%（AM0）的光电转换效率，其制备的面积为 856.8 cm^2 的砷化镓薄膜太阳电池组件效率也达到了 23.5%（AM0）。

日本宇宙航空研究开发机构和 Shrap 公司在 GaInP/ 砷化镓薄膜电池方面的研究在世界最前列。Sharp 公司负责 GaInP/ 砷化镓柔性薄膜电池的制备工作，日本宇宙航空研究开发机构负责电池模组的地面测试和空间在轨测试。

美国 Spectrolab 公司采用的技术路径为 Ge 衬底减薄技术，将 Ge 基 GaInP/GaAs/Ge 的电池衬底减薄至 75μm ~ 50μm。图 10–6 为美国 Spectrolab 生产的 Ge 基多结砷化镓薄膜电池测试，衬底为 76μm，效率约 28.3%。由于 Ge 衬底质量仍较重，单片电池的重量比功率约 1000W/kg。此外，其弯曲性能与柔性聚酰亚胺衬底相比还有一定差距，图 10–6 为小组件的弯曲测试图，弯曲半径为 10cm 左右。

美国 Emcore 公司采用倒装多结技术制备了柔性砷化镓薄膜太阳电池，如图 10–7

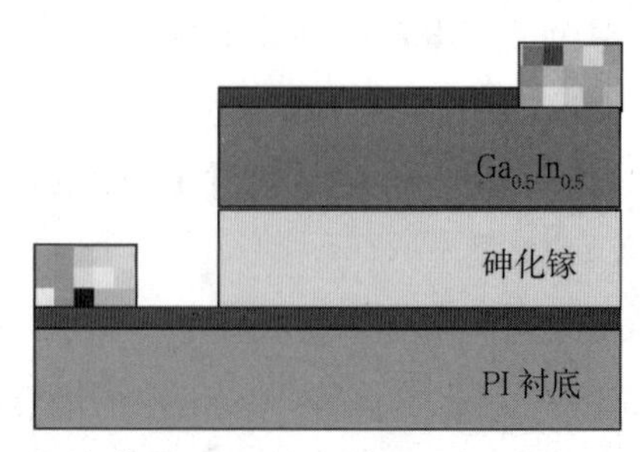

图 10–5　制作在聚酰亚胺衬底上砷化镓双结太阳电池

图 10-6　美国 Spectrolab 生产的薄膜电池弯曲测试

所示，分别为封装前后的薄膜电池样品。效率最高到 33.6%，经过 162 次的温度交变试验后，性能输入没有明显变化。由于该样品制备在重量很轻的 Kapton 衬底上，电池功率质量比功率可达 3650W/kg。

2. 薄化高效晶体硅太阳电池

硅太阳电池是最常用的卫星电源，从 20 世纪 70 年代起，由于空间技术的发展，各种飞行器对功率的需求越来越大，同时对重量比功率的要求越来越高，世界上空间技术比较发达的美国、日本和欧洲航天局等国家和地区都相继开展了高效薄化晶硅太阳电池的研究，并在 90 年代就已经实现空间大规模应用。薄化高效晶硅太阳电池一般具有 150μm 以下的厚度，与常规的高效晶硅太阳电池相比，除了同样具有较高的转换效率外，由于采用了薄化制备技术，可大大节省硅材料的使用，相对于常规高效

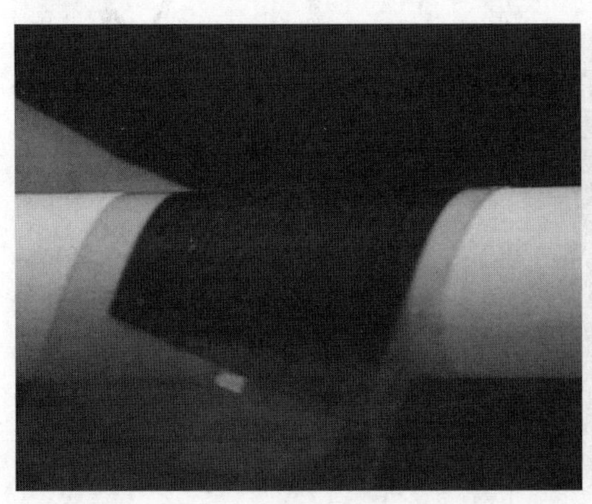

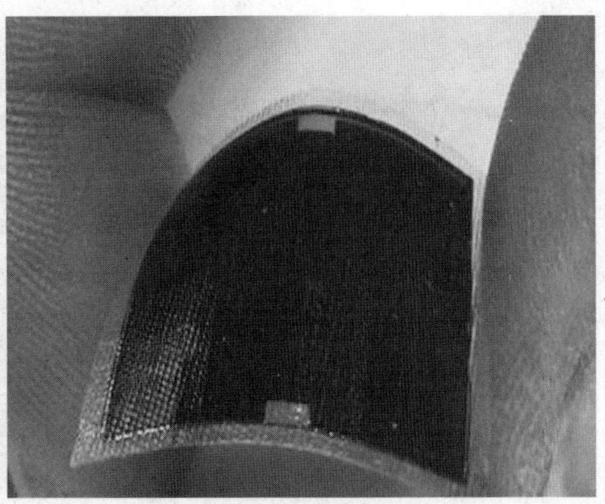

图 10-7　美国 Emcore 公司制备的 IMM 多结薄膜电池

晶硅太阳电池，该类电池使用的硅基材料可节省 30% ~ 50%，同时更兼备了轻、薄的优点，使电池的重量大幅度降低，形成较高的功率质量比性能，并具备一定的弯曲性能，特别适用于具有稳定形状的平流层飞艇囊体，目前仍然是临近空间飞行器光伏发电单元的首选。

从薄化高效晶硅电池的发展历程来看，主要有钝化发射极背接触、钝化发射极背场点接触、钝化发射极背部局域扩散、背面点接触、深结局部背场等多种结构，其中钝化发射极背部局域扩散电池的效率最高，实验室最高纪录达到了 24.7%（AM1.5），这些电池的共同特点是采用了表面陷光技术、选择性发射极技术、表面钝化技术以及密栅厚电极技术。钝化发射极背部局域扩散电池的结构如图 10-8 所示。

为了不断提高太阳电池的转换效率，除进一步加强半导体质量方面的基础研究外，如缺陷和杂质对少子寿命的影响分析、载流子输运过程及光吸收特性优化等研究，仍需深入太阳电池器件技术的研究和提升，如背表面场（BSF）技术、陷光技术、表面钝化技术等都是提高电池效率的有效手段。也正是由于在太阳电池设计中采用了一些新技术，太阳电池的转换效率得到不断的提升。如美国斯坦福大学研制的背点接触太阳电池和澳大利亚新南威尔士大学开发的钝化发射极背部局域扩散电池，以及作为对钝化发射极背部局域扩散电池的改进而设计出一种随机锥形钝化发射极和背电池，使 CZ-Si 单晶太阳电池的转换效率提升到 22%（AM1.5），FZ-Si 单晶电池效率达到 24.7%（AM1.5，面积 $4cm^2$）。

SunPower 公司针对背面点接触电池结构开发了全新的适于批量生产的简化工艺，其生产的高效硅电池批量生产效率达到 21%（AM1.5），最高效率达到 24.2%（AM1.5），在地面得到了广泛应用，并成功应用在“Solong”太阳能无人机上。而日本 Sanyo 公司另辟蹊径，开发出了全新结构的 HIT 电池，电池面积达到 $100cm^2$，最高效率达到

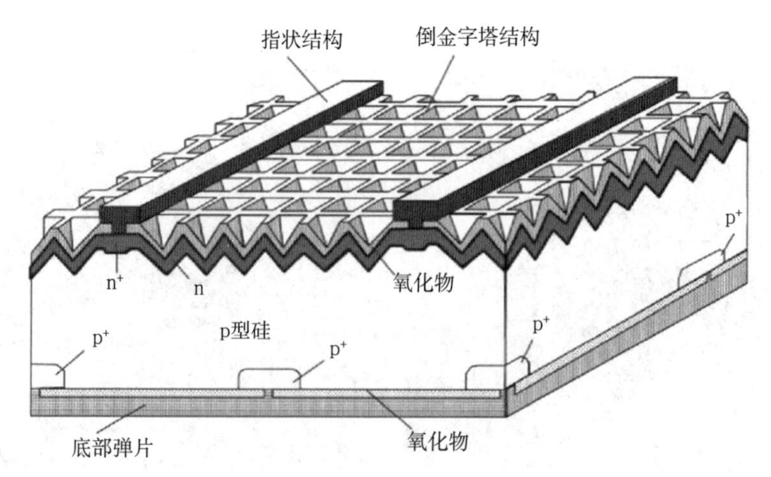

图 10-8 钝化发射极背部局域扩散电池结构示意图

图 10-9　德国研制的大面积高效薄化晶体硅电池

23%（AM1.5）以上。值得注意的是，德国最近研制的大面积高效薄化晶体硅太阳电池（图 10-9）采用新型钝化发射极背部局域扩散结构，效率为 23% ~ 24%（AM1.5），电池面积为 250mm × 250mm，衬底厚度为 100μm，并准备将厚度进一步减薄到 50μm 以下，计划应用于其最新研究的硬质平流层飞艇。

图 10-10 为美国 Sunpower 公司研发的双面指叉背接触（Bifacial Interdigitated Back-contact，IBC）太阳电池，该电池完全采用背电极接触方式，正负极交叉排列在背面，前表面没有任何遮挡，PN 结位于背面，最高效率可以达到 24%（AM1.5），能满足一些特殊需求，如太阳能无人飞机和太阳能汽车等。

目前，对双层多孔硅转移薄膜生长技术的研究和开发应用方面取得重要进展的是美国 Solexel 公司，2012 年 10 月他们在新加坡亚太光伏会议上公布的厚度为 43μm、面积为 156mm × 156mm 的薄化晶体硅电池效率达到了 20.6%（AM1.5），开路电压达 670mV，短路电流密度达 37.15mA/cm^2，硅衬底可以反复使用 100 次以上，从而大幅

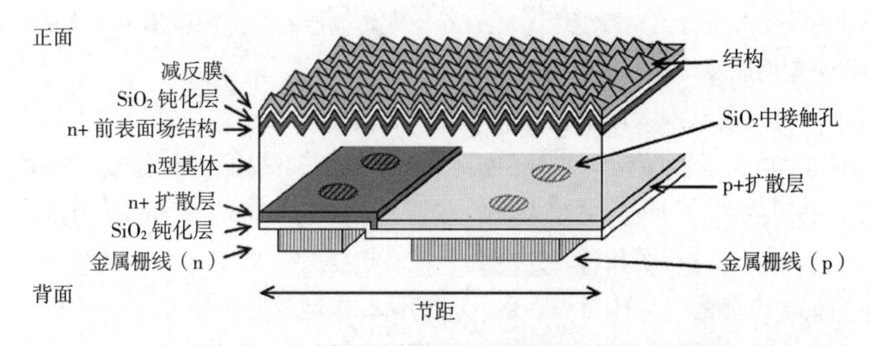

图 10-10　高效双面指叉背接触太阳电池结构

度降低电池的生产成本。

国内方面，开展了高效率背接触电池的研究，初步掌握了高效电池结构设计、陷光结构的制备、表面钝化技术、局部PN结和局部背场制备技术以及高效电池的测试分析技术，试制出效率17%（AM0）的背接触电池，在国内背接触电池领域处于前列。目前正在结合多孔硅层转移技术进行衬底减薄技术的研究，拟开发出厚度低于100μm、效率大于19%（AM0）的新型轻质高效率硅电池。

3. 钙钛矿太阳电池

钙钛矿太阳电池起源于DSSC（液体电解质），后来经过固态DSSC、多孔PSC（含氧化物多孔层）最终演变成与OPV结构相同的平面PSC。

钙钛矿太阳电池转换效率提升需要两方面：一是钙钛矿材料具有理想光学吸收材料的特点，即恰当的直接带隙（约1.5eV）、高的光学吸收系数（约$105cm^{-1}$）、优良的结晶性以及明显的缺陷耐受力等；二是钙钛矿薄膜中的少子寿命长，这就使得器件中的钙钛矿薄膜可以充分吸收太阳光，并且钙钛矿材料具有很小的热损耗，可以获得较大的开路电压。

钙钛矿太阳电池目前还处于基础理论的研究阶段，对其影响发电能力的机理尚不完全明确，但已在国内外诸多单位开展了相关研究。2009年，桐荫横浜大学的宫坂力（Tsutomu Miyasaka）率先通过将薄薄的一层钙钛矿（$CH_3NH_3PbI_3$和$CH_3NH_3PbBr_3$）当作吸光层应用于染料敏化太阳电池[3]，制造出了钙钛矿太阳电池，当时的光电转换率为3.8%（AM1.5）。虽然转换效率提高了，但还要面对一个致命问题——钙钛矿中的金属卤化物容易被电池的液体电解质破坏，导致电池稳定性低，寿命短。2012年8月，由格拉兹尔（Grätzel）领导的韩国成均馆大学与洛桑理工学院实验室将一种固态的空穴传输材料（hole transport materials，HTM）引入太阳电池，使电池效率一下提高到了10%（AM1.5），而且解决了电池不稳定的问题，新型的钙钛矿太阳电池比以前用液体电解液时更容易封装了。此后，钙钛矿太阳电池成了新的研究热点。格拉兹尔实验室2013年在《自然》期刊上发表的论文中提到用扫描电子显微镜观察到钙钛矿电池横截面图像[4]，从上往下依次是金（作为阳极）、HTM空穴传输层、$TiO_2/CH_3NH_3PbI_3$（钙钛矿）、FTO透明导电玻璃以及位于最下层的玻璃。

在层出不穷的钙钛矿太阳电池相关研究中，科学家还发现，钙钛矿不仅吸光性好，还是不错的电荷运输材料。通过不断对钙钛矿材料和结构进行改善，以提高钙钛矿电池的光电转换率。同年，牛津大学的亨利·司奈斯（Henry Snaith）将电池中的TiO_2用铝材（Al_2O_3）进行了代替，这样钙钛矿在电池片中就不仅是光的吸收层，也同样可作为传输电荷的半导体材料。由此，钙钛矿电池的转换效率一下攀升到15%（AM1.5）。2014年8月，加州大学洛杉矶分校的华裔科学家杨阳领导的研究团队在《科学》期刊上发表研究论文称，他们通过改进钙钛矿结构层，选择更适合传输电荷的材料，让电池两端的电极能收集更多的电。在这次研究中，钙钛矿太阳电池的转换效率达到了 19.3%（AM1.5），成为该领域之最[5]。

由于该类电池还处于研究的初始阶段，钙钛矿太阳电池要达到较高的光电转换水平，还需要在材料结构和生长机理等方面解决相应技术难题，并且该类型电池还停留在实验室水平，距离批量化应用还有相当的难度，未见批产报告，且在组件技术、环境适应性和寿命衰降等诸多方面都处于研究空白，对于平流层飞艇的应用需求还有待开展进一步研究。

二、太阳电池阵技术

太阳电池阵系统主要包括太阳电池、安装结构、电缆等，部分太阳电池阵包含隔热和力学支撑部分，由于太阳电池阵直接暴露在外部环境，因此太阳电池阵的设计和制备需考虑相关环境条件，主要包括外部低温环境、紫外线辐照、可见光辐照、冷热交变、湿热、气流等。此外，太阳电池阵直接依附在平流层飞艇蒙皮外表面，还受到平流层飞艇蒙皮的影响，包括气动外形、收缩与膨胀、结构应力等。由于平流层飞艇结构和任务的不同，太阳电池阵的设计具有较大差异性，设计方案应具有针对性的考虑。

太阳电池阵的制备环节主要包括：①电池片设计与电池阵设计，针对不同曲面和曲率及铺设考虑，决定太阳电池单体的面积、输出电流、电压；②太阳电池片单体的制备；③太阳电池串并联、组件封装、外部电路接口的制备，形成单个组件单元；④太阳电池组件安装和防护结构制备，产品形式是待安装模块化；⑤太阳电池阵的蒙皮安装，主要安装方法包括挂装、贴装、一体式贴附等。此外，在各个环节还包括各类性能的测试。

太阳电池阵列是由一定数量的太阳电池组成单元以矩阵排列的形式组成的光伏发电系统，一般铺设在平流层飞艇的上表面，作为能源系统中的发电部分进行工作。由于平流层飞艇尺寸、体积和强度性状的差异，太阳电池阵列可采用不同的电池种类作为光电转换部件，因此在功能和特性上表现出一定的差异。

在非晶硅薄膜电池应用方面，2011 年洛克希德 · 马丁公司高空长航时飞艇验证艇是低成本高空平流层飞艇系列中的第一个成员（图 10-11）。平流层飞艇艇体由传统纺锤体气囊和四片“X”形充气尾翼组成，大部分分系统安装在气囊外部，顶部铺设了柔性非晶硅薄膜太阳电池为推进系统和载荷提供能源，并为锂离子蓄电池充电。重要分系统都配置有备用电源。白天工作电力由薄膜太阳电池阵列直接提供，晚上工作电力由储能电池提供。有效载荷舱和平流层飞艇设备舱都安装在气囊的底部。

图 10-11　美国高空长航时飞艇验证艇顶部铺设薄膜太阳电池实物图

美国洛克希德·马丁公司的高空长航时飞艇验证艇采用的是太阳电池 – 锂离子蓄电池的再生能源体系。2011 年 7 月 27 日，美国陆军和洛克希德·马丁公司在俄亥俄州的阿克伦城完成了首艘高空长航时飞艇验证艇的首飞，该平流层飞艇展示了放飞、通信链路、推进系统、太阳电池阵列、遥控驾驶、飞行操作和控制平流层飞艇飞往无人居住的偏远地区回收等方面的先进技术。

由于目前薄膜太阳电池的转换效率普遍较低，平流层飞艇应用存在技术瓶颈，而新型的高效薄化晶体硅太阳电池正在被逐步论证和采用。如美国传感器 / 结构一体化项目已经完成了 200kW 的高效晶体硅太阳电池的生产，计划应用到高空平流层飞艇项目中作为发电电池，设计满足传感器 / 结构一体化平流层飞艇项目的需要，如图 10-12 所示。

日本对平流层飞艇平台的研究起步较早，由于政府大力支持，已取得丰硕研究成果，在诸如材料、能源、结构设计、控制及热解析等多项关键技术方面都走在世界前列。

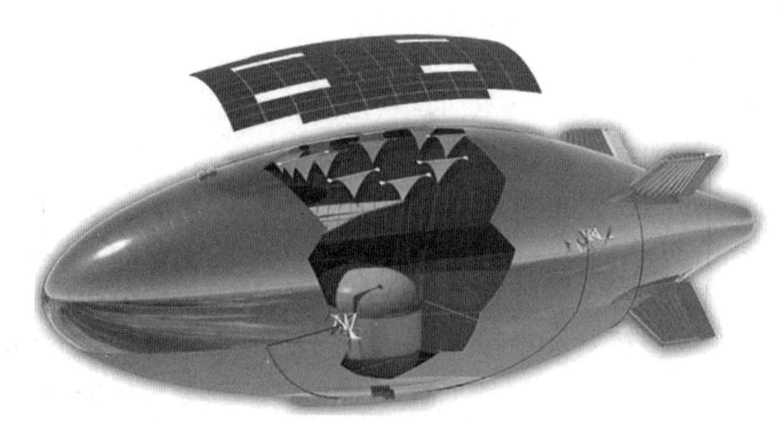

图 10-12　美国传感器 / 结构一体化项目平流层飞艇概念图

图 10-13 为日本 2003 年研制的 SPF 平流层飞艇项目，同样采用了晶体硅太阳电池和组件作为其平流层飞艇的主要电源，选择的晶体硅太阳电池的转换效率为 13.1%，厚度为 60μm，平均面密度接近 700g/m^2，采用了挂装的技术，在平流层飞艇充气之后，再将刚性的太阳电池板挂装到平流层飞艇的外表面。

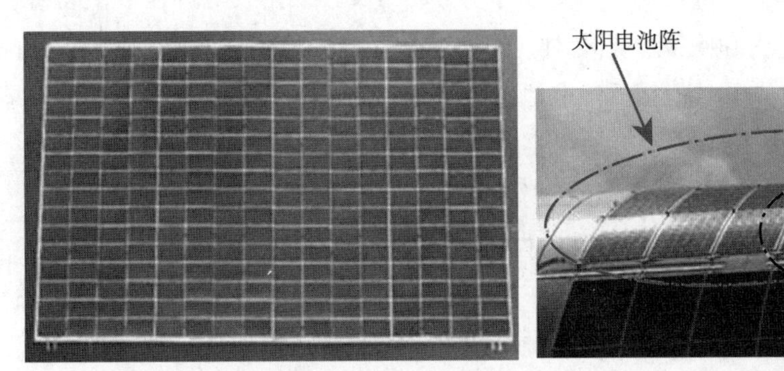

图 10-13　日本 SPF 平流层飞艇 c-Si 大组件及组装状态

第三节　储能电池技术发展现状

化学电源在实现化学能直接转换为电能的过程中，必须具备两个必要条件：

（1）必须把化学反应中失去电子的过程（氧化过程）和得到电子的过程（还原过程）分隔在两个区域中进行。因此，它与一般的氧化还原反应不同。

（2）两个电极分别发生氧化反应和还原反应时，电子必须通过外线路做功。

目前作为储能电池的化学电源主要有蓄电池和再生氢氧燃料电池。蓄电池和再生氢氧燃料电池的工作方式分别是：蓄电池输入电能，输出电能；燃料电池输入化学能，输出电能。因此，蓄电池是储能（电能）装置，而燃料电池是能量转化装置。而两者的工作原理是相同的，蓄电池和燃料电池对外输出电能时均不是热机过程，而是等温绝热的电化学电源过程。

针对平流层飞艇的应用需求，对储能电池的能量特性和环境适应性提出了较高的要求。由于其特殊的平流层环境和特殊的任务需求，储能电池面临着低温、低气压、昼夜温差变化加大、放电深度较大等特殊要求，而有别于现有空间用储能电池的典型应用环境和要求。针对平流层飞艇用储能电池的特殊要求，需要考虑储能电池的外观、重量、尺寸、电性能、安全性、环境适应性及力学性能等多方面的性能，以满足平流层飞艇的需求。

一、储能电池技术

1. 锂离子蓄电池技术

锂离子蓄电池采用两种能够可逆地嵌入脱出锂离子的材料作为正极和负极，并配以适当的电解液和附件构成电池体系[6, 7]。锂离子蓄电池是一种二次电池（充电电池），它主要依靠锂离子在正极和负极之间移动来工作。在充放电过程中，锂离子在两个电极之间往返嵌入和脱嵌：充电时，锂离子从正极脱嵌，经过电解质嵌入负极，负极处于富锂状态；放电时则相反。电池一般采用含有锂元素的材料作为电极，是现代高性能电池的代表。锂离子蓄电池主要由正极、负极、隔膜及电解液组成。

锂离子蓄电池正极材料方面，正极材料种类繁多，主要有层状结构正极材料、尖晶石型结构正极材料、磷酸盐系列正极材料，其性能比较如图 10-14 所示。

目前商用锂离子电池中普遍使用的正极材料是 $LiCoO_2$，它具有比容量较高同时循环性能稳定等优点，占据了市场份额的 90%以上。但它的价格较贵且热稳定性差，限制了锂离子电池在各个领域的广泛应用。采用价格较低的过渡金属代替钴一直是正极材料的研究热点。目前的研究重点主要集中在 $LiNiO_2$、$LiMn_2O_4$、$LiCo_xNi_1-xO_2$、$LiNi_1-x-yCo_xMn_yO_2$、$LiFePO_4$、富锂正极、硫化物正极等领域。

锂离子蓄电池负极材料方面，目前负极材料主要有碳材料、硅基负极材料、锡基负极材料、钛氧基化合物负极材料和复合负极材料等。

电解液体系包括锂盐、有机溶剂和功能添加剂等。隔膜主要为高分子聚烯烃膜（聚丙烯 PP 或者聚乙烯 PE）。

锂离子蓄电池在首次充电过程中，由于极性非质子溶剂在碳负极 / 电解液的相界面上发生反应，形成了覆盖在碳电极表面的钝化薄层，即固体电解质相界面膜或称 SEI（Solid-electrolyte interphase）膜，把电解液与碳材料隔离开，同时阻止电解液

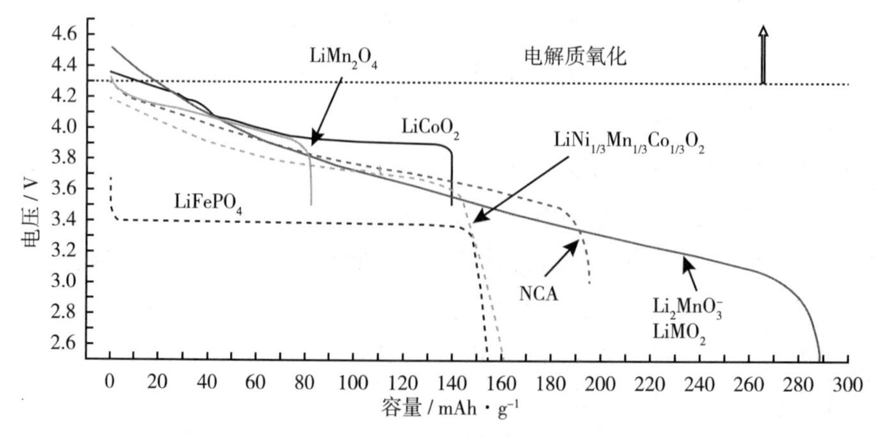

图 10-14　不同正极材料比容量比较

溶剂分子的共插入。碳电极表面完全覆盖上一层致密的 SEI 膜后，反应即停止，而当 SEI 膜有一部分发生分解时，在新鲜裸露的负极表面会重新形成新的 SEI 膜。通常希望 SEI 膜致密、连续（循环效率高）、较薄（电池阻抗小、锂源消耗少）、稳定（提高在高温、滥用等条件下的循环稳定性和安全性）、形成时无副反应（以免电池内部气体积累）。SEI 膜的形成消耗了电池中的锂，同时增加了电极 / 电解液界面的电阻，造成一定的电压滞后，然而 SEI 膜具有有机溶剂不溶性，允许锂离子比较自由地进出电极而溶剂分子却无法穿越，从而阻止了溶剂分子共插入对电极的破坏，大大提高了电极循环寿命，保证了电池的安全性。

美国 Envia Systems 公司采用阿贡国家实验室的富锂锰基正极材料和日本信越硅基负极材料，在 2012 年便已宣称开发出新型高比能量锂离子电池，该公司制备了 45Ah 叠片式软包装电池，放电深度为 80% 时，1/20C 放电可实现 430Wh/kg 的能量密度，1/3C 放电可实现 392Wh/kg 的能量密度，但其循环性能有待进一步提高。因此，对于该体系的开发研究主要是在提升蓄电池比能量的同时，提升电池体系的循环稳定性。

SolidEnergy 公司研发了一种特殊的锂电池，它将能量密度提升至现有技术的 2 倍。据悉，SolidEnergy 电池的能量密度达到了 1337Wh/L（质量比能量约 400Wh/kg），SolidEnergy 电池采用了超薄金属负极，它的尺寸是现有常规石墨负极的 1/5 以下，辅助以一种高效电解液，提升了电池的性能。

在 2014 年中国电动汽车动力电池运行安全与技术可持续发展国际论坛上，美国 EaglePicher 公司以及 Navitas Systems 公司分别公布了他们研制的新型高比能软包装锂离子电池，两家公司均采用硅基负极和高容量正极材料，电池比能量可以达到 250 ~ 300Wh/kg。

在提高锂离子电池的比能量方面，日本和韩国进行了一些开创性的研究，并取得了较好的效果。日本的研究主要集中在采用新型锂离子电池材料，材料技术也是日本锂离子电池产业的优势技术。日本松下公司也在 3.1Ah 的 18650 型圆柱电池的基础上，相继开发了 3.4Ah 和 4.0Ah 的 18650 电池。3.4Ah 电池采用改性的镍基材料为正极，碳材料为负极，电池能量由 10.4Wh 提高至 11.2Wh，换算成能量密度为 266Wh/kg 和 675Wh/L，且电池具有很好的循环稳定性和储存容量。而更高容量的 4Ah 电池则采用了新型硅基负极取代了传统碳负极，虽然电池增重至 54g，放电平台也降低至 3.4V，但是体积比能量高达 800Wh/L，该锂离子电池在充放电 500 次后仍可保持 80% 以上的电性能。相对而言，韩国的优势在于锂离子电池的制造方面，韩国三星是通过提高锂离子电池的充电截止电压来达到提高锂离子电池容量的目的，其高电压电池的充电截止电压为 4.3V 或者 4.35V（普通锂离子电池的截止电压为 4.2V）。

2013 年 11 月 15 日，中国科学院启动了战略先导 A 类项目“变革性纳米产业技术聚焦”，其中包括“长续航动力锂电池”项目[8]，目标是研制可实用化的300Wh/kg的锂电池。近几年来，具有放电比容量达300mAh/g富锂锰基正极材料的出现，为研制出第三代具有350 ~ 400Wh/kg高能量密度锂离子电池带来了曙光。中国科学院“长续航动力锂电池”项目组合作研制了一款软包锂离子电池，采用纳米硅碳材料作为负极、富锂材料作为正极，5V电解液，耐高电压隔膜，单体锂离子电池容量为24Ah，上述高比能原型电池在循环性、倍率、高低温特性、自放电、安全性、量产技术方面还需要提高及优化，仍需大量深入细致的研究工作。

2. 锂硫电池技术

以锂硫蓄电池为代表的锂系电池以高比能量的优势日益成为研究热点[9-11]。锂硫蓄电池是以单质硫或含硫复合物为正极、金属锂为负极、含锂盐的有机非水溶液体系为电解质的电化学体系。

硫的高容量和可充放性来源于S_8分子中S–S键的电化学断裂和重新键合，整个过程具有一定的可逆性。S经过多步反应被还原成Li_2S，隔膜采用多孔渗透性材料，多硫化物离子在隔膜两边穿梭，其中Li_2S_2和Li_2S不溶于溶剂。放电电压平台在2.3V和2.1V附近，如图10–15所示。

以最终产物Li_2S计，以单质硫为正极活性物质、金属锂为负极的锂/硫电池的理论比能量高达2600Wh/kg，在高能电池方面具有相当诱人的应用前景。由于硫是有可进行充放电具有可逆容量的材料，因此锂/硫电池被认为是未来高能量密度二次电池的代表，具有成为第四代空间用储能电源的潜力。

虽然锂/硫电池的能量密度很高，但是在正极、负极方面仍存在很多缺点。硫正极方面，单质硫所固有的电子绝缘性（5×10^{-30} S/cm，25℃）使其表现为电化学惰性，

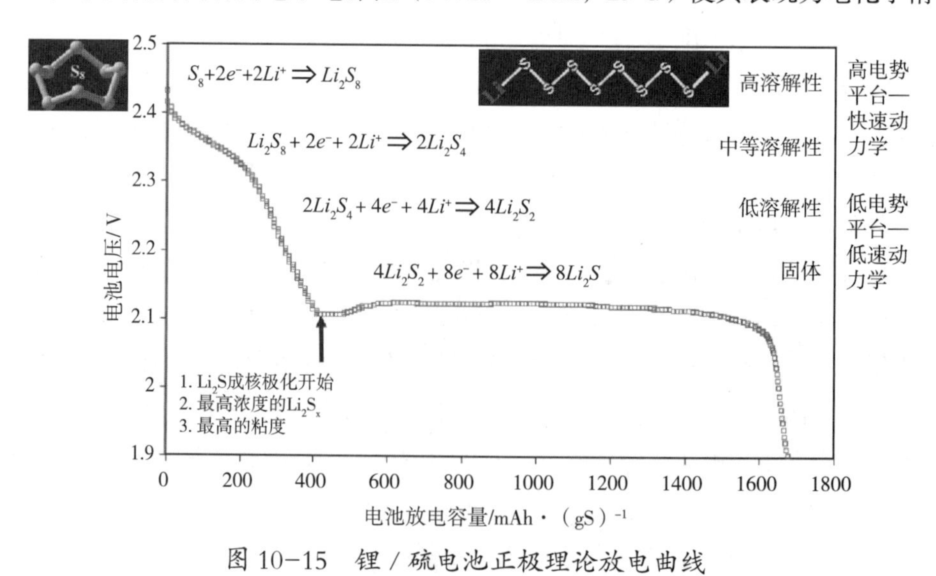

图10–15 锂/硫电池正极理论放电曲线

容量发挥难，因此需要在正极材料中加入大量的导电炭黑，降低了电池的比能量。此外，硫电极的放电中间产物多硫化锂在有机电解质体系中具有高的溶解性，这些易溶的多硫化物扩散至锂负极，生成锂的低价多硫化物沉积到负极，同时一些低价的液态多硫化物又会扩散回正极发生氧化反应，形成“穿梭效应（shuttle）”，一方面造成活性物质流失，另一方面导致了电池的自放电率大，严重降低了充放电效率。对于电池负极方面，锂金属的电化学可逆性和安全可靠性仍是目前研究的难点。主要存在几个问题未得到解决：①锂枝晶：电池充电过程中易形成金属锂枝晶，枝晶刺穿隔膜，发生短路；即使不造成短路，枝晶在放电过程中会发生不均匀溶解，造成部分枝晶折断，形成电绝缘的“死锂”，导致锂负极充放电效率低。②化学不稳定性：金属锂活性高，在发生意外事故或电池滥用时易与电解质或空气发生剧烈反应，严重情况甚至会导致起火或爆炸。③电化学不稳定性：充放电过程中，金属锂与电解质反应，造成电池“贫液”，内阻增加，循环性能降低。

对锂/硫电池来说，美国公司走在世界的前列。1999年10月，由PolyPlus Corporation、Sheldahl Corporation和Eveready Battery Company三家公司组成的集团开发了一种锂/硫电池。该电池容量2.1Ah，正极为单质硫系正极；锂负极是以铜或聚合物为集流体，利用蒸汽沉积法在集流体上形成一层金属锂薄膜而制成的。据PolyPlus Corporation公司报道，此电池体积比能量和重量比能量分别达到520Wh/L和420Wh/kg。

2004年5月，美国Sion Power公司在微软公司年度Windows硬件工程会议上向全世界宣布已研制出轻便、循环周期长的商品高能锂/硫电池。演示电池组（10.5V，4.8Ah）使用的单体电池比能量达到250Wh/kg。其2010年报道的锂/硫电池样品性能参数如下：电池尺寸63mm×43mm×11.5mm，工作电压区间1.7～2.5V，额定容量2.8Ah，比能量达到350Wh/kg，全充放循环次数25～80次。2010年，Sion Power公司与BASF、Lawrence Berkeley国家实验室、Pacific Northwest国家实验室合作，又得到United States Department of Energy Advanced Research Projects Agency –Energy（ARPA–E）资助，开发超过300英里的纯电动车动力锂/硫电池的研制，目标使电动车电池组重量小于700lbs，能够载5名乘客（共3500lbs），行驶300英里。英国的Zephyr无人高空飞行器，夜间的动力由美国Sion Power公司开发的锂/硫电池组提供，2010年7月飞行达到创纪录的14d。

欧洲公司也在积极开发锂/硫电池。英国Oxis公司2014年表示其开发的锂硫电池能量密度超过了300Wh/kg，获得欧洲工业创新大奖，现已经试装电动车。

2014年，美国国家航空航天局选出了4个用于先进能源存储技术的提案，分别从高安全性、高比能量、长寿命角度发展空间用锂/硫电池：①用于高比能系统的硅阳极电池；②用于航空航天的高能密度长寿命锂/硫电池；③先进高能可再充电锂/

硫电池；④基于安全的石榴石电解质的锂 / 硫能源存储。先进能源存储技术可作为美国国家航空航天局未来空间任务的能源，将是未来空间探测任务的关键。

3. 再生氢氧燃料电池技术

再生氢氧燃料电池是一套氢气、氧气产生、贮存和利用的电化学装置，工作原理如图 10-16 所示。它将水电解技术（电能+$2H_2O \rightarrow 2H_2+O_2$）与氢氧燃料电池技术（$2H_2+O_2 \rightarrow H_2O$+ 电能）相结合，燃料电池发电生成的水可在以太阳能为电源的水电解池中分解成氢气和氧气，实现氢、氧的再生，经水气分离收集、储存后再供燃料电池在阴影期发电使用，形成一个封闭的自供给体系，不需要外部供应氢气和氧气，从而起到储能、供能的目的。

再生氢氧燃料电池系统组成包括燃料电池模块、水电解模块、介质存储模块以及相应的系统自控模块，采用模块化设计，有助于各子系统技术独立发展，也便于系统的扩展、升级、维护与替换，同时也可以提高系统安全性和可靠性。日照期，太阳电池为电解器和辅助系统供电，水泵将水循环至电解器，在电解器中水被电解成氢气和氧气，经分离器和冷凝、干燥处理后存于气源模块的高压气瓶中。阴影期，电解器停

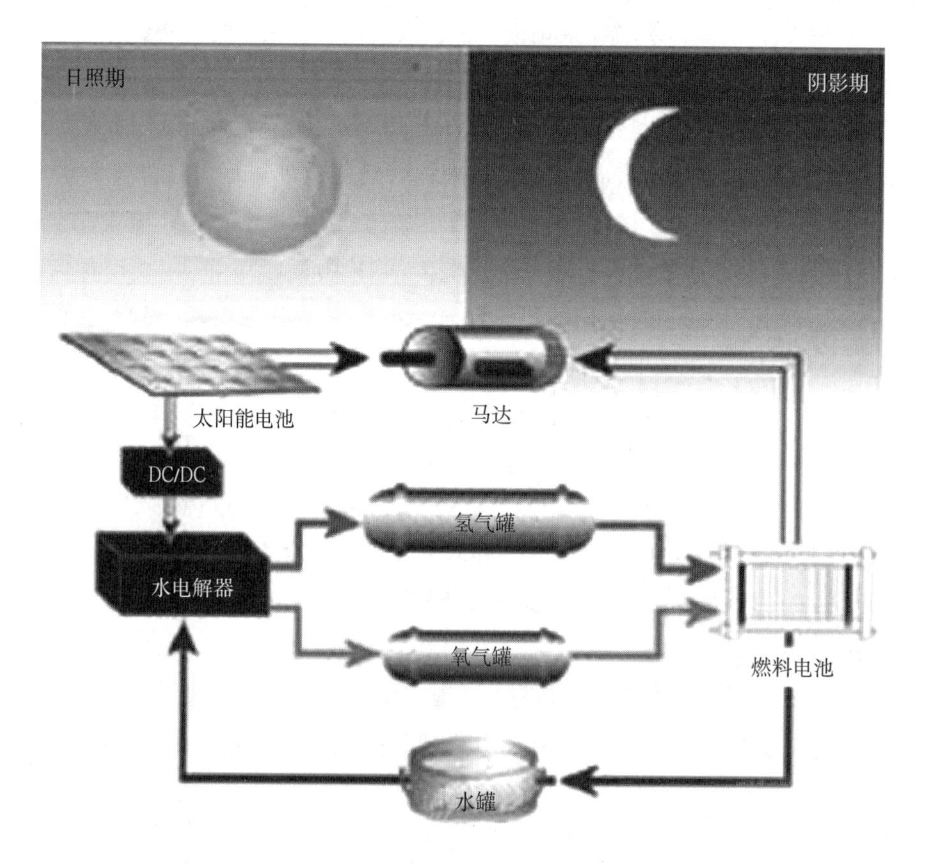

图 10-16　再生氢氧燃料电池工作原理图

止工作，气源模块中储存的高压氢气和氧气经过减压并稳压至燃料电池工作压力，在燃料电池中反应释放出电能并生成水，电堆生成的水通过水回收泵送至水箱供电解器循环使用。电堆和电解器的温度由液冷循环来控制。冷却剂作为载热介质在电池堆以及电解器间循环，日照期利用电解器产生的热对电堆保温，阴影期又可利用电堆产生的热给电解器保温。

根据电解和发电功能是否集成一体，再生氢氧燃料电池可分为分体式和一体式两种。分体式再生氢氧燃料电池与水电解及各子系统相对独立，优点在于技术成熟度相对较高，便于子系统技术更新和模块化维护；缺点是装置较复杂，组成部件较多。一体式再生氢氧燃料电池，一个组件同时承担电解和发电两种任务，从而简化系统结构和减轻重量，提高可靠性和系统比能量；缺点在于技术成熟度相对较低，国内仍处于原理样机研究阶段。

目前绝大多数再生氢氧燃料电池采用质子交换膜体系的质子交换膜燃料电池（PEMFC）技术和质子交换膜水电解器（PEMWE）技术路线。质子交换膜燃料电池的技术路线按水管理方式可分为动态排水和静态排水，质子交换膜水电解器的技术路线可按注水方式分为动态注水和静态注水，按注水位置还可分为阳极注水式和阴极注水式。

20 世纪 60 年代，在载人航天技术的推动下，空间燃料电池技术得以蓬勃发展和应用，如图 10-17 所示。氢氧碱性燃料电池作为主电源系统成功应用于阿波罗（Apollo）登月飞船上，为人类首次登月做出了贡献。随后，碱性石棉膜燃料电池作为主电源在美国太空实验室（Sky-lab）、Apollo-Soyus、航天飞机（Shuttle）以及俄罗斯的月球轨道器等其他空间飞行器上得以成功应用。1962—1965 年，质子交换膜

图 10-17　国际空间电源技术发展路线示意图

燃料电池多次在双子星座（Gemini）载人飞船飞行任务中应用，累计飞行时间超过了5000h。此后，美国国家航空航天局还进行了350W质子交换膜燃料电池生物飞船搭载试验飞行。

随着水电解器技术的出现以及在载人航天器和核动力潜艇上为人员提供呼吸用氧的成功应用，将氢氧燃料电池和水电解器技术联合使用的再生氢氧燃料电池概念被提出，不但可以解决氢氧燃料电池受氢氧携带量的限制，无法适用长期空间飞行任务的局限性，而且可以与飞行器上的生命保障系统、环控系统、推进燃料系统以及外星球表面资源原位利用系统共用或通用，可有效降低空间任务成本和提高系统效率，这是再生氢氧燃料电池独一无二的优势。

美国国家航空航天局Lewis中心于20世纪80年代中后期模拟近地轨道运行条件下对再生氢氧燃料电池进行测试，寿命可达8年。美国国家航空航天局Glenn研究中心作为美国空间燃料电池计划的牵头单位，多年来一直进行氢氧燃料电池和再生氢氧燃料电池在陆地应用考核试验，单机和系统寿命已经超过10000h（图10-18）。

2001年，Lynntech Industries公司研制出5kW质子交换膜燃料电池和15kW可产生3MPa氢气和氧气的质子交换膜水电解器。2005年，该公司在SBIR Ⅲ期项目资助下研制出面向平流层飞艇和太阳能飞机应用的5.25kW H_2-O_2 质子交换膜燃料电池模块样机和15kW/5MPa的质子交换膜水解电器（图10-19），且已经在Glenn研究中心进行过测试。

2003年，美国国家航空航天局太阳神（Helios）无人机利用18kW氢空燃料电池发电系统进行了15h的成功试飞，这是燃料电池能源系统在高空太阳能飞机的首次应用。此后，美国国家航空航天局还公开了针对太阳神无人机开发的再生氢氧燃料电池系统样机，该能源动力系统可以实现无人机在30km以上的高空持续飞行超过六个月。具体的技术参数为：燃料电池功率10kW（5kW×2）、电解器功率30kW、总储能

图10-18　美国国家航空航天局再生氢氧燃料电池地面试验系统（GRC）

5.25kW 燃料电池堆

15kW/5MPa 水电解器

图 10-19 H_2-O_2 质子交换膜燃料电池和质子交换膜水解电器

120kWh、比能量 450Wh/kg、系统效率 50%（图 10-20 ~ 图 10-22），但未见进一步应用报道。

美国国家航空航天局计划将再生氢氧燃料电池系统应用于未来空间站、卫星、可重复运载、火星探测器、月球探测器等新型航天飞行器计划中。2011 年年初，美国国家航空航天局提出的空间用 PEMRFC 预期发展目标是 2013 年达到 TRL5 级，2016 年达到 TRL6 级。

日本曾计划发展以太阳电池和再生氢氧燃料电池为动力的平流层高空定点飞艇平台，驻空高度为 20km。从 1998 年开始，日本国家航空航天实验室（NAL）和 IHI 航天有限公司开始平流层飞艇系统的研制，飞艇动力采用薄膜太阳电池和再生氢氧燃料电池联合供电。2001 年完成地面再生氢氧燃料电池试验样机研制和 15kW 再生氢氧燃料电池概念机的设计；2003 年进行了 1kW 再生氢氧燃料电池 50h 搭载飞行实验；2004 年完成了再生氢氧燃料电池轻型化和系统化设计；2005 年进行了 1kW 再生氢氧

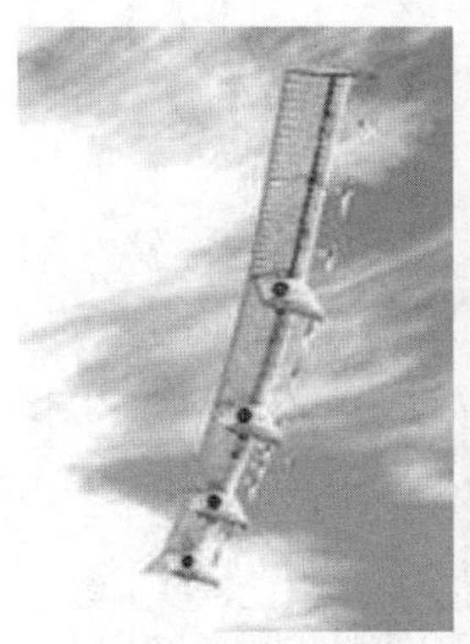

图 10-20 太阳神太阳能飞机

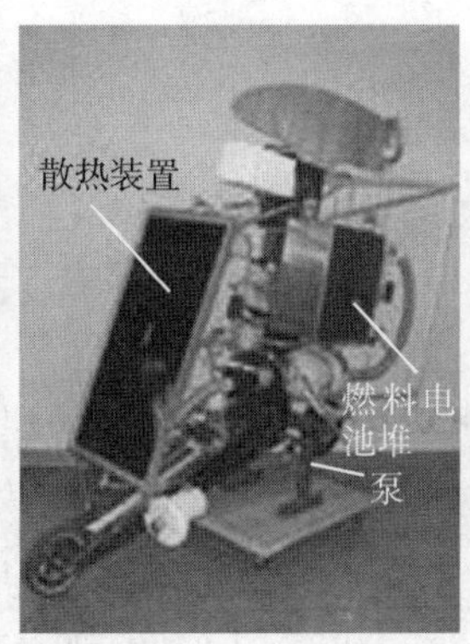

图 10-21 无人机氢空燃料电池系统

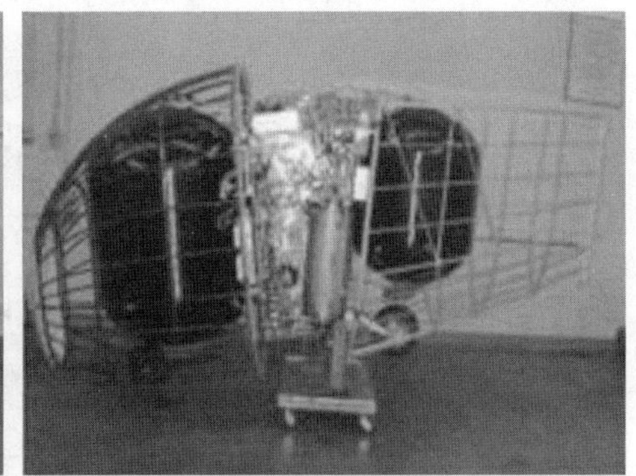

图 10-22 无人机再生氢氧燃料电池电源系统样机

燃料电池环境耐受性实验。基于有关试验结果，日本国家航空航天实验室 15kW 再生氢氧燃料电池系统方案设计额定输出功率可达 16.5kW，峰值输出功率 33kW，水电解输入功率 48kW，产气压力最大 5MPa，比能量可达 450Wh/kg。

国外再生氢氧燃料电池技术规划和研发较早，研发机构主要有 Lewis 中心、Glenn 研究中心、Lynntech Industries、Giner Inc.、UTC 等。国内再生氢氧燃料电池技术相对起步较晚，主要有中国科学院大连化学物理研究所、航天科技六院 11 所（京）、武汉大学、航天 811 所等。

二、储能电池系统技术

储能电池系统是以某种形式将大量能量存储起来，并能够与电源管理相配合工作的系统。根据系统的应用需求的不同，可选择包括锂离子蓄电池、锂硫电池或燃料电池等作为储能部件，配合一定的结构和控制电路，实现储能的目的。

由于部件的质量是平流层飞艇设计中需要考虑的重要参数，因此用高比能量的蓄电池进行串并联组合作为平流层飞艇的储能系统是较为可行的技术方案。参照飞艇的工作环境和能量需求，要求蓄电池具有高能量密度以减轻储能系统的重量，高安全可靠性，良好的低温特性，稳定的长期循环性能，同时要有高的一致性以便筛选组合和电池组的控制管理，以提高储能系统的使用寿命。

对于当前的再生氢氧燃料电池而言，其充放电效率为 45% ~ 50%；锂离子蓄电池充放电效率约为 95% 以上，从能量输入到能量产出的效率角度比较，锂离子蓄电池的能量利用效率远大于再生氢氧燃料电池，两者的能量效率曲线如图 10-23 和图 10-24 所示。

再生氢氧燃料电池的能量效率仅为 45% 左右，同样的能量输出需要更多的能量

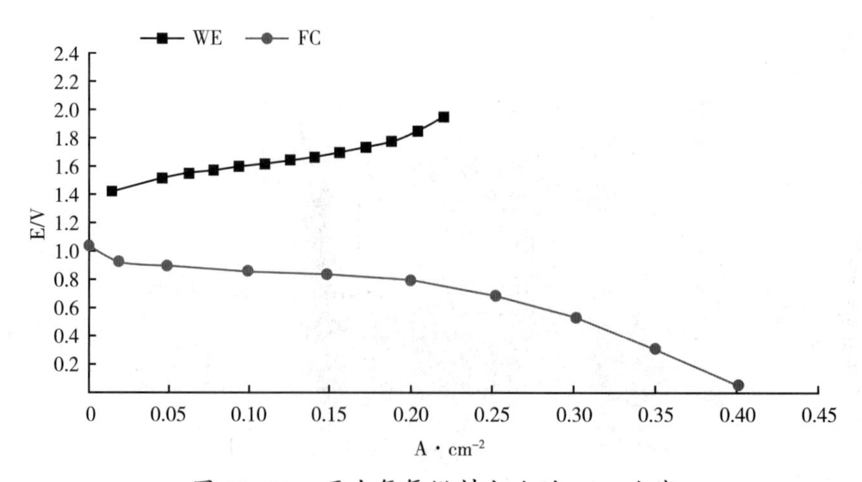

图 10-23　再生氢氧燃料电池的 I-V 曲线

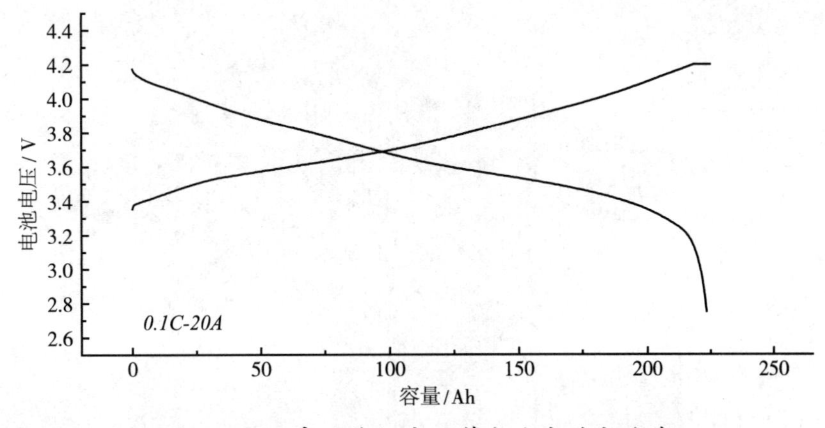

图 10-24　高比能锂离子蓄电池充放电曲线

输入，意味着太阳电池阵面积和重量增加到60%以上，系统的能量效率不高，且组成复杂，高空条件下的长期应用可靠性有待进一步验证。此外，再生氢氧燃料电池的瞬态相应特性亦无法满足任务要求，需要与其他储能电池复合，才能满足功率需求。

为提高能源综合利用效率，降低系统重量，可采用再生能源系统和结构的功能复用、能源与环控的综合利用方法，实现能源/结构/环控一体化。具体可开展的研究内容包括太阳电池与蒙皮结构一体化（图 10-25）、储能电池与结构一体化（图 10-26）、太阳电池与储能电池一体化、储能电池/再生氢氧燃料电池/结构/环控一体化，再生能源系统综合热管理与匹配技术，进一步提升能源的利用效果。

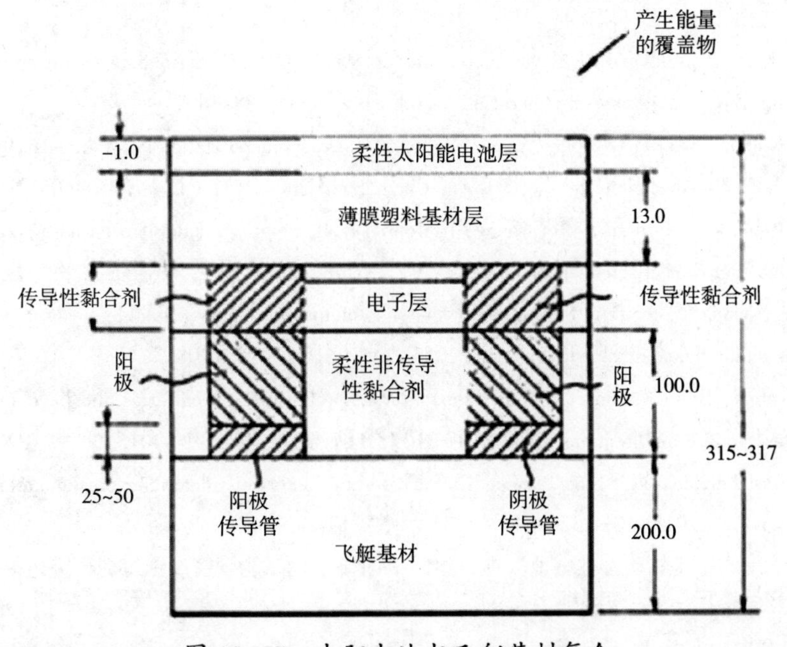

图 10-25　太阳电池与飞艇基材复合

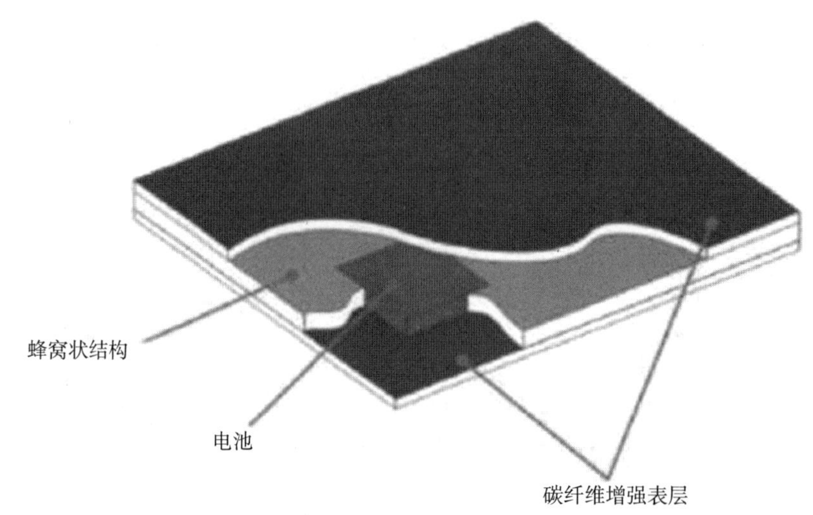

图 10-26 储能电池与支撑结构复合

储能技术以锂离子电池和再生氢氧燃料电池为主，进行锂硫电池的工程化应用研究及锂空电池基础问题研究。

参考文献

[1] 王辉，曹越先，冯江山，等. 柔性太阳电池发展研究［J］. 中国工程科学，2018，20（3）：66-73.

[2] G. J. Bauhuis, P. Mulder, E. J. Haverkamp, et al. 26.1% thin-film GaAs solar cell using epitaxial lift-off［J］. Solar Energy Materials and Solar Cells, 2009, 93（9）: 1488-1491.

[3] Akihiro Kojima, Kenjiro Teshima, Yasuo Shirai, et al. Organometal Halide Perovskites as Visible-Light Sensitizers for Photovoltaic Cells［J］. J. Am. Chem. Soc., 2009, 131（17）: 6050-6051.

[4] Julian Burschka, Norman Pellet, Soo-Jin Moon, et al. Sequential deposition as a route to high-performance perovskite-sensitized solar cells［J］. Nature, 2013, 499: 316-319.

[5] Anyi Mei, Xiong Li, Linfeng Liu, et al. A hole-conductor-free, fully printable mesoscopic perovskite solar cell with high stability［J］. Science, 2014, 345（6194）: 295-298.

[6] Khalil Amine, Ryoji Kanno , Yonhua Tzeng. Rechargeable lithium batteries and beyond: Progress, challenges, and future directions［J］. MRS BULLETIN, 2014, 39: 395-401.

[7] Naoki Nitta, Feixiang Wu, Jung Tae Lee. Gleb Yushin Li-ion battery materials: present and future［J］. Materials Today, 2015, 18: 252-264.

[8] 中国科学院“长续航动力锂电池”项目组. 中国科学院高能量密度锂电池研究进展快报［J］. 储能科学与技术，2016，5：172-176.

[9] Y Xiang, J Li, J Lei, et al. Advanced separators for lithium-ion and lithium-sulfur batteries: a review of

recent progress [J]. ChemSusChem, 2016, 9: 3023-3039.

[10] V. Etacheri, R. Marom, R. Elazari, et al. Challenges in the development of advanced Li-ion batteries: a review [J]. Energ. Environ. Sci., 2011, 4: 3243-3262.

[11] J.B. Goodenough, Y. Kim. Challenges for rechargeable Li batteries [J]. Chem. Mater., 2010, 22: 587-603.

第三章　能源系统技术发展趋势

第一节　薄型晶体硅电池技术发展趋势

1. 单体内部电池结构更加先进，转换效率进一步提升

薄型晶体硅太阳电池将采用新的结构和工艺实现方式，如采用等离子注入、新型异质结生长、多孔衬底转移、双面电池等技术，太阳电池的光谱响应能力得到进一步提升，光谱的吸收范围进一步加宽，将有效提升单位面积的电池输出功率。

2. 薄型硅太阳电池的质量密度进一步降低

新型薄型硅太阳电池将在电池内部结构和吸收效率方面提升电池的性能，而对吸收深度的依赖性降低，同时为了减少原硅材料的消耗和成本的降低，薄型硅电池将向轻薄化和半柔性方向发展，电池的厚度有望降低到100μm以下，以适应未来更多应用场合的需要。

3. 高效薄型硅电池工艺进一步成熟，批产化推进成本的降低

薄型晶体硅太阳电池将继承传统晶体硅电池的工艺基础，通过工艺改进提升大批量电池的生产能力，促进成本的进一步降低。

第二节　非晶硅电池技术发展趋势

1. 单体电池结数增加，电池的转换效率提高

非晶硅薄膜电池受限于单结电池量子响应宽度制约，非晶硅薄膜电池将提高PN结数，进一步提升电池的光谱响应宽度。同时，非晶硅薄膜太阳电池的制备工艺也将随着磁控溅射技术的发展，大面电池的均匀性得到提升，促进非晶硅薄膜电池单体效率的提高。

2. 大面积非晶硅薄膜连续生产工艺逐步成熟，生产成本降低

非晶硅薄膜太阳电池将引入连续卷对卷生长、激光刻划、大面积封装、连续化测试等技术，非晶硅薄膜太阳电池的生产工序将呈现连续化，逐步具备连续化生产的能力，同时促进非晶硅薄膜太阳电池降低成本。

第三节　砷化镓电池技术发展趋势

1. 砷化镓薄膜电池单体结构更加复杂，转换效率进一步提升

砷化镓薄膜太阳电池将通过宽禁带半导体材料的应用、光电耦合范围调控、宽禁带半导体隧穿结制备和键合技术的发展，进一步提高砷化镓薄膜太阳电池的结数，光谱响应范围进一步提升，电池转换效率提高。

2. 砷化镓薄膜衬底剥离和转移技术进一步成熟，逐步具备批产的可能

砷化镓薄膜衬底剥离、保护、转移和键合工艺将进一步成熟，特别是砷化镓薄膜电池后工艺设备的进步，将推动砷化镓薄膜太阳电池制备的工艺稳定性，使该类电池具备小批量生产的能力。

3. 砷化镓薄膜组件技术和应用技术得到提升

砷化镓薄膜电池由于具备高功率质量比，具有极大的应用潜力。电池组件将在焊接、轻柔组件封装和环境适应性方面得到提升，推动未来工程化应用技术水平的提高。

第四节　铜铟镓硒电池技术发展趋势

1. 铜铟镓硒薄膜太阳电池的产品层次进一步提高，电池将呈现多样化

铜铟镓硒电池的转换效率相对发展较慢，但电池的转换效率已达到了较高的水平，随着铜铟镓硒电池技术成熟度的进一步提高，电池的应用将越来越广泛，产品将呈现多样化。

2. 铜铟镓硒电池应用领域加宽，环境适应性研究更加深入

铜铟镓硒电池在薄膜电池领域发展相对成熟，该电池将在临近空间、空间等环境开展环境试验研究，用于验证产品未来应用的可行性，并推动该类电池的应用领域的拓宽。

第五节　锂离子蓄电池技术发展趋势

1. 高压、高比能量电化学体系

深入开展富锂正极、硅基负极以及匹配高压电解质技术研究，实现电化学体系的匹配设计，提升电化学体系的循环稳定性及热稳定性，构建能量－功率融合的高压锂离子蓄电池体系。

2. 机电热一体化储能系统技术

深入研究储能电池系统机电热一体化技术，构建高效的结构-热控系统，实现“结构”即“热控”的多功能储能系统构建。

3. 结构化电池技术

深入开展储能系统和平台架构一体化设计研究，将储能系统设计纳入平台设计中，进行储能系统与平台的一体化、赋形化设计，实现“结构”即“电池”。

第六节 锂金属蓄电池技术发展趋势

1. 电池比能量持续提高

为提高比能量，正极材料向高比容量、高单位面积载量、高放电容量方向发展，电池附件向轻量化方向发展。

2. 电池寿命可靠性持续提高

金属锂制约锂金属二次电池寿命和安全可靠性的短板日益受到研究者重视，美国、欧洲等专家开始加强锂保护技术的研究，目标是消除金属锂枝晶，缓解电解液的消耗，电解质向固态方向发展，提高电池安全性。

3. 环境适应性和工程化应用研究开展更加深入

提高锂金属电池高低温、倍率特性，减少胀气的发生。深入开展典型环境地面模拟试验验证及小规模样机飞行搭载试验，充分验证技术可行性，推进工程化进程和提高技术成熟度水平。

第七节 再生氢氧燃料电池技术发展趋势

1. 关键单机更加高效，重量更轻

燃料电池电堆、水电解器采用新型轻量化设计方案，如轻质极板技术、高效电极技术、静态式（被动式）电堆等，效率更高、体积更小、重量更轻，对系统要求降低，简化辅助系统和低寄生能耗；新型高储气比氢氧储罐技术的应用，如新型复合/高分子内胆材料、高强度碳纤维缠绕工艺等。

2. 系统集成轻量化、可靠性更高

新型燃料电池电堆、水电解器技术的应用，辅助系统部件数量减少、寄生能耗降低、可靠性提高；水气热管理辅助部件以及部分管道与燃料电池、电解器端板功能结构一体化设计，提高集成度，降低体积和重量。

3. 环境适应性研究开展更加深入

深入开展单机和系统典型环境地面模拟试验验证，甚至开展小规模样机飞行搭载试验，充分验证技术可行性，推进工程化进程，提高技术成熟度水平。

撰稿人　*顾海涛　杨　洋　刘　涛*

第十一篇　高空高效螺旋桨及电机技术发展及预测

第一章　概念内涵及范畴

高空长航时飞行器一般是在 20 ～ 50km 高空工作，该高度下气象条件比较稳定，日照时间长，并且处于大多数战斗机和防空系统的射程范围之外，适合飞行器长时间驻留。但平流层大气条件恶劣，低温低气压高臭氧环境对推进系统提出了很高的环境适应性要求[1]。

动力推进系统是由电机带动螺旋桨旋转对空气做功产生推力，以平衡飞行器飞行时所受空气阻力，可供飞行器沿该作用方向飞行的系统。该系统由太阳能与储能电池系统组成的能源系统提供电能。

动力推进系统属于高空长航时飞行器的核心关键系统，对于完成飞行器长期驻空任务至关重要，其组成如图 11-1 所示。高空长航时飞行器技术的研制中，螺旋桨质量轻、驱动低速飞行的高效性能能够满足飞艇、无人机等低速平流层飞行器的高空长航时飞行对推进系统的要求，这也就成为目前国内外高空飞艇、高空长航时无人机推进装置设计时一般采用螺旋桨作为推进器的主要原因[2]。

一般而言，使用螺旋桨的低速飞行器推进方式主要有三种：燃油机 - 螺旋桨推进系统、燃油机 - 发电机 - 电动机 - 螺旋桨推进系统以及太阳能 - 电动机 - 螺旋桨推进系统。燃油机 - 螺旋桨推进系统广泛应用于客机、运输机、低空飞艇等航空飞行器。这类飞行器的共同特点是要求推力大、经济性好。这种推进系统组合较为成熟，可靠性高，但作为平流层飞艇动力时存在一些缺点：①平流层大气密度小，温度低，传统燃油式发动机燃烧不完全甚至无法工作；②飞艇航时受携带油量影响，难以满足长期驻空要求；③携带燃油式发动机的平流层飞艇在工作过程中燃油不断消耗，需要携带压舱物，增加了起飞重量，变相降低了有效载重，且对飞艇操稳带来了困难；④燃油式发动机产生的电力通常无法直接用于飞行器携带的其他设备使用，因此需要携带额外的转换设备或单独的电源系统解决其他设备的供电问题。燃油机 - 发电机 - 电动机 - 螺旋桨推进系统是一种从燃油推进向电推进过渡的混合动力推进系统，但是其缺陷与传统燃油机 - 螺旋桨电推进系统类似，不适合平流层低速飞行器。太阳能 - 电动机 - 螺旋桨电推进系统是目前国内外平流层飞行器采用的主要推进形式，它的主要优点在于可以白天利用太阳能提供飞艇所需能量，夜间用可替代燃料电池向艇体设备提

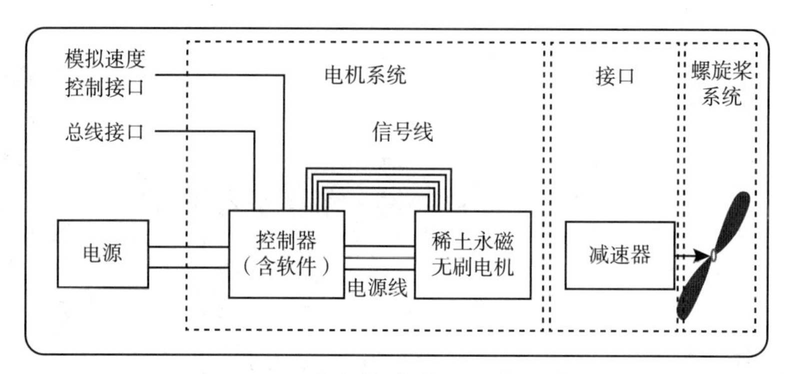

图 11-1　动力推进系统组成示意图

供能量，从而保证飞艇、无人机等平流层低速飞行器的长航时目标[3]。综合以上内容可以看出，对于飞艇等以实现定点、可控飞行为目标的平流层浮空器，电动机驱动螺旋桨产生推力的电推进系统具有无法比拟的优势。

螺旋桨电推进系统一般由螺旋桨、电机装置、电机与螺旋桨接口等三部分组成。

第一节　螺旋桨系统

螺旋桨系统主要由桨叶、桨毂、变构型机构及其控制系统组成。

第二节　电机装置

电机系统由控制器和稀土永磁无刷电机组成。

控制器：包括多相大功率驱动器、协调控制软件和温控器，具有电机调速功能、温控功能、过压过流保护功能，可接受浮空器机载计算机指令功能（全自动、手动或者遥控）。

稀土永磁无刷电机：含电机本体、温度传感器、转速传感器及冷却装置等。

参考文献

［1］黄宛宁，栗颖思，周书宇，等. 现代浮空器军事应用［J］. 科技导报，2017，35（15）：20–27.

［2］杜绵银，陈培，李广佳，等. 临近空间低速飞行器螺旋桨技术［J］. 飞航导弹，2011（7）：15–19，28.

［3］聂营，王生. 平流层飞艇动力推进系统概述［C］//2007 年中国浮空器大会论文汇编. 中国科学院光电研究院，2007：350–356.

第二章　国内外发展现状及趋势

螺旋桨推进系统为目前大多平流层飞艇和太阳能无人机方案所采用，但在其具体参数性能方面，国外系统的研究报道较少。从公布的资料可以看出，国外在不同程度上都开展了一些研究工作，特别是美国，投入了较大的实验设施建设费用。

第一节　螺旋桨电推进方面现状及趋势

一、2000—2005 年

1. 太阳神无人机

美国 Aero Viroment Inc 公司研制的太阳神无人机，采用 14 台 2kW 的无刷直流电机 + 减速器带动直径 2m 双叶螺旋桨（图 11–2）。在 2003 年 6 月 7 日实现首次飞行，最高飞行高度已达到 27km，效率估计超过 80%（风速 30m/s 以上），采用定距桨实现了高、中、低空高效率使用。

2. SPF 飞艇

2002 年，日本宇宙航空研究开发机构研究的平流层飞艇进行了飞行试验，布局如图 11–3 所示。该飞艇采用两侧各布置 2 个、尾部布置 1 个螺旋桨推进器，每个螺

图 11–2　太阳神无人机螺旋桨推进系统

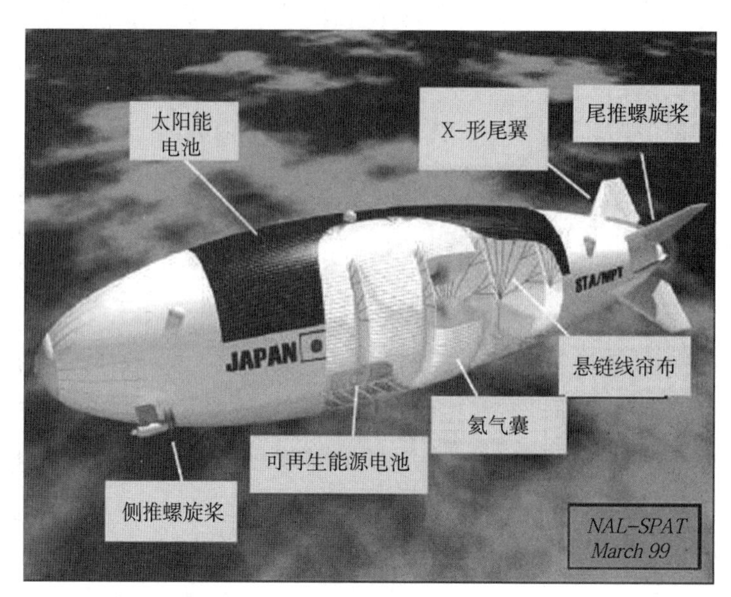

图 11-3　日本的平流层飞艇方案

旋桨推进器功率 85kW，重量 380kg，系统组成方案为电机 + 减速器驱动螺旋桨。

日本国家先进工业科技研究院开展了飞艇尾部螺旋桨的风洞试验研究工作，研究表明该尾部螺旋桨效率在前进比大于 0.5 后超过 90%，从风洞试验缩比模型的构型上估计，桨径（螺旋桨缩比模型桨径 150mm）接近于风洞试验缩比模型的艇身最大直径，约 50m。

二、2006—2010 年

1. 高空哨兵飞艇

高空哨兵飞艇是美国高空飞艇计划中低成本、小载荷系统、驻空一个月时间的研制计划，其中最著名的 HiSentinel 20、HiSentinel 50、HiSentinel 80 等飞艇进行了演示飞行试验。HiSentinel 20 于 2005 年 11 月在罗斯威尔进行演示验证飞行，飞艇长度 44.5m，有效载重 27.2kg，飞行试验持续了 5h。

HiSentinel 50 飞艇推进系统由美国西南研究所提供，其外形与主要技术数据如图 11-4 所示，采用了尾置的推进系统构型，由一个高扭矩，24 极无刷直流电机带动 2 叶碳纤维复合材料螺旋桨，飞行试验前在新墨西哥州的柯克兰空军基地的热高度环境箱中进行了 3h 的低温低气压试验（-55 ~ 60℃，4.0 ~ 4.2kPa，相当于 19.8km 高度的大气环境），如图 11-5 所示。于 2008 年 6 月 4 日进行演示验证飞行，飞行时间约 2h。

经推算，该飞艇在设计点（高度 20.2km，速度 10m/s）时平飞功率需求为 0.37kW

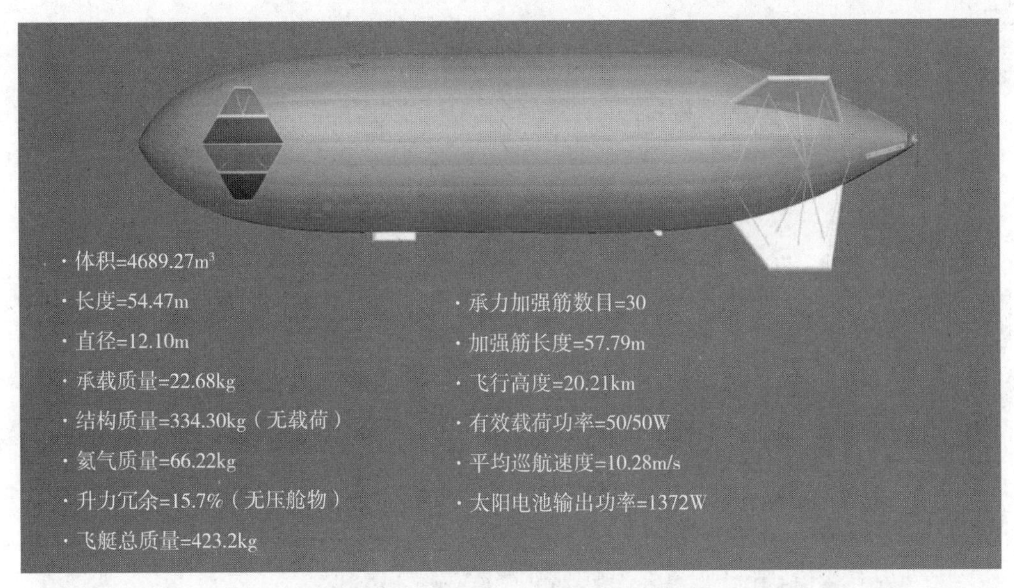

图 11-4　HiSentinel 50 飞艇外形与主要技术数据

左右（长细比 4.5，阻力系数按 0.3 考虑）。按图片测算，螺旋桨桨径为 3m 左右，电机直径估计不超过 0.2m，考虑太阳电池输出为 1.372kW，因此电机功率为 1kW 左右，则整个推进系统的效率在 37% 左右，若按电机功率为 86% 测算，则螺旋桨效率在 43% 左右。

HiSentinel 80 飞艇主承包商为美国西南研究所，Aerostar International，Inc. 为分承包商。其中美国西南研究所设计了飞艇，提供测控、飞控、能源和推进系统，Aerostar International，Inc. 制造艇体，并在系统集成和飞行试验中提供技术支持。该飞艇的外形与主要数据如图 11-6 所示，太阳电池输出 1.2kW，巡航速度略降为 9.3m/s，因此估算推进

图 11-5　HiSentinel 50 飞艇推进系统低温 & 低气压环境试验

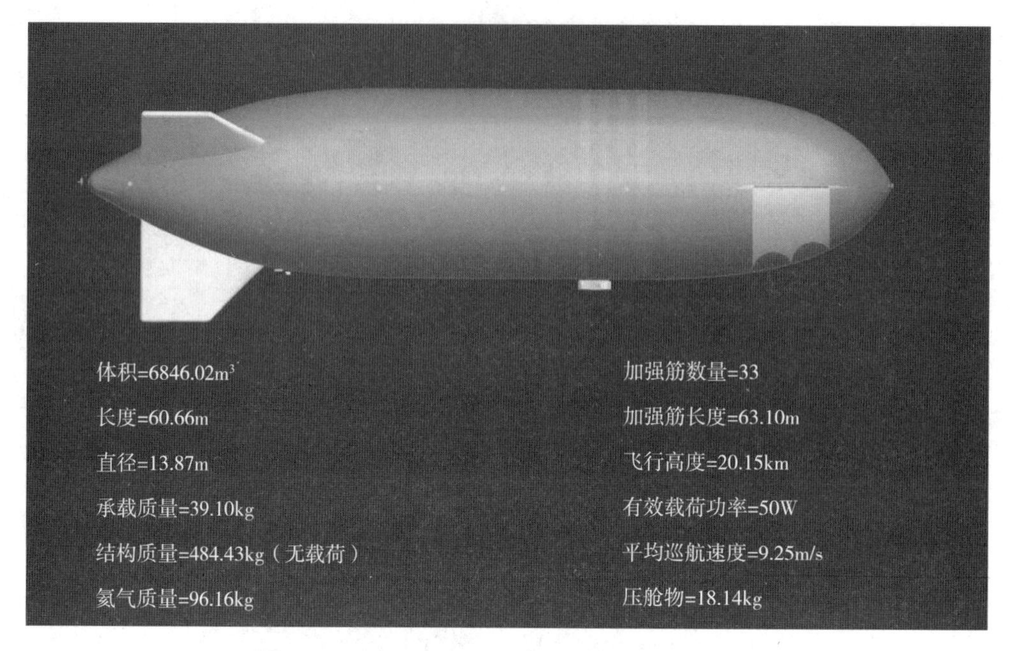

图 11-6　HiSentinel 80 飞艇外形及主要数据

图 11-7　HiSentinel 80 飞艇充气试验

系统水平与 HiSentinel 50 相当。该飞艇的充气试验如图 11-7 所示，于 2010 年 10 月 10 日进行飞行试验，在飞行开始时推进系统发生故障不能可控飞行（事故调查结论是电机控制器中一元件出现故障），但任务系统后来测试运行正常。随着内部压力下降，造成尾部刚度不够，无法承载推进系统重量，飞艇被迫回收。

2. 传感器 / 结构一体化飞艇

传感器 / 结构一体化飞艇项目是美国国防部高级研究计划局的平流层发展计划，按照美国国防部高级研究计划局的计划，该飞艇的外形如图 11-8 所示。传感器 / 结构一体化飞艇项目分三个阶段。第一阶段是 2004—2005 年，主要开展系统研究工作；第二阶段是 2006—2008 年，主要进行技术开发工作，目标是使该飞艇的技术准备度达到 5 级（TRL=5），制造成熟度达到第二级（MRL=2）；第三阶段是 2009—2013 年，将开展缩比原型艇的制造、系统集成和试飞验证工作，目标是使技术准备度达到 7 级（TRL=7），制造成熟度达到第六级（MRL=6）。

图 11-8　传感器 / 结构一体化飞艇外形示意图

3. Zephyr 系列太阳能无人机

英国奎奈蒂克公司研制了 Zephyr 系列太阳能无人机，其中最新的 Zephyr7 最高飞行高度 21km，采用太阳电池和锂电池组成的能源系统，2010 年已进行了 14d 的连续飞行试验，如图 11-9 所示。机上安装了 2 台 1 ~ 2kW 的电机，直径约 1m 双叶螺旋桨，效率数据估计 75%（21.7km，25m/s）。

三、2011—2015 年

1. 高空长航时飞艇验证艇

洛克希德 · 马丁公司“高空飞艇”计划中，由 AeroViroment Inc 公司研制出 40kW 级的第三代多级无铁芯电机直接驱动螺旋桨的推进系统方案，其扭矩重量比无可比拟。该高空飞艇的布局如图 11-10 所示。

图 11–9　Zephyr 7 太阳能无人机螺旋桨

图 11–10　洛克希德·马丁公司的高空飞艇布局图

高空长航时飞艇验证艇是洛克希德·马丁公司高空飞艇的缩比演示验证艇，用于演示飞艇长期定点和飞行控制能力，如图 11–11 所示。该飞艇动力系统由两侧的两台推进电机组成，其目标是在 18km 高空驻留 2 个星期，携带 22.7kg 的有效载重，并可为有效载重提供 500W 的功率。于 2011 年 7 月 25 日开始飞行试验，在开始飞行 2h 后上升到 10km 附近时出现机械故障回收。高空长航时飞艇验证艇和高空飞艇的主要参数如表 11–1 所示。

图 11-11　洛克希德·马丁公司的高空长航时飞艇验证艇飞行试验

表 11-1　高空长航时飞艇验证艇和高空飞艇主要参数

	飞艇类型	
	高空长航时飞艇验证艇	高空飞艇
艇体体积（m^3）	14158.4	1500000
艇体长度（m）	73.15	152.4
艇体直径（m）	21.34	48.7
推进电机	2 kW 电能	
储能电池	40kWh 的 Li-ion 电池	
太阳电池	15 kW 薄膜太阳电池	
巡航速度（m/s）	10	10
定点高度	18.3km	19.8km
有效载重（kg）	22.7	227
有效载重供电（W）	500	3000
持续驻留时间（d）	> 15	35
可回收能力	是	是
可重复使用能力	是	是

经推算，该飞艇在设计点（高度 18.3km，速度 10m/s）时平飞功率需求为 1.36kW 左右（长细比 3.4，阻力系数按 0.04 考虑），则整个动力推进系统的效率超过 34%，若按电机功率为 86% 测算，则螺旋桨效率应该超过 40%。按图片测算，该螺旋桨桨

径在 2m 左右。

2. X–57 验证平台

值得一提的是美国国家航空航天局研制的分布式电推进综合试验平台，该试验平台采用车载试验技术，主要应用于 X–57 临近空间飞机分布式螺旋桨动力推进系统的性能试验。2014 年 1 月便已经完成了高能静态试验及低速滑行试验。它通过在翼展 9.45m 的机翼上沿前缘分布 18 个电驱动螺旋桨，将机翼安装在卡车上，如图 11–12 所示。为了减小气流干扰，机翼安装高度离卡车很远。在高达 70 英里 / 小时（113km/h）的速度下沿着爱德华兹空军基地的湖床跑道行驶。目前，美国国家航空航天局验证了所有的 18 个电动机在 5600rpm（约 64% 功率）下能够成功运行。

图 11–12　X–57 验证机及其分布式电推进综合试验平台

四、2016 年至今

1. PHASA–35 无人机

英国宇航系统（BAE Systems）于 2017 年完成了其高空长航时太阳能飞行器 PHASA–8 的试飞工作，其继任者 PHASA–35（图 11–13）于 2020 年 2 月在澳大利亚

图 11–13　PHASA–35 飞行器

图 11-14　Odysseus 太阳能无人机全景与螺旋桨细节图

完成了首飞。英国宇航系统公开资料显示，PHASA-35 翼展 35m，重量 150kg，采用左右对称布置的 2 个直驱无刷电机及专门设计的高空螺旋桨提供动力。

2. Odysseus 太阳能无人机

由波音公司旗下的 Aurora 研制的 Odysseus 太阳能无人机（图 11-14）翼展 71.3m，载荷 25kg，采用 6 组定制的无刷直流电机驱动螺旋桨提供动力。公开资料显示，Odysseus 太阳能无人机使用可变桨距螺旋桨设计方案，翼型针对低雷诺数工况优化过，桨径约 2.1m。

第二节　国内外螺旋桨技术研究

一、高空螺旋桨性能需求

平流层环境复杂且特殊，近地面大气环境与平流层环境之间差异巨大，平流层环境下螺旋桨雷诺数大约在 1×10^5 到 5×10^6 范围内变化，这会造成螺旋桨高低空气动特性、可用推力和功率都产生很大变化。因此，在平流层工作的低动态飞行器，因密度约为海平面处的 1/14，压强约 1/18，所涉及的主要气动问题是低雷诺数有关的绕流问题。

目前可选用的常规翼型都是针对高雷诺数设计的，因此低雷诺数环境下在小迎角下也可能出现层流分离泡，引起螺旋桨气动效率严重下降，如图 11-15 所示[1]。

为了弥补低雷诺数带来的推力和功率损失，高空螺旋桨通常会设计成桨径、扭转角和转速都较大的方案。但与此同时，由于高空环境声速较小，大桨径大转速螺旋桨的桨尖马赫数容易过高甚至产生激波，进一步夹具气流分离损失。因此，必须开展低雷诺数高升力翼型和构型研究。

此外，高空螺旋桨设计过程中还存在强度和固有频率的矛盾[2]。高空螺旋桨一般直径大、相对厚度薄，截面扭转角较大，轻质高强度的设计会使螺旋桨固有频率较

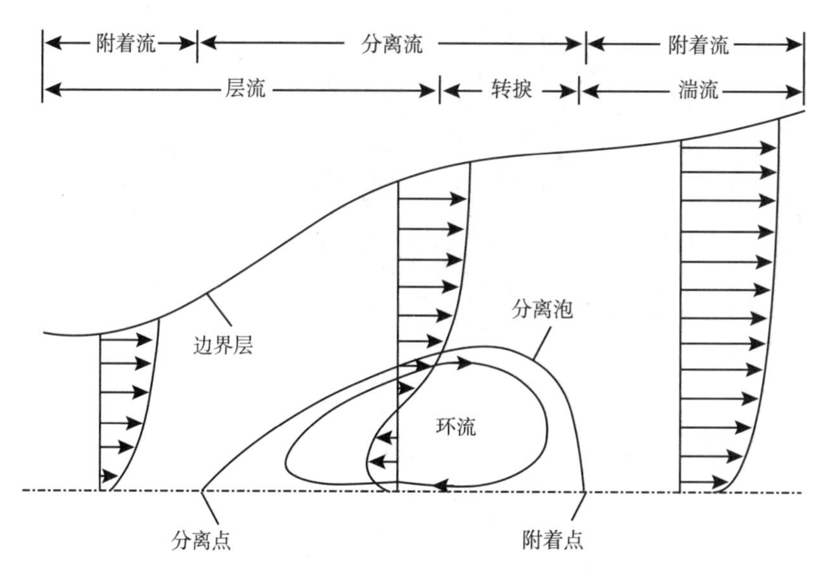

图 11-15　层流分离示意图

低。但同时螺旋桨设计转速较高，要求固有频率较高。强度和固有频率指标互相矛盾，对螺旋桨结构设计、铺层设计和材料选择提出了很高的要求。

最后，由于高空环境恶劣，作为高空长航时飞行器的唯一动力来源，高空螺旋桨必须有良好的环境适应性。

二、低雷诺数翼型方面研究

近年来，国内外均围绕适用于平流层环境下的低雷诺数高升力翼型开展了大量工作，归纳了一些适用于平流层飞行器螺旋桨低密度、低雷诺数、高马赫数、大跨飞高的高升力翼型的设计原则，包括选取高升力系数、大升阻比翼型，减小翼型低头力矩，设计过程应考虑大气湍流度等[3]。

低雷诺数下高升力翼型设计的主要难点在于层流分离现象。层流分离过程包含流动分离、转捩、再附等非定常流动结构，层流分离流动的形成与演化会对翼型气动性能产生恶化作用[4]，其中雷诺数对翼型气动特性的影响规律和作用机理是研究的重点。

以往研究表明，低雷诺数条件不仅会导致升力系数难以提升，还会带来分离泡和转捩。分离泡可以分为长泡型分离和短泡型分离两类，短分离泡在迎角增加时缩短，长分离泡在迎角增加时增长。这些分离泡会使流场变得不稳定，进而影响翼型气动特性。因此，分离泡产生的规律对低雷诺数下翼型设计有重要影响。考虑到低速风洞试验的难度以及对流场参数的控制，也为了更好地针对非定常复杂流动进行模拟预测和机理分析，常用的思路是采用大涡模拟（Large Eddy Simulation，LES）和直接数值模拟（Direct Numerical Simulation，DNS）这类精细数值模拟方法对翼型气动特性进行分析。许多相关分析结果都表明相对厚度较大的翼型更容易产生短分离泡，且在雷诺数在 10^4 左右时升力系数曲线呈现出显著非线性[5]。虽然这种升力系数曲线的非线性机理并未阐明，但已经有研究人员开始利用这种非线性特性对低雷诺数翼型进行优化设计，以期达到更高的升阻比。日本的 Oyama 等人通过二维“雷诺平均 NS 控制方程”和遗传算法结合，从帕累托最优解集中获得了具有最高升阻比的翼型。值得注意的是，以往分析都是针对相对厚度较大的小弯度翼型，而 Oyama 等人的优化结果是相对厚度较薄的大弯度翼型[6]。Ryoji Kojima 等人进一步发展了基于大涡模拟的低雷诺数下层流分离流动研究，使用三维大涡模拟和二维的层流计算相结合的方式，更精确地分析了不同翼型绕流流场之间的区别，指出瞬时流场中周期性出现二维涡的位置及其层流转捩后形成三维涡的强度决定了再附的位置，进而影响气动性能。

此外，中国航天空气动力研究所的朱志斌等进一步改进了大涡模拟方法，对不同雷诺数下的层流分离现象开展模拟预测分析，以深入认识雷诺数对流场结构特征和气动力性能的影响规律，并揭示低雷诺数翼型气动性能恶化的内在物理机理，为翼型设计提供了指导[7]。

此外，西北工业大学已经开展了不同输入功率和桨径的多个型号螺旋桨设计研制制造和试验验证工作，形成了一整套高空低雷诺数螺旋桨设计制造及验证方法，并与多家飞艇总体单位开展合作，为飞艇研制及生产做出了贡献。在这些螺旋桨的研制中，还解决了电机与螺旋桨之间的匹配问题，同时开展了全系统较完整的力学 / 环境可靠性 / 综合测试试验。

三、国内外变构型螺旋桨技术方面的研究

目前变构型螺旋桨的研究思路主要有协同射流控制螺旋桨、变桨径 / 桨距螺旋桨、等离子体控制螺旋桨等，可以拓宽螺旋桨的高度和速度适用范围。

1. 桨梢小翼布局螺旋桨

翼梢小翼的翼面形状类似于机翼，安装在机翼翼尖处，与机翼所在平面呈一定的角度。加装小翼后能明显改变机翼翼尖附近的流场，减弱翼尖旋涡，减少与阻力直接相关的能量消耗。同时，随机翼临近涡心的横向流速的显著减小，机翼表面附近流动下洗减少，显著减小了机翼的诱导阻力。受机翼翼梢小翼装置启发，考虑在螺旋桨桨梢加装小翼来提升螺旋桨效率。近年来，国内外已经在这方面进行了一定研究，K. Irwin 和 R. Mutzman 应用涡流理论和实验方法开展了螺旋桨桨梢小翼构型优化设计研究[8]；Sullivan J. P. 和 J.H.Xu 等分别通过试验[9]和结构化嵌套网格[10]技术开展了螺旋桨桨梢小翼布局研究，得到的桨梢小翼布局方案使效率提高 2% ~ 5%。

虽然国内外已经在螺旋桨桨梢小翼研究方面有了部分进展，但距离成熟应用到工程实际还有一定差距，而且并未完全建立螺旋桨桨梢小翼参数的性能影响规律。因而开展临近空间螺旋桨小翼布局形式和增效机理的进一步探索研究，完善桨梢小翼构型参数对螺旋桨气动效率的影响规律具有一定价值。

西北工业大学开展了螺旋桨桨梢小翼构型增效作用机理研究，建立了桨梢小翼部分参数的性能影响规律[11]，小翼的设计要素如图 11-16 所示。以桨叶直径、小翼高度、翼尖弦长、扭转角、倾斜角和后掠角等作为桨梢小翼设计参数，对桨梢小翼布局螺旋桨进行一系列参数化设计与仿真计算。发现针对桨梢小翼参数，如高度、扭转角、倾斜角对螺旋桨性能改善有较显著影响，对于给定的小翼高度，存在效率提升最大的扭转角；对于给定高度、扭转角的小翼，存在效率提升最大的倾斜角。其原理是利用桨梢小翼有效改善桨尖流场分布，减弱翼尖涡，提高桨尖载荷，减弱诱导阻力，从而提高螺旋桨效率。

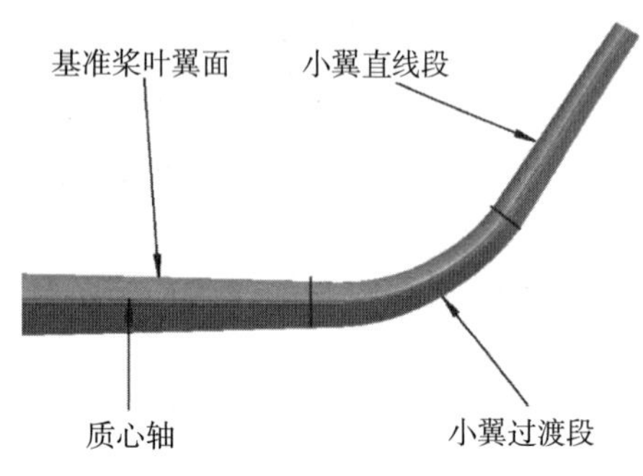

图 11-16　上翘桨梢小翼设计要素

此外，随着上翘小翼倾斜角的增加，螺旋桨效率逐渐增加，但倾斜角不宜过大。随着上翘小翼高度的增加，效率增量逐渐降低，当小翼高度过大时，会导致螺旋桨的效率降低。正的扭转角对螺旋桨效率提升是有帮助的，而负的扭转角不利于螺旋桨效率提升，且扭转角不宜过大。小的上翘小翼后掠角更有利于螺旋桨效率的提升，随着后掠角的增大，螺旋桨效率逐渐降低。

桨梢小翼螺旋桨布局是临近空间工况环境提高气动效率的一种合理可行的技术途径。

2. 协同射流控制螺旋桨

翼型的协同射流流动控制技术是美国迈阿密大学查戈成教授提出创新概念，其主要优点是不需要特殊介质和耗费能量小，同时能大幅度减小翼型阻力，甚至形成负阻力即推力。协同射流流动控制示意如图 11-17 所示。协同射流作为一种新兴的主动流动控制技术，打破了传统空气动力学观念的束缚，极大地增加了飞行器的升力，并改善了失速特性，从而使飞行器的综合性能得到了革命性的提升。

在国内，北京航空航天大学刘沛清等开展了联合射流控制技术的数值模拟研究，从环量增加和能量注入角度分析了升力增加和延迟分离的机理，结果表明，协同射流控制技术可以有效降低翼型零升迎角，提高翼型的最大升力系数和失速迎角[12]；西北工业大学朱敏等开展了应用协同射流控制的临近空间螺旋桨高增效方法研究，结果表明，采用协同射流技术可以使临近空间螺旋桨气动效率提高 5 %以上[13]；宋超等开展了离散型协同射流的堵塞度和喷口密集度等关键参数对流场结构、气动特性、功率消耗及能量利用率的影响效应与作用规律研究，结果表明，堵塞度越高、喷口越密集，增升效果越明显，但功率消耗更大[14]；许和勇等开展了应用协同射流控制技术的风力机翼型绕流数值模拟以及动态失速控制等研究[15]；张顺磊等首次通过在翼型内部布置小型风机实施对翼型的协同射流控制，并利用西北工业大学 NF- 3 大型低速风洞进行了协同射流的原理性验证，证明了协同射流翼型能够极大地增加翼型升力，减小阻力和增加失速裕度[16]；南京航空航天大学石雅楠对联合射流的控制效果和机理也做了一些研究，从环量的角度分析了协同射流的增升原理[17]。

协同射流流动控制技术将翼型上表面后缘分离的空气从吸气口吸入内腔管道，在内腔管道进行加速后再从前缘吹气口喷出。如图 11-18 所示。由于翼型上表面是负压去，并且前缘的负压很大，后缘负压很小，因此，只需要耗费较小的能量就能实现这种抽吸功能，经过试验研究，所需的气泵在百瓦量级。如图 11-19 所示为美国迈阿密大学查戈成教授进行的翼型协同射流流动控制风洞试验，结果表明，经过这种抽吸作用，使翼型后缘分离的气流重新加速后从前缘喷出，大大减小了翼型的压差阻力，经过合理设计吹气口、吸气口、管道和气泵，可以形成负阻力即推力。翼型协同射流流动控制后升阻特性如图 11-20 所示。

西北工业大学针对低雷诺数下协同射流关键参数对翼型性能的影响进行分析，选取射流动量系数、吹气口和吸气口各自的尺寸和位置作为关键参数，采用基于激励盘模型的协同射流翼型绕流数值模拟方法分析了关键参数对翼型气动性能的影响。分析表明，随着射流动量系数增加，有效升阻比先增后减，最大有效升阻比对应的射流动量系数随迎角增加而增大。此外，随着吹气口尺寸增加，升力系数几乎不变，有效阻力系数和气泵功率系数存在一个最小值，从而有效升阻比存在一个最大值，该最大值

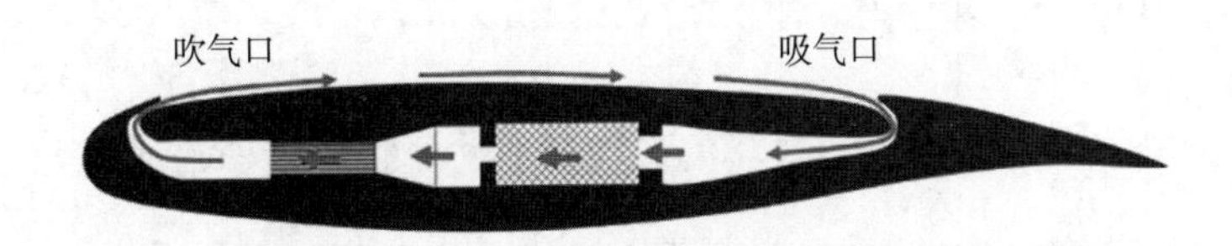

图 11-17　协同射流流动控制示意图

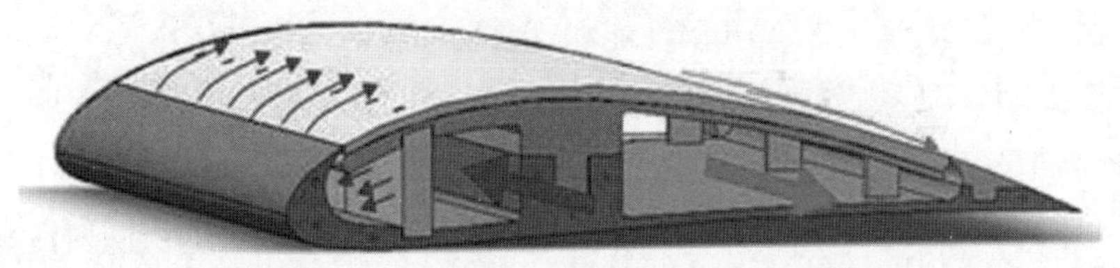

图 11-18　协同射流吹气吸气模型示意图

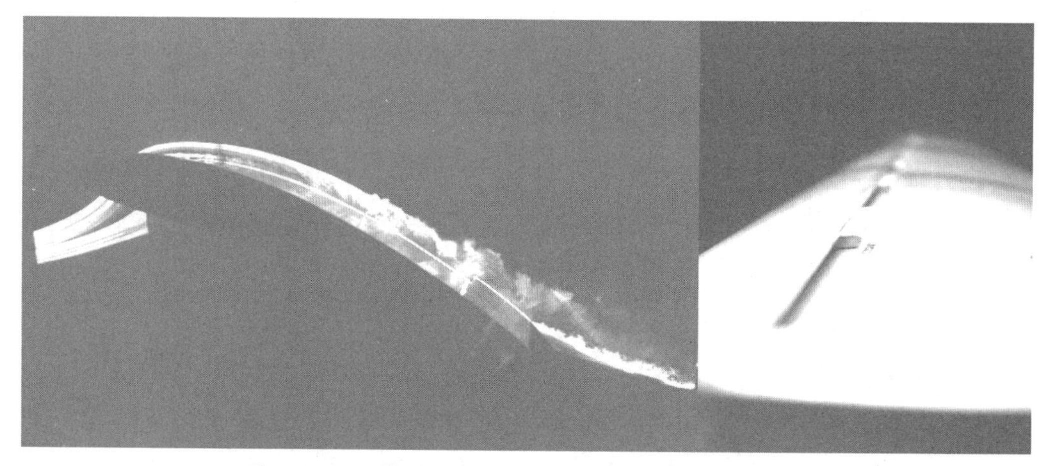

图 11-19　翼型协同射流流动控制风洞试验流场

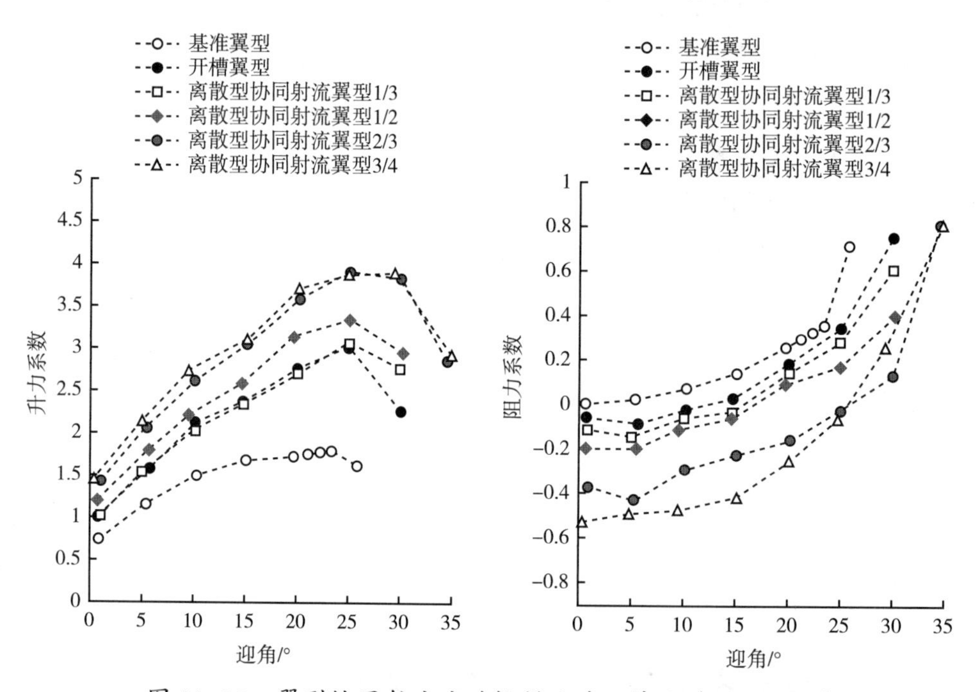

图 11-20　翼型协同射流流动控制后升阻特性（风洞试验）

对应的吹气口尺寸随迎角增加而减小。随着吸气口尺寸增加，升力系数几乎不变，有效阻力系数和气泵功率系数逐渐减小，有效升阻比先增加，后很快趋于平稳。最后，吹气口位置和吸气口位置对翼型气动性能和气泵功率系数的影响较小。

在螺旋桨设计中应用翼型协同射流流动控制技术后，经 CFD 计算表明，螺旋桨效率可以提高 10%。

西北工业大学通过对螺旋桨综合优化设计，得到带桨梢小翼的协同射流螺旋桨方案，如图 11-21 所示，初步性能计算效率从 54% 提高到 65%，并进行了初步地面原理样机试验[13]。

从数值模拟结果与实验值对比表明，数值模拟结果与实验值吻合较好，趋势一致，说明项目所发展的协同射流数值分析技术是正确有效的，能够有效模拟协同射流流动控制的复杂流场。

相对于其他气动布局而言，采用协同射流主动流动控制的三维螺旋桨有更好的气动特性，而且效果比较明显（在相同功率下效率提高了3%），即使在大功率、高载荷下也有较好的气动特性。由于针对采用协同射流流动控制三维螺旋桨进行研究还不够深入，因此对采用协同射流流动控制的三维螺旋桨进一步优化设计将会取得一定的突破。如图11–22所示为针对螺旋桨隔离单腔翼盒段原理样机进行的协同射流试验。

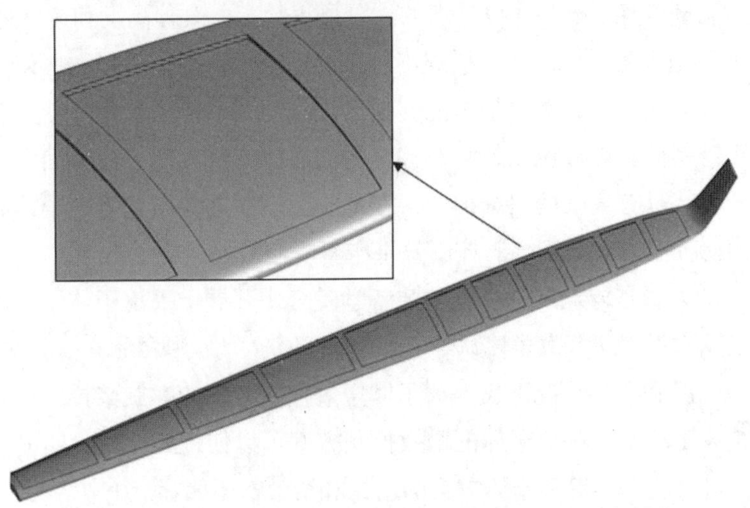

图 11–21　带桨梢小翼的协同射流螺旋桨气动外形

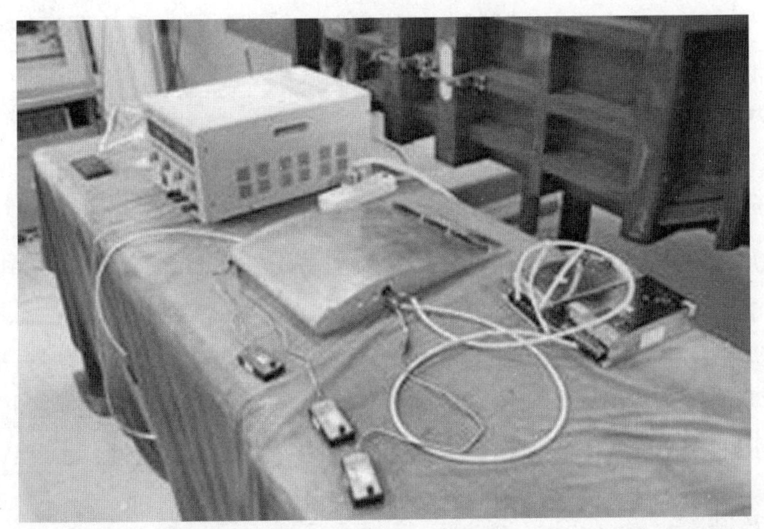

图 11–22　协同射流螺旋桨隔离单腔翼盒段原理样机测试试验

3. 等离子体流动控制螺旋桨

表面介质阻挡放电（Surface Dielectric Barrier Discharge，SDBD）是一种重要的大气压放电形式，可以作为电流体力学激励器用于控制内外流动，在飞行器转捩分离控制、激波控制以及降低表面摩擦阻力等方面具有很大的应用潜力[18]。近年来，国内外的研究表明，表面介质阻挡放电等离子体在抑制涡轮叶片、压气机叶栅的流动分离等方面都具有较好的效果，但利用等离子体流动控制技术抑制平流层螺旋桨流动分离、提高螺旋桨气动性能的研究报道还没有见到。实际上，临近空间的低雷诺效应造成严重流动分离是影响平流层螺旋桨气动性能的关键因素，而表面介质阻挡放电等离子体非常适合螺旋桨表面覆盖电介质层，施加高压交流电，产生定向运动等离子体，向附面层注入能量，有效改善非设计点的大分离流状态，改善高度和速度适应性。

国内开展应用等离子体的平流层螺旋桨工况适应性研究取得了一些研究成果，对非设计点的大分离流状态，等离子体能够显著提高功率、拉力及效率，显著改善工况适应性。对于控制低雷诺数流动，它在抑制平流层螺旋桨流动分离方面发挥了重要作用。平流层螺旋桨具有复杂的三维构型，在螺旋桨表面如何布置等离子体激励器、何种工况下采用何种控制方案都会对控制效果产生明显影响。

中国空气动力研究与发展中心已与装备学院合作开展了等离子体增效螺旋桨相关的仿真研究以及临近空间等离子体诱导流场实验研究[19]，并取得了一定成果。

低速重载工况和滑翔工况下，等离子体增效控制方案使螺旋桨拉力和效率明显增加。低转速抗风工况下，等离子体的增效控制方案可以使螺旋桨拉力明显增加。但螺旋桨高转速前进工况下，等离子体方案的增拉和增效都不明显。

总体而言，采用等离子体流动控制技术提高平流层螺旋桨性能的可行性已经得到验证，不过还需要进一步开展更加细化的研究，比如纳秒脉冲等离子体的流动控制等新兴等离子体增效控制方法。

4. 蒙皮主动振动流动控制螺旋桨

低雷诺流动会使翼型气动性能急剧下降，并出现严重的非线性效应。低雷诺数下翼型表面会出现周期性的涡旋生成、脱落等非定常流动现象，导致壁面压力系数、气动力系数的周期性波动，同时低速低雷诺数流动动压较低，流动结构易受到来流湍流度、噪声、壁面粗糙度等外来因素的干扰而发生变化[20]。对柔性蒙皮而言，壁面压力系数的波动会引起蒙皮发生局部变形和振动，这种振动对翼型的气动特性和流场结构造成何种影响逐渐成为人们所关心的问题，研究人员更进一步关注能否将这种振动加以利用，以此来改善翼型低雷诺数下的流场结构，提高气动特性，由此针对翼型蒙皮主动振动对气动特性及流场结构的影响研究变得急需而迫切。

为提高翼型在低 Re 下的气动效益，特别是抑制翼型层流边界层分离流动，各国学者做了很多努力，无论是采用协同射流技术、脉冲射流技术等的虚拟形状变形，还是采用小尺度局部结构的主动变形，都能对飞行器局部流场结构产生有利影响，进而提高飞行器飞行性能。近年来，柔性蒙皮振动对气动特性、流场结构的影响等相关研究成果陆续发表，2002 年，Munday 和 Jacob 采用风洞试验方法获取了不同攻角下翼型蒙皮振动时分离点位置和分离区大小，发现蒙皮在合适的振动频率下可以有效地阻止气流的流动分离，改善流场结构[21]。2009 年，郭秋亭采用翼型蒙皮局部主动振动对低速流场进行控制，探讨了振幅、频率以及在不同位置加载局部主动变形对翼型升力特性的影响，得出了一些有意义的结果[22]。2016 年，刘强在前人的工作基础上，对翼型柔性蒙皮施加给定参数的主动振动，探讨其对低雷诺数下气动特性及流场结构的影响规律及作用机制。时均化与非定常结果显示，翼型柔性蒙皮在合适的振动参数下，升力系数提高，阻力系数降低，时均化分离点后移，分离区缩小，分离泡结构由后缘层流分离泡转变为近似的经典长层流分离泡，且流体更加靠近壁面流动，大尺度的层流分离现象得到有效抑制。初步表明了柔性蒙皮振动的振幅和频率对低雷诺数翼型气动特性和流场结构具有重要影响[20]。2018 年，北京航空航天大学的李冠雄等建立了具有不同弦向位置、不同振动频率和振幅的局部振动力学模型，研究振动位置、振动频率及振幅对巡航迎角附近机翼升阻特性和流场结构的影响规律，并对蒙皮局部振动的增升减阻机理进行深入研究，得到合理的蒙皮振动流动控制方式，进而有效地提高翼型的气动性能[23]。表面局部振动可有效提高低雷诺数翼型气动特性，与刚性翼型相比，表面局部振动可使机翼升力系数提高 4.9%，阻力系数降低 15.3%，升阻比提高 23.8%。

四、螺旋桨结构方面的研究

正如前文提出的，高空螺旋桨一般直径大，相对厚度薄，截面扭转角较大，高强度的设计会使螺旋桨固有频率较低。但同时螺旋桨设计转速较高，要求固有频率较高。

为了在高强度条件下尽量减小螺旋桨质量，同时提高螺旋桨频率，国内外均进行了相关方面的研究。一些单位采用双腹板的复合材料螺旋桨结构形式来改善设计。

螺旋桨采用中空结构，并在内部设计一个贯穿桨根和桨尖的大梁，如此可在不增加重量的情况大幅度提高该桨挥舞刚度和扭转刚度。螺旋桨翼型剖面结构如图 11-23 所示。

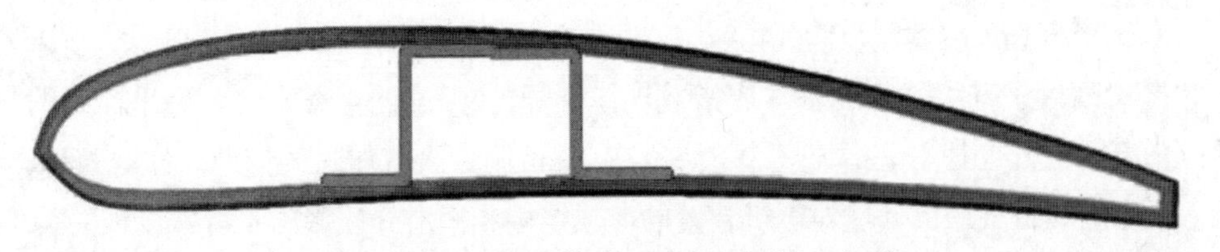

图 11-23　螺旋桨翼型剖面结构示意图

此外，在铺层方案上，以螺旋桨理论气动外形为基准，向螺旋桨内侧铺设复合材料，蒙皮铺层采用预浸料混合铺层形式，梁腹板铺层采用预浸料和泡沫混合铺层形式，腹板则采用泡沫夹芯结构。这种结构方案设计可以在保证螺旋桨强度的前提下尽量减小螺旋桨质量。

第三节　国内外电机技术研究

平流层飞艇因超长驻空时间、高分辨率对地观测等优异性能，是近年来世界各国在临近空间领域的研究热点之一。高性能电机系统是飞艇推进动力系统的重要组成部分。平流层极端的环境条件和飞艇的复杂工况要求，对电机系统提出了兼具超高效率、高功率密度、高可靠性的极限性能指标需求。以高效率电机系统为技术核心的全电动力推进系统在飞艇长期驻空、高度保持、主动返场等任务中发挥了关键作用，对于减轻平台总体质量、提高系统能量转换效率等目标实现具有重要意义。实际上，能源系统、动力推进系统密不可分，高效率电机系统在太阳能 / 储能电池系统和高空螺旋桨系统中间起到了桥梁作用，通过将电能转换为机械能 / 动能，实现平流层飞艇的姿态稳定控制和动力巡航。电机系统效率的提升（损耗降低，电能可以更高效地转换为螺旋桨的机械能）意味着在飞艇动力需求不变的前提下，能源系统的容量可以相应减少[24]。因此，太阳电池铺设面积以及储能电池容量相应减小，进而飞艇的总体结构减轻，有效载重增加。在保证系统总体可靠性的前提下，提高电机装置效率，可以间接缓解目前能源系统能量转换效率低、储能密度较低等技术瓶颈难题。因此，进一步提高电机系统效率是解决临近空间飞艇关键技术难题的有效途径，对于平流层飞艇具有重要意义。

一、高空电机性能需求

1. 短时大过载工作特性

平流层的空气比较稳定，大气以水平运动为主，在 20km 附近存在风速最小的区域，风速 20m/s，在某些地区可能出现 40 m/s 以上的大风并持续一定的时间。这就要求电机装置具有长期额定状态稳定运行，短时大过载的工作特性。

2. 耐低气压、耐臭氧及紫外辐射

随着高度上升大气密度基本成指数规律下降，20km 处空气密度是海平面处的 7%；压强随高度上升也基本呈指数规律下降，在 20km 附近大气压强约为地面处的 5.3%。低温、低密度、低气压的环境对电机装置的散热结构和润滑介质提出了特殊设计的需求。

此外，平流层中包含了大气层中臭氧的主要部分，在 20km 高度附近达到最大值。

臭氧在辐射平衡中起着重要作用，臭氧具有非常强的氧化活性，对许多材料产生氧化腐蚀作用，如环氧树脂、尼龙、橡胶等聚合物的耐臭氧腐蚀性很差，无机材料中铝、铜等抗臭氧腐蚀性较好，而铸铁、碳钢、镁合金、锌等的抗臭氧腐蚀性较差。另外，臭氧的氧化作用会随着环境温度的变化、环境含水情况而变化。因此，电机装置中的结构、密封、绝缘、胶黏剂等材料的选择和使用必须考虑臭氧腐蚀效应的影响。

空间电磁辐射即太阳电磁辐射，其包含波长极短的 γ－射线至长波射电波范围，对于平流层飞艇材料和系统产生效应的主要有紫外线、可见光和红外线。紫外线辐照是空间环境中聚合物材料损伤的主要因素之一。紫外光子作用于聚合物材料，将导致材料内的分子产生光致电离和光致分解效应，使材料产生质量损失、表面析气现象，使机械性能恶化。紫外线辐照与臭氧一起会导致材料的光致氧化效应，引起材料的质变。因此，紫外线辐照损伤条件也是影响电机性能和长期工作可靠性的重要因素，必须在电机装置性能需求中加以考虑。

3. 耐高低温 / 热循环效应

临近空间大气温度比较低，在 20km 附近为 –55℃左右，随着高度的上升温度有所升高，环境的温度在昼夜温差约 100℃，因此平流层飞艇在服役过程中，电机部件和暴露材料均受到高低温循环作用，产生热引力，可能导致材料的损伤和性能退化，是飞艇电机动力装置长期服役需要考虑的重要环境因素。

4. 其他需求

国内外所有的平流层飞艇方案设计和概念设计中都采用太阳电池或燃料电池作为动力来源，这样的“有限能源”工作条件使得作为能源消耗主要单元之一的电机系统必须具备高效率运行的特性。平流层飞艇体积庞大，升空浮力对飞艇结构质量、电池质量、负载质量都有严格限制，因此，电机系统也必须具有轻质化即高功率密度的要求。飞艇工作过程中会受到气流扰动产生大的扰动负载，电机系统必须具有较强的鲁棒性并具有一定的过载能力才能抵抗负载的突变，控制飞艇的行进路线。另外，平流层飞艇的显著特点是留空时间长，因此电机系统必须保证长期连续工作的高可靠性和安全性。

二、高功率密度电机技术研究

平流层飞艇体积庞大，升空浮力对飞艇结构质量、电池质量、负载质量都有严格限制，因此，电机系统也必须具有轻质化即高功率密度的要求。直驱电机采用电机直接驱动螺旋桨，系统结构简单，传动效率损失小，可靠性高，是未来高功率密度电驱动技术的主要发展趋势。一般来说，永磁同步电机具有效率高和功率密度高的优势，但是电机的效率指标和功率密度指标具有相互矛盾关系，提高电机效率必须降低电机的损耗：可以通过降低定子电流、减小铁心磁密、降低气隙磁密实现；提高电机的功率密度必须减小电机的质量：可以通过增大定子电流、增加气隙磁密实现。

因此，单纯从效率指标或功率密度指标来看，电机装置均能达到一个较高的水平。但是两者不能同时达到最佳，在提高某一性能的同时必然牺牲另一方面的指标，存在最佳配比关系。常规的电机设计难以同时满足两方面的要求，必须开展电机的电场、磁场、流体场多场耦合技术的研究，以及对以高效率、高功率密度为目标的多目标综合优化技术的研究。

国内外多个科研院所与高校均在高空高功率密度电机设计方法进行了研究。中国电科 21 所的王真等在 2013 年提出了一种永磁同步电动机的设计及仿真方法，尝试探索高功率密度永磁电机的设计规律，并进行了仿真验证[25]。东南大学的董剑宁等在 2014 年对高功率密度永磁电机可能面临的问题进行了分析和针对性的讨论，从定转子损耗、轴承支承和热应力等方面对电机的选材、设计等提出了建议[26]。哈尔滨工业大学的张成明等在 2014 年提出对永磁同步电机进行参数化设计，探索高效率外转子直驱式永磁同步电机结构参数对电机本体效率和功率密度的影响规律，并取得了一些成果。他们指出，合理选择电机极槽配合和槽型结构有利于消除高次谐波，提高整机效率。采用 Halbach 永磁阵列结构可以优化气隙磁场波形，提高电机本体效率，同时提高功率密度。此外，哈尔滨工业大学的研究人员还通过磁路计算和有限元仿真分析，设计了外转子永磁同步电机系统样机并进行了测试。实验结果表明，样机性能指标与理论分析基本一致，达到了高效率设计的目标[24]。

三、高可靠性和高鲁棒性电机技术研究

可靠性设计是在设计中挖掘和确定隐患及薄弱环节，并采取设计预防和改进措施，降低系统故障率，使系统在一定约束条件下取得最佳的可靠性。平流层复杂环境对电机系统可靠性提出了很高的要求。因此，在进行电机系统可靠性设计时，首先应该全面考虑自身的缺点，在执行任务的过程中系统各个组件可能出现的故障，并根据相应的故障模式采取相应的对付措施。分析影响高空飞行器推进电机的可靠性因素：复杂的工作环境、整装结构以及方案的选择，以保证低成本、低功耗、高可靠性的目的。

西北工业大学的窦满峰等从工程实践角度对高空飞行器推进电机可靠性问题做了相关研究分析，提出了高效、可靠性高、大功率永磁无刷直流电动机及其驱动控制的装置及设计方法。在硬件层面，针对失效率高，以 DSP 为核心的控制系统关键元件采取了器件降额设计，对温度敏感器件降低其热应力。采用高可靠性、高集成度的 IPM 智能功率模块，实现低功耗、快速的过流保护、过热保护、驱动电源欠压保护，使设

计更为简洁、可靠，抗干扰能力强，保证电机可靠运行。在软件层面，采用模块化设计方法，严格控制模块接口，尽可能使故障局部化。设计模块中增加故障检测模块，通过软件功能提高可靠性，主要有过压故障保护、欠压故障保护、过流故障保护、过热故障保护、过速故障保护、传感器故障保护以及通信故障保护等。此外，还通过冗余设计、热降频设计等设计思想，进一步提高了电机装置的可靠性。并通过推进电机整体功能试验、性能试验及环境试验，验证了设计方法的有效性，为高可靠性电机设计提供了参考方向[27]。

西北工业大学的杨剑威等针对大气密度随海拔高度变化引起的永磁无刷直流电机驱动高空螺旋桨负载变化不断波动的问题进行了研究。传统永磁无刷直流电机控制中较常用的定参数 PID 控制方法具有算法简单、易于实现等优点，在一般电驱动系统中得到了广泛的应用，但由于永磁无刷直流电机具有时变、非线性、强耦合等特点，传统定参数 PID 控制方法的控制参数不能随环境变化而调整，不具有整体优化功能，加之高空螺旋桨负载转矩受大气密度影响，并随海拔高度不断变化，波动较大，传统定参数 PID 控制方法较难满足高精度系统的静动态性能指标，在保证系统的快速性和鲁棒性等方面都无法得到满意的效果[28]。

因此，西北工业大学的研究人员提出了一种新的永磁无刷直流电机驱动螺旋桨负载的控制方法——基于动态重置粒子群算法的永磁无刷直流电机 PID 参数控制方法。该方法利用动态重置粒子群算法灵活均衡的全局寻优和快速的局部寻优能力，对永磁无刷直流电机控制系统 PID 参数进行在线寻优。通过理论分析及仿真和实验，该方法与传统 PID 控制相比，电机在启动过程中，转速上升时间短，转速和转矩超调小，且在负载波动过程中，电机转矩波动小。该方法提高了控制系统的 PID 参数在线优化能力，比传统 PID 控制具有更好的动态特性和鲁棒性，适用于永磁无刷直流电机螺旋桨负载电驱动系统。

四、高空电机低损耗和高散热技术研究

高效率永磁电机的研究离不开电机内损耗的准确计算，对于高功率密度电机来说，由损耗引起的电机发热问题往往成为高功率密度电机功率密度进一步提升的制约因素。因此，除了要准确计算电机内损耗，还需要设计合理的散热。

哈尔滨工业大学的张江鹏等通过借助参数化高空永磁电机的损耗特性，提出了永磁电机受状态参数约束的效率和功率密度的参数化模型。基于此模型，提出永磁电机“功效积”概念，构建永磁电机参数化的“功效积”方程，分析最大“功效积”条件下的电机参数取值规律，定量分析参数变化时永磁电机效率和功率密度的相互影响规律。并在此基础之上，提出一种新型的基于热管轴向导热的电机散热结构，解决高空

中电机散热性能与散热器尺寸和重量受限制之间的矛盾关系。建立热管的热阻模型，分析热管的热参数，基于热管等效模型建立外转子电机的 2D 以及 3D 等效温度场计算模型，并对电机的温升进行精确求解，最后通过实验验证理论分析的正确性，为电机散热设计提供了参考[29]。

为了定量描述永磁电机的效率随参数的变化规律，张江鹏等通过参数化方法获取了永磁电机的效率和功率密度的参数化方程，研究表明，当其他条件不变时，永磁电机的铜损耗与铁损耗、涡流损耗之和相同时具有最大的效率。此外，研究结果还显示，在电机的外形尺寸不变的条件下，提高功率密度时，效率先增加后减小，存在最佳效率值；当保持输出功率不变，改变电机的体积时，电机的效率随功率密度的提高而逐渐下降，基本呈反比例关系，即效率和功率密度的乘积基本保持不变。

一般来说，在空间尺寸允许的条件下，高功率密度电机常采用液冷或者强制风冷的散热方式，具有良好的散热效果。但是在临近空间飞行器上，受体积和质量限制，常规的冷却散热方式无法实现。因此，张江鹏等提出了一种基于热管轴向导热的新型散热结构。置热管于定子铁心内部，能够快速将绕组产生的热量传递至电机外部，降低电机的整体温升，有助于电机实现高效率和高功率密度。热管是一段由管壁包围的封闭的真空容腔，管壁内部覆盖一层吸液芯（或者光管），容腔内填充能够汽化的液体工质，根据工作环境温度的不同选择不同的填充工质。整个热管按照功能区别可以分为 3 段，分别为蒸发段、绝热段及冷凝段。通过径向传热热阻的热网络模型，计算等效散热系数等方式，建立了电机的 2D 温度场计算模型和 3D 温度场计算模型，并通过试验验证了仿真结果[30]。

电机温度场计算结果表明，这种基于热管轴向导热优化散热结构，在不额外增加电机质量的前提下能够有效降低电机尤其是电枢绕组部分的温升，提高电机的效率和可靠性。这种热管轴向导热的散热结构解决了特殊环境下电机的散热问题[31]。

参考文献

[1] 杜绵银，陈培，李广佳，等. 临近空间低速飞行器螺旋桨技术［J］. 飞航导弹，2011（7）：15–19，28.

[2] 蒲鸽，宋笔锋，安伟刚，等. 复合材料螺旋桨结构高效优化方法研究［J］. 机械科学与技术，2010，29（2）：184–187.

[3] 马蓉. 临近空间飞行器螺旋桨低雷诺数高升力翼型综述［A］. 中国力学学会. 庆祝中国力学学会成立 50 周年暨中国力学学会学术大会’2007 论文摘要集（下）［C］. 中国力学学会，2007：1.

[4] Taku Nonomura，Kozo Fujii，Ryoji Kojima，et al. Large-Eddy Simulation of Low-Reynolds-Number

Flow Over Thick and Thin NACA Airfoils [J]. Journal of aircraft，2013，50 (1)：187–196.

[5] M. Galbraith，M. Visbal. U.S.Implicit Large Eddy Simulation of Low–Reynolds–Number Transitional Flow Past the SD7003 Airfoil [C]//40th Fluid Dynamics Conference and Exhibit. 2010：1–32.

[6] Pareto–Optimality–Based Constraint–Handling Technique and Its Application to Compressor Design[C]// 35th AIAA Fluid Dynamics Conference. 2005：1.

[7] 朱志斌，尚庆，白鹏，等. 翼型低雷诺数层流分离现象随雷诺数的演化特征 [J]. 航空学报，2019，40 (5)：57–67.

[8] Irwin K，Mutzman R. Propeller Proplet Optimization Based upon Analytical and Experimental Methods [A]. AIAA–80–1241.

[9] Sullivan J P. Proplet Propeller Design /Build /Test Final Report [R]. Purdue University Report，West Lafayette，Indiana，America：Purdue University，2005.

[10] J. H. Xu，W. P. Song，X. D. Yang. Effects of Proplet on Propeller Efficiency [C]// 第六届流体力学国际会议论文集. 2011：165–168.

[11] 许成杰，杨旭东，朱敏. 临近空间桨梢小翼螺旋桨布局气动增效研究 [J]. 航空计算技术，2011，41 (5)：61–64.

[12] 刘沛清，旷建敏，屈秋林. 联合射流控制技术的增升效果和机理 [J]. 北京航空航天大学学报，2009，35 (6)：737–740.

[13] 朱敏，杨旭东，宋超，等. 应用协同射流控制的临近空间螺旋桨高增效方法 [J]. 航空学报，2014，35 (6)：1549–1559.

[14] 宋超，杨旭东，朱敏，等. 应用离散型协同射流的翼型增升减阻研究 [J]. 西北工业大学学报，2015 (2)：191–196.

[15] Heyong Xu，Shilong Xing，Zhengyin Ye. Numerical study of the S809 airfoil aerodynamic performance using a co–flow jet active control concept [J]. Journal of Renewable and Sustainable Energy. 2015，7，023131.

[16] Shunlei Zhang，Xudong Yang，Bifeng Song，et al. Numerical and Experimental Study of the Co–Flow Jet Airfoil Performance Enhancement [C]. AIAA 2017–1694. 55th AIAA Aerospace Sciences Meeting. January 2017.

[17] 石雅楠. 零质量射流流场数值模拟方法研究 [D]. 南京：南京航空航天大学，2015.

[18] 程钰锋，聂万胜，车学科，等. 不同压力下介质阻挡放电等离子体诱导流场演化的实验研究 [J]. 物理学报，2013 (10)：295–302.

[19] 李国强，周思引，倪章松，等. 平流层螺旋桨多工况等离子体增效控制方案研究 [J]. 航空计算技术，2014 (2)：26–31.

[20] 刘强，刘周，白鹏，等. 低雷诺数翼型蒙皮主动振动气动特性及流场结构数值研究 [J]. 力学学报，2016，48 (2)：269–277.

[21] Jamey Jacob，David Munday.Active Control of Separation on a Wing with Oscillating Camber [J]. Journal of aircraft，2002，39 (1)：187–189.

[22] 郭秋亭. 局部主动变形翼型和折叠翼变形飞机动态气动特性数值模拟研究 [D]. 四川：中国

空气动力研究与发展中心，2009.

[23] 李冠雄，马东立，杨穆清，等. 低雷诺数翼型局部振动非定常气动特性[J]. 航空学报，2018，39(1)：113-125.

[24] 张成明. 高效率高功率密度电机系统关键技术研究[A]. 第三届高分辨率对地观测学术年会优秀论文集[C]. 2014：12.

[25] 王真，王健，熊林根，等. 临近空间环境下高功率密度电机组件设计及仿真[J]. 微特电机，2013，41(8)：76-78.

[26] 董剑宁，黄允凯，金龙，等. 高速永磁电机设计与分析技术综述[J]. 中国电机工程学报，2014(27)：4640-4653.

[27] 贺梦颖，窦满峰，赵祥君，等. 高空飞行器推进电机的可靠性研究[J]. 微特电机，2014，42(8)：51-54.

[28] 杨剑威，窦满峰，骆光照，等. 高空螺旋桨无刷直流电机重置粒子群PID控制[J]. 西北工业大学学报，2016，34(2)：313-320.

[29] 张江鹏. 高空飞行器用高效率高功率密度永磁同步电机研究[D]. 黑龙江：哈尔滨工业大学，2018.

[30] 张明慧. 临近空间飞行器电推进系统用永磁无刷电机损耗与温升研究[D]. 西安：西北工业大学，2016.

[31] 张明慧，刘卫国. 高空条件下永磁无刷直流电机温度场研究[J]. 微电机，2017，50(2)：11-16.

第三章　发展预测及关键技术

第一节　研究思路

平流层飞行器的工程化发展需要遵循“基础研究先行、关键技术攻关为主、试验系统建设为辅”的思路进行。因此，针对目前高空高效螺旋桨及电机技术发展现状，主要以改善低雷诺数下翼型气动特性、提升螺旋桨效率、提升电机效率和功率密度、改善电机散热、拓宽螺旋桨和电机工况适应性及提高动力推进系统可靠性为目标，开展基础理论问题和关键技术攻关研究，为平流层飞行器提供高效、可靠、稳定的动力系统奠定技术基础。

第二节　研究展望

一、螺旋桨技术

围绕常规螺旋桨基础理论问题、协同射流流动控制螺旋桨、可变桨径 / 桨距螺旋桨、等离子体流动控制螺旋桨、全飞行包线宽工况动力推进系统自适应等技术路线开展攻关研究，分两个方面提升螺旋桨性能。

一方面，围绕螺旋桨效率提升开展基础理论问题研究，完善设计理论，深入开展低雷诺数高升力等研究，继续深入探索低雷诺数下翼型绕流演化机理，归纳高升力翼型设计方法和体系，同时开展相应的试验测试技术研究。

另一方面，围绕协同射流 / 等离子体 / 主动振动流动控制螺旋桨、可变桨径 / 桨距螺旋桨和全飞行包线自适应推进技术等技术路线，开展关键技术攻关。提高设计水平和效率指标，扩大高效率使用工况范围，加强工程化研制能力。

二、电机系统技术

一方面，随着国内外学者对电机基础理论的不断完善深入，超高效无铁芯永磁同步电机、高功率密度横向磁通电机、磁齿轮电机、超导电机等新原理、新结构的电机系统使平流层飞行器电推进电机具有更多的选择性。

另一方面，具有更高性能的电磁材料和电子元器件正在由实验室逐步进入应用领域，这些材料和器件的使用必然能够进一步提高电机装置的性能。我国对平流层飞艇电动力推进系统的研究起步较晚，与国外相比有一定差距，超高效率/高功率密度/高可靠电机拓扑结构、高效高可靠驱动控制方法、高效散热技术、地面模拟测试技术等诸多关键技术有待攻关，基础理论和分析方法有待建立和完善，是本领域未来的重点发展方向。

第三节　技术攻关重点

一、螺旋桨可压缩低雷诺数流动特性与效率

主要技术攻关内容：高亚声速低雷诺数分析方法研究、高亚声速低雷诺数翼型系列完备与覆盖性研究、高空螺旋桨高增效技术研究、基于基础最优桨+桨梢小翼+协同射流、等离子体和主动振动等新型的高空螺旋桨高增效技术研究、高空螺旋桨性能精确测试的试验技术研究、高精度螺旋桨复合材料结构综合设计和工艺补偿技术等。

二、高效/高功率密度/高可靠性电机系统技术

主要技术攻关内容：超高效率高功率密度高可靠电机拓扑结构技术、高效高可靠驱动控制技术、高效散热技术、地面模拟测试技术电机系统的高效与高功率密度设计技术、驱动电机的综合分析与优化技术、大惯量螺旋桨速度控制及制动技术、平流层环境下电机与减速器散热技术、电机系统低温低气压润滑技术、电机系统的环境适应性测试和可靠性增长技术等。

三、全飞行包线动力推进系统自适应技术

主要技术攻关内容：新型变桨径/桨距螺旋桨机构设计、现有的航空发动机及其未来高水平发动机选型研究、起飞/精确返场阶段航空发动机与螺旋桨电动力推进系统的推力比控制策略研究、升空/下降阶段螺旋桨电动力推进系统桨径控制规律研究、驻空巡航阶段螺旋桨电动力推进系统桨径/桨距控制规律研究、新概念无铁心电机磁路结构与电磁力关系模型、新概念无铁心电机的力、电、磁、热等多物理场耦合数值模拟方法、新概念无铁心电机结构/电磁/温升控制设计方法、高效率发电/电动一体化变流/驱动方法、高鲁棒性电机控制方法等。

撰稿人　宋笔锋　王海峰　焦　俊

第十二篇　浮空器试验技术与保障

第一章　浮空器试验技术主要特点

浮空器不同于常规航空固定翼飞行器或航天卫星，一般属于大型柔性体浮空器，浮空器试验技术对气象因素、场地条件、操作要求等有其特殊之处。

一方面，对系统内场充气集成测试的工作要求充分到位，要求内场集成场地、设备配套的完善性要高；同时浮空器系统集成测试流程要固化，形成规范。浮空器设计加工完成后进行外场飞行试验之前，进行集成测试是必不可少的环节。它不但是将囊体及设备安装集成的过程，也是对浮空器性能与功能集中测试的过程。对于大型浮空器来说，集成测试过程是对性能指标的验证和梳理，也是飞行试验前的内场演练，通过集成测试，有助于更详细准确地测量集成与设计的偏差，修正浮空器性能参数，根据演练和模拟中的情况制定更科学合理的应急措施。

另一方面，浮空器系统进场开展试验，也要求对浮空器系统外场总装集成、飞行试验技术流程与场地的配套提出要求。因此，针对内、外场浮空器系统总装集成试验的保障技术研究是浮空器开展外场试验的重要内容。

第二章　浮空器试验保障基础设施

浮空器基础设施是研制现代高性能浮空器产品的技术基础，包括浮空器研究和设计条件保障、试制生产条件保障和试验条件保障等基础设施。随着浮空器技术的发展与进步，技术指标越来越高，相应地对设备保障能力也提出了越来越高的要求。

另外，随着我国对氦气总需求量的增加以及氦气使用过程中出现的一些问题，氦气起源也成为日渐重要的因素，关于氦气的回收、提纯设备保障问题应引起重视。

第一节　固定基础设施

一、大型浮空器地面支持保障技术

大型浮空器尺度巨大，长度可达 200 多米，充气成形后体积可达几十万立方米，其中高空气球体积甚至发展到了百余万立方米。因此，浮空器的地面支持、保障系统组成庞大而复杂。

地面支持系统通常应具备浮空器系统的总装检测、存放、牵引系泊、氦气保障、气象保障、飞行指挥控制、测控、通信、机动回收、维护维修、后勤保障等诸功能。合理地设计和建设大型浮空器地面支持保障系统是一项综合性非常强，与系统可靠性、经济性、安全性密切相关的重要技术。

根据其工作原理，浮空器基本是靠浮力升空，高空气球、高空飞艇、系留气球升空过程中一般均为净轻；低空飞艇一般为净重，但相对于体积来讲，其净重量很小。因此，浮空器受环境影响很大，尤其是风、温（度）、湿（度）、压（力）对其影响显著。为了安全，浮空器在集成、联试和飞行试验过程中对地面保障设施的要求很高。这些设施按用途种类可分为存放设施、测控设施、试验设备以及发放设施等。发放试验设施按移动性又可划分为固定设施和移动设施两大类。

对于浮空器发放、飞行等的试验场，主要建设内容包括建设艇库（图 12-1）、生产车间及库房、综合指挥控制及研发中心、气象和雷达站、员工宿舍、食堂等，配套供电、给排水、供热、安防及起降场、道路、围墙（栏）工程、危险品存放场地等。

图 12-1　艇库示意图

其中，对于飞艇、气球等最重要最具特色的是尺寸巨大的浮空器艇库（球库）。艇库用于飞艇或气球的集成安装、充气操作、等待合适天气窗口的锚泊。没有艇库的飞艇操作，将遭受大风、雷雨等不良天气的严重威胁，尤其是大风极易造成飞艇艇体的破坏。

通常，满足临近空间飞艇集成、调试、维护和起降需要建造专门的放飞返回场，需要根据飞艇的起降及飞行要求，根据地理、交通、航路、安全、气象等方面的要求选择适合建设飞艇放飞返回场的地址。在放飞返回场选址确定后，需要根据飞艇集成、调试、测试、维护、起降、测控的要求设计建设方案。

1. 国外情况

近二十年来，随着飞艇的发展，一些国家相继建造了新的飞艇试验基地。其中艇库建设一直以来是制约平流层飞艇发展的主要因素之一，其承担指挥控制中心、总装检测系统、测控系统、通信系统、牵引系泊系统、氦气保障系统、气象保障系统等功能，作用意义重大。合理的设计和建设大型艇库是一项综合性非常强，对系统可靠性、经济性、安全性关系重大的技术。

大型系留气球和飞艇（尤其是对流层飞艇和平流层飞艇）的生产和试验需要一个停放场地，使其能安全停泊，保护设备。美国的 Akron 飞艇试飞基地（图 12-2）、英国的 ATG 公司、德国的齐柏林飞艇公司、Cargolifter 公司等都有试飞艇库。

齐柏林飞艇公司于 20 世纪 90 年代在腓特烈新建了飞艇试验基地（图 12-3），当今运营的最大载人飞艇“齐柏林 NT”主要以此作为起降场。

德国的 Cargolifter 公司于 2000 年建成了目前世界上最大的艇库（图 12-4）。艇库长 363m，宽 225m，高 107m。

为了开展平流层飞艇系统的研制与试验，日本于 2008 年开始使用建设在北海道东南部 Taikicyou，Hokkaidou（42.5N，143.4E）的平流层平台试验场，试验场建有开展飞行试验必需的基本设施，包括发放场地、球库、跟踪雷达、气象探测雷达、飞行控制

图 12-2　美国 Akron 飞艇试飞基地艇库

图 12-3　齐柏林飞艇公司腓特烈飞艇基地

图 12-4　德国建造的世界上最大的艇库

塔台（图 12-5）等。试验场的跑道宽 60m，长 1000m，艇库长 83m，宽 30m，高 35m。

2. 国内研究现状

进入 21 世纪后，随着浮空器技术研发的升温和平流层飞艇技术研究的开展，国

图 12-5　日本平流层浮空器试验场

内主要科研单位，如中国科学院光电院、中国电子科技集团公司第三十八研究所、中航 605 所等单位相继在本单位或所在地区建立了生产加工基地、测试厂房及浮空器试验场。目前一般利用现有大型浮空器加工、总装测试中心，以满足近期平流层飞艇加工和试验需求。

2010 年，中国科学院北京新技术基地建成，浮空器总体单位——光电研究院拥有总建筑面积为 18000m^2 的办公楼。其中，浮空器飞行控制仿真大厅和仿真实验室为浮空器飞行控制系统的仿真测试提供场地保障。

专用浮空器研制加工车间长 200m，宽 12m，总建筑面积 2400m^2，为亚洲最大，可以满足 100 万 m^3 高空气球、数万立方米级飞艇和系留气球加工生产的需要，见图 12-6。

图 12-6　浮空器研制车间

专用浮空器总装集成测试大厅长 80m，宽 45m，高 45m，总建筑面积 3600 平方米，可以满足数万立方米浮空器的总装集成测试需求，见图 12-7。

中国电子科技集团公司第三十八研究所在安徽也建设有浮空器总装生产厂房，见图 12-8。

除总装测试厂房的建设外，为开展中小型无人飞艇和其他浮空器的试验，还有一些单位依托当地机场建立了高空气球、飞艇的试验基地，如中国科学院在内蒙古建立了浮空器试验场（图 12-9），达天飞艇公司在宁夏中卫军民两用飞艇基地（图 12-10）等，用于开展各类浮空器平台的发放试验，

在中国科学院内蒙古飞行试验基地，配备有飞行试验所需的高压氦气运输半挂

图 12-7　浮空器集成测试大厅

图 12-8　中国电子科技集团公司第三十八研究所浮空器总装生产厂房

图 12-9　中国科学院内蒙四子王旗基地

图 12-10　达天飞艇军民两用基地

车、氦气回收提纯装置、车载大功率发电机组及若干小型发电机、遥测遥控地面系统（1 套为固定式系统，1 套为移动系统），可完成浮空器飞行全程测控、数传及跟踪定位任务，也可组合使用，提高可靠性或增加覆盖范围，测控距离可达 500km。

但是随着技术要求的提升，大型浮空器体积变得巨大，国内现有生产条件难以满足大型浮空器的总装测试需求。需规划论证下一代大型浮空器加工中心，以及选址建设新的试飞场地和艇库。

拟建设的艇库需考虑大型平流层飞艇能停泊的标准进行设计，这样可同样支持用于大型系留气球、大型对流层飞艇、重载高空气球等生产、总装、调试。同时配套建立浮空器研究实验室，目前材料、能源、动力等基础技术是浮空器系统发展的重要因素，不断发展浮空器系统基础技术是发展浮空器系统的重要前提。

建立专门用于浮空器基础科学研究的浮空器研究实验室、工程技术中心等，具备基础科学、关键设备等研发条件，具有专业浮空器人才培养能力，形成科学、技术和工程层次递进的科研体系，全面具备对流层飞艇、平流层飞艇、高空气球和系留气球设计、制造、检测、试验与应用技术条件，在浮空器领域形成较强的自主创新能力和核心竞争力，满足未来大型对流层飞艇、大型系留气球及平流层飞艇等浮空器产品的研发需求。

二、试验场选址设计

总体来看，目前临近空间飞艇技术的研发在国内还处于技术攻关和前期试验阶段，对临近空间飞艇试验基地选址等问题的考虑还不成熟，尚未见有系统的论述。

浮空器放飞返回试验场的选址和建设需要综合考虑气象、空管、安全、交通、应用等要求或限制。飞艇、气球等浮空器放飞返回场的场址选择关系到建设投入和使用成本。目前，针对中国区域，考虑空航路和人口密度因素的影响和限制，在西部地区建立放飞返回场是较好的选择。

选址考虑因素重点是开展对拟选区域的气象、地理、安全、空中航路、交通条件等情况的调研、论证。

1. 地理条件

临近空间飞艇放飞场占地面积较大，要求地势平坦、开阔，便于飞艇的起降操作。备选地域应躲开地震断裂带，无常发地质灾害如泥石流、洪水等，土质硬实，便于起降场地建设。

选择临近空间飞艇发放与返回试验场地理位置的另一个重要条件是具备长久使用和发展的条件。在这方面，不仅要考虑放飞返回场本身的长久性，还要考虑所在地区的长远发展规划前景。否则，即便放飞返回场可长期存在，但周边地区的发展将有可能影响放飞返回场的使用。

2. 气象气候条件

气象气候条件对浮空器的起降和飞行有严重的影响。为了保证飞艇起降的安全，要求地面风较稳定，风速较小；而为了使放飞返回场有较高的可用度，为飞艇常年提供更多选择余地的起降窗口，要求所在地常年地面风相对较小，年均恶劣天气日数少。

除地面气象条件外，飞艇的升空和降落过程也受放飞返回场所在区域高空气象条件的影响。为此，需要了解掌握所在区域 30km 高度以下的高空气象环境的基本情况变化规律，重点了解高空气流和雷电环境信息，根据飞艇升空、降落和飞行的基本要求，对备选地区高空气象环境的满足度进行评估分析。

3. 地面安全

选址要考虑的地面安全问题分为两类，一类是试验场自身安全的问题，另一类则是飞艇在起降过程中一旦出现事故可能对地面设施构成的安全问题。

对于试验场自身安全的问题，如果场址建在与外界有相当空间距离的位置，则安全保护问题相对容易解决，在安全防护设施上的投入不需要太大。

飞艇在升空和降落过程中的机动性与飞机相比较差，从地面上升到巡航高度或从巡航高度降落到地面，水平飞行范围在不同的季节相差很大，最大估计超过100km。在此过程中一旦飞艇出现严重故障坠地，则后果严重。如果这种情况发生，应尽量避免对人群或重要地面设施造成伤害。因此，发放返回试验场应尽可能建在人口密度较低的地方，远离地面上的重要基础或工业设施，如大型电站、高压输电网和水坝等。

4. 空中航路条件

临近空间飞艇、高空气球等浮空器飞行高度高于飞机的飞行高度，它们在巡航飞行或定点时不会对其他航空飞行器造成影响。但在下降和上升过程中，飞艇、气球将穿越所有飞机的航线高度，极有可能对飞机的飞行产生影响。低空飞艇则整个飞行过程中都有可能与飞机航线相交。由于相对飞艇而言，飞机是高速飞行器，飞行机动性强，如果短时飞艇飞行，一般可通过申请空域，由航空管制部门协调，要求飞机避让，实现飞艇飞行的空域保障。

我国目前的航线分布与我国人口分布密度类似，相对较发达城市位于高人口密度区，航线密度也高。从考虑飞艇起降以及低空飞行对飞机飞行影响的角度，飞艇放飞返回场一般建在西部。

5. 交通电力与通信条件

放飞返回场的建设规模较大，无论是在建设阶段还是在使用期间，都有大量的人员往来和货物运输，需要有较为便利的道路和交通条件，进入场区的道路应可使重载车辆驶入。

为了保证试验场内各种设备的用电、用水和必需的生活条件，需要所选地区具备或建设供应数百千瓦级市电的能力。同时，区域内应为电话、移动通信网络覆盖，保证场区与外界的通信联络畅通。

三、试验场建设方案设计

根据飞艇等浮空器的特点，系统地面集成、发放与回收操作、飞行协调与控制、日常工作及生活的需要，放飞与返回试验场一般由集成测试区、飞行控制区、发放（降落）场区、办公区和生活区构成。

1. 集成测试区

集成测试区的主要功能是用于飞艇系统的集成、测试和调试，艇载电源系统集成测试，任务载荷组装与调试，动力推进系统测试等。该区的主要设施是艇库，艇库的尺度大小根据集成测试的飞艇的尺度和意欲同时停泊在库内的飞艇（浮空器）数量而定。另外，还有一些辅助设施用以满足飞艇的集成测试、能源、动力推进、任务载荷、气体存储等系统设备的需要。

艇库是临近空间飞艇放飞返回场的重要设施之一，飞艇的集成测试及调试、维护与维修等均需在艇库内进行。如果建在沿海地区，要求其能够抵御台风；如果是傍山而建，可以借助有利的地势条件，但对地质条件要求较高，而且由于山地影响，会造成地面风紊乱，不利于飞艇出库转场。因此，目前很多试验场艇库都选址建设于平坦地面，临近试验发放场地。

艇库的开口处应能使飞艇充气整体进出，将对飞艇飞行前的准备工作提供极大便利，可以缩短飞行前最后准备时间，抓住最好的升空时间窗口。

飞艇从两侧进出艇库将提供很大便利，这种情况下，整个试验场的占地面积要求较大。如果艇库从顶面开口，飞艇从顶面进出艇库，可以降低对试验场占地的需求，省掉转场环节，减少了转场技术风险，节省了转场时间，但艇库建造的技术难度和对飞艇起降技术的要求都会有所增加。

2. 飞行控制区

飞行控制区是浮空器试验场的指挥控制中心，主要功能是监控飞艇地面检测、升降操作和飞行，接收和监测地面与高空气象信息，接收飞艇传回的各种信息，向飞艇发送各种控制指令，保持与航空管制部门的飞行协调，指挥应急状态下的各种行动和操作。

飞行控制区的主要设备有地面测控、指挥系统，飞艇状态显示设备，气象预报与探测数据接收、处理、显示设备，广播通信设备等。

3. 发放（降落）场区

发放（降落）场区用于浮空器的起飞和降落，可由一个矩形跑道和一个圆形场地构成，矩形跑道主要用于飞艇、气球的起飞和降落，圆形场地主要用于飞艇、气球起飞前和降落后的一些外场操作。跑道和圆形场地要求平整、坚实，可满足重载车辆行驶的要求。

4. 办公区

办公区是试验场行政办公地点，主要设施是办公用建筑，供试验场人员和试验人员办公使用。

5. 生活区

生活区是提供试验人员住宿和就餐等活动条件的区域。

浮空器放飞返回场的典型布局示意如图 12–11 所示。

6. 气象条件保障

在发放（降落）场区周边的合适位置处安装各种气象探测雷达和本场自动气象站，注意避免建筑和电磁波对探测结果的影响。

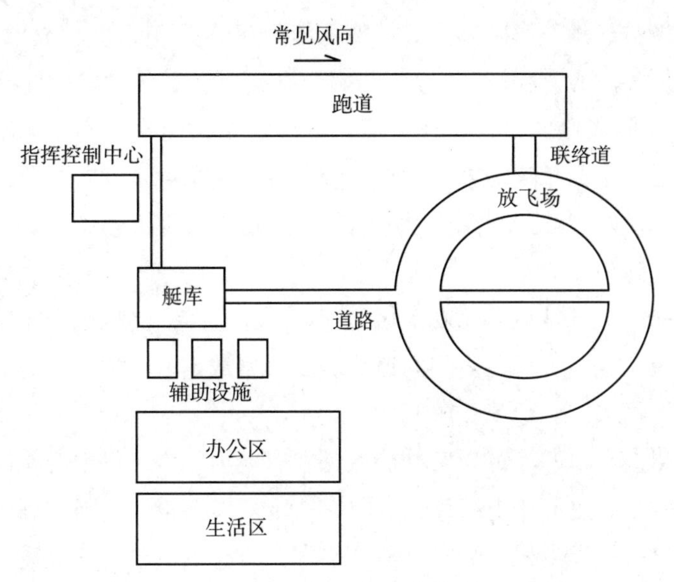

图 12-11 放飞返回场场地布局示意图

低空飞艇飞行在对流层，高空飞艇和高空气球每次升空和返回都必须经过对流层，而对流层大气活动剧烈频繁，且有很大的不确定性。为了使平流层飞艇和气球能够按设计和研制目标驻空和飞行，也需要对飞行区域的平流层高度的风场进行预报和探测。因此，为确保飞艇、气球的安全飞行、升空和返回，需要有尽可能及时准确的气象预报和探测作为保障。

气象预报保障要求主要有地面风场预报（探测）、对流层风场预报（探测）、平流层风场预报（探测）、极端天气预报（探测）等。通过积累放飞返回场当地的气象预报数据研究气象变化规律，以及建立气象观测手段和设施，努力使局地气象预报提高精确度，则会大大提高气球、飞艇等浮空器的发放、飞行试验等方面的工作效率。

7. 测控接收系统

测控接收系统一般要实现的功能包括：对飞艇（气球）实时遥测、遥控飞艇飞行；实时遥测飞艇飞行参数、艇载设备工作状态及实验或观测参数；地面站具有自动跟踪、手动跟踪、数字引导跟踪功能；地面站具有测距、测角功能，并具有对飞行器GPS定位功能；实时处理、显示和记录飞艇飞行航迹和遥测参数；实时传输载荷信息（数据、图像）。

根据飞艇、气球工作模式，确定对测控接收系统的具体要求，包括测控接收系统工作模式、工作频段、测控站布置、设备配置、功能、指标、中继通信要求和与其他系统的接口。

飞艇、气球测控数传频段的选择受多种因素制约，需要综合考虑电波传播特性、与频率有关的增益、噪声影响以及和其他系统相互干扰等问题。另外，结合我国航天测控通信网使用频段的实际情况，分析飞艇、气球测控数传频段的选择。

根据临近空间飞艇放飞返回任务需求，确定测控接收系统的工作模式、系统配置。兼顾放飞返回场的长远需求，测控接收系统可包括固定测控接收站和若干机动测控接收站。而且最好能够接收浮空器可能应用的几个频段信号。

8. 其他条件建设

（1）道路条件。场地内各个功能区之间有道路连接。场区入口至集成测试区，集成测试区至放飞（返回）场区之间的道路满足大型载重汽车的通行需要，路面平坦硬实，雨天过后不积水。

（2）水电供应。试验场的所有功能区都要有电力供应，供电容量需要根据飞艇系统总体用电和办公、生活用电统计，并留有一定发展余量。飞行控制区除了有市电供应外，还需配置备用发电机。从安全角度出发，所有供电电缆应埋设在地下，并有防止鼠害措施。

除生活区的用水外，集成测试区、飞行控制区和办公区也要提供自来水。

（3）通信条件。试验场应配备小型局域通信系统，保障区域内各个设施之间的通畅、及时信息沟通；试验场应有外线电话以保障与外界的通信联系，特别是飞艇飞行试验期间与空管部门的联系。这主要考虑到飞艇、高空气球等浮空器由于雷达反射截面小，一次雷达的监视性能较差，应考虑加装二次应答机 ADS-13 等设备，提高空管部门对飞艇的位置监控能力，增强飞艇运行安全保障。

第二节　机动飞行实施的保障

根据应用需求，高空气球、中小型系留气球、飞艇等很多时候都需要能够移动发放和方便转场发放与飞行，因此就需要有相应配套的机动飞行保障设施。

高空气球的发放方式按发放设施在发放过程中移动与否划分为静态发放和动态发放。静态发放时发放设施不移动，适用于中小型高空气球且载荷重量适中气球系统的发放。在发放过程中吊舱放置于地面或发放台架，释放器夹持球体充气气泡底部，球体充气完毕后释放上升，适时打开释放器，气球携带吊舱升空。静态发放对人员的技术要求和数量要求较低，而且对于批量气球发放效率可以大大提高。图 12-12（a）为美国国家航空航天局新近研制的高空气球静态发放塔架，其大大提高了可靠性和效率。

而对于发放大型载荷吊舱的大型气球系统发放必须用动态发放（机动）方式。动态发放时发放设施在气球升空过程中随时移动。如图 12-12（b）美国国家航空航天局的动态发放设施。吊舱发放设施（车）夹持吊舱，由滚筒（或其他释放器）夹持球体

（a）静态发放

（b）动态发放

图 12-12　高空气球的发放方式

充气气泡底部，一般布置吊舱到球体方向为顺风方向。球体充气完毕后释放球体，上升过程中发放设施（车）根据球体浮动方向（风向）随动调整位置，待球体飘至吊舱上方时释放吊舱，使吊舱与球体同步上升，而不会撞击地面。动态发放的最大优点是可以最大限度减少球体和吊舱所受的冲击。

系留气球和飞艇的机动设施除可方便移动外，在原理上与固定设施没有本质区别。移动设施最具代表性的是锚泊车（锚泊设施）和测控车（机动测控系统）。

锚泊车的主要功能是用于飞艇和系留气球的地面固定（锚泊）和充气状态的转场移动。针对系留气球，锚泊车还发挥着气球升空和下降、驻空期间的牵引和固定（系留）作用。在锚泊状态，飞艇、气球通过侧系索固定在锚泊设施上，避免大风等恶劣气候造成飞艇、气球的破坏；在系留状态，系留驻空的气球由主系缆系于锚泊设施上。系留和锚泊两种状态之间的转换也由锚泊设施实现。

从安全角度出发，锚泊设施应当具有防雷电设计。锚泊设施的系留塔是其最高部件，因此是避雷导电的主要通道，避雷针安装在塔尖部位（要有防止避雷针妨碍飞艇、气球正常操作的措施）。操作人员行走活动区、辅缆操作人员的站立部位、操作控制室的地板均应铺设防滑绝缘板。采用活动登梯时，登梯与地面之间应加防护绝缘垫。地面电与飞艇、气球上的电路通过锚泊设施的电滑环滑动连接，电滑环间的绝缘电阻须大于 500MΩ。

浮空器机动测控接收系统包括天伺馈分系统、信道接收分系统、发射分系统、综合基带分系统、管理监控与显示分系统、数据存储与应用分系统、通信分系统、测试标校分系统、时统分系统和保障分系统。测控系统集成于测控车上，测控车的典型结构见图 12-13。测控车一般具有上路行驶牌照，最低速度不小于 80km/h，便于灵活机

图 12-13　测控车示意图

动快速地转移和长距离高速行驶。

第三节　设备保障能力发展

随着浮空器技术的发展与进步，气球、飞艇等浮空器的体积、功率、速度等技术指标越来越高，应用越来越广泛，相应地对设备保障能力也提出了越来越高的要求。

一、氦气保障

1. 氦气气源保障

目前，美国仍是世界上最大的氦气生产和供应国，其次为阿尔及利亚、卡塔尔、俄罗斯和波兰（上述五国被称为氦五国）。其他国家目前尚无对外商品化输出氦气的能力。

由于我国氦资源蕴藏量少，品质差，造成我国的氦气不但产量低，而且提取成本高。我国大部分氦气主要依赖进口，国内供应商所占的份额很少，且以外资企业和合资企业为主，氦气供应渠道缺乏保障。随着氦气供应关系的发展，关于氦气的回收、纯化（在线、离线）设备也应逐步考虑相应的措施。

2. 氦气储运设施

飞艇、气球体积最大可到几十万立方米到百余万立方米，相应地充一次氦气需求在几万立方米到十余万立方米，这么大的一次氦气用量单靠氦气瓶组很难胜任，一是运输量大氦气瓶组数量巨大；二是由于多次换接充气管口造成充气时间过长，而且容易造成氦气纯度降低；三是由于氦气瓶数量多，每个瓶必定有剩余氦气（瓶底气），造成瓶组容积利用率太低。因此，氦气储运设施需要与时俱进地发展：一是要发展、应用大容量高压容器运输氦气；二是在试验场建设氦气储存设施以及局域氦气输送管道。

二、高空作业设备

氦气飞艇或者气球的体积大，直径也大，大型飞艇尺度可达 50m 甚至更大，在地面集成装配充气成形后，考虑到腹部吊舱等设施，未来大型飞艇高度可达 60m 甚至更高。因此，飞艇的集成装配（阀门、电缆、天线、支撑结构、电动机、螺旋桨、太阳电池等）、检查测试等需要应用高空作业设备（图 12–14）。

最为有效的是在艇库顶沿艇库走向建设行吊。行吊的载重量以能承载三个成年人体重为宜。为了适应飞艇整个上表面的部件的安装、铺设，应当在艇库建设 2 ~ 3 路行吊或者能够二维运动的行吊，使作业面积可以覆盖飞艇上表面的 1/2 以上的曲面面积。

在飞艇等大型浮空器的集成安装和测试过程中，高空作业车也是很有效率且必不可少的作业装备。在选购作业车时，作业车的臂长和最大作业高度是要考虑的重要指标。实际应用中，要考虑飞艇最大高度是在飞艇中线，而飞艇在最大直径高度水平方向也有直径尺度的宽度，有时还要考虑飞艇安装动力推进螺旋桨之后大大增加的横向宽度，这个直径尺度的宽度会与高空作业车相干涉，因此要根据飞艇实际尺寸计算作业车的实际可用高度，避免高度不够带来集成、测试工作的问题。

三、地面维修检测设备

浮空器内外场集成测试中，地面维修检测设备一般涉及艇体蒙皮材料检测、能源

图 12–14 高空作业设备示例图

测试、动力推进测试、通信测试、飞行控制测试、发放回收测试等各方面，所需的检测及维修设备通常包括以下几大类。

1. 材料测试设备

蒙皮材料测试一般包括气密性测试、材料强度测试、热性能测试、老化测试、环模测试等，用到的设备包括保压测试设备、材料双向拉伸试验机、动静态万能材料试验机、非接触应变测量系统。

双向拉伸试验机设备可测量应变范围在 0.2% ~ 100% 的试样，设备可显示材料拉伸后的理论加载谱和实际加载谱、力传感器时程曲线、液压缸位移曲线、应变（全局）时程曲线、应力应变（全局）曲线、位移计位移曲线、应变（局部）时程曲线、应力应变（局部）曲线、应变（全局与局部）对比时程曲线等多条曲线。

动静态万能材料试验机是可以测试织物材料、金属材料以及其他多种材料的单向拉伸、断裂等性能的设备，对加工或改造后的材料进行性能测试，如浮空器囊体材料焊接后的焊接性能、结构件经过设计加工后的力学性能等，均需要用万能材料试验机来实验验证，以中国科学院浮空器中心艇库测试试验机为例，其主要指标如下：温度范围 -70 ~ 150℃，最大拉力 50KN，最大速度 3000mm/min，位移精度 0.05%。目前此设备用于浮空器囊体织物材料、系留气球锚泊系索、扁带、套带以及浮空器刚性结构件等材料的力学性能测试。

非接触应变测量系统用于各种材料的应变测量（图 12-15）。设备利用数字图像相关性原理，采用 2D/3D 的数字图像相关性运算法则，通过对被测对象的图像数据进行分析处理，进而得到位移和应变结果，并以动画的形式显示应变过程，使测量者可以方便地了解试件应变的分布情况。该系统由图像数据采集系统（采集所接收到的图像数据）、数据处理、存储与显示系统（对所采集到的数据进行处理、存储和显示等）

图 12-15　非接触应变测量系统测试试验

组成。以中国科学院浮空器中心现有设备为例，其应变测量精度≥0.025%。主要用于各种材料的应变测量，也可用于物体的三维建模（可测得物体的绝对尺寸）。特别适合浮空器球体的应变检测。

2. 能源测试设备

飞艇的电源包括高压大功率的动力推进电源和低压大功率的风机电源和大量的计算机、传感器、控制系统电源。未来大型高速飞艇由于推进系统的能源功率巨大而使得飞艇的能源需求是巨大的。因此，地面的系统联调、测试必须提供大功率电源。估计几年后就需要600V、150A/200A量级，可以模拟60kW/100kW飞艇功率的直流大功率电源，以便在地面联调时为大型电推进系统进行供电。60V/1000A量级的低压大功率电源在风机设备联调中也是必不可少的。

对于大型长时间驻空平流层飞艇，由于铺设大面积的太阳电池，在地面联试中用来模拟实际柔性薄膜电池的发电特性的大功率高电压太阳电池阵模拟器也是必备设备。由于飞艇地面集成测试受环境和天气条件的制约，必须在艇库内进行，而库内柔性薄膜太阳电池接收的实际光照与飞行时差距很大，此时无法真实模拟飞行时能源系统的工况，因此需要有太阳电池阵模拟器来替代柔性薄膜太阳电池模拟太阳电池接收到太阳光照时实际的Ⅳ曲线。飞艇铺设柔性薄膜太阳电池数百平方米，甚至数千平方米，功率在几十千瓦到上百千瓦，而且功率还有增大的趋势。模拟器的功率也要相应匹配。

3. 动力推进测试平台

中国科学院浮空器系统研发中心自2007年开始自主研制了两套综合试验台测试系统，采用集拉力、转速、扭矩于一体的三参数传感器，直接测量螺旋桨的转速、输入扭矩和产生的拉力，系统主要用于验证发动机/电动机、减速器以及螺旋桨三者之间的转速–功率匹配性和动力推进系统长期运行的可靠性。

目前利用试验台开展了多个型号的飞艇动力推进系统的测试工作，包括开展发动机磨合试车、发动机与螺旋桨的转速–功率匹配、螺旋桨静拉力的测量以及动力推进系统长时间运行的可靠性测试（图12–16），两套综合试验台已经成功用于多艘飞艇动力测试，取得了良好的效果，为浮空器系统参数设计提供了重要依据。

4. 环境模拟测试设备

平流层飞艇和高空气球均需要在几千米到几十千米的高度飞行，相比地面环境，平流层高度具有低温、低气压的环境特征，高低温低气压环模试验箱可以有效地模拟平流层大气环境，为飞艇、高空气球的实验设备和载荷提供一个类似平流层环境的平台。现阶段，光电研究院气球飞行器研究中心依靠高低温低气压环模试验箱为囊体材料、风机、阀门、飞控电路板以及其他众多结构件提供了一个稳定、可靠的近平流层

图 12-16　动力推进测试平台

大气环境的模拟实验平台。中国科学院浮空器中心目前在用的环模测试设备，其功能与技术指标如下。

温度范围：-70 ~ 150℃；

最低气压：0.5kPa；

温度变化速度：3℃ /min；

容积：700mm × 800mm × 900mm。

高低温低气压环模试验箱如图 12-17 所示。

四、测控设备新技术

随着浮空器技术的发展，飞艇、气球飞行距离越来越远，普通视距范围的测控设备将不能满足需求，需要发展超视距测控、低仰角技术和手段。而为了适应试验场的电磁环境及提高测控设备的抗干扰性，需要发展抗干扰技术。

1. 超视距中继测控通信技术

临近空间飞艇在出地面测控站的无线电视距范围时，数据链必须采用中继方式。对于临近空间高度，卫星中继是最佳方式。针对测控信道和数传信道不同数据带宽需求，可选择的中继方式有中继卫星、通信卫星等。为提高可靠性，作为重要的自主手

图 12-17　高低温低气压环模试验箱

段，系统还应增加北斗定位通信终端传输遥控遥测重要信息。中继卫星工作在 S 频段和 Ka 频段。通信卫星一般工作在 C 波段和 L 波段。

2. 抗干扰数据链技术

扩频技术具有很强的抗干扰能力，在通信系统中得到了广泛应用。通过扩频使通信链路余量大幅提高，系统可靠性和安全性都得到保障。未来可向跳频测控系统及更高的工作频段发展。

3. 低仰角数传技术

在低仰角情况下，由于地面反射造成的多径效应以及地面信号干扰，使地面站天线对目标的跟踪及数据接收都受到影响。通过采取技术措施，可以减小或消除多径影响，如提高天线方向性，利用圆极化天线左右旋隔离度减小地面反射波影响；信道传输设备采用抗衰落调制体制，采用分集接收、交织纠错、自适应均衡等技术提高系统性能。

五、气象保障技术

对于重要的固定试验外场，要积累当地的地面经对流层一直到平流层的风场变化规律，包括一年四季每天早中晚不同时点的风场变化规律，为准确预报试验场风场变化和预测预报极端事件奠定基础。为确保浮空器成功发放飞行，需要建设完备的地面气象条件保障，实时监测地面到一定高度的风场变化数据，尤其是风力风向数据。

一方面，建立气象数值预报业务运行系统，支持试验场 3 ~ 5d，甚至 7 ~ 10d 的地面风及高空风场环境的预报及预测。

另一方面，试验场配备探空球发放系统，支持风场环境的实时探测。建立风场探测系统，比如风廓线雷达（图 12-18），可以实时精确探测高至平流层高度的各高度剖面的风场数据，并能存储与实时分析。

六、氢气安全利用技术

浮空器要利用轻于空气的气体在空气中产生浮力升空飞行。最早浮空器应用氢气作为浮升气体，但一定浓度的氢气在使用中会因与空气中的氧气混合反应而燃烧爆炸。

随着飞艇、气球等浮空器飞行试验需求的增多，利用氦气作为浮升气体的缺点也很明显：①氦气是不可再生资源，在地球上储量有限；②氦气开采成本高，价格高；③全球工业和科研应用对氦气的需求持续增加，使氦气储量减少；④氦气作为一种战略资源，全球约 80% 氦气供应量来自美国，氦气供应严重依赖美国，不利于飞艇、气球应用的可持续发展。

相对于氦气的制作困难及昂贵价格，氢气的制取相对容易很多，且价格仅为氦气的 1/8，甚至更低。此外，氢气还具有更小的密度，所以人们一直没有间断探讨氢气的重用技术。但阻碍氢气大规模使用的原因是氢气的易燃、易爆特性，氢气的最小点火能很低（约 0.02mJ），且爆炸极限范围很大（4% ~ 75%），因此想用氢气替代氦气必须要突破氢气安全使用的关键技术。目前主要手段一是从建立氢气安全使用的规范与操作规程，如充氢气作业应选择在周围无密集建筑物的空旷区域；设置专人负责警戒工作；充气前根据氢气充装设施情况和现场条件确定充气点与位置，对连接充气管道

图 12-18　风廓线雷达

的严密性和阀门的密封性进行检查，确定管道和阀门密封良好，并确保阀门开关灵活；相关人员严禁穿着化纤衣物进入操作区域，必须穿着棉质的衣物，以及采取其他避免产生静电的措施；充气过程应有专人负责氢气系统的压力及浮空器中的氢气压力，充气压力宜控制在 5kPa 以下；打开氢气排空阀门要求由慢到快，由小到大，避免骤然开大阀门可能引发气体摩擦导致静电；如有氢气泄漏情况，应立即停止操作，查明原因，处理漏点，若无法当即补漏应排空氢气，且处理漏点时应保证处于不带压状态，并迅速组织相关人员撤离泄漏区域等。二是通过对影响氢气爆炸极限的主要因素进行分析，可以考虑添加抑制剂的方式，对氢气爆炸进行抑制。从现有研究结果来看，向氢气中添加惰性气体进行物理热力学抑制，或添加不可燃卤代烷烃、可燃不饱和烃进行化学反应动力学抑制是两类抑制氢气爆炸可能的途径[1-4]，但添加抑制剂会导致浮力损失，如何在控制浮力损失前提下获得尽可能好的抑爆效果是未来研究的关键。

可以预见，当人们突破氢气的安全利用技术难题，以及探索出适宜的安全利用管理制度和措施后，氢气在浮空器中的应用将重新回到人们的视野，毕竟氢气比氦气便宜得多，而且制备相当容易，资源丰富，取之不竭。

当需要利用氢气作为浮空器的浮升气体时，需要具备氢气的储存运输设备、氢气安全利用的辅助设备，包括静电消除设备、特殊设计保护的操作工具等。目前，中国科学院已建设有制氢设备，并将制氢设备用于探空球发放的试验，从现阶段试验使用情况来看，严格遵守制氢设备使用说明与操作流程，利用氢气开展小型探空球及浮空器的试验是较为便捷的，后续如何将其推广利用到大型浮空器的试验需做进一步技术探索与验证。

参考文献

[1] 汤成龙．氢气 / 气体燃料层流燃烧特性及液滴碰撞动力学基础研究［D］．西安：西安交通大学，2011.

[2] 王迎，李勇，王运生．氢气浓度对氢气燃烧影响的实验研究［J］．科技视界，2016（13）.

[3] 苏洋，郑立刚．氢气 / 甲烷 / 空气预混气体爆燃特性及抑制规律研究［D］．焦作：河南理工大学，2018.

[4] 高梦迪，高伟．氢氟烃对氢气 – 空气爆炸行为抑制研究［D］．大连：大连理工大学，2020.

撰稿人　冯　慧　王　生

后 记

浮空器的发展具有悠久的历史，曾在20世纪初期有过辉煌的成就，但由于各方面的原因（浮升气体为易燃的氢气、环境风场的时变性以及飞机卫星的发展），自1937年5月6日“兴登堡号”事故后，飞艇的发展处于停滞状态。直到20世纪70年代，飞艇改用安全的氦气，其发展又开始呈现出活跃的景象。新的时代对浮空器提出了新的要求，采用多种新技术的浮空器也将服务于更多的领域。

为了更好地了解国内外浮空器发展现状和发展趋势，适应浮空器行业发展需求，精准把握各类浮空器技术难点，为国内浮空器的发展和规划提供参考，中国航空学会浮空器分会组织编写了这本《中国浮空器发展路线图》。本书从浮空器的基本概念出发，分别介绍了浮空器的主要分类和发展现状，随后对浮空器市场需求进行了深刻剖析，并通过对国内外浮空器技术现状的分析，提出了未来浮空器发展的核心技术，指明了我国未来浮空器的发展方向。结合浮空器自身特点和我国的实际情况，本书给出了浮空器产业发展的相关建议，并就浮空器应用场景典型任务描述等专题进行了深入探讨，全面阐述了浮空器系统发展路线。

在本书的编制过程中，特别感谢北京航空航天大学、西北工业大学、中航工业特种飞行器研究所、中国科学院空天信息创新研究院、湖南航天远望科技有限公司、中国电子科技集团公司第三十八研究所、空军研究院等相关单位对本书的大力支持（排名不分先后）。

由于编写者水平所限，收集整理的资料不够完善，难免会出现一些错误，敬请批评指正。

编者

2020年7月